U0387672

Kotlin编程
——Big Nerd Ranch入门

[美] 安德鲁 · 贝利（Andrew Bailey）
[美] 戴维 · 格林哈尔希（David Greenhalgh） 著
[美] 乔希 · 斯基恩（Josh Skeen）
高慧敏 吕勇 王斌 译

清華大學出版社
北京

北京市版权局著作权合同登记号 图字：01-2022-5581

图书在版编目（CIP）数据

Kotlin 编程 ：Big Nerd Ranch 入门 /（美）安德鲁·贝利（Andrew Bailey），（美）戴维·格林哈尔希（David Greenhalgh），（美）乔希·斯基恩（Josh Skeen）著；高慧敏，吕勇，王斌译. -- 北京 ：清华大学出版社，2024. 10. -- ISBN 978-7-302-67391-0

Ⅰ. TP312.8

中国国家版本馆 CIP 数据核字第 2024ZD4777 号

责任编辑：王 芳
封面设计：刘 键
责任校对：刘惠林
责任印制：刘 菲

出版发行：清华大学出版社
网 址：https://www.tup.com.cn，https://www.wqxuetang.com
地 址：北京清华大学学研大厦 A 座 **邮 编：**100084
社 总 机：010-83470000 **邮 购：**010-62786544
投稿与读者服务：010-62776969，c-service@tup.tsinghua.edu.cn
质量反馈：010-62772015，zhiliang@tup.tsinghua.edu.cn
课件下载：https://www.tup.com.cn，010-83470236
印 装 者：定州启航印刷有限公司
经 销：全国新华书店
开 本：203mm×260mm **印 张：**25.5 **字 数：**698 千字
版 次：2024 年 10 月第 1 版 **印 次：**2024 年 10 月第1 次印刷
印 数：1～2000
定 价：129.00 元

产品编号：099427-01

鸣 谢

我们的名字虽然印在了本书的封面上，但一本书的成功并不仅源自作者们的创造，还有许多人为本书的出版做出了很大的贡献。在此，我们要感谢所有为本书付出辛勤劳动的人。

- Bryan Sills，Michael Yotive，Nate Sottek，Jeremy Sherman 以及 Mark Duran，感谢对本书第 2 版提出的反馈意见。
- Eric Maxwell，感谢对本书第 2 版早期版本的指导，并就协程、通道和流等相关章节提供的反馈意见。
- Loren Klingman，Jake Sower，感谢对本书 Kotlin/JS 章节提供的反馈意见。
- Drew Fitzpatrick，感谢通读了本书第 2 版的早期版本，并对 Kotlin 跨平台和 Kotlin/Native 相关内容提供的反馈意见。
- Liv Vitale，Christian Keur，Zachary Waldowski 以及 David House，感谢一直以来提供的其他平台的专业知识，对我们关于 Kotlin/JS 和 Kotlin/Native 的讨论帮助巨大。感谢对我们提出的那些奇怪而具体的问题的容忍，并让我们进步神速。
- 感谢我们才华横溢的设计师 Javontay McElroy，制作了本书印刷版的 IntelliJ IDEA 备忘单，充满热情地帮助我们遴选印刷材料，并从零开始设计了整部作品。
- Eric Wilson，Madison Witzler，Franklin O'Neal 以及 CJ Best，Big Nerd Ranch 培训部门的智囊团。没有你们的辛勤工作，我们的课程和本书都是不可能完成的。感谢你们的付出！
- 感谢我们的编辑 Elizabeth Holaday。当我们提到本书第 2 版的更新计划时，你的第一句话是："这是一次非常重要的更新。"谢谢，你的评估完全正确。在整个修订过程中，编辑的辛勤工作使这本书更加精炼，增强了本书优势的同时也弥补了其中的不足之处。
- 感谢我们的副编辑和校对师 Simone Payment。感谢在这本书最后阶段提供的帮助，使本书更臻于完善。
- 感谢 Ellie Volckhausen 设计的封面。
- 感谢 IntelligentEnglish. com 公司 Chris Loper 设计和制作的本书印刷版和电子版。我们还广泛利用了 DocBook 工具链。
- 感谢 Aaron Hillegass 和 Stacy Henry，实际上，如果没有 Aaron 创立、Stacy 领导的 Big Nerd Ranch 公司，本书不可能问世。

最后，感谢我们所有的学生。成为你们的老师也为我们提供了以多种方式成为学生的机会，对此我们非常感激。教学是我们所做的最伟大的事情之一，与你们一起工作是一种享受。我们希望本书的质量能够与你们的热情和决心相匹配。

作　者

前言

2011年,JetBrains公司宣布开发Kotlin编程语言,这是一种在Java虚拟机上运行的替代Java或Scala编写代码的语言。6年后,Google公司宣布Kotlin成为Android操作系统官方支持的开发语言。

作为一个前途光明的编程语言,Kotlin很快成为全世界最重要的移动操作系统应用程序的编程语言。Kotlin具有语法简洁,可以与传统Java代码无缝互操作等特点,包括Google、Uber、Netflix、Amazon等,都因其突出的优点选择了Kotlin。

为什么是Kotlin

要想理解Kotlin强大的吸引力,首先需要了解Java在现代软件开发领域中的作用。这两种语言密切相关,因为Kotlin代码通常是为Java虚拟机编写的。

Java是一种强大且经受了时间考验的语言,多年来一直是生产代码库中最常用的语言之一。然而,自从Java在1995年发布以来,我们对于什么是优秀的编程语言有了很多新的认识。对于使用更现代化语言的开发人员来说,Java缺少许多先进的功能。

Kotlin受益于从Java(以及其他语言,如Scala等)中获得的经验教训,因为一些设计决策在Java中已经过时。Kotlin在老旧语言的基础上不断进化,并纠正了它们的缺陷。在接下来的章节将介绍更多有关Kotlin如何改进Java并提供更可靠开发体验的内容。

Kotlin不仅是一个能在Java虚拟机上运行的语言,它还是一种跨平台语言,旨在成为通用的编程语言:Kotlin可用于编写本机macOS、iOS、Windows、JavaScript以及Android等应用程序。近年来,JetBrains公司一直致力于投资这些跨平台功能。Kotlin跨平台提供了一种独特的方式来共享应用程序之间的代码,并且使得Kotlin的应用范围超越了Java。

本书面向的读者

这是一本面向各类开发人员的书:有经验的Android开发人员;想要超越Java提供的现代功能;对Kotlin的功能感兴趣的服务器端开发人员;想要在本机或Web应用程序之间共享Kotlin代码的开发人员;想要进入高性能编译语言领域的新手开发人员等。

本书并不仅限于Kotlin在Android上的编程,实际上,本书中所有的Kotlin代码都与Android框架无关。当然,如果有兴趣使用Kotlin进行Android应用程序开发,本书也展示了一些常见的用Kotlin编写Android应用程序模式。

尽管Kotlin受到许多其他语言的影响,但也可以不需要了解其他语言的细节直接学习Kotlin。书中随时会讨论Kotlin代码与Java代码的等效性,以及Kotlin与其他语言的相似之处。如果有这些语言的使用经验,将有助于理解Kotlin与所支持平台之间的关系。即使不熟悉这些,但看到另一种语言如何解决相同的问题也有助于掌握Kotlin开发的原则。

如何使用本书

本书不是一本参考指南。其目标是指导读者理解Kotlin编程语言中最重要的部分,通过项目实例逐步学习并积累知识。为了充分利用本书,建议在阅读过程中将书中的示例代码逐字输入。通过完成这些项目,可以帮助建立肌肉记忆,并为后续章节的学习提供支持。

此外，本书的每章节都建立在上一章节所介绍的主题之上，因此建议不要跳跃式地阅读。即使觉得自己熟悉其他语言中的某个主题，也建议读者按顺序阅读——Kotlin 以独特的方式处理许多问题。从变量和控制流等入门主题开始，逐步掌握面向对象和函数式编程技术，尝试使用 Kotlin 的官方方法运行异步代码，并涉猎 Kotlin 的跨平台能力。通过本书的学习，读者可以从一个初学者逐渐转变为一个更高级的开发者，并逐步建立对 Kotlin 的深入理解。

扫描书中提供的二维码可获得 Kotlin 参考文档，供读者深入了解任何感兴趣的内容，并进行实验。本书旨在为读者提供一个全面的入门指南，但学习编程需要时间和实践，所以不要急于求成。

好奇之处

本书的大部分章节中包括一个或两个名为“好奇之处”的小节，此部分着重介绍 Kotlin 语言的底层机制。章节中的示例并不依赖此部分内容，但它们提供了额外的信息，有利于 Kotlin 学习，有助于更深入地理解 Kotlin，进一步扩展知识。如果对某个主题感到好奇或想要深入了解，建议阅读这些附加内容。

挑战之处

本书的很多章节都以一个或多个“挑战之处”结尾，通过这些附加的问题，进一步加深对 Kotlin 的理解。建议读者尝试解决这些问题，以提升 Kotlin 技能。这些挑战可以巩固所学知识，并将其应用于实际的编程场景中。

其他章节通常会在先前的解决方案基础上进行构建，为了不影响到后续章节的学习，建议在尝试挑战之前对已完成项目进行备份，还可以扫描书中提供的二维码获得网址，下载书中练习题的解答。

排版约定

在构建本书中的项目时，首先会介绍一个主题，然后展示如何应用新学习的知识。为了清晰起见，书中遵循以下的排版约定。

(1) 变量、值和类型使用等宽字体显示。类、函数和接口名称使用加粗字体。

(2) 所有程序清单都以等宽字体显示。如果需要在程序清单中键入某些代码，该部分代码将用粗体表示。如果需要在程序清单中删除某些代码，该部分代码将使用删除线划掉。在以下示例中，删除定义变量 y 的行，并添加一个名为 z 的变量：

```
var x = "Python"
var y = "Java"
var z = "Kotlin"
```

(3) Kotlin 是一门成熟的语言，其编码规范随着时间的推移仍在不断发展。虽然每位读者都可能会形成自己的编码风格，但书中遵循了 JetBrains 和 Google 的 Kotlin 编码规范。JetBrains 的编码规范和 Google 的风格指南可扫描相关二维码获得链接。

展望未来

在学习过程中慢慢消化书中的示例，一旦掌握了 Kotlin 的语法，就会发现书中示例的开发过程清晰、务实而流畅。在此之前，请继续努力，学习一门新的语言会带来丰厚的回报。

目录

第一部分　入门

第二部分　基本语法

第三部分 函数式编程和 Collection

第五部分 高级 Kotlin

第六部分 互操作和跨平台应用

第一部分

入　门

本书前两章将一步步引导读者使用 IntelliJ IDEA，这是 Kotlin 应用程序开发的官方 IDE。第 1 章通过创建一个简单的项目来熟悉该语言的基本特点。第 2 章介绍 Kotlin 的数据类型和最基本的语法表达。在程序设计中，数据类型主要用于对使用的数据进行分类，可以使程序开发更加高效。

第1章

第一个Kotlin应用程序

本章将在 IntelliJ IDEA 中编写第一个 Kotlin 程序。通过这一编程必由之路，可以进一步熟悉开发环境，创建一个新的 Kotlin 项目，编写、运行 Kotlin 代码，并检查输出结果。本章所创建的项目，将作为一个测试平台，用来测试 Kotlin 应用程序中使用语言的基本特点。

1.1 安装 IntelliJ IDEA

IntelliJ IDEA 是 JetBrains 公司（Kotlin 语言的开发方）为 Kotlin 创建的一个集成开发环境（Integrated Development Environment，IDE）。如图 1.1 所示，从 JetBrains 官方网站下载 IntelliJ IDEA 社区版。

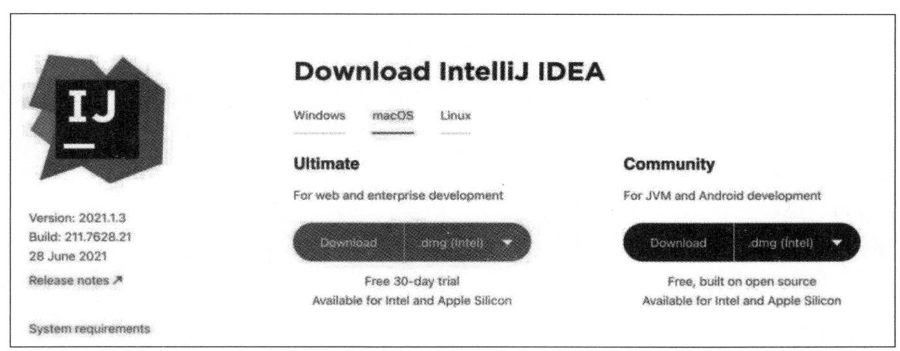

图 1.1 下载 IntelliJ IDEA 社区版

下载完成后，按照 JetBrains 安装和设置页面中描述的平台安装说明进行操作。

IntelliJ IDEA，简称 IntelliJ，有助于编写规范的 Kotlin 代码。此外，它还内置了许多工具，用于方便地运行、调试、检查和重构代码，从而简化了开发流程。1.4 节会进一步阐述为什么推荐采用 IntelliJ 编写 Kotlin 代码。

1.2 第一个 Kotlin 项目

在具备了使用 Kotlin 编程语言的能力，并拥有了一个强大的开发环境后。现在要开始准备熟练地使用 Kotlin 语言了，首先，从创建一个 Kotlin 项目开始。

本书大部分篇幅所开发的项目将聚焦于一个奇幻的游戏世界。在该游戏世界中，有一个英雄人物将开启一段勇敢的冒险历程：击败邪恶的魔鬼并拯救城市于水深火热之中。其间还做出了其他众多的英雄事迹。第一个项目就是创建一个称为 bounty-board 的任务系统，该系统将引导一位名为 Madrigal 的英雄完成她的一系列任务。第 1～7 章都将致力于该项目的开发。

打开 IntelliJ，可以看到 Welcome to IntelliJ IDEA 对话框，如图 1.2 所示。

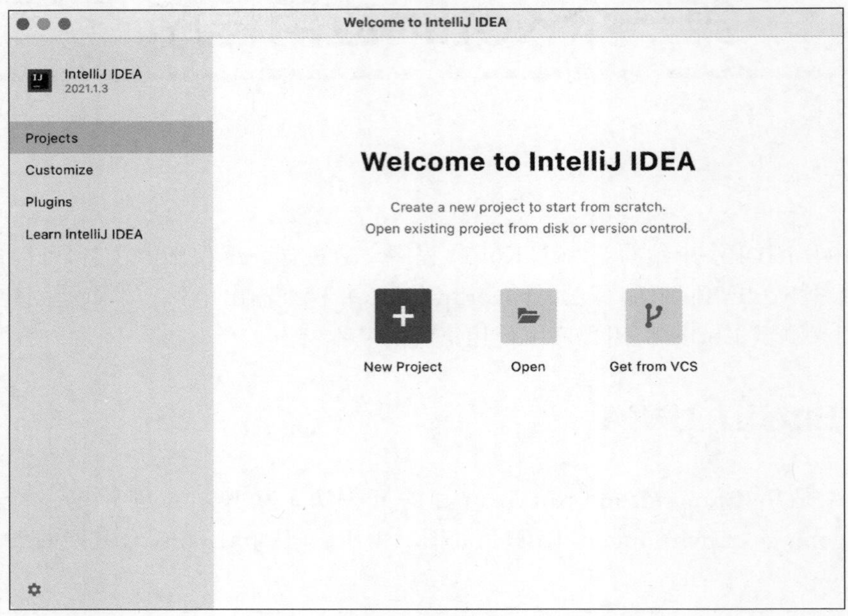

图 1.2　Welcome to IntelliJ IDEA 对话框

如果不是第一次打开 IntelliJ，则打开时可能会直接进入上一次打开的项目。若需要返回 Welcome to IntelliJ IDEA 界面，可使用 File→Close Project 命令关闭当前项目。

单击 New Project 按钮，IntelliJ 将显示 New Project 对话框，如图 1.3 所示。

在 New Project 对话框中，选择左侧的 Kotlin，如图 1.4 所示。

在 IntelliJ 环境下，也可以采用 Kotlin 之外的其他语言来编写代码，如 Java 和 Groovy 等。若使用额外的插件，IntelliJ 还可以用来编写 Python、Scala、Dart 和 Rust 等语言的代码。从 New Project 对话框左侧的语言选项中选择 Kotlin，是告知 IntelliJ，本项目将使用的语言是 Kotlin。

现在，查看一下对话框中央窗格(center pane)的项目设置。

在 New Project 对话框的顶部 Name 字段输入 bounty-board。Location 字段将会自动填充，可以保持该内容不变，也可以通过单击字段右侧的文件夹图标来选择新的位置。

Project Template 菜单有 3 个主标题：JVM、Multiplatform 和 Kotlin/JS(以及一个 Experimental 部分)，每个标题下都有各种选项。在 JVM 标题下选择 Application，告知 IntelliJ 要编写的 Kotlin 代码是**面向**(**target**)Java 虚拟机或在其上运行的。

Kotlin 代码可以编译为所支持的 3 种平台中的任何一种：Java 虚拟机(Java Virtual Machine，JVM)、本机 x86 和 ARM 平台(包含在 Project Template 列表的 Multiplatform 部分中)，以及 JavaScript(缩写为 JS)。由于 Kotlin 可以编译为这 3 种平台所用代码中的任何一个，所以有时会通过术语 Kotlin/JVM、Kotlin/Native 和 Kotlin/JS 区分 Kotlin 的不同应用平台。

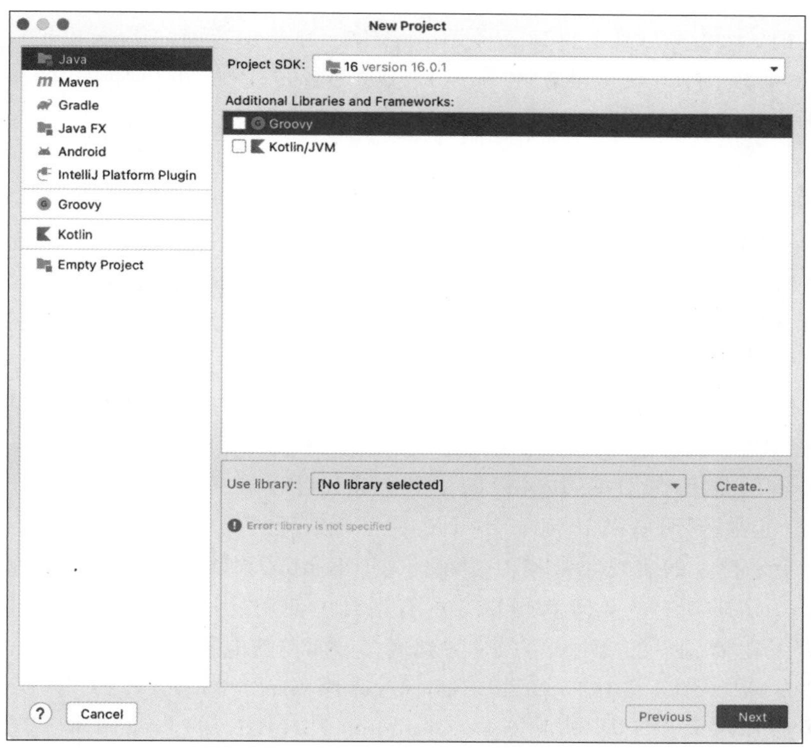

图 1.3　New Project 对话框

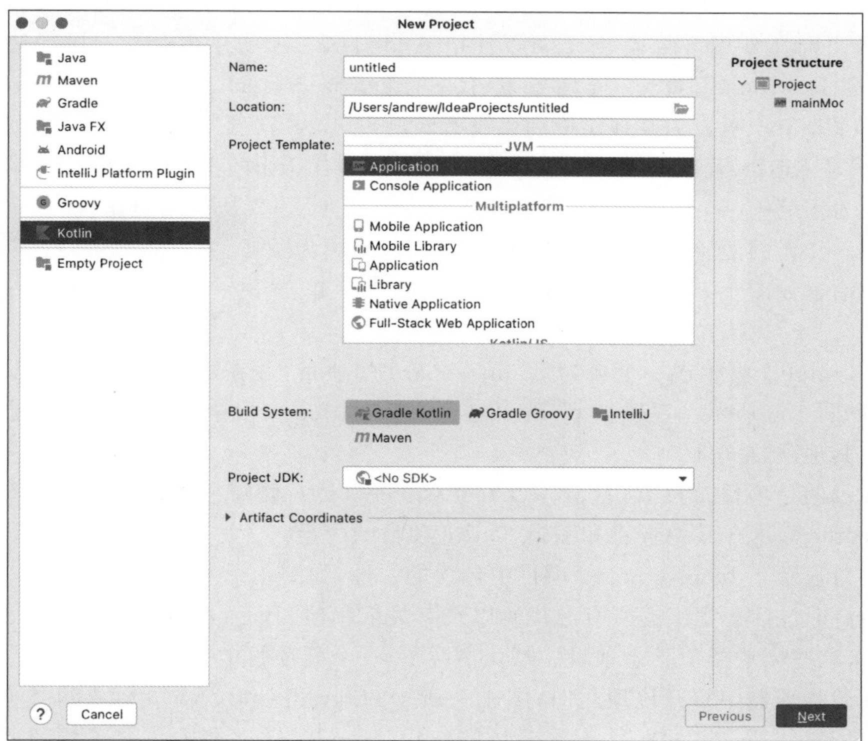

图 1.4　创建一个 Kotlin 项目

当提及 Kotlin 时，大多数人想到的会是 Kotlin/JVM。每当编写面向 Java 虚拟机的代码时，都会使用 Kotlin/JVM。类似地，若想从 Kotlin 代码生成 JavaScript 代码，可以使用 Kotlin/JS。而 Kotlin/Native 则适用于所有编译为本机机器码的 Kotlin 程序。正如标题 Multiplatform 的字面含义，只要条件允许，就可以使用 Kotlin/Native 跨平台构建软件，如 iOS 库、本机桌面应用程序以及嵌入式设备等。

从现在开始，将 Java 虚拟机称为 JVM，1.5 节中会介绍更多关于 JVM 的内容。

Kotlin/JVM 是以上 3 个平台中最成熟的一个。它是 Kotlin 支持的第一个平台，并一直是 Kotlin 开发的常用平台之一。本书大部分内容中使用的都是 Kotlin/JVM，这样做的原因有以下几点。

(1) JVM 更加容易实现平台独立性：只要 JVM 可以运行的地方，代码也都可以运行。无论体系结构如何，都可以在每台计算机上发布一个二进制文件。

(2) Java 是一种非常成熟的语言，它提供了很多 API，在本书中也会用到这些 API。与本机平台中可用的较低级别的 API 相比，高级别 API 使得完成某些任务更加容易。

(3) 本书中的示例都是在 IDE 中执行的，但实际上可以在任何终端运行。与此对应的，因为 JavaScript 主要在浏览器运行，所以 Kotlin/JS 不是一个特别理想的平台。

Kotlin 在这 3 个平台上的表现非常相似，因此，关于 Kotlin/JVM 的所有知识都直接适用于 Kotlin/SJS 和 Kotlin/Native。并非所有的 API 都可以在所有平台中使用，因此，当使用仅在 JVM 上可用的 API 时，本书会给出注释。在第 24～26 章中，可以学习到更多如何在其他平台上使用 Kotlin 的内容。

继续设置新项目，对于图 1.4 中的 Build System，选择 Gradle Groovy。对于 Project JDK，选择一个可以将项目链接到 Java 开发工具包(Java Development Kit，JDK)的 Java 版本。建议使用介于 Java 8 (通常表示为 Java 1.8)和 Java 15 之间的版本。

如果下拉列表中没有列出适当版本的 Java，则表示 IntelliJ 没有在计算机中检测到 Java。如果确定已经安装了 JDK 并希望使用该版本，那么可以使用 Add JDK... 选项并在磁盘上找到安装路径。否则，IntelliJ 可以通过 Download JDK... 选项安装 JDK(建议将 Version 设置为 15，将 Vendor 设置为 AdoptOpenJDK(HotSpot)，设为其他供应商也没有问题)。IntelliJ 安装完成后，就可以开始工作了。

使用 JDK 编写 Kotlin 程序的主要原因是，JDK 允许 IntelliJ 访问 JVM 和 Java 工具，这些工具是将 Kotlin 代码转换为字节码(bytecode)所必需的(稍后将详细介绍)。从技术上来讲，任何 JDK 6 及更高版本都可以使用。作者的经验是 JDK 8 或更高版本用起来更为顺畅。

设置后的对话框如图 1.5 所示时，单击 Next 按钮，然后单击下一个对话框中的 Finish 按钮，以确认设置。

设置完成后，IntelliJ 将生成一个名为 bounty-board 的项目，并在默认的双窗格(two-pane)视图中显示新的项目，如图 1.6 所示。在磁盘上，IntelliJ 会在 Location 字段中指定的位置创建一个文件夹、一组子文件夹以及其他项目文件。

左侧窗格显示的是**项目工具窗口(project tool window)**。右侧窗格目前为空，创建新项目后，右侧显示为**编辑器(editor)**，可在其中查看和编辑 Kotlin 项目的内容。

项目工具窗口显示了 bounty-board 项目中包含的文件，如图 1.7 所示。

项目(project)中包括了程序的所有源代码以及有关依赖项和配置信息。项目可以分解为一个或多个**模块(module)**，这些模块类似于子项目。默认情况下，一个新项目中有一个模块。

当在文件资源管理器中打开该项目时，图 1.7 所示的 .gradle 和 .idea 文件夹可能会被隐藏。它们是"幕后"(behind the scenes)文件夹，不需要访问它们。.gradle 文件夹中包含了构建系统所使用的缓存，.idea 文件夹中包含了项目和 IDE 的设置文件。

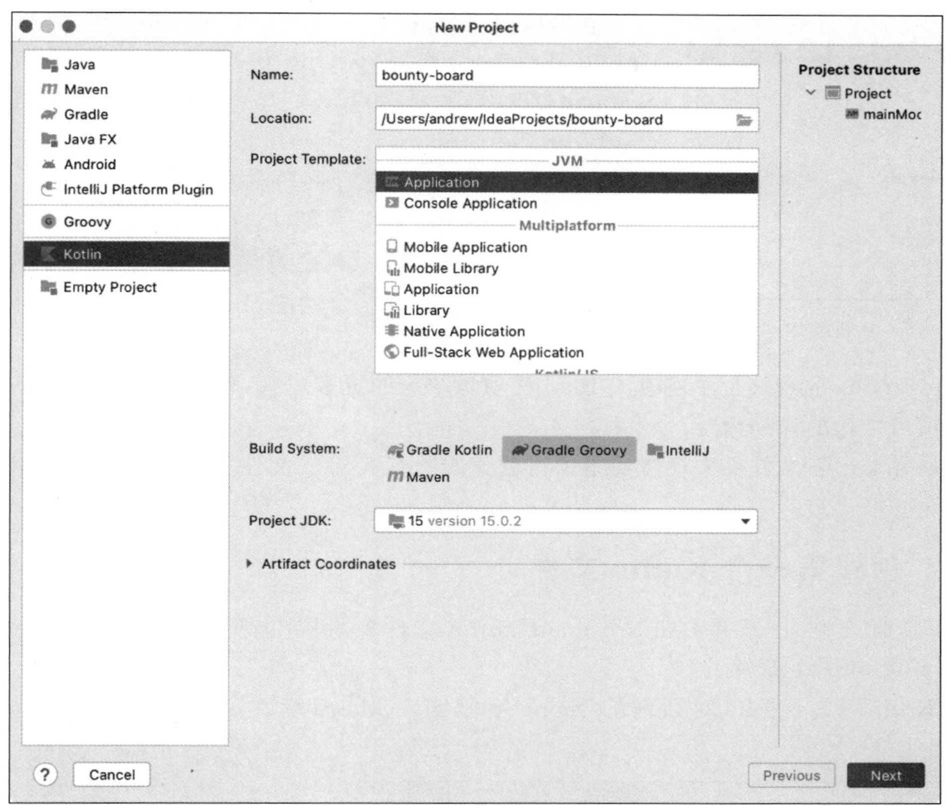

图 1.5　设置项目

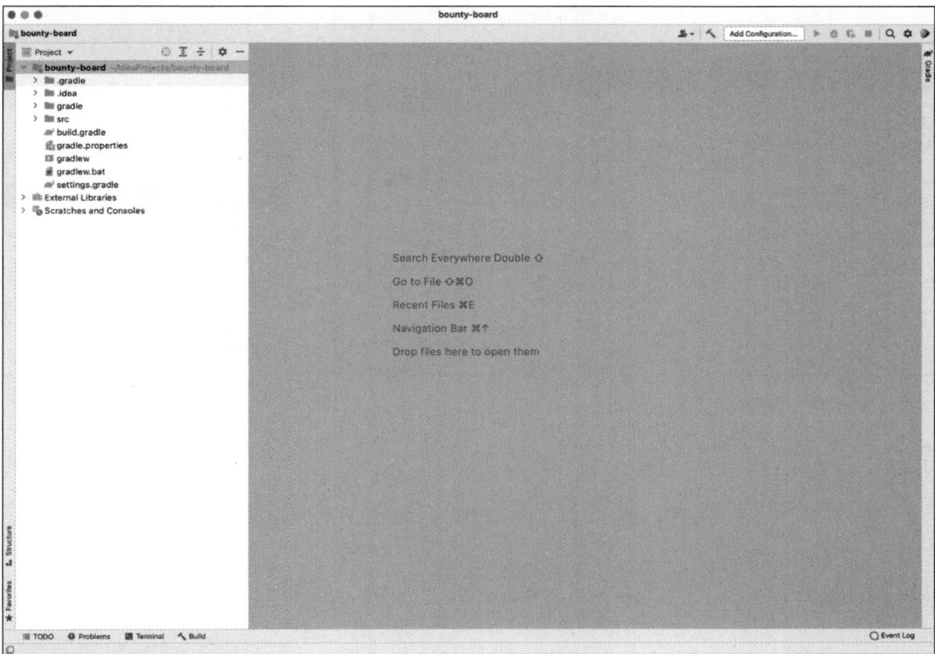

图 1.6　默认的双窗格视图

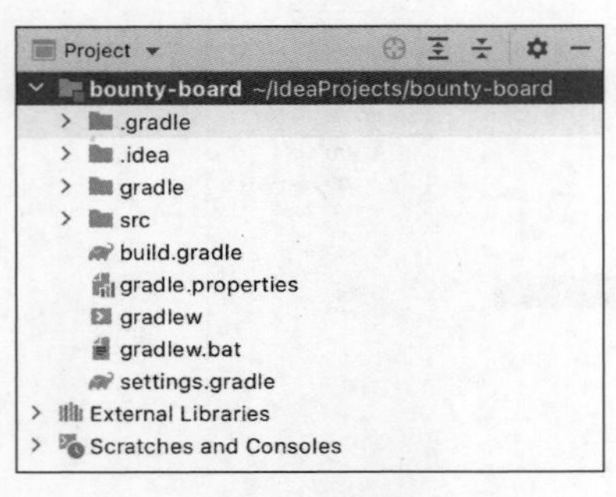

图 1.7　项目视图

gradle 文件夹以及如 gradlew 和 gradlew. bat 等文件用于 **Gradle Wrapper**，这是 Gradle 构建系统的一个自包含（self-contained）副本，无须将 Gradle 安装到计算机上即可使用。build. gradle、gradle. properties 和 settings. gradle 文件是 Gradle 构建系统的配置文件。它们定义了各种信息，如项目名称、语言级别、项目模块以及项目中的依赖关系等，项目会保留这些自动生成的文件。

External Libraries 条目中包含了项目依赖的库的信息。展开此条目，可以看到 IntelliJ 自动添加了 Java 和几个 Kotlin 标准库软件包作为项目的依赖项。

可以在 JetBrains 的网站上了解有关 IntelliJ 项目结构的更多内容，也可以在 Gradle 的网站上了解有关 Gradle 项目结构的详细内容。

在 src/main/kotlin 文件夹中存放的是项目创建的所有 Kotlin 文件。这样，就可以创建并编辑第一个 Kotlin 文件了。

1.2.1　创建第一个 Kotlin 文件

在项目工具窗口中，打开并右击 src/main/kotlin 文件夹。从出现的菜单中选择 New，然后选择 Kotlin Class/File，如图 1.8 所示。

在 New Kotlin Class/File 对话框的 Name 字段键入 Main，然后在如下的文件类型列表中双击 File，如图 1.9 所示。

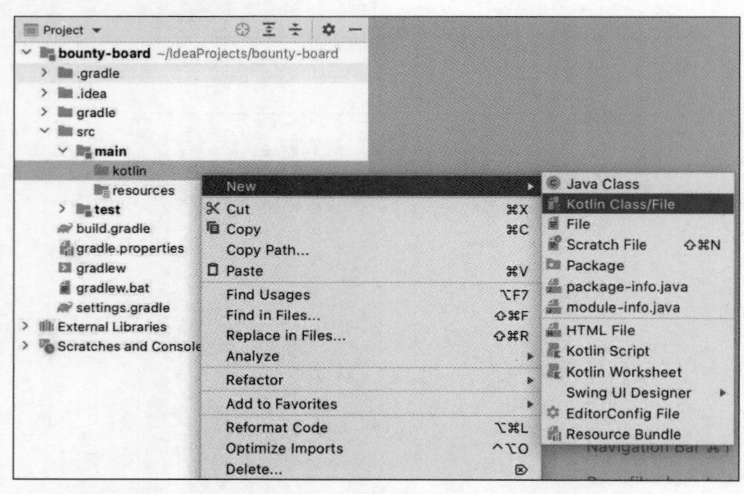

图 1.8　创建一个新的 Kotlin 文件

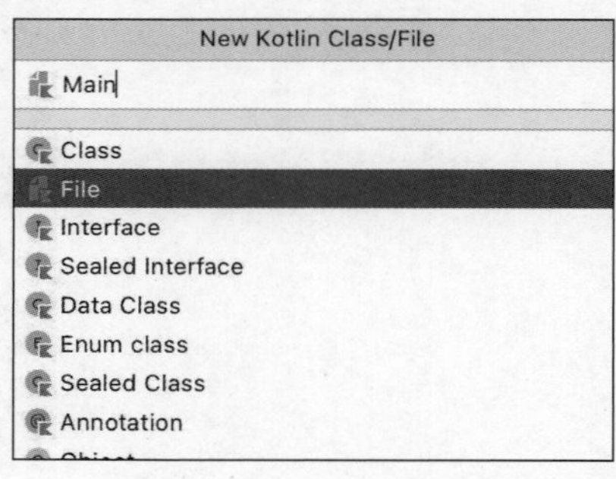

图 1.9　命名一个文件

IntelliJ 将会在项目中创建一个新文件 src/main/kotlin/Main. kt，并在 IntelliJ 窗口右侧的编辑器中显示文件的内容，如图 1.10 所示。扩展名. kt 表示文件包含 Kotlin，就像扩展名. java 用于 Java 文件或扩展名. py 用于 Python 文件一样。

最后，可以编写 Kotlin 代码了。在 Main. kt 编辑器中输入以下代码（书中需要输入的代码会标为粗体）：

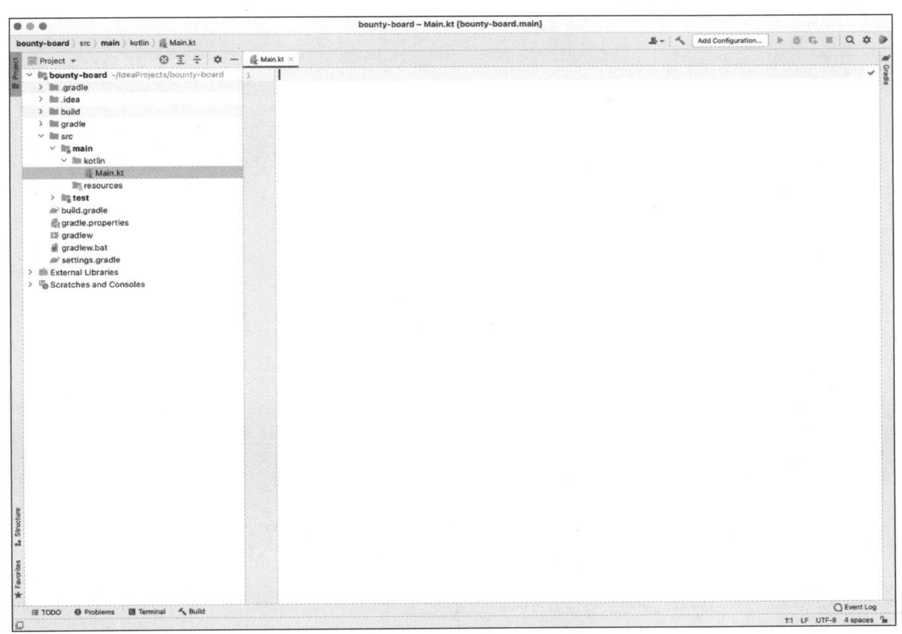

图 1.10　编辑器中显示的空的 Main.kt 文件

程序清单 1.1　在 Kotlin 中输出"Hello，world!"（Main.kt）

```
fun main() {
    println("Hello, world!")
}
```

程序清单 1.1 中的代码定义了一个新的函数，函数其实就是将来可以运行的一组指令。第 4 章中将详细介绍如何定义和使用函数。

这个特殊的函数——main()函数，在 Kotlin 中有着特殊的含义。main()函数指明了程序的起始位置，被称为应用**程序入口函数（application entry point）**，必须定义这样的一个入口函数才能运行 bounty-board 程序（或任何其他程序）。书中开发的每个项目都将从 main()函数开始执行。

此处的 main()函数仅包含了一条指令，也称为**语句（statement）**：println("Hello，world!")。println()也是一个函数，内置于 **Kotlin 标准库（Kotlin standard library）**中，可用于 Kotlin 支持的所有平台。当程序开始运行并执行 println("Hello，world!")函数时，IntelliJ 会将括号内的所有内容输出至屏幕（不包括双引号，因此，本例中输出为 Hello，world!）。

1.2.2　运行 Kotlin 文件

程序清单 1.1 中的代码输入完成后，IntelliJ 将在代码第一行的左侧显示按钮 ▶，称为"运行"按钮，如图 1.11 所示（如果该图标没有出现，或者在选项卡的文件名下或输入的任何代码下看到一条红线，则表示代码中有错误。仔细检查键入的代码是否与程序清单 1.1 中所示的代码完全相同）。

现在，就可以让程序运行起来了。单击运行按钮 ▶，从出现的菜单中选择 Run 'MainKt'，如图 1.12 所示，就可以告知 IntelliJ 运行程序了。

当程序运行时，IntelliJ 将执行大括号{}内的代码，每次执行一行，直至最后终止执行。它还会在 IntelliJ 窗口的底部显示一个新的工具窗口，如图 1.13 所示。

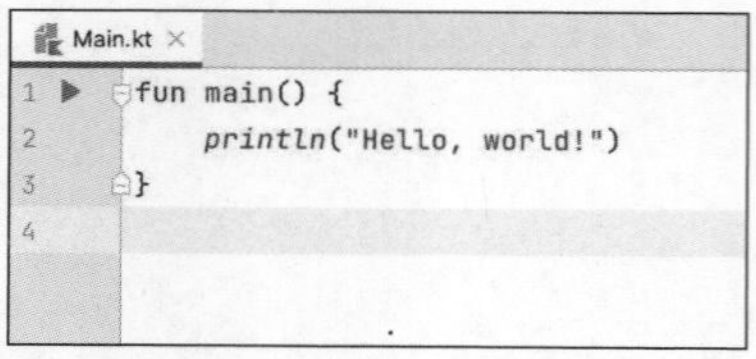

图 1.11　运行按钮

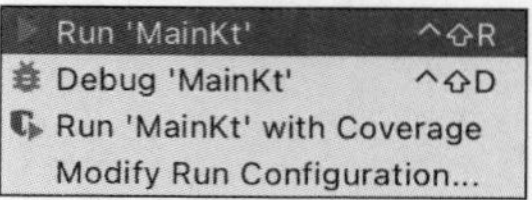

图 1.12　运行 Main. kt

图 1.13　运行工具窗口（控制台）

该窗口称为**运行工具窗口**（**run tool window**），也称为**控制台**（**console**）（后续统一称为控制台），它显示了 IntelliJ 执行程序时所发生情况的信息以及程序的所有输出。现在，应该可以看到 Hello，world！已经输出至控制台了，同时还应该可以看到如下信息：Process finished with exit code 0，这就表示程序执行成功了。当程序没有错误时，该行将出现在所有控制台输出的末尾，本书后续就不再强调控制台显示该信息。

1.2.3　Kotlin/JVM 代码的编译和执行

从选择运行按钮，到选择菜单中的 Run 'MainKt'选项，再到 Hello，world！输出至控制台，在这很短的时间内，其实发生了很多事情。

首先，IntelliJ 使用 kotlinc-jvm **编译器**（**compiler**）对 Kotlin 代码进行了**编译**（**compile**）。编译器是一种将源代码转换为较低级别语言以创建可执行程序的程序。如果面向的是不同的平台，IntelliJ 将根据情况使用 kotlinc-js 或 kotlinc-native。

kotlinc 三种变体的工作方式大致相同。当 kotlinc-jvm 运行时，会将编写的 Kotlin 代码转换为字节码，JVM 使用的语言就是字节码。如果 kotlinc 在编译 Kotlin 代码时遇到任何问题，会显示一条出错消息，提示应如何解决该问题。否则，如果编译过程进展顺利，IntelliJ 将进入执行阶段。

在执行阶段，kotlinc-jvm 生成的字节码在 JVM 上执行。当 JVM 执行指令时，控制台显示程序的所有输出，例如输出 **println**()函数调用中指定的文本。

当没有更多的字节码指令需要执行时，JVM 就会终止。IntelliJ 会在控制台显示终止状态，以便了解程序到底是执行成功还是出现了错误代码。

学习本书，虽然不需要对 Kotlin 的编译过程有全面的了解。但是，我们还是会在第 2 章中更详细地讨论与字节码相关的内容。

1.3　Kotlin REPL

如果想测试一小段 Kotlin 代码，看看它运行时到底发生了些什么，就像用草稿纸粗略地记录一道数学题的解题步骤一样，这对学习 Kotlin 语言还是很有帮助的。幸运的是，IntelliJ 提供了一个无须创建文件就可以快速测试代码的工具：Kotlin REPL。

在 IntelliJ 中，选择 Tools→Kotlin→Kotlin REPL 命令，打开 Kotlin REPL 工具窗口，如图 1.14 所示。IntelliJ 将会在窗口底部显示 REPL 工具窗口，如图 1.15 所示。

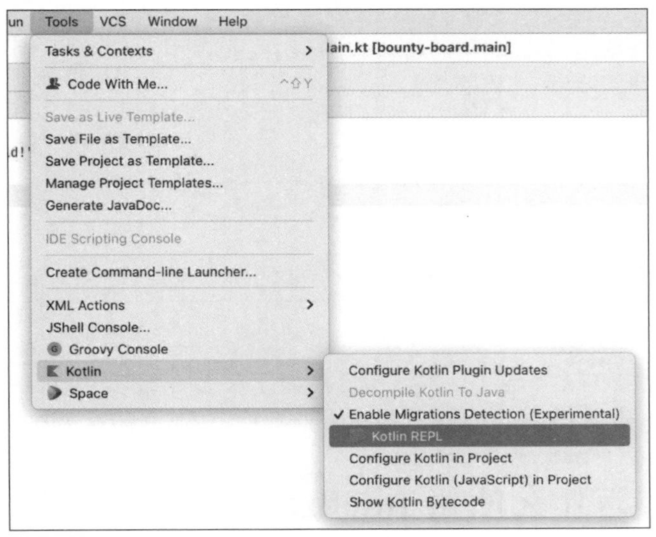

图 1.14　打开 Kotlin REPL 工具窗口

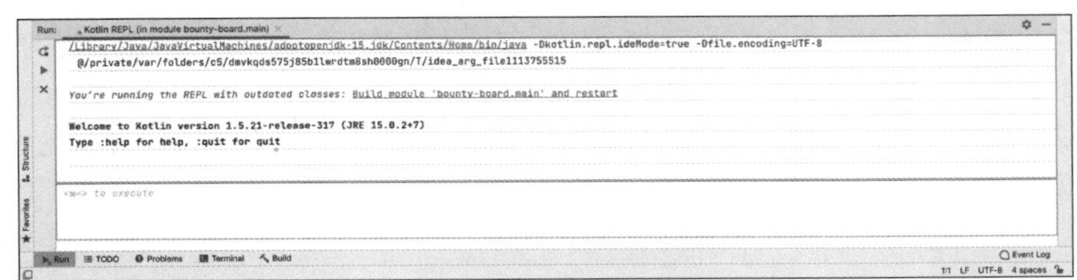

图 1.15　Kotlin REPL 工具窗口

可以试着在 REPL 窗口中键入代码，就像在编辑器中一样。不同的是，REPL 可以快速对代码进行评估，而无须编译整个项目。

启动 REPL 窗口时，可能会看到红色的警告文字，或者类似"running the REPL with outdated classes."之类的警告信息。一般来说，可以忽略这类警告。在使用 REPL 时，关于平台或 JVM 的一般问题都不会造成任何危害，因为不会在 REPL 中访问 bounty-board 项目的代码，所以不必担心这类警告。

在 REPL 中输入以下代码：

程序清单 1.2　"Hello，Kotlin！"（REPL）

```
println("Hello, Kotlin!")
```

输入代码后，按下组合键 Ctrl＋Enter，在 REPL 中评估代码。如图 1.16 所示，就可以看到输出结果为 Hello，Kotlin！

REPL 是"Read，Evaluation，Print，Loop"的缩写。可以在提示符处键入一小段代码，然后单击 REPL 左侧的运行按钮或按下组合键 Ctrl＋Enter 将其提交。然后，REPL 会**读取**（**read**）代码，**评估**（**evaluate**）（或运行）代码，并**输出**（**print**）结果或执行其他操作。一旦 REPL 执行完成，将把控制权返回，**循环**（**loop**）进程将重新开始。

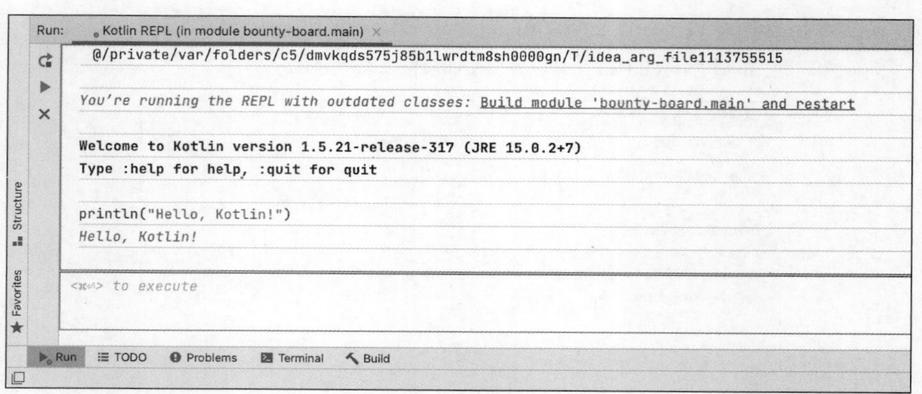

图 1.16 评估代码

Kotlin 的学习之旅已经正式开始了！本章中已经做了很多介绍，为后续的 Kotlin 编程学习奠定了基础。第 2 章将学习如何使用变量、常量和类型来表示数据，从而开始深入研究 Kotlin 语言的细节。

1.4 好奇之处：为什么使用 IntelliJ

Kotlin 可以使用任何纯文本编辑器进行编写。但是，一般建议使用 IntelliJ，尤其是在学习 Kotlin 时。正如提供拼写检查和语法检查的文本编辑软件可以使得撰写一篇符合语法规则的论文更容易一样，IntelliJ 可以使符合语法规则的 Kotlin 程序的编写更容易。IntelliJ 可在以下几方面提供帮助。

(1) 可以编写语法、语义正确的代码，具备语法突出显示、上下文敏感建议和自动代码完成等功能。

(2) 在应用程序运行时，可以使用断点调试和实时代码单步执行等功能运行并调试代码。

(3) 可以使用重构快捷方式(如重命名和提取常量)和代码格式来重构现有代码，以清理缩进和间距。

此外，因为 Kotlin 是由 JetBrains 公司创建的，IntelliJ 和 Kotlin 之间的集成经过精心设计，通常会带来令人愉快的编辑体验。另外，IntelliJ 是 Android Studio 开发 Andriod 应用的首选 IDE，所以如果喜欢，在这里学到的快捷方式和工具也可以直接应用到 Android Studio 中。

1.5 好奇之处：面向 JVM

JVM 是一款软件，知道如何执行一组称为字节码的指令。"面向 JVM"意味着将 Kotlin 源代码编译或翻译成 Java 字节码，以便在 JVM 上运行该字节码，如图 1.17 所示。

每个平台，如 Windows 或 macOS，都有自己的指令集。JVM 充当了字节码与运行 JVM 的不同硬件和软件环境之间的桥梁，用于读取一段字节码并调用与该字节码对应的特定于平台的指令。因此，不同的平台有不同版本的 JVM。这使得 Kotlin 开发人员能够编写独立于平台的代码，这些代码只需编写一次，然后编译成字节码，就可以在不同的设备上执行，而无须关注具体的操作系统。

由于 Kotlin 可以转换为 JVM 可执行的字节码，因此被认为是一种 JVM 语言。Java 可能是最著名的 JVM 语言，因为它是第一个。然而，其他的 JVM 语言，如 Scala、Groovy 和 Kotlin 等已经出现，这些语言从开发人员的角度弥补了 Java 的一些缺点。

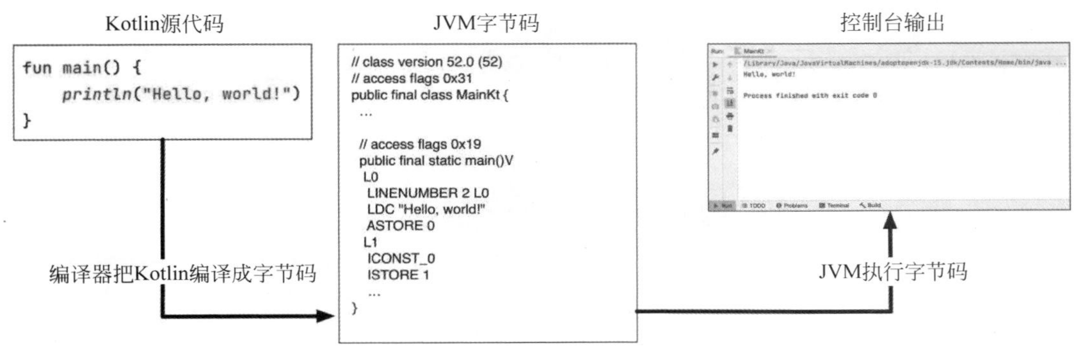

图 1.17　编译及执行的流程

1.6　挑战之处：REPL 算术运算

本书的许多章节都以一个或多个“挑战之处”结束。这些“挑战之处”需要读者自行完成，以加深对 Kotlin 的理解，并获得一些额外的经验。

使用 REPL 来探索 Kotlin 中的算术运算符是如何工作的：+、-、*、/和%。例如，在 REPL 中输入(9+12)*2，查看实际输出是否与预期一致。

如果想要进行深入了解，可以查看 Kotlin 标准库中的数学函数，并在 REPL 中进行测试。例如，测试一下函数 min(94,-99)，该函数应输出括号中两个数字中的最小值。

如果计划在 JVM 之外使用 Kotlin，在阅读标准库 API 引用时需注意彩色圆圈。这些指示给出了 API 所支持的平台。如图 1.18 所示，许多 API(如 AbsoluteValue)被认为是通用 API，适用于 Kotlin 支持的每个平台。

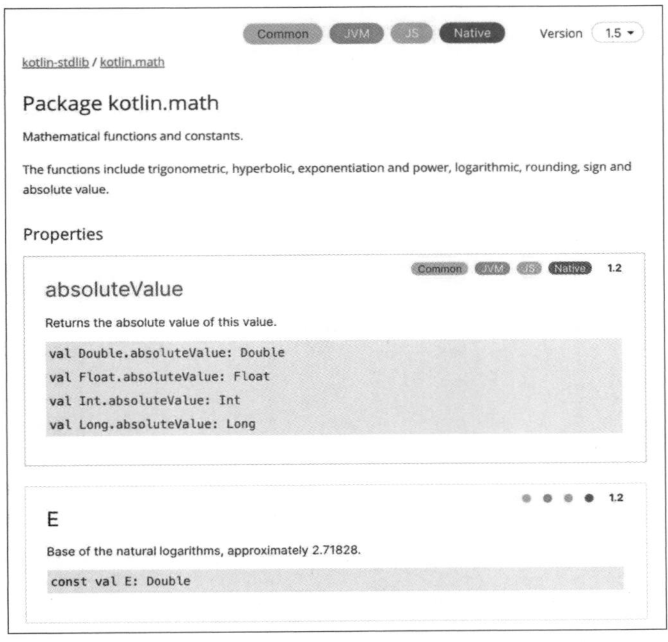

图 1.18　Kotlin API 文档中的平台支持

第2章

变量、常量和类型

本章将介绍程序中的基本元素：变量、常量以及 Kotlin 的基本数据类型。通常使用**变量**(**variable**)和**常量**(**constant**)来存储值并在应用程序中传递数据。**类型**(**type**)用来描述由常量或变量保存的特定类型的数据。

每种数据类型之间以及决定其使用方式的变量和常量之间都存在着巨大的差异。

2.1 类型

变量和常量都具有指定的数据类型，用来描述由变量或常量保存的数据，基于此，编译器可以进行**类型检查**(**type checking**)，这是 Kotlin 提供的一项功能，可防止将类型错误的数据分配给变量或常量。

为了将该想法付诸实施，可以编辑第 1 章中所创建的 bounty-board 项目中的 Main. kt 文件。如果在第 1 章中已经关闭了 IntelliJ，可以再次启动它。bounty-board 项目或许会自动打开，因为 IntelliJ 会自动地打开最近的项目；如果没有自动打开，需要从欢迎对话框中的最近文件列表中打开，或者选择 File→Open Recent→bounty-board 命令来打开。

2.2 声明变量

想象一下，正在编写一个为玩家分配任务的冒险游戏。这些任务的难度应该随着玩家的成长和游戏的进展而不断增加，这样可能就需要一个变量来跟踪玩家的游戏进度。

在 Main. kt 文件中，创建第一个变量 playerLevel，并为其赋值，详见程序清单 2.1。

程序清单 2.1　声明一个变量 playerLevel(Main. kt)

```
fun main() {
    println("Hello, world!")
    var playerLevel: Int = 4
    println(playerLevel)
}
```

此处，将 **Int** 类型的一个实例赋给了名为 playerLevel 的变量，仔细阅读代码的每一部分。

(1) 使用关键字 var 定义一个变量，即表示要声明一个新的变量，后跟该新变量的名称。

(2) 为变量指定了类型，Int 表示在变量 playerLevel 中将会保存一个整数值。

(3) 使用**赋值运算符**(**assignment operator**)(=)将右边的内容(**Int** 类型的一个实例，此处为 4)赋值给左边的变量(playerLevel)。

图 2.1 以图表的形式给出了变量 playerLevel 的定义。

定义变量后，使用 **println()** 函数将其值输出至控制台。

单击 **main()** 函数旁边的运行按钮，并选择 Run 'MainKt' 来运行程序；也可以通过单击 IntelliJ 菜单栏中的"运行"按钮来运行程序。输出至控制台的结果是 4，即赋给变量 playerLevel 的值。

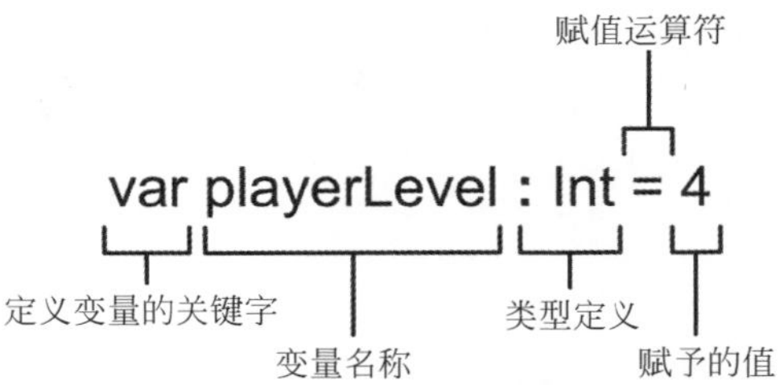

图 2.1　变量定义的剖析

现在，尝试为变量 playerLevel 赋值为 thirty-two（程序清单中的删除线表示需删除的代码），如程序清单 2.2 所示。

程序清单 2.2　将"thirty-two"赋值给 playerLevel（Main.kt）

```
fun main() {
    println("Hello, world!")
    var playerLevel: Int = 4
    var playerLevel: Int = "thirty - two"
    println(playerLevel)
}
```

单击"运行"按钮再次运行 **main()** 函数。这一次，Kotlin 编译器会给出如下的错误信息：

```
e: Main.kt: (3,28): Type mismatch: inferred type is String but Int was expected
```

当输入程序清单 2.2 中的代码时，注意 thirty-two 下面的红色下画线，这是 IntelliJ 给出的程序出错的信号。将鼠标悬停在 thirty-two 之上，就可以看到问题的详细信息，如图 2.2 所示。

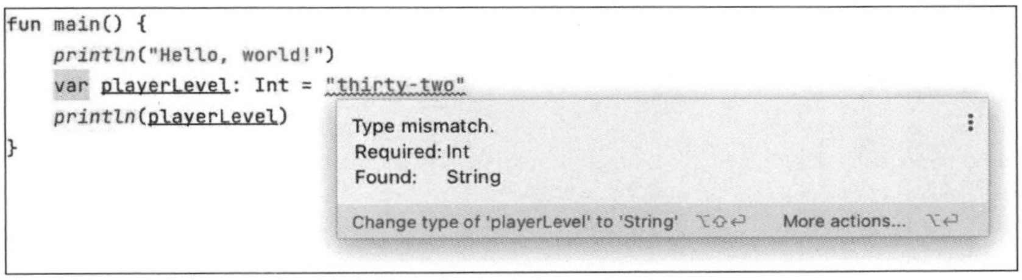

图 2.2　类型不匹配的提示框

Kotlin 使用的是**静态类型系统**（**static type system**）——这就意味着编译器通过类型来标记定义的源代码，以确保所编写代码的有效性。静态类型也意味着，一旦定义了变量，就不能在声明变量后更改其类型了。

输入代码时，IntelliJ 会对代码进行检查。注意编译器的报错信息，如赋值给具有不同类型的变量所导致的错误。该特性被称为**静态类型检查**（**static type checking**），它会在编译之前告知程序中存在的错误。

若想修复该错误，将 thirty-two 改回 4，赋给变量 playerLevel 与其声明类型匹配的 **Int** 值，如程序清单 2.3 所示。

程序清单 2.3　修复类型错误（Main.kt）

```
fun main() {
    println("Hello, world!")
    var playerLevel: Int = "thirty - two"
    var playerLevel: Int = 4
    println(playerLevel)
}
```

只要遵循类型系统的规则，就可以在程序执行过程中为变量重新赋值。例如，若玩家等级增加，可以为变量 playerLevel 赋予一个新值。将变量 playerLevel 设置为 5，如下所示。

程序清单 2.4　通过重置来增加变量 playerLevel 的值(Main.kt)

```
fun main() {
    println("Hello, world!")
    var playerLevel: Int = 4
    println(playerLevel)

    println("The hero embarks on her journey to locate the enchanted sword.")
    playerLevel = 5
    println(playerLevel)
}
```

运行更新后的 **main()** 函数，以查看本次赋值的实际结果。可以看到，数字 5 被输出在字符串"The hero embarks on her journey to locate the enchanted sword."后面的一行。

使用等号运算符(=)可以为变量赋予一个新值。这完全没有问题，但最好是将变量 playerLevel 递增，而不是将其直接设置为 5。采用递增是一个更好的选择，因为如果更改了玩家的初始级别，递增可以使得代码更加灵活。

当需要更改初始值、更新程序的初始设置时，采用重新赋值的办法来增加变量的值就会感觉非常麻烦，如程序清单 2.5 所示。

程序清单 2.5　递增变量 playerLevel(Main.kt)

```
fun main() {
    println("Hello, world!")
    println("The hero announces her presence to the world.")
    var playerLevel: Int = 4
    println(playerLevel)

    println("The hero embarks on her journey to locate the enchanted sword.")
    playerLevel = 5
    playerLevel += 1
    println(playerLevel)
}
```

将变量 playerLevel 赋值为 4 后，使用**加法赋值运算符(addition and assignment operator)**(+=)将原始值加 1。再次运行程序，可以看到问候语之后的玩家等级从 4 级增加到 5 级了。

Kotlin 还提供了其他的赋值方法。将变量 playerLevel 递增 1，还可以使用**递增运算符(increment operator)**++代替加法赋值运算符+=，如下所示：

```
playerLevel++
```

若是做减法而不是加法，可以使用**递减运算符(decrement operator)**--自减 1，或者使用**减法赋值运算符(subtraction and assignment operator)**-=减去任何值。此外，还有乘法赋值运算符 *= 及除法赋值运算符/=。第 5 章中会更详细地介绍数学运算的工作原理。

2.3　Kotlin 的内置类型

除了已经学习的 **Int** 类型变量以及在调用 println()函数时使用的 **String** 类型，Kotlin 还可以处理其他的类型，如 true/false、元素列表以及用于定义元素映射的键值对(key-value pairs)等。表 2.1 给出了 Kotlin 中常用的许多内置类型。

表 2.1　常用的内置类型

类　　型	描　　述	示　　例
String	字符串	"Madrigal" "happy meal"
Char	单个字符	'X' Unicode 字符集 U+0041
Boolean	布尔型	true false
Int	整型	5 "Madrigal".length
Double	双精度浮点数	3.14 2.718
List	元素的 Collection	3,1,2,4,3 "root beer","club soda","coke"
Set	独特元素的 Collection	"Larry","Moe","Curly" "Mercury","Venus","Earth","Mars","Jupiter", "Saturn","Uranus","Neptune"
Map	键值对的 Collection	"small" to 5.99,"medium" to 7.99,"large" to 10.99

如果还没有使用过以上所有这些类型，不用担心，本书将会逐步地进行介绍。特别地，将在第 6 章中学习更多关于字符串的内容，在第 5 章中学习关于数字的内容，并在第 9～10 章中学习 Collection 类型(Collection type)，即 List 集合、Set 集合和 Map 集合。

2.4　只读变量

到目前为止，已经学习了可以重新赋值的变量——也称为**可变的(mutable)**变量。通常，也会用到值不可以更改的变量。例如，在文本冒险游戏中，玩家的姓名在分配初始值后不应再进行更改。

Kotlin 为声明**只读(read-only)**变量提供了一种不同的语法，这些变量一旦被赋值就无法再进行修改了。

使用关键字 var 声明一个可以修改的变量。要想声明一个只读变量，需要使用关键字 val。

通俗地说，其值可以改变的变量称为 vars，只读变量则称为 vals。从现在起，将遵循这一约定，因为变量和只读变量的区别不大。vars 和 vals 都被认为是变量，因此继续统称其为变量。

下面，为玩家姓名添加一个 val 定义，并在姓名之后输出初始的玩家等级，如程序清单 2.6 所示。

程序清单 2.6　添加 val 变量 heroName(Main.kt)

```
fun main() {
    println("The hero announces her presence to the world.")

    val heroName: String = "Madrigal"
    println(heroName)
    var playerLevel: Int = 4
    println(playerLevel)

    println("The hero embarks on her journey to locate the enchanted sword.")
    playerLevel += 1
    println(playerLevel)
}
```

单击 **main**()函数旁边或菜单栏中的"运行"按钮来运行该程序，可以看到控制台中输出的变量 playerLevel 和 heroName 的值如下所示：

```
The hero announces her presence to the world.
Madrigal
4
The hero embarks on her journey to locate the enchanted sword.
5
```

接下来，尝试使用赋值运算符＝将 heroName 重新赋值为不同的 **String** 类型，然后再次运行程序，如程序清单 2.7 所示。

程序清单 2.7　尝试更改变量 heroName 的值(Main. kt)

```
fun main() {
    println("The hero announces her presence to the world.")

    val heroName: String = "Madrigal"
    println(heroName)
    var playerLevel: Int = 4
    println(playerLevel)

    heroName = "Estragon"

    println("The hero embarks on her journey to locate the enchanted sword.")
    playerLevel += 1
    println(playerLevel)
}
```

运行该程序，将会看到如下的编译错误：

```
e: Main.kt: (9, 5): Val cannot be reassigned
```

编译器提示：正试图修改一个 val 变量。因为一旦 val 变量被赋值，它就永远不能被重新赋值了。删除第二条赋值语句，以修复重新赋值的错误，如程序清单 2.8 所示。

程序清单 2.8　修复 val 重新赋值的错误(Main. kt)

```
fun main() {
    println("The hero announces her presence to the world.")

    val heroName: String = "Madrigal"
    println(heroName)
    var playerLevel: Int = 4
    println(playerLevel)

    heroName = "Estragon"

    println("The hero embarks on her journey to locate the enchanted sword.")
    playerLevel += 1
    println(playerLevel)
}
```

val 有助于防止意外更改本应为只读的变量。因此，建议在不需要改变变量值的时候使用 val。

IntelliJ 可以通过静态分析代码检测 var 何时可以成为 val。如果 var 从未更改，IntelliJ 会建议将其转换为 val，一般应遵循 IntelliJ 的建议，除非要编写重新赋值 var 的代码。若想查看 IntelliJ 的建议，可将变量 heroName 更改为 var，如程序清单 2.9 所示。

程序清单 2.9　更改 heroName 使其可被重新赋值(Main.kt)

```
fun main() {
    println("The hero announces her presence to the world.")

    val heroName: String = "Madrigal"
    var heroName: String = "Madrigal"
    println(heroName)
    var playerLevel: Int = 4
    println(playerLevel)

    println("The hero embarks on her journey to locate the enchanted sword.")
    playerLevel += 1
    println(playerLevel)
}
```

因为变量 heroName 的值从未被重新赋值,所以其类型不需要(也不应该)是 var。IntelliJ 利用颜色将带有关键字 var 的行进行突出显示。如果将鼠标悬停在关键字 var 上,IntelliJ 将会给出改进的建议,如图 2.3 所示。

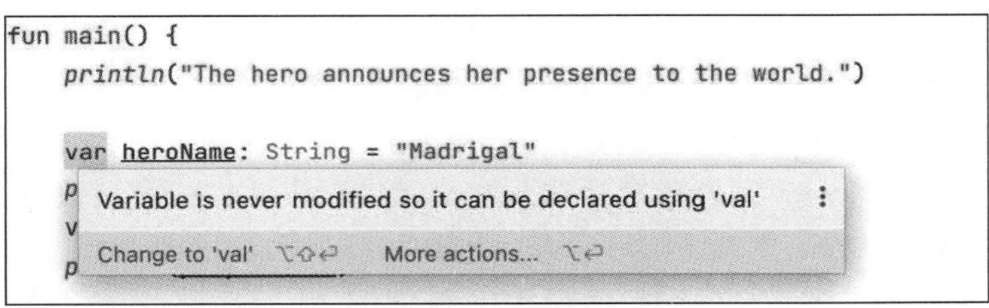

图 2.3　变量从未重新赋值的提示框

不出所料,IntelliJ 建议将变量 heroName 转换为 val。若要使用该建议,则单击变量 heroName 旁边的关键字 var,按组合键 Alt+Enter,在弹出窗口中选择 Change to val,如图 2.4 所示。

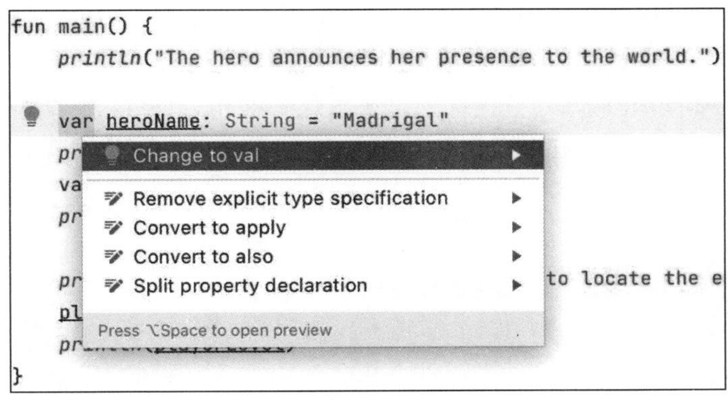

图 2.4　将变量转换为不可变的(immutable)

IntelliJ 自动将 var 转换为 val:

```
val heroName: String = "Madrigal"
println(heroName)
```

如前所述,建议尽可能使用 val。当不小心重新进行赋值时,Kotlin 会给出警告信息。此外,一定要重视 IntelliJ 给出的代码改进的建议,不一定必须采纳,但这些建议还是很有参考价值的。

2.5 类型推断

为变量 heroName 和 playerLevel 指定的类型定义在 IntelliJ 中是灰色的。灰色文本表示不必要或未使用的元素。将鼠标悬停在 **String** 类型定义上，IntelliJ 将会解释为什么不需要该元素，如图 2.5 所示。

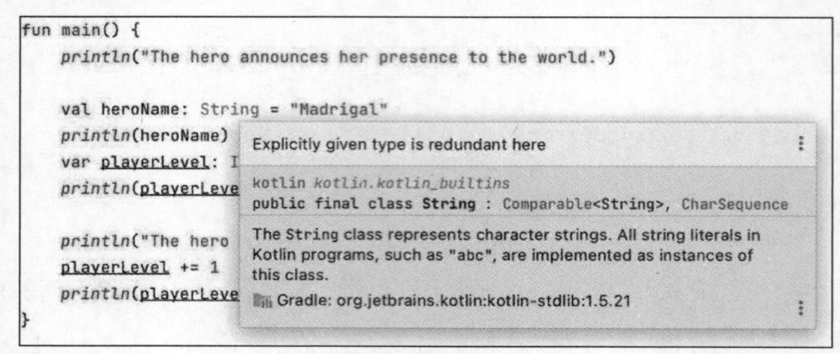

图 2.5　冗余的类型信息

IntelliJ 提示：该类型声明是“冗余的”(redundant)。这意味着什么？

Kotlin 中提供了一个名为**类型推断**(**type inference**)的特性，它允许省略变量的类型定义，这些变量可以在声明时被赋值。在声明 **String** 类型的数据时将其分配给了变量 heroName，将 **Int** 类型的数据分配给变量 playerLevel，所以 Kotlin 编译器会为这两个变量推断出适当的类型信息。

正如 IntelliJ 可以帮助将 var 更改为 val 一样，它也可以帮助删除不需要的类型规范。单击变量 heroName 旁边的 String 类型定义(:String)，然后按下组合键 Alt＋Enter(macOS 中为组合键 Option＋Return)。在弹出的窗口中单击 Remove explicit type specification，如图 2.6 所示。

:string 将会消失。对变量 playerLevel 重复以上过程，以便删除:Int。

无论是利用类型推断还是在声明变量时指定类型，编译器都会跟踪类型。在本书中，我们使用的是类型推断。类型推断有助于保持代码干净、简洁，并且在修改程序时更快捷。

顺便说一下，IntelliJ 将根据请求来显示任何变量的类型，包括那些使用类型推断的变量。如果对变量或表达式的类型有疑问，请单击其名称或突出显示代码的相应部分，然后选择 View→Type Info 命令，或使用组合键 Ctrl＋P(macOS 中为组合键 Ctrl＋P)。IntelliJ 将会显示其类型，如图 2.7 所示。

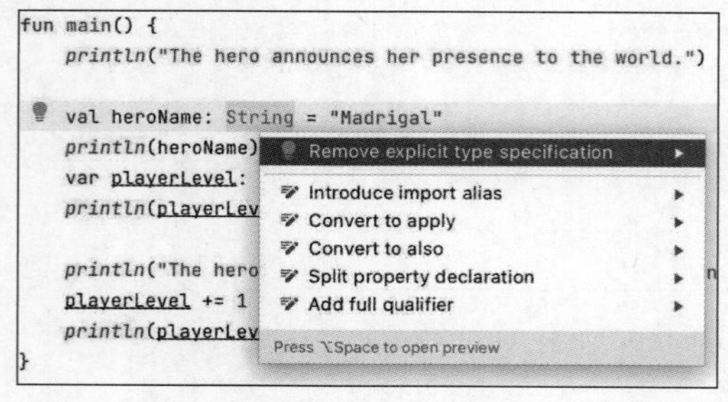

图 2.6　删除显式类型规范

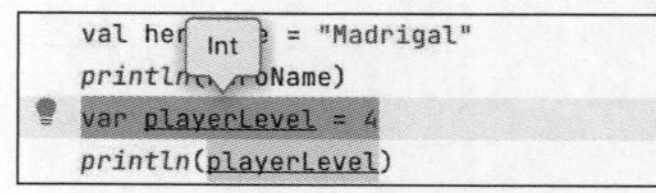

图 2.7　显示类型信息的提示框

2.6 编译时常量

前面已经说明，var 可以更改其值，而 val 不能。其实，这是个善意的谎言。实际上，在某些特殊情况下，val 可以返回不同的值，在第 13 章中会进行深入的讨论。如果有部分数据想要绝对且永远是不可变的(immutable)，考虑使用**编译时常量(compile-time constant)**。

编译时常量必须在任何函数(包括 **main()** 函数)的外部进行定义，因为它的值只能在**编译时(compile time)**(即程序编译时)进行赋值，这也正是其名称的由来。**main()** 函数和其他函数在**运行时(runtime)**(程序执行时)被调用，然后它们中的变量被赋值。在任何这些赋值发生之前，都存在编译时常量。

编译时常量也必须是以下基本类型之一，因为对常量使用更复杂的类型可能会危及编译时保证(compile-time guarantee)。第 14 章中将给出如何构造类型的更多内容。以下是编译时常量支持的基本类型：

- **String**
- **Int**
- **Double**
- **Float**
- **Long**
- **Short**
- **Byte**
- **Char**
- **Boolean**

英雄 Madrigal 的名字永远不会改变。Madrigal 是本游戏的主角，玩家将无权更改她的名字。通过将此值提取到常量中，可以在代码中表示此级别的不可变性(immutability)。在 Main. kt 文件中，将变量 heroName 移至 **main()** 函数声明的上方，并添加 const 修饰符，如程序清单 2.10 所示。

程序清单 2.10　声明编译时常量(Main. kt)

```
const val heroName = "Madrigal"
fun main() {
    println("The hero announces her presence to the world.")

    val heroName = "Madrigal"
    println(heroName)
    var playerLevel: Int = 4
    println(playerLevel)

    println("The hero embarks on her journey to locate the enchanted sword.")
    playerLevel += 1
    println(playerLevel)
}
```

在 val 前面增加 const 修饰符，意在告知编译器确保这个 val 的值永远不会被改变。在此情况下，无论发生什么，英雄的名字都可以保证为字符串值 Madrigal。这为编译器提供了在幕后执行优化的灵活性。进行此更改后，再次运行代码以确认输出是否相同。

在 Kotlin 中，惯例是使用 camelCase 作为变量名，使用所有字母均大写的 SNAKE_CASE 作为常量名。因此，与其调用新的常量 heroName，不如使用 HERO_NAME。

由于本书作为示例的项目规模很小，可以轻松地更改名称并更新 **main()** 函数中的一个引用。然而，在更大规模的项目中，这会是一个相当重的负担。幸运的是，IntelliJ 提供了重构工具，可以帮助进行整个项目范围内的代码更改。

右击常量 heroName，然后选择 Refactor→Rename 命令，如图 2.8 所示。

常量的名称将突出显示。输入 HERO_NAME，替换突出显示的文本。输入时，IntelliJ 将继续突出显示该常量，如图 2.9 所示。

输入时，注意 println(heroName)行将更新为新名称。IntelliJ 将在项目中查找常量的所有用法，并用新名称进行更新。这仅会影响 bounty-board 中的一行代码，但在一个大型项目中，IntelliJ 可以自动

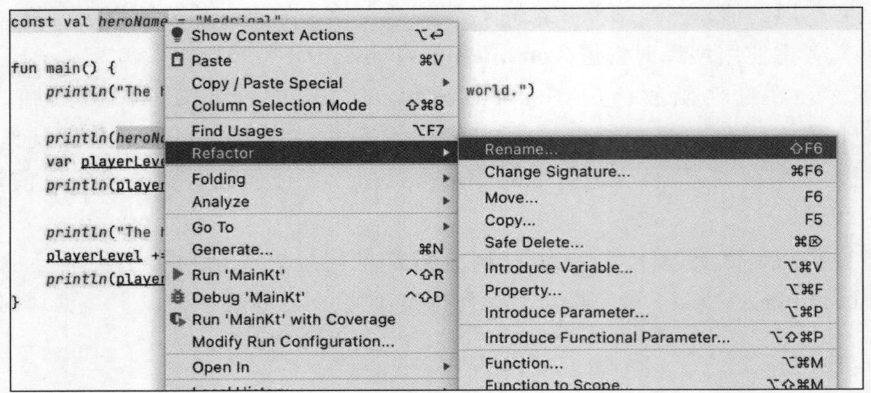

图 2.8　Refactor→Rename 菜单项

Main.kt

```
const val HERO_NAME = "Madrigal"
          No suggestions
          Press ⌥⇧O to show options popup
fun main() {
    println("The hero announces her presence to the world.")

    println(HERO_NAME)
    var playerLevel = 4
    println(playerLevel)

    println("The hero embarks on her journey to locate the enchanted sword.")
    playerLevel += 1
    println(playerLevel)
}
```

图 2.9　重命名常量

对大量的文件进行更新。

输入完新名称后，按下 Enter 键（macOS 中为 Return 键）以确认所做的更改。

2.7　检查 Kotlin 字节码

在第 1 章中已经了解到，Kotlin 可用于编写在 JVM 上运行的程序，即在 JVM 中执行 Java 字节码。当面向 JVM 时，检查 Kotlin 编译器生成的在 JVM 上运行的 Java 字节码通常很有用。本书的若干章节都可以查看字节码，作为分析特定语言如何在 JVM 上工作的一种方法。

了解如何检查与编写的 Kotlin 代码相当的 Java 代码，是理解 Kotlin 如何工作的一项很好的技能，特别是在具备 Java 编程经验的情况下。如果没有特定的 Java 经验，那么 Java 代码可能具有与用过的其他语言一样的特性，因此，不妨将其视为伪代码，以帮助理解。编程新手选择了 Kotlin，就是选择了一种更简洁的语言，它可以表达与 Java 相同的逻辑，但所用的代码更少。

例如，如果想知道 IntelliJ 使用类型推断如何在 Kotlin 定义变量时影响生成的在 JVM 上运行的字节码，可以使用 Kotlin 字节码的工具窗口。

在 Main.kt 文件中，按下两次 Shift 键打开 Search Everywhere 对话框。在搜索框中输入 show kotlin bytecode，然后从可用操作列表中选择 Show Kotlin Bytecode，如图 2.10 所示。

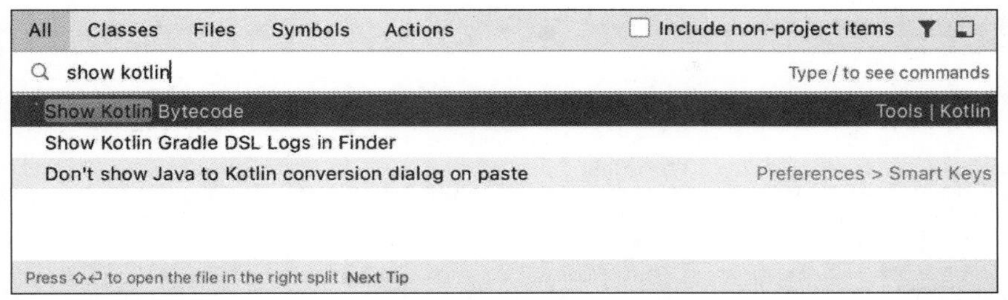

图 2.10　显示 Kotlin 字节码

Kotlin 字节码的工具窗口如图 2.11 所示。也可以使用 Tools→Kotlin→Show Kotlin Bytecode 命令打开该工具窗口。

Kotlin Bytecode

Decompile　☑ Inline　☑ Optimization　☑ Assertions　☐ IR Target: 1.8

```
// ================MainKt.class =================
// class version 52.0 (52)
// access flags 0x31
public final class MainKt {


  // access flags 0x19
  public final static Ljava/lang/String; HERO_NAME = "Madrigal"
  @Lorg/jetbrains/annotations/NotNull;() // invisible

  // access flags 0x19
  public final static main()V
   L0
    LINENUMBER 4 L0
    LDC "The hero announces her presence to the world."
    ASTORE 0
   L1
    ICONST_0
    ISTORE 1
   L2
    GETSTATIC java/lang/System.out : Ljava/io/PrintStream;
    ALOAD 0
    INVOKEVIRTUAL java/io/PrintStream.println (Ljava/lang/Object;)V
   L3
   L4
    LINENUMBER 6 L4
    LDC "Madrigal"
    ASTORE 0
   L5
    ICONST_0
    ISTORE 1
   L6
    GETSTATIC java/lang/System.out : Ljava/io/PrintStream;
    ALOAD 0
    INVOKEVIRTUAL java/io/PrintStream.println (Ljava/lang/Object;)V
   L7
   L8
    LINENUMBER 7 L8
```

图 2.11　Kotlin 字节码的工具窗口

如果字节码很难看懂，不要害怕。可以将字节码翻译成 Java 语言，用更熟悉的表述方式来查看它。在字节码的工具窗口中，单击左上角的 Decompile 按钮，将会打开 Main. decompile. java 选项卡，如图 2.12 所示，这就是 Kotlin 编译器为 JVM 生成的字节码的 Java 版本。

```
Main.kt × Main.decompiled.java ×
import kotlin.Metadata;
import org.jetbrains.annotations.NotNull;

@Metadata(
   mv = {1, 5, 1},
   k = 2,
   d1 = {"\u0000\u000e\n\u0000\n\u0002\u0010\u000e\n\u0000\n\u0002\u0010\u0002\n\u0000\u001a\u0006\u0010\u0002\u001a
\u00020\u0003\"\u000e\u0010\u0000\u001a\u00020\u0001X\u0086T¢\u0006\u0002\n\u0000¨\u0006\u0004"},
   d2 = {"HERO_NAME", "", "main", "", "bounty-board"}
)
public final class MainKt {
   @NotNull
   public static final String HERO_NAME = "Madrigal";

   public static final void main() {
      String var0 = "The hero announces her presence to the world.";
      boolean var1 = false;
      System.out.println(var0);
      var0 = "Madrigal";
      var1 = false;
      System.out.println(var0);
      int playerLevel = 4;
      var1 = false;
      System.out.println(playerLevel);
      String var5 = "The hero embarks on her journey to locate the enchanted sword.";
      boolean var2 = false;
      System.out.println(var5);
      int playerLevel = playerLevel + 1;
      var1 = false;
      System.out.println(playerLevel);
   }

   // $FF: synthetic method
   public static void main(String[] var0) {
      main();
   }
}
```

图 2.12　反向编译字节码

有时，字节码检查器会在反向编译的代码中显示红色下画线。这是因为 Kotlin 和 Java 之间在交互时可能会出现状况，不是什么大问题，可以忽略反向编译的 Java 字节码中出现的警告信息和错误信息。

找到 playerLevel 的变量声明：

```
int playerLevel = 4;
```

尽管在 Kotlin 源代码中省略了两个变量定义中的类型声明，但生成的字节码包含了显式类型定义。这就是在 Java 中声明变量的方式，字节码提供了 Kotlin 类型推断支持的幕后操作。

在后续的章节中，将会深入研究反向编译的 Java 字节码。现在，先关闭 Main. decompiled. java（单击其选项卡中的 X）和字节码的工具窗口（使用右上角的图标×）。

不幸的是，该工具仅在 Kotlin 代码面向 JVM 时有效。Kotlin/JS 代码会转换为 JavaScript，Kotlin/Native 代码会向下编译为本机代码。对于后两个平台，都没有要检查的字节码。我们鼓励在面向 JVM 时，在整本书中充分利用这一工具。在学习 Kotlin 语言时，它可能是非常宝贵的——尽管可能会发现，随着越来越熟悉这门语言，会越来越少地使用它。

本章介绍了如何在 var 和 val 中存储基本数据，并了解何时去使用它们，具体取决于是否需要更改它们的值。同时，还介绍了使用编译时常量声明不可变的值，以及 Kotlin 如何利用类型推断的优势，在每次声明变量时都可以节省输入的代码。在本书的学习过程中，将会不断用到以上所有的这些基本工具。

第 3 章将学习如何使用条件语句来表示更复杂的状态。

2.8 好奇之处：Kotlin 中的 Java 基本类型

在 Java 中存在两种类型：引用类型(reference type)和基本类型(primitive type)。引用类型具有匹配的源代码定义。一些引用类型也称为装箱(boxed)或对象(object)类型。Java 还提供了基本类型(通常称为 primitives),该类型没有源文件定义,而是用特殊的关键字来表示。

Java 中引用类型的名称以大写字母开头,表示它们由源定义支持。下面是使用 Java 引用类型定义的 playerLevel：

```
Integer playerLevel = 4;
```

Java 基本类型的名称以小写字母开头：

```
int playerLevel = 4;
```

Java 中的所有基本类型都有相应的引用类型(但并不是所有的引用类型都有对应的基本数据类型)。

选择引用类型的一个原因是 Java 语言的某些特性只有在使用引用类型时才可用。例如,将在第 18 章中学习的泛型(generics)就不适用于基本数据类型。引用类型也可以比 Java 基本类型更容易使用 Java 的面向对象特性。第 13 章中将学习面向对象编程和 Kotlin 的面向对象特性。

另外,基本类型提供了更好的性能以及其他的一些好处。

与 Java 不同,Kotlin 只提供了一种类型：引用类型。

```
var playerLevel: Int = 4
```

Kotlin 采用这种设计的原因有很多。首先,如果无法在类型之间进行选择,那么就不会出现把自己逼到要在多种类型中进行选择的地步。例如,假设定义了一个基本类型的实例,然后意识到需要使用泛型特性,这就要求是引用类型,Kotlin 中只有一种引用类型,也就意味着此类问题永远不会碰到。

Java 的基本类型提供了比引用类型更好的性能,但是,再看一下前面提到的反向编译字节码中的变量 playerLevel：

```
int playerLevel = 4;
```

如小写的 int 所示,使用了基本类型来代替引用类型。如果 Kotlin 只有引用类型,为什么会这样? Kotlin 编译器将尽可能在 Java 字节码中使用基本类型,因为它们确实提供了更好的性能。

Kotlin 提供了简单的引用类型和底层基本类型。在 Kotlin 中,可以找到与 Java 中熟悉的 8 种基本类型对应的引用类型。

2.9 挑战之处：hasSteed

在第 1 章中,"挑战之处"是在 Kotlin REPL 中尝试一些数学运算。本书中其余的大部分"挑战之处"都是基于一直在做的项目——bounty-board。在开始挑战之前,制作一份项目副本,并在该副本中攻克挑战。许多章节都是建立在前若干章的基础之上的,在项目副本中解决挑战可以确保能够在学习本书的过程中取得进步。

此处为第一个基于 bounty-board 的挑战：在文本冒险游戏中,玩家可以将一条龙或一只牛头怪(minotaur)作为坐骑。定义一个名为 hasSteed 的变量来跟踪玩家是否获得了坐骑。给变量一个初始状态,表明玩家尚未获得坐骑。

在进行这些更改之前，切记创建 bounty-board 的副本。第 3 章将继续扩展 bounty-board 项目，并不要求玩家配有坐骑。

2.10 挑战之处：The Unicorn's Horn 酒吧

想象一下冒险游戏中的如下场景：

英雄 Madrigal 来到了一家名为 The Unicorn's Horn 的酒吧。店主问："你需要一匹骏马吗？"

"不，"Madrigal 回答道，"我没有骏马。但我有 50 块金币，我只想喝一杯。"

"好的，"店主说。"本店有蜂蜜酒、葡萄酒以及拉克罗伊(LaCroix)。你要喝点什么呢？"

对于本挑战来说，在 hasSteed 变量下面添加 The Unicorn's Horn 酒吧场景所需的变量，尽可能使用类型推断和赋值。添加变量以保存酒馆的名称、当日酒吧柜台老板的姓名以及玩家迄今为止获得的金币数量等。

注意：The Unicorn's Horn 酒吧有一个菜单，英雄人物可以从中选择饮料。对于采用什么类型表示菜单可参阅表 2.1。

2.11 挑战之处：魔镜

Madrigal 已经精神抖擞，准备好迎接挑战性的任务了。

你的英雄发现了一面魔镜，可以向玩家展示他们的 HERO_NAME 的映像。使用 **String** 类型的魔法，将 HERO_NAME 字符串 Madrigal 转换为 lagirdaM，即字符串的映像。

要想完成该挑战，可以参阅 Kotlin 官网提供的 **String** 类型的相关文档，在其中会发现一个特定类型可以执行的操作通常都非常直观地进行了命名(即提示)。

第二部分

基本语法

在程序设计中，变量和输出语句只能确保走到目前的程度。本书第二部分介绍的是几乎会出现在每个 Kotlin 应用程序中的基本组件。

使用在基本应用程序中希冀可以用到的所有语言特性，可以对 bounty-board 项目进行扩展。如果不是编程新手，这些语言特性在其他编程语言中很有可能都用过了。即便如此，这些概念在 Kotlin 的语言中的应用，仍有很多值得学习的地方。

第3章

条件判断

本章介绍如何定义代码应该在何时执行的规则。这种语言特性被称为**控制流程**(**control flow**),它描述了程序的特定部分在何时运行的条件,重点介绍 if/else 语句及其表达式、when 表达式等,以及如何使用比较运算符和逻辑运算符编写 true/false 测试。

为了理解这些功能的实际操作,可以继续 bounty-board 项目的开发,创建呈现给玩家的任务。当玩家变得更强时,任务的难度会增加,这也是条件判断可以发挥作用的地方。

3.1 if/else 语句

就 bounty-board 项目而言,玩家的实力由第 2 章中创建的 playerLevel 变量的值来决定。该值越低表示英雄人物离其史诗之旅的出发点越近,该值越大表示英雄人物获得了更多的经验并变得更加强大了。

当前的目标是根据玩家的当前等级为其提供任务。例如,如果玩家处于第 1 级(新角色的起点),则需要给他们分配简单一点的任务,就像入门的教程。

在 **main**()函数中,编写第一个 if/else 语句,如程序清单 3.1 所示。输入新代码后再对其进行分解。

程序清单 3.1 输出玩家的任务(Main.kt)

```
const val HERO_NAME = "Madrigal"
fun main() {
    println("The hero announces her presence to the world.")

    println(HERO_NAME)
    var playerLevel = 4
    println(playerLevel)

    if (playerLevel == 1) {
        println("Meet Mr. Bubbles in the land of soft things.")
    } else {
        println("Locate the enchanted sword.")
    }

    println("The hero embarks on her journey to locate the enchanted sword.")
    println("Time passes...")
    println("The hero returns from her quest.")

    playerLevel += 1
    println(playerLevel)
}
```

首先,添加了一个 if/else 语句。在 if 关键字之后的括号中指定了一个条件。这里的条件提出了以下 true/false 问题："玩家的 playerLevel 是否为 1?"可以使用**结构相等运算符**(**structural equality operator**)==来表示，读作"等于"，所以，该语句可以读作"如果 playerLevel 等于 1"。

if 语句后面是大括号{}中的语句。如果 if 条件的计算结果为布尔值 true(本例中，如果 playerLevel 的值正好为 1)，那么大括号内的代码就是希望程序执行的操作。

```
if (playerLevel == 1) {
    println("Meet Mr. Bubbles in the land of soft things.")
}
```

该语句中包含了熟悉的 **println**()函数，用于将特定的内容输出至控制台。简而言之，到目前为止，if/else 语句表示，如果 Madrigal 处于第 1 级，程序应该输出一个初学者级别的任务。

虽然本例的 if 语句的大括号中仅包含了一条语句，但如果希望在 if 取值为 true 时执行多个操作，则可以在大括号中包含更多的语句。

如果 playerLevel 的值不是 1，怎么办呢？在此情形下，if 语句的计算结果为 false，程序将跳过 if 后面的大括号中的表达式，并转至 else 语句。可以将 else 看作"否则"的意思：如果某个条件成立，就执行某个操作；否则就执行其他的操作。else 语句和 if 语句一样，后面是大括号中的一组表达式，告诉编译器应该做什么。但与 if 语句不同，它不需要定义条件。只要 if 条件不满足，就会执行，所以大括号紧跟在关键字 else 之后，如下所示。

```
else {
    println("Locate the enchanted sword.")
}
```

从 Kotlin 语言的角度来看，else 程序块是可选的。可以只有 if 语句而没有 else 分支，后面的章节中会看到类似的情形。在该情形下，当 if 语句的计算结果为 false 时，程序将执行 if 语句后面的任何语句。也可以声明一个空的 else 程序块，同样有效。

程序代码中分支之间的唯一区别是调用 **println**()函数时所包含的请求不同。对游戏进度来说，else 分支中分配给玩家的不是一个微不足道的任务，而是要求玩家"找到魔法剑"(locate the enchanted sword)。到目前为止，所看到的大多数函数调用都只用于将字符串输出至控制台。在第 4 章中将了解更多的函数，包括如何自定义函数。

通俗地来说，以上代码其实就是告诉编译器："如果英雄当前的等级处于第 1 级，输出 Meet Mr. Bubbles in the land of soft things. 至控制台。否则，输出 Locate the enchanted sword. 至控制台。"

结构相等运算符==是一个**比较运算符**(**comparison operator**)。表 3.1 列出了 Kotlin 语言中的比较运算符。现在还不需要了解所有列出的这些运算符，稍后将学习关于它们的更多的知识。当需要使用运算符表示一定的条件时，可以参阅表 3.1。

表 3.1 比较运算符

运算符	描述
<	计算左侧的值是否小于右侧的值
<=	计算左侧的值是否小于或等于右侧的值
>	计算左侧的值是否大于右侧的值
>=	计算左侧的值是否大于或等于右侧的值
==	计算左侧的值是否等于右侧的值
!=	计算左侧的值是否不等于右侧的值
===	计算两个实例是否指向同一引用
!==	计算两个实例是否没有指向同一引用

言归正传，单击 **main**()函数左侧的“运行”按钮，运行 Main.kt。应该可以看到以下的输出：

```
The hero announces her presence to the world.
Madrigal
4
Locate the enchanted sword.
Time passes...
The hero returns from her quest.
5
```

由于定义的条件 playerLevel==1 为 false，因此，跳过了 if/else 语句中的 if 分支，执行的是 else 分支(此处，使用了术语**分支**(**branch**)，根据是否满足指定的条件，程序执行的流程进行了分支)。现在，尝试将变量 playerLevel 的值更改为 1，如程序清单 3.2 所示。

程序清单 3.2 修改变量 playerLevel (Main.kt)

```
const val HERO_NAME = "Madrigal"

fun main() {
    println("The hero announces her presence to the world.")

    println(HERO_NAME)
    var playerLevel = 4
    var playerLevel = 1
    println(playerLevel)

    if (playerLevel == 1) {
        println("Meet Mr. Bubbles in the land of soft things.")
    } else {
        println("Locate the enchanted sword.")
    }

    println("Time passes...")
    println("The hero returns from her quest.")

    playerLevel += 1
    println(playerLevel)
}
```

再次运行该程序，将可以看到以下输出：

```
The hero announces her presence to the world.
Madrigal
1
Meet Mr. Bubbles in the land of soft things.
Time passes...
The hero returns from her quest.
2
```

现在，定义的条件取值为 true(变量 playerLevel 等于 1)，因此将触发 if 分支。

1. 添加更多的条件判断

确定任务的代码给出了英雄人物应该采取什么行动的粗略概念。入门级是一个很好的起点，但对于任何级别大于 1 的玩家来说，只有一个任务——找到魔法剑。一旦拥有了一把魔法剑，当然就不需要再找一把了。

为了使 if/else 语句更加精细，可以添加更多的条件判断来进行检查，并包含尽可能多的分支。可以使用 else if 分支来执行此类操作，其语法与 if 分支类似，但位于 if 语句和 else 语句之间。更新 if/else 语句以包括 4 个 else if 分支，检查变量 playerLevel 的中间值。此时，将赋给变量 playerLevel 的值改回

4,如程序清单 3.3 所示。

程序清单 3.3 检查更多的玩家条件(Main. kt)

```
const val HERO_NAME = "Madrigal"
fun main() {
    println("The hero announces her presence to the world.")

    println(HERO_NAME)
    var playerLevel = 1
    var playerLevel = 4
    println(playerLevel)

    if (playerLevel == 1) {
        println("Meet Mr. Bubbles in the land of soft things.")
    } else if (playerLevel <= 5) {
        println("Save the town from the barbarian invasions.")
    } else if (playerLevel == 6) {
        println("Locate the enchanted sword.")
    } else if (playerLevel == 7) {
        println("Recover the long-lost artifact of creation.")
    } else if (playerLevel == 8) {
        println("Defeat Nogartse, bringer of death and eater of worlds.")
    } else {
        println("Locate the enchanted sword.")
        println("There are no quests right now.")
    }

    println("Time passes...")
    println("The hero returns from her quest.")

    playerLevel += 1
    println(playerLevel)
}
```

更新后的逻辑见表 3.2。

表 3.2 更新后的逻辑

假设 Madrigal 的级别	输出如下消息
1	Meet Mr. Bubbles in the land of soft things. (在松软的土地上与 Bubbles 先生会面。)
2～5	Save the town from the barbarian invasions. (从蛮族的入侵中拯救该城市。)
6	Locate the enchanted sword. (找到魔法剑。)
7	Recover the long-lost artifact of creation. (找回丢失已久的手工艺品。)
8	Defeat Nogartse,bringer of death and eater of worlds. (击败死亡的使者、世界的食者——Nogartse。)
9+	There are no quests right now. (暂时没有任务。)

再次运行该程序。由于 Madrigal 的 playerLevel 的值为 4,第一个 if 条件的值为 false,所以对应的

分支不会被执行。但是，else if (playerLevel <= 5)的值为 true，所以将会看到 Save the town from the barbarian invasions. 输出至控制台。

编译器会自上而下地计算 if/else 的条件，并在计算结果为 true 时立即停止检查。如果提供的条件均不是 true，那么将执行 else 分支。这就意味着条件判断的顺序是非常重要的：如果在检查 playerLevel==1 之前先检查了 playerLevel<=5，那么第 1 级的任务将永远不会被执行(请勿对代码进行此类更改。这里仅作为示例)。

```
if (playerLevel <= 5) {                          // Triggered for any value 5 or less
    println("Save the town from the barbarian invasions.")
} else if (playerLevel == 1) {                   // Only triggered for a value of 1
    println("Meet Mr. Bubbles in the land of soft things.")
} else if (playerLevel == 6) {
    println("Locate the enchanted sword.")
} else if (playerLevel == 7) {
    println("Recover the long-lost artifact of creation.")
} else if (playerLevel == 8) {
    println("Defeat Nogartse, bringer of death and eater of worlds.")
} else {
    println("There are no quests right now.")
}
```

本例中，任何小于或等于 5 的变量 playerLevel 都将触发第一个条件，但只有值 1 才会触发第二个分支。因为第一个 if 条件会满足，所以 else if(playerLevel==1)分支永远不会被计算。

通过在初始的 if 条件取值为 false 时，编写更多带有条件判断的 else if 语句，可以在如何报告玩家等级方面增加更多精确的描述。试着改变变量 playerLevel 的值，以触发所定义的每个分支。完成后，将变量 playerLevel 的值改回 4。

2. 嵌套的 if/else 语句

bounty-board 中有一个任务：Save the town from the barbarian invasions.，这有点太抽象了。可以实现预期结果的方法有好几种，例如外交手段就是其中之一。假设玩家与蛮族部落的首领关系良好，他们可能就会通过与部落进行友好协商以消除误解。

为了让玩家更清楚地了解这些可能性，任务的名称将根据玩家是否与蛮族是朋友而改变。在更新确定任务的逻辑之前，还需要添加一个变量来跟踪玩家与蛮族之间是否存在友谊。

在定义了跟踪玩家与蛮族之间友谊的变量之后，需要再次调整 if/else 语句。当玩家的等级为 2～5 时，可以使用额外的嵌套 if/else 来输出正确的任务标题，当在程序清单 3.4 的代码中进行调整时，不要忘记在 else if(playerLevel==6)之前添加一个大括号 }。

程序清单 3.4　检查玩家与蛮族之间的友谊(Main.kt)

```
const val HERO_NAME = "Madrigal"
fun main() {
    println("The hero announces her presence to the world.")
    println(HERO_NAME)
    var playerLevel = 4
    println(playerLevel)

    val hasBefriendedBarbarians = true
```

```
    if (playerLevel == 1) {
        println("Meet Mr. Bubbles in the land of soft things.")
    } else if (playerLevel <= 5){
        if (hasBefriendedBarbarians) {
          println("Convince the barbarians to call off their invasion.")
        } else {
          println("Save the town from the barbarian invasions.")
        }
    } else if (playerLevel == 6) {
        println("Locate the enchanted sword.")
    } else if (playerLevel == 7) {
        println("Recover the long-lost artifact of creation.")
    } else if (playerLevel == 8) {
        println("Defeat Nogartse, bringer of death and eater of worlds.")
    } else {
        println("There are no quests right now.")
    }

    println("Time passes...")
    println("The hero returns from her quest.")

    playerLevel += 1
    println(playerLevel)
}
```

此处添加了一个 val 变量，其值为布尔型，表示玩家是否与蛮族交过朋友。还添加了一条 if/else 语句，当与蛮族是好友且玩家的等级介于 2～5 时，创建一个新的输出。记住变量 playerLevel 的值为 4，因此在运行程序时应该会看到一条新的消息。运行程序并查看，输出应为：

```
The hero announces her presence to the world.
Madrigal
4
Convince the barbarians to call off their invasion.
Time passes...
The hero returns from her quest.
5
```

如果看到的是任何其他的输出，检查代码是否与程序清单 3.4 中的完全一致——特别是变量 playerLevel 是否被赋值为 4。

嵌套的条件判断允许在分支中创建逻辑分支，这样检查的条件判断就可以更加精确。

3. 更优雅的条件判断

如果不对条件判断进行精确的控制，条件判断会泛滥成灾的。Kotlin 允许在保持条件判断简洁易读的同时，充分利用其有用性(usefulness)。

1）逻辑运算符

在 bounty-board 项目中，可能会出现更复杂的需要进行判断的情形。例如，假设玩家与蛮族是朋友，或者玩家自己就是蛮族，那么使用外交手段就是可能的；否则，如果激怒了蛮族部落，那么外交手段就会受阻。

可以使用一系列的 if/else 语句确定到底需要显示哪个任务，但最终会出现大量重复的代码，并且掩盖了条件判断的逻辑。有一种更优雅、对读者更友好的方法：在条件判断中使用逻辑运算符。

添加两个新的变量，并更新嵌套 if 语句的条件判断，以增强任务的逻辑，如程序清单 3.5 所示。

程序清单 3.5 在条件判断中使用逻辑运算符(Main.kt)

```
const val HERO_NAME = "Madrigal"

fun main() {
    println("The hero announces her presence to the world.")

    println(HERO_NAME)
    var playerLevel = 4
    println(playerLevel)

    val hasBefriendedBarbarians = true
    val hasAngeredBarbarians = false
    val playerClass = "paladin"
    if (playerLevel == 1) {
        println("Meet Mr. Bubbles in the land of soft things.")
    } else if (playerLevel < = 5){
        if (hasBefriendedBarbarians) {
        // Check whether diplomacy is an option
        if (!hasAngeredBarbarians &&
                (hasBefriendedBarbarians || playerClass == "barbarian")) {
            println("Convince the barbarians to call off their invasion.")
        } else {
            println("Save the town from the barbarian invasions.")
        }
    } else if (playerLevel == 6) {
        println("Locate the enchanted sword.")
    } else if (playerLevel == 7) {
        println("Recover the long - lost artifact of creation.")
    } else if (playerLevel == 8) {
        println("Defeat Nogartse, bringer of death and eater of worlds.")
    } else {
        println("There are no quests right now.")
    }

    println("Time passes...")
    println("The hero returns from her quest.")

    playerLevel += 1
    println(playerLevel)
}
```

此处添加了两个名为 hasAngeredBarbarians 和 playerClass 的 val 变量，以跟踪该条件(这两个变量是只读的，因为不会在 bounty-board 项目运行时更改其值)。

首先，//之后的代码称为**代码注释(code comment)**。//右边的所有内容都是注释，编译器会将其忽略，因此，注释中不用讲究语法。注释有助于组织和添加有关代码的相关信息，使其他人(或将来的自己，到时候自己也未必记得所有的细节)更容易阅读。

接下来，在 if 语句中使用了若干**逻辑运算符(logical operator)**。逻辑运算符可以将比较运算符组合成更复杂的语句。

!称为**逻辑"非"运算符(logical 'not' operator)**，返回与布尔值相反的值：如果相应表达式的值为 true，则逻辑"非"运算的结果为 false，反之亦然。&& 称为**逻辑"与"运算符(logical 'and' operator)**，只有当表达式左侧的条件与右侧的条件均为 true 时，逻辑"与"运算的结果才为 true。||称为**逻辑"或"运算符(logical 'or' operator)**，如果表达式左边的条件或右边的条件有一个(或两者均)为 true，则逻辑"或"运算的结果为 true。

表 3.3 给出了 Kotlin 的逻辑运算符。

表 3.3 逻辑运算符

运 算 符	描 述
&&	逻辑“与”：当且仅当两者均为 true 时为 true(否则为 false)
||	逻辑“或”：如果其中一个为 true，则为 true(仅当两者均为 false 时才为 false)
!	逻辑“非”：返回布尔值的相反值

注意：当逻辑运算符进行组合时，其优先级别决定了计算的顺序。相同优先级的逻辑运算符从左到右运算。也可以通过将作为一个组进行计算的逻辑运算符放在一个圆括号中，来实现对操作的分组。

以下是逻辑运算符优先级的顺序，从最高到最低依次为：

!(逻辑“非”)

<(小于)，<=(小于或等于)，>(大于)，>=(大于或等于)

==(结构相等)，!=(不等于)

&&(逻辑“与”)

||(逻辑“或”)

回到 bounty-board 项目，查看新的条件判断：

```
if (!hasAngeredBarbarians &&
        (hasBefriendedBarbarians || playerClass == "barbarian")) {
    println("Convince the barbarians to call off their invasion.")
}
```

换言之，如果玩家没有激怒蛮族，且他们或者与蛮族是好朋友，或者他们自己就是蛮族，那么 bounty-board 项目将采取外交手段来阻止入侵。

Madrigal 没有激怒蛮族，她自己不是蛮族，但她和蛮族是好朋友。因此，满足判断条件，bounty-board 应当告知 Madrigal 与蛮族进行对话。运行程序并进行检查，应该可以看到以下输出：

```
The hero announces her presence to the world.
Madrigal
4
Convince the barbarians to call off their invasion.
Time passes...
The hero returns from her quest.
5
```

考虑一下在不使用逻辑运算符的情形下表达该逻辑所需的嵌套条件语句。这些运算符提供了一个清晰表达复杂逻辑的工具。

逻辑运算符不仅可用于条件判断，也可以用在许多表达式中，包括变量的声明中。添加一个新的布尔型变量，该变量封装了与蛮族进行对话所需的条件，并**重构**(**refactor**)(即在不改变行为的情形下重写)条件判断以使用新的变量，如程序清单 3.6 所示。

程序清单 3.6 在变量声明中使用逻辑运算符(Main.kt)

```
...
fun main() {
    ...
    if (playerLevel == 1) {
        println("Meet Mr. Bubbles in the land of soft things.")
    } else if (playerLevel <= 5) {
        // Check whether diplomacy is an option
        val canTalkToBarbarians = !hasAngeredBarbarians &&
```

```
            (hasBefriendedBarbarians ||playerClass == "barbarian")

        if (!hasAngeredBarbarians &&
                (hasBefriendedBarbarians ||playerClass == "barbarian")) {
        if (canTalkToBarbarians) {
            println("Convince the barbarians to call off their invasion.")
        } else {
            println("Save the town from the barbarian invasions.")
        }
    } else if (playerLevel == 6) {
        println("Locate the enchanted sword.")
    } else if (playerLevel == 7) {
        println("Recover the long - lost artifact of creation.")
    } else if (playerLevel == 8) {
        println("Defeat Nogartse, bringer of death and eater of worlds.")
    } else {
        println("There are no quests right now.")
    }
    ...
}
```

此处,已将条件检查移至一个名为 canTalkToBarbarians 的新的 val 变量中,并更改了 if/else 语句以检查其值。这在功能上等同于之前编写的代码,但此处已将规则用赋值语句进行了替代。该值的名称清楚地表明了所定义的规则用"可读的"术语表达了什么:玩家是否与蛮族保持着对话。当程序的规则变得复杂时,这是一种特别有用的技术,有助于给将来的读者传达规则的明确含义。

再次运行程序,确保其功能与之前相同,输出也应是相同的。

2) 条件表达式

现在,if/else 语句可以正确地给出适当的任务,并且有一些微妙之处。

另外,对其进行更改可能会显得有些笨拙,因为每个分支中都重复了一个类似的 **println** 语句。如果想要更改给出任务的整体格式怎么办?当前的程序状态需要在 if/else 语句中查找每个分支,并将每个 **println()** 函数更改为新的格式。

可以通过将编写的 if/else 语句更改为条件表达式来解决该问题。**条件表达式**(**conditional expression**)类似于条件语句,只是将 if/else 赋值给一个稍后可以使用的值。在蛮族任务的分支中使用一个条件表达式,看看会是什么样子,如程序清单 3.7 所示。

程序清单 3.7 使用条件表达式(Main. kt)

```
...
fun main() {
    ...
    if (playerLevel == 1) {
      println("Meet Mr. Bubbles in the land of soft things.")
    } else if (playerLevel <= 5) {
        // Check whether diplomacy is an option
        val canTalkToBarbarians = !hasAngeredBarbarians &&
                (hasBefriendedBarbarians || playerClass == "barbarian")

        val barbarianQuest: String = if (canTalkToBarbarians) {
            println("Convince the barbarians to call off their invasion.")
            "Convince the barbarians to call off their invasion."
        } else {
            println("Save the town from the barbarian invasions.")
            "Save the town from the barbarian invasions."
```

```
        }
        println(barbarianQuest)
    } else if (playerLevel == 6) {
        println("Locate the enchanted sword.")
    } else if (playerLevel == 7) {
        println("Recover the long-lost artifact of creation.")
    } else if (playerLevel == 8) {
        println("Defeat Nogartse, bringer of death and eater of worlds.")
    } else {
        println("There are no quests right now.")
    }
    ...
}
```

通过 if/else 表达式，根据 canTalkToBarbarians 的值，为新变量 barbarianQuest 分配一个来自 if 语句中 case 的字符串值，这就是条件表达式的美妙之处。因为现在可以使用 barbarianQuest 变量输出蛮族的任务，所以可以使用单个 println 调用来处理这两种情形。

通过对复杂的 if/else 语句进行相同的更改，可以进一步理清任务逻辑。重构确定任务的逻辑，就可以让 6 个几乎相同的输出语句消失，如程序清单 3.8 所示。

程序清单 3.8　使用条件表达式来确定任务（Main.kt）

```
...
fun main() {
    ...
    val hasBefriendedBarbarians = true
    val hasAngeredBarbarians = false
    val playerClass = "paladin"
    val quest: String = if (playerLevel == 1) {
      println("Meet Mr. Bubbles in the land of soft things.")
      "Meet Mr. Bubbles in the land of soft things."
    } else if (playerLevel <= 5) {
        // Check whether diplomacy is an option
        val canTalkToBarbarians = !hasAngeredBarbarians &&
                (hasBefriendedBarbarians || playerClass == "barbarian")

        val barbarianQuest: String = if (canTalkToBarbarians) {
            "Convince the barbarians to call off their invasion."
        } else {
            "Save the town from the barbarian invasions."
        }
        println(barbarianQuest)
    } else if (playerLevel == 6) {
        println("Locate the enchanted sword.")
        "Locate the enchanted sword."
    } else if (playerLevel == 7) {
        println("Recover the long-lost artifact of creation.")
        "Recover the long-lost artifact of creation."
    } else if (playerLevel == 8) {
        println("Defeat Nogartse, bringer of death and eater of worlds.")
        "Defeat Nogartse, bringer of death and eater of worlds."
    } else {
        println("There are no quests right now.")
        "There are no quests right now."
    }

    println("The hero approaches the bounty board. It reads:")
    println(quest)
```

```
    println("Time passes...")
    println("The hero returns from her quest.")

    playerLevel += 1
    println(playerLevel)
}
```

如果厌倦了在更改程序时保持代码缩进，IntelliJ 可以提供帮助。选择 Code→Auto-Indent Lines 命令，就可以享受清晰缩进带来的简单乐趣了。

当需要根据条件分配变量时，就可以使用条件表达式。然而，请记住，当从每个分支分配的值是相同类型(如 quest 字符串)时，条件表达式通常是最直观的。

再次运行代码，以确保一切按预期运行。应该可以看到一些熟悉的输出(增加了一个输出)，但现在的代码更加优雅且易于阅读了。

```
The hero announces her presence to the world.
Madrigal
4
The hero approaches the bounty board. It reads:
Convince the barbarians to call off their invasion.
Time passes...
The hero returns from her quest.
5
```

3) 从 if/else 表达式中删除大括号

当匹配的条件只有一个符合的情形下，可以省略表达式的大括号(至少在语法上是这样的，稍后会详细介绍)。当一个分支仅包含一个表达式时，只能省略{}。在具有多个表达式的分支中省略它们将影响代码的计算方式，Kotlin 不允许使用没有语句或一对大括号的 if 语句。

先看一下没有括号的 quest 版本：

```
val quest: String = if (playerLevel == 1)
    "Meet Mr. Bubbles in the land of soft things."
else if (playerLevel <= 5) {
    // Check whether diplomacy is an option
    val canTalkToBarbarians = !hasAngeredBarbarians &&
            (hasBefriendedBarbarians || playerClass == "barbarian")
    if (canTalkToBarbarians) "Convince the barbarians to call off their invasion."
    else "Save the town from the barbarian invasions."
} else if (playerLevel == 6) "Locate the enchanted sword."
else if (playerLevel == 7) "Recover the long-lost artifact of creation."
else if (playerLevel == 8)
    "Defeat Nogartse, bringer of death and eater of worlds."
else "There are no quests right now."
```

该版本的 quest 条件表达式与原版本中的代码执行了相同的操作。它甚至用更少的代码表达了相同的逻辑。但觉得哪个版本更容易阅读和理解呢？如果选择的是带大括号的版本，那么选择的就是 Kotlin 社区更推荐的样式。

建议不要省略跨多行的条件语句或表达式的大括号。首先，如果没有大括号，会越来越难以理解分支的起始位置和结束位置以及添加的每个条件。其次，省略大括号会增加将来程序维护者更新分支时误读程序的风险。为此节省几行代码是不值得的。

此外，尽管上面的代码中使用或不使用大括号都可以表示相同的内容，但并非每个示例都是如此。如果在一个分支中有多个表达式，并且删除了该分支的大括号，则在该分支中仅执行第一个表达式。举例如下：

```
var arrowsInQuiver = 2
if (arrowsInQuiver >= 5) {
    println("Plenty of arrows")
    println("Cannot hold any more arrows")
}
```

如果英雄已经有了 5 支或以上的箭，那么箭就足够多了，再也装不下了。若英雄只有两支箭，那么控制台不会有任何输出。但是，如果没有大括号，逻辑会发生变化，如下所示：

```
var arrowsInQuiver = 2
if (arrowsInQuiver >= 5)
    println("Plenty of arrows")
    println("Cannot hold any more arrows")
```

如果没有大括号，第二个 println 语句不再是 if 分支的一部分。虽然 Plenty of arrows 只在 arrowsInQuiver 至少为 5 时才会输出，但 Cannot hold any more arrows 总是会输出出来，无论英雄携带了多少支箭。

对于一个单行表达式，总体原则应该是："哪种表达方式对新手来说最清楚？"通常，对于单行表达式，删除大括号更易于阅读。例如，删除大括号后有助于澄清如下所示的简单的单行条件表达式：

```
val healthSummary = if (healthPoints != 100) "Need healing!" else "Looking good."
```

如果正在想："好吧，但我仍然不喜欢 if/else 语法，即使有大括号。它很**丑陋**（**ugly**）。"其实还可以用一种不那么冗长但更清晰的语法再次重写任务表达式。

3.2 区间

所有在 if/else 表达式中为 quest 编写的条件都是基于整数变量 playerLevel 的值来进行分支的。大多数分支都使用了结构相等运算符来检查变量 playerLevel 是否等于某个值，分支中使用多个比较运算符来检查变量 playerLevel 是否位于两个数值的区间范围内。对于后者，有一个更好的替代方案：Kotlin 使用**区间**（**range**）来表示一个线性值序列。

区间运算符（**range to operator**）(..)可用于创建一个闭区间。一个闭区间包括从..运算符左边值到右边值之间的所有值，因此 1..5 表示 1、2、3、4、5。同时，闭区间也可以表示字符序列。

可以使用 in 运算符检查某个值是否位于某个区间内。使用区间而不是<＝来重构 quest 条件表达式，如程序清单 3.9 所示。

程序清单 3.9　使用区间来重构 quest（Main.kt）

```
...
fun main() {
    ...
    val quest: String = if (playerLevel == 1) {
        "Meet Mr. Bubbles in the land of soft things."
    } else if (playerLevel <= 5) {
    } else if (playerLevel in 2..5) {
        // Check whether diplomacy is an option
        val canTalkToBarbarians = !hasAngeredBarbarians &&
                (hasBefriendedBarbarians || playerClass == "barbarian")

        if (canTalkToBarbarians) {
            "Convince the barbarians to call off their invasion."
```

```
        } else {
            "Save the town from the barbarian invasions."
        }
    } else if (playerLevel == 6) {
        "Locate the enchanted sword."
    } else if (playerLevel == 7) {
        "Recover the long-lost artifact of creation."
    } else if (playerLevel == 8) {
        "Defeat Nogartse, bringer of death and eater of worlds."
    } else {
        "There are no quests right now."
    }
    ...
}
```

好处是在以上的条件判断中使用区间运算符可以很好地解决本章前面遇到的多个 else if 的问题。使用区间运算符，分支可以按任意顺序排列，代码的计算结果都是一样的。

除区间运算符外，还有一些用于创建闭区间的函数。例如，**downTo**()函数就可以创建一个降序而不是升序的闭区间。**until**()函数可以创建一个开区间，该区间不包括指定区间的上限。本章末尾的挑战之处可以看到更多类似的函数，在第 9 章中可以了解更多有关区间的内容。

3.3 when 表达式

when 表达式是 Kotlin 中另一种控制流程的机制。与 if/else 类似，when 表达式也可以用来编写需进行检查的条件判断，如果条件判断的计算结果为 true，则执行相应的代码。when 表达式提供了更简洁的语法，特别适合具有 3 个或更多分支的条件判断。

假设玩家是某个奇幻种族（fantasy race）的成员，如兽人（orc）或侏儒（gnome）等，这些奇幻种族在派系斗争中相互结盟。when 表达式用来判断所属的奇幻种族，并返回其所属派系的名称，如下所示：

```
val race = "gnome"
val faction: String = when (race) {
    "dwarf" -> "Keepers of the Mines"
    "gnome" -> "Tinkerers of the Underground"
    "orc", "human" -> "Free People of the Rolling Hills"
    else -> "Shadow Cabal of the Unseen Realm" // Unknown race
}
```

首先声明一个 val 变量 race，接下来声明第二个 val 变量 faction，其值由 when 表达式确定。when 表达式根据**箭头运算符**（**arrow operator**）->左侧的值检查 race 的值，当找到匹配项时，会将右侧的值分配给 faction。具有相同输出的多个 case（如 orc 和 human）可以放在一起，在->运算符之前用逗号进行分隔。

注意：箭头运算符->的用法在其他语言中不尽相同。实际上，正如将在本书后续章节中看到的，它在 Kotlin 语言中也有其他的用法。

默认情形下，when 表达式的作用类似于圆括号中提供的参数与大括号中指定的条件之间有一个结构相等运算符==。**参数**（**argument**）是作为输入提供给代码的数据。第 4 章中将了解更多关于参数的内容。

此处的 when 表达式示例中，race 就是作为参数出现的。因此，when 表达式将 race 的值（gnome）与第一个条件（dwarf）进行比较，以检查它们是否相等。它们并不相等，因此比较的结果为 false，when 表达式将转移至下一个条件判断。

下一个比较的结果是 true，因此，相应的分支 Tinkerers of the Underground 被赋给变量 faction。

注意：这里使用的是 when 表达式来为变量 faction 赋值。因为赋值发生在 when 表达式之外，所以一定会对变量 faction 进行赋值，这也就意味着 when 表达式一定会有返回值。

当将 When 语句用作表达式时（例如，对其执行赋值时），编译器将要求 When 语句**穷举**（**exhaustive**）所有可能的输入。在此情形下，如果没有 else 分支，when 语句就不可能穷尽所有可能的输入。因为 race 有太多未知的字符串可以取值。但是，如果代码中存在异常值，else 分支会添加一个回退选项（fallback option），这样，编译器就不会有问题了。

有时，when 表达式也可以在没有 else 分支的情形下穷举所有可能的输入。第 16 章中将可以看到相关的示例。

已经学习了如何使用 when 表达式，现在就可以细化 quest 逻辑的实现方式了。以前使用的是 if/else 表达式，但在本例中，when 表达式可使代码更简洁、可读性更强。一个实用的经验法则是，只要代码中包含 else if 分支，就可以用 when 表达式进行替换。

使用 when 表达式更新 quest 逻辑，如程序清单 3.10 所示。

程序清单 3.10 使用 when 表达式重构 quest（Main. kt）

```
...
fun main() {
    ...
    val quest: String = if (playerLevel == 1) {
        "Meet Mr. Bubbles in the land of soft things."
    val quest: String = when (playerLevel) {
        1 -> "Meet Mr. Bubbles in the land of soft things."
    } else if (playerLevel in 2..5) {
        in 2..5 -> {
            // Check whether diplomacy is an option
            val canTalkToBarbarians = !hasAngeredBarbarians &&
                    (hasBefriendedBarbarians || playerClass == "barbarian")

            if (canTalkToBarbarians) {
                "Convince the barbarians to call off their invasion."
            } else {
                "Save the town from the barbarian invasions."
            }
    } else if (playerLevel == 6) {
        "Locate the enchanted sword."
        6 -> "Locate the enchanted sword."
    } else if (playerLevel == 7) {
        "Recover the long-lost artifact of creation."
        7 -> "Recover the long-lost artifact of creation."
    } else if (playerLevel == 8) {
        "Defeat Nogartse, bringer of death and eater of worlds."
    }
        8 -> "Defeat Nogartse, bringer of death and eater of
worlds."
    else {
        "There are no quests right now."
        else -> "There are no quests right now."
    }
    ...
}
```

when 表达式和 if/else 表达式都定义了基于条件为 true 时需执行的条件判断和分支，从这一点来说二者的工作方式很类似。when 表达式的不同之处在于，不管 when 的参数是什么，都会自动**检查**

(scope)并与条件判断的左侧进行匹配。第 4 章和第 13 章中将更深入地讨论该检查机制(scoping)。想要快速了解,请参阅程序清单 3.10 中的 in 2..5 分支条件。

前面已经介绍了如何使用 in 关键字检查某个值是否位于某个区间内,类似于这里检查变量 playerLevel 的值。因为->运算符左侧的区间就是变量 playerLevel 的作用域,所以编译器在计算 when 表达式时,就好像变量 playerLevel 包含在每个分支条件中一样。

通常来说,when 表达式可以更好地表达代码背后的逻辑。在本例中,若使用 if/else 表达式实现相同的逻辑则需要 4 个 else if 分支,而 when 表达式要简洁得多。在 when 表达式的分支中嵌套 if/else 的模式并不常见,但 Kotlin 语言中的 when 表达式确实可以提供所需的所有灵活性。

运行 bounty-board 项目,以确认使用 when 表达式重构 quest 后,程序逻辑并没有任何改变。

1. 带有变量声明的 when 表达式

有时,会使用一个带有参数的 when 表达式,而这个参数只是为了计算 when 表达式而存在的。在 when 表达式的条件中使用变量的值通常非常方便。

例如,假设想给玩家分配一个可以反映其等级的头衔,但只有一个类型为 Int 的 totalExperience 变量。为了简单起见,要求必须累计 100 个经验点才能晋级(因此,等级 1 表示玩家的经验点范围为 0～99,等级 2 表示玩家的经验点范围为 100～199,以此类推)。用来解决此头衔生成的 when 表达式参考如下:

```
val playerLevel: Int = totalExperience / 100 + 1
val playerTitle: String = when (playerLevel) {
  1 -> "Apprentice"
  in 2..8 -> "Level " + playerLevel + " Warrior"
  9 -> "Vanquisher of Nogartse"
  else -> "Distinguished Knight"
}
```

但是,通过将变量声明移至 when 表达式的参数中,这样可以进一步简化代码,如下所示:

```
val playerTitle = when (val playerLevel = totalExperience / 100 + 1) {
    1 -> "Apprentice"
    in 2..8 -> "Level " + playerLevel + " Warrior"
    9 -> "Vanquisher of Nogartse"
    else -> "Distinguished Knight"
}
```

在以上带有变量声明的 when 表达式中,变量 playerLevel 的值仅在 when 表达式内部有效,当表达式执行完后就会被清除。这样在每次需要使用该变量值时无须重新进行计算,还可以避免其他同名的变量将代码的其余逻辑搞乱。

2. 无参数的 when 表达式

截至目前,所有用到的 when 表达式都有一个参数。这在基于单个变量来决定应用程序行为的情形下很有效。但是,带参数的 when 表达式存在一些局限。

(1) when 表达式不能接收多个参数。

(2) 带参数的 when 表达式中只允许使用==、in 或 is 运算符。

如果条件判断中涉及多个参数或需要使用不同的比较运算符时,就不能使用带参数的 when 表达式了。在这些情形下,可以有两个选择:使用 if/else 语句,就像在本章前面看到的那样;或者使用不带参数的 when 表达式。

假设想要告知玩家需要多少经验点才能进入游戏的下一个级别。有两个名为 experiencePoints 和 requiredExperiencePoint 的 Int 变量，升级所需经验量的 when 表达式参考如下：

```
val levelUpStatus: String = when {
    experiencePoints > requiredExperiencePoints -> {
        "You already leveled up!"
    }
    experiencePoints == requiredExperiencePoints -> {
        "You have enough experience to level up!"
    }
    requiredExperiencePoints - experiencePoints < 20 -> {
        // The player needs less than 20 experience points to level up
        "You are very close to leveling up!"
    }
    else -> "You need more experience to level up!"
}
```

这种灵活性意味着 if/else 语句和 when 表达式可以互换。任何用 if 语句进行检查的条件判断，也可以表示为不带参数的 when 表达式中的条件，甚至也可以使用表 3.3 所示的逻辑运算符。

3.4 挑战之处：灵活使用区间

区间是 Kotlin 中一个强大的工具，经过一定的练习，可以发现其语法非常直观。对于此处的简单挑战，请打开 Kotlin REPL（Tools→Kotlin→REPL），探索更多关于区间的语法，包括 toList()、downTo 和 until 函数。逐个输入以下区间，再按下组合键 Ctrl＋Enter 执行程序清单 3.11 中的程序并查看结果。

程序清单 3.11　探索区间（REPL）

```
1 in 1..3
(1..3).toList()
1 in 3 downTo 1
1 in 1 until 3
3 in 1 until 3
2 in 1..3
2 !in 1..3
'x' in 'a'..'z'
```

第4章

函　数

函数(**function**)是指可以实现某些特定任务的可重用代码。函数对编程来说是非常重要的。实际上,程序基本上可以看作用于完成复杂任务的一系列函数的组合。

之前已经用到了一些函数,例如由 Kotlin 标准库提供的 **println**()函数,该函数可以将数据输出至控制台。也可以在代码中编写自定义的函数,有些函数需要接收所需的数据以执行特定的任务,有些函数在任务执行后还可以返回数据,即生成可供其他地方使用的输出数据。

为了感受函数功能的强大,首先用函数重新组织 bounty-board 项目已有的代码。然后,编写第二个函数,进一步完善代码。

4.1　将代码提炼为函数

第 3 章编写的 bounty-board 项目代码逻辑上是没问题的,若能使用函数重新组织代码会是一个更好的尝试。第一个任务是重新组织 bounty-board 项目代码,封装已经编写的逻辑代码,以便在函数中进行处理。这将为 bounty-board 项目添加新功能奠定一个良好的基础。

是否需要删除原来的代码,并以其他的方式来编写相同的逻辑代码?大可不必!IntelliJ 将会轻松地将逻辑代码组织为一个函数。

首先,打开 bounty-board 项目,确保已在编辑器中打开了 Main.kt 文件。

接下来,选中为 quest 消息编写的条件判断代码。单击并拖动光标,从定义 quest 的行开始,到 when 表达式的右大括号为止,如下所示:

```
...
val quest: String = when (playerLevel) {
    1 -> "Meet Mr. Bubbles in the land of soft things."
    in 2..5 -> {
        val canTalkToBarbarians = !hasAngeredBarbarians &&
                (hasBefriendedBarbarians || playerClass == "barbarian")
        if (canTalkToBarbarians) {
            "Convince the barbarians to call off their invasion."
        } else {
            "Save the town from the barbarian invasions."
        }
    }
    6 -> "Locate the enchanted sword."
    7 -> "Recover the long-lost artifact of creation."
```

```
    8 -> "Defeat Nogartse, bringer of death and eater of worlds."
    else -> "There are no quests right now."
}
...
```

右击所选代码并选择 Refactor→Function 命令，如图 4.1 所示。弹出 Extract Function 对话框，如图 4.2 所示。

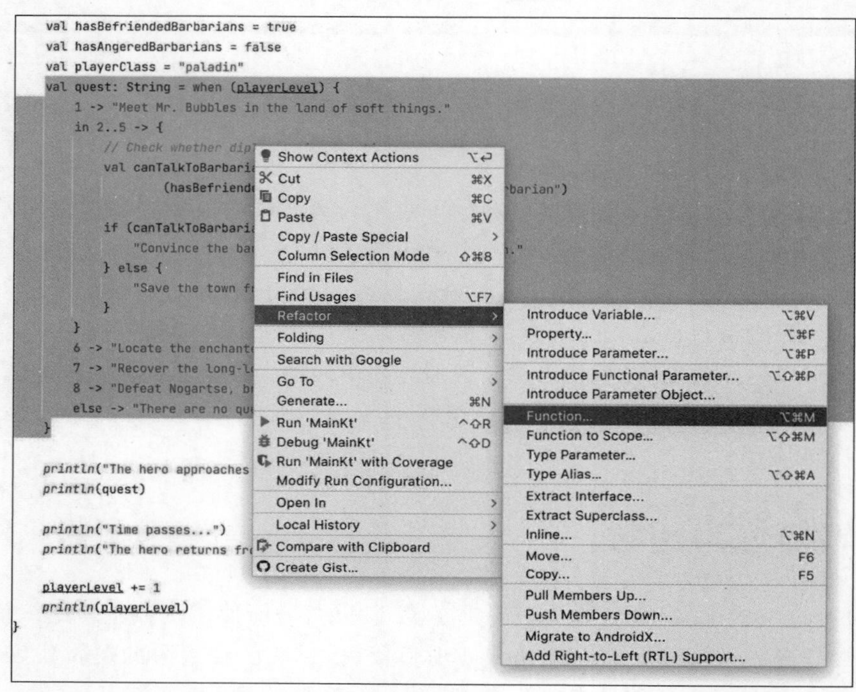

图 4.1　将代码改造为函数

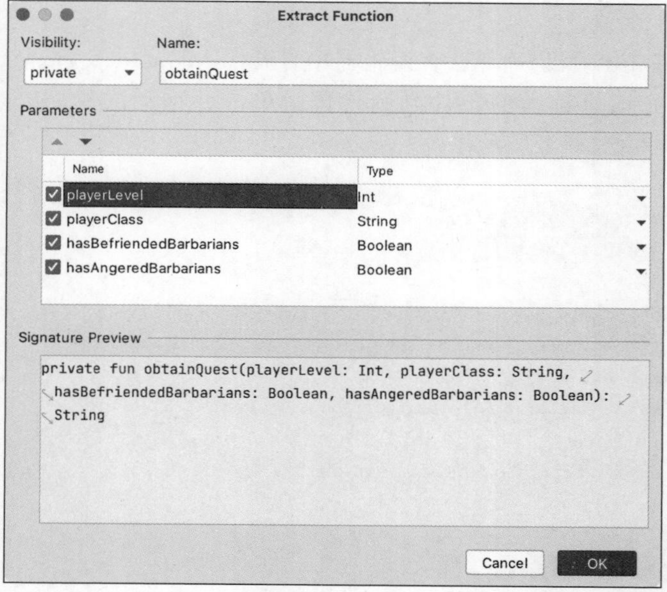

图 4.2　Extract Function 对话框

输入 obtainQuest 作为函数的名称。此对话框中还有其他一些选项用于函数的可见性(visibility)修饰符,以及其他一些形式参数(parameter)。本章后续部分将解释这些选项用来控制什么。现在,确保按照图 4.2 所示进行设置:可见性下拉列表应设置为 private,并且形式参数应按所示顺序列出——playerLevel、playerClass、hasBefriendedBarbarians、hasAngeredBarbarians。也可能需要重新排序这些形式参数,可以通过在列表中拖动来完成。

设置完成后,单击 OK 按钮继续。IntelliJ 将在 Main.kt 文件的底部添加一个函数定义,如下所示:

```
private fun obtainQuest(
    playerLevel: Int,
    playerClass: String,
    hasBefriendedBarbarians: Boolean,
    hasAngeredBarbarians: Boolean
): String {
    val quest: String = when (playerLevel) {
        1 -> "Meet Mr. Bubbles in the land of soft things."
        in 2..5 -> {
            val canTalkToBarbarians = !hasAngeredBarbarians &&
                    (hasBefriendedBarbarians || playerClass == "barbarian")
            if (canTalkToBarbarians) {
                "Convince the barbarians to call off their invasion."
            } else {
                "Save the town from the barbarian invasions."
            }
        }
        6 -> "Locate the enchanted sword."
        7 -> "Recover the long-lost artifact of creation."
        8 -> "Defeat Nogartse, bringer of death and eater of worlds."
        else -> "There are no quests right now."
    }
    return quest
}
```

接下来,我们将逐一进行分解。

4.2 函数剖析

图 4.3 给出了函数的两个主要部分:**函数头(header)**和**函数体(body)**,使用 **obtainQuest** 作为示例。

1. 函数头

函数的第一部分是函数头。函数头由 5 部分组成:可见性修饰符、函数声明关键字、函数名称、函数的形式参数和返回类型,如图 4.4 所示。

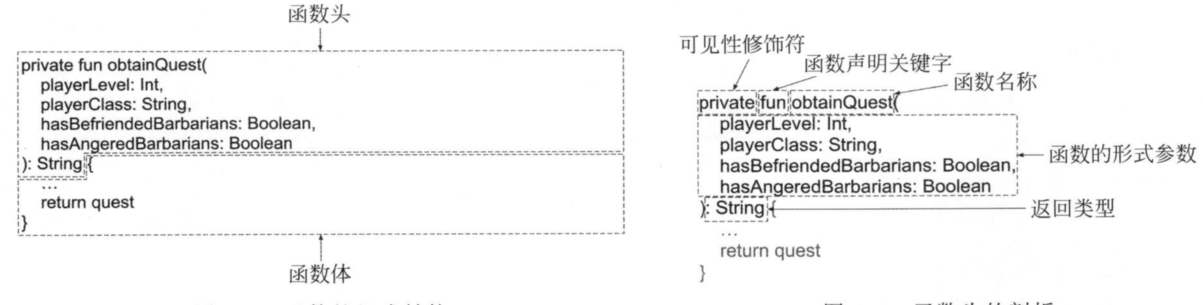

函数头
private fun obtainQuest(
playerLevel: Int,
playerClass: String,
hasBefriendedBarbarians: Boolean,
hasAngeredBarbarians: Boolean
): String {
...
return quest
}
函数体
可见性修饰符
函数声明关键字
函数名称
private fun obtainQuest(
playerLevel: Int,
playerClass: String,
hasBefriendedBarbarians: Boolean,
hasAngeredBarbarians: Boolean
): String {
函数的形式参数
返回类型
...
return quest
}

图 4.3　函数的组成结构

图 4.4　函数头的剖析

1）可见性修饰符

并非所有的函数对其他函数来说都是**可见的**（**visible**）或可访问的。例如，有时候处理的可能是应该对特定文件私有的（private）数据。

一个函数可以选择以**可见性修饰符**（**visibility modifier**）开始，如图 4.5 所示。可见性修饰符可以决定哪些函数可以"看到"并使用该函数。

```
private fun obtainQuest(
    playerLevel: Int,
    playerClass: String,
    hasBefriendedBarbarians: Boolean,
    hasAngeredBarbarians: Boolean
): String {
    ...
    return quest
}
```

图 4.5　函数的可见性修饰符

默认情形下，函数的可见性是公共的，这意味着所有其他函数（包括其他文件中定义的函数）都可以使用该函数。换句话说，如果没有为函数指定修饰符，则该函数被视为一个公共函数。

本例中，IntelliJ 已规定此函数具有私有的可见性（private visibility），因为 **obtainQuest**()函数仅在当前 Main.kt 文件中使用。后续将学习有关可见性修饰符的更多内容，在第 13 章中将学习如何使用此特性控制有哪些函数可以去查看用户定义的函数。

2）函数名称声明

可见性修饰符（如果有）之后紧跟的是关键字 fun，然后是函数的名称，如图 4.6 所示。

在 Extract Function 对话框中指定了函数名称为 **obtainQuest**，因此，IntelliJ 为函数的名称声明添加了 fun obtainQuest。

注意：名称 **obtainQuest** 以小写字母开头，并使用不带下画线的 camelCase 命名。所有的函数名称都应该符合这个官方命名约定。

3）函数的形式参数

函数的形式参数如图 4.7 所示。

```
private fun obtainQuest(
    playerLevel: Int,
    playerClass: String,
    hasBefriendedBarbarians: Boolean,
    hasAngeredBarbarians: Boolean
): String {
    ...
    return quest
}
```

图 4.6　函数关键字及函数名称声明

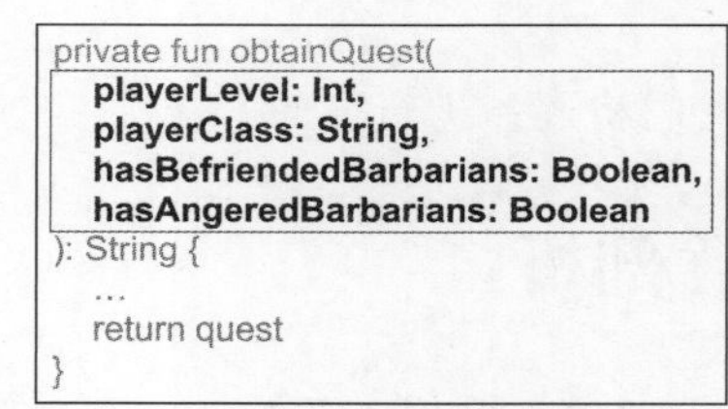
private fun obtainQuest(
playerLevel: Int,
playerClass: String,
hasBefriendedBarbarians: Boolean,
hasAngeredBarbarians: Boolean
): String {
...
return quest
}

图 4.7　函数的形式参数

函数的**形式参数**指定了函数执行任务所需的每个输入的名称和类型。函数的形式参数数量不限，具体取决于要执行的任务。如果函数的形式参数较多，按照 Kotlin 的官方风格，要求每个形式参数都分别占用一行。如果形式参数较少，可以将整个函数原型和形式参数放在一行（在定义第二个函数时将可以看到示例）。

为了让 **obtainQuest**()函数确定应该返回的任务，变量 playerLevel、playerClass、hasBefriendedBarbarians 和 hasAngeredBarbarians 都是必需的，因为 when 表达式需要用这些变量检查其条件，如下所示：

```
private fun obtainQuest(
    playerLevel: Int,
    playerClass: String,
    hasBefriendedBarbarians: Boolean,
    hasAngeredBarbarians: Boolean
): String {
```

```
    val quest: String = when (playerLevel) {
        1 -> "Meet Mr. Bubbles in the land of soft things."
        in 2..5 -> {
            val canTalkToBarbarians = !hasAngeredBarbarians &&
                    (hasBefriendedBarbarians || playerClass == "barbarian")
            ...
        }
        ...
    }
    return quest
}
```

因此，**obtainQuest()**的函数定义指定这 4 个变量为必需的形式参数。

对于每个形式参数，该定义还指定了其数据类型。变量 playerLevel 必须是 **Int** 类型，变量 playerClass 必须是 **String** 类型，变量 hasBefriendedBarbarians 和 hasAngeredBarbarians 必须是 **Boolean** 类型。

注意：函数的形式参数始终是只读的，不支持在函数体内对其进行重新赋值。换句话说，在函数体内，函数的形式参数是 val，而不是 var。

4）函数的返回类型

许多函数可以生成某种类型的输出，这也是函数的功能，可以将某个类型的值发送回函数调用处。函数头的最后一个元素就是**返回类型（return type）**，它定义了函数完成最后操作后将返回的输出类型。如果函数不需要返回任何数据，可以在函数原型中省略返回类型信息（同样，在定义第二个函数时可以看到这一点）。

函数 **obtainQuest()**的返回类型指定了该函数返回值的类型为 **String**，如图 4.8 所示。

```
private fun obtainQuest(
    playerLevel: Int,
    playerClass: String,
    hasBefriendedBarbarians: Boolean,
    hasAngeredBarbarians: Boolean
): String {
    ...
    return quest
}
```

图 4.8　函数的返回类型

具体来说，该函数将根据玩家的等级和其他变量的值返回一个 quest 字符串。

2. 函数体

函数头之后，在大括号内定义的部分称为函数体。函数体定义了函数所有需要执行的操作，可能还包括一个 return 语句，该语句指示要返回什么样的数据。

如图 4.8 中的语句：return quest。关键字 return 告知编译器函数已完成其所有操作并准备返回其输出数据。此处，输出数据是 quest，这意味着函数将返回 quest 变量的值，即已定义的字符串。

3. 函数的作用域

变量 quest 的声明和赋值均发生在函数体内，其值在函数体的末尾作为返回值：

```
private fun obtainQuest(
    playerLevel: Int,
    playerClass: String,
    hasBefriendedBarbarians: Boolean,
    hasAngeredBarbarians: Boolean
): String {
    val quest = when (playerLevel) {
        ...
    }
    return quest
}
```

变量 quest 被称为**局部变量(local variable)**,因为它只存在于 **obainQuest()**函数的函数体内。另一种说法是,变量 quest 只存在于 **obainQuest()**函数的**作用域(scope)**内。可以将作用域视为变量的持续范围(lifespan)。由于仅存在于函数的作用域内,所以当 **obainQuest()**函数执行完成后,变量 quest 就不存在了。该函数将 quest 的值返回给调用方,但当函数执行完成后,保存该值的变量将会消失。

函数的形式参数也是如此:变量 playerLevel、playerClass、hasBefriendedBarbarians 和 hasAngeredBarbarians 均仅存在于函数体的作用域内,并在函数执行完成后不复存在。

第 2 章中已经看到过一个对函数或类来说均非局部变量的示例——**文件级变量(file-level variable)**:

```
const val HERO_NAME = "Madrigal"

fun main() {
    ...
}
```

像 HERO_NAME 这样单独出现在任何函数之外的变量,可以从项目中的任何位置访问(尽管可以在声明中添加可见性修饰符以更改其可见性级别)。文件级变量会保持其初始化状态,直至程序停止执行。顺便说一句,虽然 HERO_NAME 是一个常量,但变量也可以在文件级别进行定义,实际上,马上就可以看到一个示例了。

由于局部变量和文件级变量之间的差异,编译器对它们何时必须被赋初始值或**初始化(initialized)**有着不同的要求。

文件级变量在定义时必须进行赋值,否则代码将无法编译(第 16 章中可以看到某些例外情形)。该要求可以保护不受意外的、不希望的行为的影响,例如在使用变量时,该变量却未被赋值。

因为局部变量仅可在定义该变量的函数范围内使用,且受到更多的限制,所以,编译器对何时进行初始化要求较为宽松。局部变量只要在使用之前进行初始化就可以。这就意味着以下代码是有效的:

```
fun main() {
    var playerLevel: Int
    println("The hero announces her presence to the world.")

    println(HERO_NAME)
    playerLevel = 5
    println(playerLevel)
    ...
}
```

只要在引用变量之前对其进行赋值,编译器就不会报错。

4.3 函数调用

IntelliJ 不仅生成了 **obtainQuest()**函数,还添加了一行来代替它提取的代码:

```
...
fun main() {
    ...
    val hasBefriendedBarbarians = true
    val hasAngeredBarbarians = false
    val playerClass = "paladin"
    val quest: String = obtainQuest(playerLevel, playerClass,
```

```
            hasBefriendedBarbarians, hasAngeredBarbarians)
    ...
}
```

注意：已将此代码拆分为两行，以使其适合页面的宽度。IntelliJ 可能已将所有代码放在项目中的一行；无论代码被拆分为多少行，此代码的作用是相同的。

该行是一个**函数调用**(**function call**)，它触发函数执行其函数体中定义的任何操作。可以使用函数名称以及满足函数头所需的任何形式参数的数据，来调用函数。

比较 **obainQuest**()的函数头与对应的函数调用：

```
obtainQuest(              // Header
    playerLevel: Int,
    playerClass: String,
    hasBefriendedBarbarians: Boolean,
    hasAngeredBarbarians: Boolean
): String
obtainQuest(              // Call
    playerLevel,
    playerClass,
    hasBefriendedBarbarians,
    hasAngeredBarbarians
)
```

如上所述，函数 **obtainQuest**()的定义表明它需要 4 个形式参数。在调用 **obainQuest**()函数时，应当在括号中包含这 4 个形式参数的输入。这些输入的参数被称为**实际参数**(**Argument**)，将它们提供给函数被称为**传入实际参数**(**passing in argument**)。

术语说明：虽然从技术上讲，形式参数是函数所必需的，而实际参数是调用方为了满足需求而传入的，但它们可以互换使用。

此处，正如函数定义中所指定的那样，传入变量 playerLevel 的值(根据需要，其类型为 **Int**)、变量 playerClass 的 **String** 类型的值以及变量 hasBefriendedBarbarians 和 hasAngeredBarbarians 的 **Boolean** 类型的值。

单击运行按钮，运行 bounty-board，然后，就可以看到与之前相同的输出：

```
The hero announces her presence to the world.
Madrigal
4
The hero approaches the bounty board. It reads:
Convince the barbarians to call off their invasion.
Time passes...
The hero returns from her quest.
5
```

虽然输出没有变化，但现在 **bounty-board** 项目的代码更具组织性和可维护性了。

4.4　自定义函数

现在，已将 bounty-board 的部分逻辑重构为一个函数，可以按照计划继续实现一个新的函数。在 **main**()函数下面，定义一个不带参数的函数 **readBountyBoard**()，将其可见性设为私有的。函数 **readBountyBoard**()没有返回语句，但可以输出 bounty-board 的内容。

函数 **readBountyBoard**()还需要访问变量 playerLevel。尽管可以将其作为实际参数传递，但将变量

playerLevel 改为文件级属性将使该函数的调用更加方便。在修改变量声明的时候，还可以通过更改 playerLevel 的值将 Madrigal 从第 4 级提升至第 5 级。这样，在运行代码时就可以看到更多有趣的任务了，如程序清单 4.1 所示。

程序清单 4.1　添加 readBountyBoard()函数(Main.kt)

```
const val HERO_NAME = "Madrigal"
var playerLevel = 5
fun main() {
    println("The hero announces her presence to the world.")
    println(HERO_NAME)
    var playerLevel = 4
    println(playerLevel)
    val hasBefriendedBarbarians = true
    val hasAngeredBarbarians = false
    val playerClass = "paladin"
    val quest: String = obtainQuest(playerLevel, playerClass,
            hasBefriendedBarbarians, hasAngeredBarbarians)
    println("The hero approaches the bounty board. It reads:")
    println(quest)
    println("Time passes...")
    println("The hero returns from her quest.")
    playerLevel += 1
    println(playerLevel)
}

private fun readBountyBoard() {
    println("The hero approaches the bounty board. It reads:")
    println(obtainQuest(playerLevel, "paladin", true, false))
}
...
```

有了新的函数，就可以通过调用 **readBountyBoard**()函数来简化 **main**()函数，而不用在 **main**()函数中写明完整的确定任务的代码了。通过调用 **readBountyBoard**()函数替换现有的输出任务的代码。Madrigal 在完成任务后也应该回到 bounty-board，所以，在 **main**()函数结束时再次调用该新函数(**readBountyBoard**()函数是不带参数的，因此，调用时不需要传递任何参数，所以括号内是空的)，如程序清单 4.2 所示。

程序清单 4.2　调用 readBountyBoard()函数(Main.kt)

```
...
fun main() {
    println("The hero announces her presence to the world.")

    println(HERO_NAME)
    println(playerLevel)

    val hasBefriendedBarbarians = true
    val hasAngeredBarbarians = false
    val playerClass = "paladin"
    val quest: String = obtainQuest(playerLevel, playerClass,
            hasBefriendedBarbarians, hasAngeredBarbarians)

    println("The hero approaches the bounty board. It reads:")
    println(quest)
    readBountyBoard()
```

```
    println("Time passes...")
    println("The hero returns from her quest.")

    playerLevel += 1
    println(playerLevel)
    readBountyBoard()
}
...
```

运行 bounty-board，可以得到新的输出：

```
The hero announces her presence to the world.
Madrigal
5
The hero approaches the bounty board. It reads:
Convince the barbarians to call off their invasion.
Time passes...
The hero returns from her quest.
6
The hero approaches the bounty board. It reads:
Locate the enchanted sword.
```

大部分的输出没有变化。但在 **readBountyBoard**()函数的帮助下，Madrigal 读取任务比以往任何时候都容易了。现在仅需要一行代码就可以读取后续的任务，这对于代码的重用性和组织性来说是一个巨大的进步。

4.5　默认实际参数

有时函数的实际参数具有常用(usual)值。例如，Madrigal 激怒蛮族的可能性很小。根据在游戏中的进展情况，她可能不会遇到蛮族部落(例如游戏刚开始时)，或者这种争斗可能会让她感到尴尬(例如她已经晋级到最后的大老板了)。每次函数调用都指定此信息是多余的，为了更方便地调用 **obtainQuest**()函数，可以使用**默认参数(default argument)**。

如果参数具有默认值，则可以在不提供参数值的情形下直接调用。在此情形下，默认值作为参数自动传递给函数。使用 hasAngeredBarbarians 的默认值更新 **obtainQuest**()函数，如程序清单 4.3 所示。

程序清单 4.3　赋给参数 hasAngeredBarbarians 一个默认值(Main.kt)

```
...

private fun obtainQuest(
    playerLevel: Int,
    playerClass: String,
    hasBefriendedBarbarians: Boolean,
    hasAngeredBarbarians: Boolean = false
): String {
    ...
}
```

现在，默认情形下，如果在调用 **obtainQuest**()函数时未提供其他参数，hasAngeredBarbarians 的 **Boolean** 值将为 false。尽管此语法看起来与之前看到的变量声明类似，但有一个细微的区别，Kotlin 不会对函数参数执行类型推断，因此必须指定参数的类型(即使类型对编译器来说应该是显而易见的，例如布尔值 false)。

默认参数现在已经就位，但还没有好好地利用它。更新 **readBountyBoard**()函数，在调用 **obainQuest**()

函数时删除参数 false,如程序清单 4.4 所示。

程序清单 4.4　使用 obtainQuest()函数的默认参数值(Main.kt)

```
...
private fun readBountyBoard() {
    println("The hero approaches the bounty board. It reads:")
    println(obtainQuest(playerLevel, "paladin", true, false))
    println(obtainQuest(playerLevel, "paladin", true))
}
...
```

再次运行 bounty-board。尽管没有为 hasAngeredBarbarians 指定参数,但可以看到与之前相同的输出。

再花一点时间更新参数 playerClass 和 hasBefriendedBarbarians,以包括默认值,如程序清单 4.5 所示。

程序清单 4.5　添加其他默认值(Main.kt)

```
...
private fun readBountyBoard() {
    println("The hero approaches the bounty board. It reads:")
        println(obtainQuest(playerLevel, "paladin", true))
        println(obtainQuest(playerLevel))
}

private fun obtainQuest(
    playerLevel: Int,
    playerClass: String = "paladin",
    hasBefriendedBarbarians: Boolean = true,
    hasAngeredBarbarians: Boolean = false
): String {
    ...
}
```

默认参数是一个很有用的工具,允许指定可选的输入。Kotlin 标准库中的许多函数都是利用默认参数来更改函数操作方式的。

例如,**String()**类型包含一个 **equals()**函数,该函数带有一个名为 ignoreCase 的布尔类型的参数,该参数可以确定在检查两个字符串是否包含相同文本时是否要忽略大小写,参数 ignoreCase 的默认值为 false。因为在比较字符串时,大写通常很重要,所以参数值默认为 false 就是一个很好的应用。Kotlin 的默认参数基本可以利用大多数用例的行为,或者选择加入函数公开的不同行为集。

建议在参数具有普遍的输入时使用默认参数。对于在调用函数时变化较多的参数,或者具有许多合理默认值的参数,建议不要指定默认参数。此外,有时候输入一个参数比使用简略的函数调用更好。

4.6 单表达式函数

仔细查看代码,可能会注意到 **main()**函数和 **readBountyBoard()**函数都有多个对 **println()**函数的调用,但 **obtainQuest()**函数只做一件事:基于玩家的状态生成一个任务字符串。

在编程中,需要计算的语句(如函数调用或变量声明)称为**表达式(expression)**。目前,**obtainQuest()**函数有两个表达式:quest 变量的声明和赋值,以及 return quest 语句。通过删除中间变量 quest,仅使用一个表达式就可以大大简化函数体,如程序清单 4.6 所示。

程序清单 4.6 删除中间变量 quest(Main.kt)

```
...
private fun obtainQuest(
    playerLevel: Int,
    playerClass: String = "paladin",
    hasBefriendedBarbarians: Boolean = true,
    hasAngeredBarbarians: Boolean = false
): String {
    val quest: String = when (playerLevel) {
    return when (playerLevel) {
        1 -> "Meet Mr. Bubbles in the land of soft things."
        ...
        else -> "There are no quests right now."
    }
    return quest
}
```

当一个函数仅有一个表达式,即**单表达式函数(single-expression function)**时,Kotlin 允许使用另一种语法:可以省略 return 类型、大括号以及 return 关键字。对 **obainQuest()** 函数进行更改,如程序清单 4.7 所示。

程序清单 4.7 使用可选的单表达式函数语法(Main.kt)

```
...
private fun obtainQuest(
    playerLevel: Int,
    playerClass: String = "paladin",
    hasBefriendedBarbarians: Boolean = true,
    hasAngeredBarbarians: Boolean = false
): String {
    return when (playerLevel) {
) = when (playerLevel) {
    1 -> "Meet Mr. Bubbles in the land of soft things."
    in 2..5 -> {
        val canTalkToBarbarians = !hasAngeredBarbarians &&
                (hasBefriendedBarbarians || playerClass == "barbarian")
        if (canTalkToBarbarians) {
            "Convince the barbarians to call off their invasion."
        } else {
            "Save the town from the barbarian invasions."
        }
    }
    6 -> "Locate the enchanted sword."
    7 -> "Recover the long-lost artifact of creation."
    8 -> "Defeat Nogartse, bringer of death and eater of worlds."
    else -> "There are no quests right now."
}
}
```

采用单表达式函数的语法,即使用赋值运算符=,后跟表达式,而不是使用函数体来指定函数将执行的操作。

这种可选语法允许仅使用一个表达式来执行函数的功能,从而使函数的定义更严格。当需要多个表达式的结果时,请使用已经学习过的函数定义语法。

也可以从函数头中删除关于返回类型的信息。就像 Kotlin 可以推断变量类型一样,使用刚刚介绍的单表达式函数语法,可以推断函数的返回类型,也可以手动编写返回类型,这样可以提高代码的可读性。

在某些情形下，可能需要单表达式函数的类型信息。例如，函数体需要基于函数的返回类型来推断其类型时。

因为 **obtainQuest**()函数有一个多行的复杂 when 表达式，所以，建议包含返回类型。要为单表达式函数添加返回类型，请将其插入在右括号)和赋值运算符=之间，如程序清单 4.8 所示。

程序清单 4.8 包括返回类型的单表达式函数(Main.kt)

```
...
private fun obtainQuest(
    playerLevel: Int,
    playerClass: String = "paladin",
    hasBefriendedBarbarians: Boolean = true,
    hasAngeredBarbarians: Boolean = false
): String = when (playerLevel) {
    1 -> "Meet Mr. Bubbles in the land of soft things."
    ...
}
```

4.7 Unit 函数

并非所有的函数都返回一个值。有些函数使用连带的结果来完成工作，例如修改某变量的状态或调用其他可以产生系统输出的函数。例如，**readBountyBoard**()函数或 **main**()函数未定义返回类型，也没有返回语句，它们调用 **println**()函数完成工作，如下所示：

```
private fun readBountyBoard() {
    println("The hero approaches the bounty board. It reads:")
    println(obtainQuest(playerLevel))
}
```

在 Kotlin 中，这些函数被称为 **Unit** 类型函数，这意味着其返回类型为 **Unit**。如果不指定返回类型，Kotlin 将自动使用 **Unit** 返回类型。单击 **readBountyBoard**()函数调用，然后按组合键 Control+Shift+P。IntelliJ 将显示其返回类型信息，如图 4.9 所示。

图 4.9 readBountyBoard 是一个 Unit 类型函数

Kotlin 使用 **Unit** 返回类型来表明：这是一个无返回值的函数。如果未使用关键字 return，则表示该函数的返回类型为 **Unit**。

在 Kotlin 之前，许多编程语言都面临如何描述不带任何返回值函数的问题。有些语言选择了使用关键字 void，该关键字表示"无返回类型。跳过它，因为不适用"。表面上看这似乎很合理：如果函数不用返回任何内容，那么就跳过返回类型。

不幸的是，该解决方案没有考虑现代语言中的一个重要特性：泛型(generics)。泛型是现代编译语言的一个特点，它具有很大的灵活性。第 18 章中将深入研究 Kotlin 中的泛型，它可以指定与许多数据类型一起使用的函数。

泛型与 **Unit** 和 void 有什么关系？使用关键字 void 的语言对于不返回任何内容的泛型函数没有特别好的处理方法。void 不是一个类型，实际上，也可以说："类型信息是不相关的。"而且 void 没有办法"泛型地"(generically)描述这些函数，所以这些语言不具备描述不返回任何信息的泛型函数的能力。

Kotlin 通过指定 **Unit** 返回类型解决了该问题。**Unit** 表示一个不返回任何内容的函数，但同时它必须与一起工作的泛型函数类型兼容。这就是 Kotlin 使用 **Unit** 的原因，可以一举两得。

4.8　命名函数的实际参数

假设村庄里有一个铁匠,或许有一个原型如下的函数,可以通过调用该函数为 Madrigal 锻造一些新的装备:

```
fun forgeItem(
    itemName: String,
    material: String,
    encrustWithJewels: Boolean = false,
    quantity: Int = 1
): String = ...
```

调用此函数的一种方法是为所有的 4 个形式参数传递实际参数:

```
forgeItem("sword", "iron", false, 5)
```

另一种函数调用方法如下:

```
forgeItem(
    itemName = "sword",
    material = "iron",
    encrustWithJewels = false,
    quantity = 5
)
```

以上语法使用了**命名函数的实际参数(named function argument)**,是向函数提供实际参数的另一种方法。在某些情形下,它具备若干优点。

使用命名实际参数(named argument)可以自由地将实际参数以任何顺序传递给函数。例如,也可以这样调用 **forgeItem()**函数:

```
forgeItem(
    quantity = 5,
    material = "iron",
    itemName = "sword",
    encrustWithJewels = false
)
```

如果不使用命名实际参数,则必须按函数头中定义的顺序传递实际参数。

命名实际参数的另一个好处是可以使代码更加清晰。当函数需要多个实际参数时,想要跟踪哪个实际参数提供了哪个形式参数的值可能很困难。当传入变量的名称与定义的函数参数的名称不匹配,并且存在多个相同类型的参数时,尤其如此。例如,函数调用 forgeItem("iron","sword")看上去没问题,也可以编译;但是直到递给 Madrigal 的是一把用剑做的熨斗(an iron made of swords),可能都无法确定到底出了什么问题。

命名实际参数始终与它们提供值的形式参数的名称相同。这种清晰性可以显著提高代码的可读性。例如,当重新检查很久以前编写的代码时,当同事检查编写的代码时,或者当检查 IDE 外部的文件时,使用命名实际参数的效果会更明显。

还有一些情形,可能会被迫使用命名实际参数。例如,设想不为 quantity 指定默认参数的 **forgeItem()**函数的情形,如下所示:

```
fun forgeItem(
    itemName: String,
    material: String,
    encrustWithJewels: Boolean = false,
```

```
    quantity: Int
): String = ...
```

如果尝试在没有指定 encrustWithJewels 的值,并且没有使用命名实际参数的情形下调用此版本的 **forgeItem**()函数,那么代码将无法编译。非法的函数调用可能类似如下:forgeItem("steel","dagger",2)。对于该函数调用,编译器认为将值 2 作为 encrustWithJewels 的输入,但这是不允许的。

要想使用默认参数调用此版本的 **forgeItem**()函数,必须使用命名形式参数(named parameter)来明确该值用于哪个实际参数,如下所示:

```
obtainQuest("steel", "dagger", quantity = 2)
```

在遇到既有默认参数又有命名实际参数时,建议在声明函数时将具有默认值的参数放在参数列表的末尾。

也可以仅对某些实际参数使用命名形式参数。例如,以下也是对 **forgeItem**()函数修订版本的有效调用(encrustWithJewels 只有一个默认参数):

```
forgeItem(
    "gauntlet",
    material = "bronze",
    encrustWithJewels = true,
    1
)
```

如果以与声明参数相同的顺序提供实际参数,Kotlin 允许选择使用命名实际参数的实际参数。但是,只要将命名参数放在与函数头中给出的顺序不同的位置,就必须对其余的实际参数使用命名实际参数。

例如,假设使用命名实际参数将 encrustWithJewels 参数置于 material 之前,则在此之后的参数均使用命名实际参数,如下所示:

```
forgeItem(
    "gauntlet",
    encrustWithJewels = true,
    material = "bronze",
    quantity = 1
)
```

通常情形下,建议在传递给函数的每个参数中使用命名实际参数,或者根本不使用命名参数。如果很清楚第一个实际参数是什么,那么可以省略第一个实际参数的名称,但要为第二个实际参数提供名称。读者可以在自己的 IDE 中进行实验,看看当使用命名实际参数的各种不同情况时会发生什么。

本章介绍了如何定义函数来封装代码的逻辑,这样可以使代码更干净、代码组织更合理。本章还介绍了 Kotlin 函数语法中的许多方便之处,使用户能够编写简明扼要的代码:单表达式函数语法、命名函数参数和默认参数等。

在接下来的几章中,从深入了解 Kotlin 的数值类型入手,使用 Kotlin 中的更多函数来改进 bounty-board 项目。

4.9 好奇之处:Nothing 类型

本章学习了 **Unit** 类型以及不返回任何值的 **Unit** 类型的函数。

与 **Unit** 类型相关的另一种类型是 **Nothing** 类型。与 **Unit** 类型一样,**Nothing** 表示函数不返回任何值,但二者的相似性仅限于此。**Nothing** 类型告知编译器该函数永远不会被成功执行:该函数要么抛出一个异常，要么出于其他原因永远不返回至调用它的位置。

那么，**Nothing** 类型的用途是什么呢？**Nothing** 类型的一个应用示例是 Kotlin 标准库中的 **TODO**()函数。

下面来看看 **TODO**()函数。按下两次 Shift 键打开 Search Everywhere 对话框，可以搜索该函数；选中顶部的 Include non-project items 框，然后在搜索字段中输入 TODO；从结果列表中选择 TODO() kotlin，如图 4.10 所示。

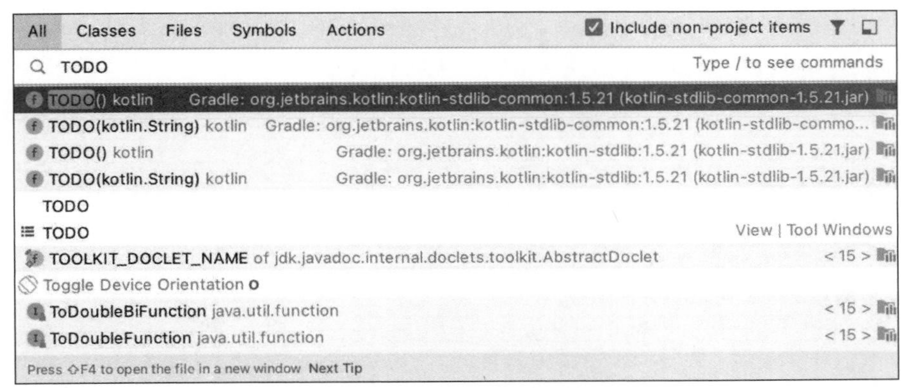

图 4.10　在 Search Everywhere 对话框中选择 TODO() kotlin

可以看到以下声明：

```
/**
 * Always throws [NotImplementedError] stating that operation is not implemented.
 */
public inline fun TODO(): Nothing = throw NotImplementedError()
```

TODO()函数抛出一个异常，换句话说，它保证永远不会成功执行，并返回 **Nothing** 类型。

什么时候会用到 **TODO**()函数？答案就在该函数的名字里：还有什么"待完成的"(to do)。对于一个尚未完成的函数，可以调用 **TODO**()函数，如下所示：

```
fun shouldReturnAString(): String {
    TODO("implement the string building functionality here to return a string")
}
```

程序开发人员都可以看出，**shouldResturnASstring**()函数的返回类型是 **String**，但是该函数实际上并未返回任何内容，主要原因是 **TODO**()函数的返回值。

TODO()函数的 **Nothing** 返回类型告知编译器该函数永远不会成功执行，因此，在 **TODO**()函数之后不需要检查函数体中的返回类型，因为 **shouldReturnAString**()函数永远不会有返回值。编译器不会出问题，开发人员也可以在未完成 **shouldReturnAString**()函数的实现的情形下继续进行程序开发，直至所有的细节都准备就绪。

Nothing 类型的另一个有用的特性是，如果在 **TODO**()函数中添加代码，编译器将给出一条警告信息，表明该代码不会被执行，如图 4.11 所示。

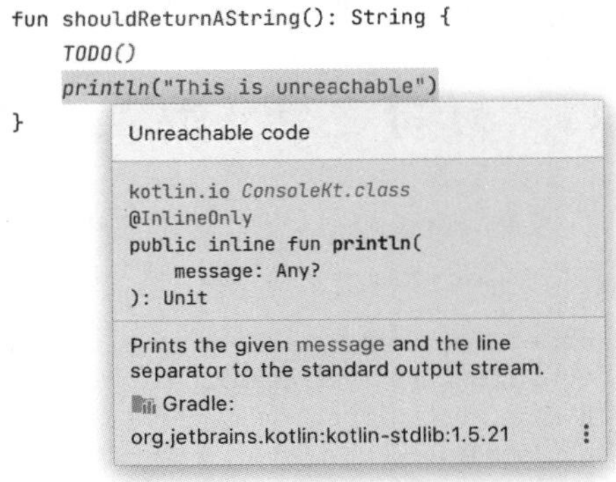

图 4.11　无法执行的代码

正是由于 **Nothing** 类型，编译器可以做出以下断言：

TODO()函数不会成功执行。因此，**TODO()**函数之后的所有代码都是不可执行的。

4.10 好奇之处：Java 中的文件级函数

到目前为止，编写的所有函数都是在 Main.kt 中的文件级定义的。对于一个 Java 开发人员，这可能是令人感到惊讶的。在 Java 中，函数和变量只能在类中进行定义，但 Kotlin 并不需要遵守此规则。

如果 Kotlin 代码编译成 Java 字节码在 JVM 上运行，这怎么可以呢？Kotlin 不需要遵守相同的规则吗？查看 Main.kt 文件的反编译 Java 字节码，或许会有所启发，如下所示：

```
public final class MainKt {
    ...
    public static final void main() {
        ...
    }
    private static final void readBountyBoard() {
        ...
    }
    private static final String obtainQuest(...) {
        ...
}
// $ FF: synthetic method
static String obtainQuest $ default(...) {
        ...
    }
}
```

在 Java 中，文件级函数被表示为在一个类中的静态方法，其命名方式基于在 Kotlin 中声明它们的文件。**方法（method）**即为 Java 中的函数。本例中，定义在 Main.kt 文件中的函数和变量，在 Java 中被定义在一个名为 **MainKt** 的类中。

第 13 章中介绍如何在类中声明函数，能够在类外声明函数和变量可以使代码有更大的灵活性，并可以定义一个与特定类无关的函数（如果想知道 **MainKt** 中的 **obtainQuest $ default** 方法是什么，第 23 章中将会进行详细介绍）。

4.11 好奇之处：函数重载

定义的 **obtainQuest()**函数及其参数 playerClass、hasBefriendedBarbarians 和 hasAngeredBarbarians 的默认值可以通过多种方式进行调用。以下列出了几种调用方式（不使用命名实际参数）：

```
obtainQuest(playerLevel)
obtainQuest(playerLevel, playerClass)
obtainQuest(playerLevel, playerClass, hasBefriendedBarbarians)
obtainQuest(playerLevel, playerClass, hasBefriendedBarbarians,
        hasAngeredBarbarians)
```

当一个函数有多个原型时，例如 **obtainQuest()**函数，称为**重载（overloaded）**。重载并不总是默认参数的结果。还可以使用相同的函数名定义多个不同的实现。想要知道这会是什么样子，打开 Kotlin REPL(Tools→Kotlin→Kotlin REPL)，并输入程序清单 4.9 给出的函数定义。

程序清单 4.9　定义一个重载函数(REPL)

```
fun performCombat() {
    println("You see nothing to fight!")
}
fun performCombat(enemyName: String) {
    println("You begin fighting $enemyName.")
}
fun performCombat(enemyName: String, isBlessed: Boolean) {
    val combatMessage: String = if (isBlessed) {
        "You begin fighting $enemyName. You are blessed with 2X damage!"
    } else {
        "You begin fighting $enemyName."
    }
    println(combatMessage)
}
```

程序清单 4.9 中定义了 **performCombat()**函数的 3 种不同实现。所有实现都是 **Unit** 类型函数，没有返回值。其中，第一个实现仅需一个实际参数，即敌人的名字。最后一个实现需要两个参数：敌人的名字和表示玩家是否被祝福的布尔值。每个函数都通过调用 **println()**函数输出了一条或多条不同的消息。

当调用 **performCombat()**函数时，REPL 如何知道想要调用的是哪一个函数呢？它是通过计算传入的实际参数，并找到与实际参数数量和类型匹配的那种实现。在 REPL 中，按照如下的示例调用 **performCombat()**函数的每个实现，如程序清单 4.10 所示(请记住按下组合键 Ctrl+Enter(macOS 下是 Command+Return)来执行代码)。

程序清单 4.10　调用重载函数(REPL)

```
performCombat()
performCombat("Ulrich")
performCombat("Hildr", true)
```

输出将显示：

```
You see nothing to fight!
You begin fighting Ulrich.
You begin fighting Hildr. You are blessed with 2X damage!
```

重载函数的实现是根据提供的实际参数数量进行选择的。

4.12　好奇之处：反引号中的函数名

Kotlin 中有一个乍看起来可能有点奇怪的功能：可以使用空格和其他不寻常的字符来定义或调用一个函数，只要使用反引号(backtick)`将其引起来即可。例如，可以定义如下的函数：

```
fun `** ~prolly not a good idea!~ **`() {
    ...
}
```

然后，可以采用如下方式调用 **`** ~prolly not a good idea! ~ **`**：

```
`** ~prolly not a good idea!~ **`()
```

将函数命名为`** ~**prolly not a good idea!** ~ **`这种包含反引号的形式(建议慎重使用反引号)有以下两个合理的原因。

第一个原因是为了加强与其他语言的互操作。Kotlin 包含对 Kotlin 文件中现有 Java、C 和 JavaScript 代码调用方法的强大支持(第六部分中会介绍很多的互操作性特性)。由于 Kotlin 的**保留关键字(reserved keyword)**,即禁止用作函数名的单词,与它所面向平台的关键字定义不同,因此,函数名中的反引号可以避免互操作中的任何潜在冲突。

例如,设想某 Java 项目中的 Java 方法:

```
public static void is() {
    ...
}
```

在 Kotlin 中,is 是一个保留关键字(Kotlin 语言包含一个 is 关键字,用来检查实例的类型,详见第 15 章)。但在其他语言中,关键字 is 是一个有效的方法名。使用反引号,就可以在 Kotlin 中调用 is 方法,如下所示:

```
fun doStuff() {
    `is`() // Invokes the Java `is` method from Kotlin
}
```

在此情形下,反引号特性支持与 Java 方法进行互操作,否则该方法将因其名称而无法访问。

第二个原因是支持测试文件中函数名称的可读性。例如,如下的函数名:

```
fun `users should be signed out when they click logout`() {
    // Do test
}
```

与下列函数名相比就更具表达力和可读性:

```
fun usersShouldBeSignedOutWhenTheyClickLogout() {
    // Do test
}
```

使用反引号为测试函数提供一个富有表达力的名称是一个特例,它未遵循函数的命名标准"首字母小写,后跟 camelCase"。

第5章

数　值

Kotlin 提供了多种类型来处理数值的计算，包括多种整数类型和**浮点数**（**floating point number**）类型（也称为带小数点的数值）等。

本章学习 Kotlin 如何处理这两种类型的变量。bounty-board 项目在本章中不会进行任何改动；相反，将使用 REPL 对代码进行评估。第 6 章中再继续 bounty-board 项目的开发。

5.1　数值类型

Kotlin 可以支持多种数值类型。无论面向的是哪个平台，这些数值类型的规则都是不变的。从 Kotlin 1.5 版本开始，Kotlin 中的数值类型就包含两种：**有符号**（**signed**）和**无符号**（**unsigned**）。有符号数值既可以表示正数也可以表示负数。无符号数值只能表示正数。我们首先讨论有符号数值，在 5.6 节再讨论无符号数值。

除了数值是否有符号之外，Kotlin 的数值类型之间的关键区别还包括：数值类型在内存中分配的空间大小有所不同，也就是说，能表示的最小值和最大值不同。

如果熟悉 Java，这些规则应该就不会陌生。Kotlin 数值类型的规则与 Java 是相同的。对于那些熟悉 JavaScript 的读者来说，可能会惊讶地看到 Java 的数值类型有很多种，而 JavaScript 仅有一种数值类型。Kotlin 的每种数值类型都有其自身的含义。

对于打算使用 Kotlin/Native 的用户来说，也应注意每种类型所分配的内存大小。不管面向哪个平台，Kotlin 数值类型都会被分配相同大小的内存（在 C 语言中，根据程序编译方式的不同，其 Int 类型被分配的内存大小并不相同）。

表 5.1 给出了 Kotlin 中的一些数值类型、每种类型占用的内存大小以及支持的最大值和最小值。

表 5.1　常用数值类型

类　型	位　数	最　大　值	最　小　值
Byte	8	127	−128
Short	16	32 767	−32 768
Int	32	2 147 483 647	−2 147 483 648
Long	64	9 223 372 036 854 775 807	−9 223 372 036 854 775 808
Float	32	3.4028235E38	1.4E-45
Double	64	1.7976931348623157E308	4.9E-324

不同数值类型所占的比特位数与其最大值和最小值之间是紧密联系的。计算机采用固定位数的二

进制形式来存储整数，每个比特位存储一位二进制的 0 或 1。

为了表示数值，Kotlin 根据数值类型的不同分配不同数量的比特位。对于有符号数值，最左边的一位表示符号(0 表示正，1 表示负)。剩余的位分别表示 2 的幂次方，最右边的位是 2^0。要计算二进制数的值，需将各位上的数按 2 的幂次方相加。

图 5.1 给出了数值 42 的二进制形式。

1	0	1	0	1	0	= $2^5 + 2^3 + 2^1$ = 32 + 8 + 2 = 42
2^5	2^4	2^3	2^2	2^1	2^0	

图 5.1 数值 42 的二进制形式

由于数值类型 **Int** 占 32 位，所以 **Int** 类型可以存储的最大数，以二进制形式表示就是 31 个 1(最左边的一位代表符号)。所以，将所有 2 的幂次方相加得到 2 147 483 647，这是 Kotlin 中 **Int** 类型所能表示的最大值。

因为数值类型所占的位数决定了可以表示的最大值和最小值，所以两种类型之间的区别就在于可用于表示数字的位数的多少。由于数值类型 **Long** 占 64 位而不是 32 位，因此 **Long** 类型可以表示更大的数值(2^{63})。

对于数值类型 **Short** 和 **Byte** 来说，此处所谓的长与短(long and short)，在表示传统数值时，既不常用 **Short** 类型也不常用 **Byte** 类型。这两种类型主要用于一些特殊情形，并支持互操作性，通常与遗留程序(legacy programs)一起使用。

例如，当从文件读取数据流或处理图形时，可能就会用到 **Byte** 类型(彩色像素通常表示为 3 字节，每字节代表 RGB 中的一种颜色)。在与不支持 32 位指令的 CPU 的本机代码交互时，有时会用到 **Short** 类型。但是，大多数情形下，整数用 **Int** 类型表示，如果需要表示更大的数值，则需使用 **Long** 类型。

5.2 整数

在第 2 章中已经介绍了整数就是没有小数点的数值，在 Kotlin 中可以用 **Int** 类型表示。**Int** 类型很适合用于表示"物"的数量或进行计数，如玩家的技能水平、经验值、蜂蜜酒的剩余量或玩家拥有的金币和银币的数量等。

为了获得更多关于 **Int** 类型的第一手经验，下面将使用 REPL 执行一些算术运算。单击 Tools→Kotlin→Kotlin REPL 命令选项。

在 REPL 中，输入程序清单 5.1 所示的运算，并先预测一下计算结果。

程序清单 5.1 执行整数的算术运算(REPL)

```
2 + 4 *5
```

按下组合键 Ctrl+Enter 运行以上表达式，REPL 的输出结果为 22。

如上所示，Kotlin 的乘法运算符(*、/和%)优先于加法运算符(+、-)，与普通数学中的运算优先级是一致的。也就是说，在加 2 之前，先对乘法 4*5 进行求解。

如果需要指定不同的运算顺序，可以使用括号对运算进行分组。正如在第 3 章中看到的，Kotlin 会首先计算嵌套在括号内的表达式。

现在，在 REPL 中输入程序清单 5.2 所示的运算。同样，不妨先预测一下计算结果。

程序清单 5.2 执行整数的除法运算(REPL)

```
9 / 5
```

计算以上的表达式，可能期望的结果为 1.8。但是，REPL 实际输出的结果却是 1。当用一个整数除以另一个整数时，结果仍会是整数。如果整数除法运算的结果不是整数，Kotlin 将截断小数点后的所有数字。同样的，如果要 REPL 计算 9/－5 的值，结果将是－1。

整数除法运算的结果总是会四舍五入。这种截断操作是悄无声息的，因此，如果小数点后的数字对应用程序来说很重要，在执行整数除法时需要格外小心。

计算除法余数的一种方法是使用**模运算符**（**modulus operator**）％，也称为**余数运算符**（**remainder operator**），当一个数除以另一个数时，该运算符会得到其余数。例如，9％5 将返回结果 4。

以上适用于数值为整数时的运算。对于十进制数值，可以使用浮点类型。

5.3 浮点数

在 Kotlin 中，**Float** 类型和 **Double** 类型是两种可以表示十进制数字的数值类型。这些数值也称为浮点数，因为小数点可以出现在任何位置，也就是说，小数点是“浮动的”（而不是固定的），这取决于数值的数量级。

Double 类型是双精度浮点数（double-precision floating point number）的缩写。**Double** 类型使用的位数是常规 **Float** 类型的 2 倍，由此而得名，并且它可以更精确地存储十进制数。

Kotlin 中的浮点数也可以用来表示一些特殊值，如无穷大、负无穷大和 NaN（Not A Number 的缩写）。这些值通常在执行非法或未定义的操作时返回，如除以零（返回无穷大或负无穷大）或负数的平方根（返回 NaN）。可以通过在代码中引用 Double. POSITIVE_INFINITY（或 Float. POSITVE_INFINITY）、Double. NEGATIVE_ININITY（或 Float. NEGATIVE_INFINTITY）和 Double. NaN（或 Float. NaN）来访问这些特殊值。

在 REPL 中，重新审视 9/5 这一整数除法表达式。为了使用浮点除法表示这个表达式，需要告知 Kotlin 这些数值是浮点数而不是整数，一种方法是采用小数点表示这些数值，具体如程序清单 5.3 所示。

程序清单 5.3　执行浮点除法（REPL）

```
9.0 / 5.0
```

计算此表达式。REPL 输出 kotlin. Double＝1.8，该结果很符合预期。注意，此表达式的类型是 **Double** 类型。默认情形下，Kotlin 更喜欢用 **Double** 类型，但可以通过在数值中添加 f 后缀来明确要求将数值视为 **Float** 类型：9.0f/5.0f。

注意：如果使用 f 后缀指定数值是浮点数，也可以省略两个数值中的.0。实际上，甚至可以将相同的运算表示为 9f/5，因为 Kotlin 会在至少有一个操作数是浮点数时使用浮点除法来运算。

之前提到过浮点数是有“精度”的。要想了解其含义，在 REPL 中输入以下表达式。

程序清单 5.4　造成浮点数的精度出错（REPL）

```
0.01f * 5
```

直观地说，这个表达式应该返回 0.05。但是，当计算该表达式时，REPL 会输出一个结果为 0.0499999997 的值。现在采用程序清单 5.5 的代码比较一下这个结果是否等于 0.05。

程序清单 5.5　检查浮点数的精确相等性（REPL）

```
0.01f * 5 == 0.05f
```

执行该语句，REPL 输出的结果将会是 false。为什么呢？

整数的每一位都有特定的含义，永远不会改变。但是对于浮点数来说，情况就不是那么简单了。从二进制的角度来看，浮点数由一个符号位和两个附加的位集组成：第一个位集确定数值大小的指数；第二个位集确定所表示的数值的有效位数。

由此可见，浮点数不能精确地表示每个数值，它们只是**近似值**(**approximation**)。虽然 0.05 可以用 **Float** 类型精确表示，但 0.01 不能，最接近 0.01 的 **Float** 类型存储值是 0.009999999776482582。当做乘法 0.01f * 5 时，精度的损失会影响结果，从而导致不准确的(但非常接近的!)结果。

为了避免这种精度问题，可以采用以下几个选项。

(1) **首选 Double 类型而不是 Float 型**：通过使用更高精度的浮点类型，就可以避免浮点精度错误的问题，但代价是内存使用量增加。注意，使用 **Double** 类型仍然不足以完全避免这个问题(例如，在 REPL 中计算 10.1-5.9)。

(2) **四舍五入浮点数值**(**round floating point values**)：如果确切知道一个浮点数应该有多少位小数，则可以相应地进行四舍五入。Kotlin 提供的 API 可以输出具有特定小数位数的十进制值，并且有 **round**()函数可以将数值四舍五入到最接近的整数。

如果将 **round**()函数与乘法和除法运算相结合，则可以四舍五入到特定的小数位数。例如，round (number * 100)/100 会将 number 的值四舍五入到两位小数。

(3) **使用精度更高的其他数据类型**(**prefer another data type with higher precision**)：如果需要存储的是一个关键的十进制值，而四舍五入和精度损失是不可接受的(例如，假设正在开发一款银行软件)，可能需要一个更强大的数据类型。

有时，可以使用 **Int** 类型表示可能是十进制的数据类型。例如，假设想存储用户的银行账户余额，可以使用 **Int** 类型而不是 **Double** 类型跟踪以美分为单位的值。

作为最后的选择，在面向 JVM 的应用中，可以使用 **BigDecimal** 类型。**BigDecimal** 类型在执行四舍五入和运算方面更加强大。与基本数值类型相比，它通过增加复杂性回避了精度错误。**BigDecimal** 类型在存储数值和执行算术运算时也会比浮点数用到更多的资源(如果 Kotlin 代码面向的是 iOS 或 macOS，那么 **Decimal** 类型是 **BigDecimal** 类型的等效类)。

5.4 格式化双精度数值

回到 bounty-board 奇幻游戏世界中。假设想要追踪 Madrigal 在游戏中拥有的货币数量，可编写如下代码：

```
val currentBalance = 1120.40
println(currentBalance)
```

运行此代码，输出 Madrigal 的银行账户余额为 1120.4，且未标明货币单位。此时，更好的做法是对余额进行类似货币的格式化，使其看起来更像是货币。对于北美国家而言，余额应该显示为 1120.40 美元。可以使用 **format**()函数对一个双精度数值进行格式化处理，包括添加货币或其他符号、千位分隔符以及显示的小数位数等。

首先确定需要的小数位数。在 REPL 中运行程序 5.6 所示的代码。

注意：使用了点语法(dot syntax)来调用 **format** 函数。每当调用作为类型定义的一部分的函数时，都可以使用点语法。

程序清单 5.6 格式化一个双精度数值(REPL)

```
val currentBalance = 1120.40
```

```
println("%.2f".format(currentBalance))
```

REPL 的输出为 1120.40，看起来可读性更好了。

在对 **format()** 函数的调用中指定了一个**格式字符串**（**format string**）"%.2f"。格式字符串使用特殊的字符序列定义数据的格式。此处定义的特定格式字符串指定要将浮点数四舍五入到小数第二位，然后将格式化后的值作为实际参数传递给 **format()** 函数。

这些格式字符串使用的是与 Java、C/C++、Ruby 及许多其他语言中的标准字符串格式相同的样式。关于格式字符串规范的详细内容，可参考 Java API 文档。

若想添加逗号和美元符号，可以将格式字符串修改为"$%,.2f"，如程序清单 5.7 所示。

程序清单 5.7　添加货币格式（REPL）

```
val currentBalance = 1120.40
println("$%,.2f".format(currentBalance))
```

使用 **format()** 函数有几个注意事项。首先，这样做有可能会使应用程序的本地化变得困难。假如将 Madrigal 的余额显示在用户所在地的语言环境中，那么就需要将美元符号替换为用户所在地适用的货币符号。此外，许多国家使用逗号作为小数点，使用句点作为千位分隔符，这也会增加本地化工作的复杂性。其次，**format()** 函数仅在面向 JVM 时可用（本书编写时）。如果需要面向其他平台，则需要使用不同的方法来格式化数值。

为了解决以上两个问题，可以使用特定于平台的格式化 API。在 Java 中，使用 **NumberFormat** 类可获得相同的效果，代码如下：

```
val currentBalance = 1120.40
val formatter = NumberFormat.getCurrencyInstance()
val formattedBalance = formatter.format(currentBalance)
println("Madrigal's life savings: " + formattedBalance)
```

注意：*若想在 REPL 中运行此代码，还需要添加 importjava.text.NumberFormat 行。*

这样，将自动将 Madrigal 的储蓄金额转换为适合用户的格式化字符串，具体取决于用户地区的偏好设置。

除了 Java 风格之外，Android 在 android.icu.text 包中有自己的 **NumberFormat** 类。这两个 **NumberFormat** 类均可以用于获取类似于区域设置的货币格式的实例。同样，如果 Kotlin 代码面向的是 iOS 或 macOS，可以使用 **NSNumberFormatter** 类。同时，对于 Kotlin/JS，可以使用 **Intl.NumberFormat** 类来满足数值格式的需求。

本书第六部分介绍如何将 **NSNumberFormatter** 类和 **Intl.NumberFormat** 类与 Kotlin/Native 和 Kotlin/JS 结合起来使用。

5.5　在数值类型之间进行转换

有时，需要在浮点数和整数之间进行转换。例如，若使用经验值表示玩家的技能水平，而不是像 bounty-board 项目中那样直接跟踪玩家的水平，代码如下所示：

```
var experiencePoints = 460.25
val playerLevel = experiencePoints / 100
```

变量 playerLevel 的类型将被推断为 **Double** 类型，当运行此代码时，其值将被设置为 4.6025。但这可能并不是程序开发者想要的。无论经验值是 400 点还是 499 点，从确定任务难度的角度来说，4 级技能水平只需用 4 来表示。为进一步说明该细节，可以将变量 playerLevel 设置为 **Int** 类型，而不是 **Double** 类型。

若想要进行此转换，可以对表达式调用 **toInt**()，具体如程序清单 5.8 所示。

程序清单 5.8 将 Double 类型转换为 Int 类型(REPL)

```
var experiencePoints = 460.25
val playerLevel = (experiencePoints / 100).toInt()
println(playerLevel)
```

运行此代码，REPL 输出结果为 4。当以此方式将 **Double** 类型转换为 **Int** 类型时，遵循的是与整数除法相同的规则：小数点后的值将被截断，数值四舍五入为零。

该行为有时被称为**精度损失**(**loss of precision**)。因为想用整数表示包含小数部分的双精度数值，而整数能表示的精度不够，所以，可能会损失部分原始数据。

有时，这种截断是不可取的。在有些情形下，需要将 **Double** 类型**四舍五入**(**rounded**)为 **Int** 类型，而不是转换。幸运的是，Kotlin 中还有一个 **roundToInt**()函数可以实现这一点。将程序清单 5.9 中的代码输入 REPL，查看该函数的运行情况。

程序清单 5.9 将 Double 类型四舍五入为 Int 类型(REPL)

```
import kotlin.math.roundToInt
val distanceToObjective = 4.6
println("The objective is about " + distanceToObjective.roundToInt() + " miles away")
```

运行以上代码，可以看到输出为 The objective is about 5 miles away。Kotlin 输出的是 5 而不是 5.0，表示该值是整数而不是浮点数。该函数只需一步就将 **Double** 类型数值四舍五入并转换为 **Int** 类型。这样，根据具体的需要，**roundToInt**()函数就成了 **toInt**()函数的替代。

注意：如果需要将 **Int** 类型转换为 **Double** 类型，可以使用相应的 **toDouble**()函数。当调用此函数时，将返回小数点后为零的双精度值。

本章已经介绍了 Kotlin 的数值类型，并了解了 Kotlin 如何处理两大类数值：整数和双精度数。还介绍了如何在不同类型之间进行转换，以及每种类型可表示的数值大小。在第 6 章将介绍 Kotlin 的字符串。

5.6 好奇之处：无符号数

Kotlin 1.5 版本引入了无符号数值类型作为一种稳定的语言特性。这与迄今为止见过的数值类型非常相似，唯一的区别是无符号数不能表示负数。表 5.2 给出了 Kotlin 中的无符号数值类型。

表 5.2 Kotlin 中的无符号数值类型

类型	位数	最大值	最小值
UByte	8	255	0
UShort	16	65 535	0
UInt	32	4 294 967 295	0
ULong	64	18 446 744 073 709 551 615	0

这些无符号数值类型与本章之前介绍的有符号数值类型之间存在相似之处，但也有不同之处，包括浮点数值类型 **Float** 和 **Double** 没有对应的无符号类型，本节末尾会解释其中的原因。

每一种整数类型(**Byte**、**Short**、**Int** 和 **Long**)都有一个对应的无符号类型(**UByte**、**UShort**、**UInt** 和

ULong)。分配给这些有符号数和无符号数类型的位数是相同的，例如 **Int** 类型和 **UInt** 类型均占 32 位。所有无符号数的最小值均为 0，但是，其最大值远高于对应的有符号数。

无符号数值类型使用起来比有符号数值要麻烦一些。将变量 playerLevel 声明为 **UInt** 类型并赋值为 5，代码如下所示：

```
var playerLevel: UInt = 5.toUInt()
```

也可以在数值之后加上字母 u，以将其标记为无符号数，如下所示：

```
var playerLevel: UInt = 5u
```

如果需要，可以删除显式类型信息(：UInt)，但必须使用无符号后缀或调用 **toUInt**()函数将数字标记为无符号数。

Kotlin 不会在有符号类型和无符号类型之间进行隐式转换。这也会影响对无符号类型的操作，例如：

```
var playerLevel = 5u
val levelsToAdd = 1
playerLevel += 1.toUInt()           // Adding a UInt to a UInt is allowed
playerLevel += 1u                   // Also allowed (shorthand for the line above)
playerLevel += 1                    // Compiler error: you must convert 1 to a UInt first
playerLevel += levelsToAdd          // Compiler error: cannot add an Int and a UInt

print(playerLevel * 10u)            // Allowed
print(playerLevel * 10)             // Compiler error
```

因为 Kotlin 不会自动在有符号和无符号类型之间进行转换，所以，要么程序中的大量变量是无符号数，要么根据需要使用 **toUInt**()和 **toInt**()函数来回进行转换。

在一些特定的情形中，无符号数可能非常有用，例如，当需要保证某变量为正数，对函数参数强制执行规则，或者使用的无符号数是平台特定类型时。但无符号数并非无懈可击，如果不小心，仍然有可能在程序中出现意外的情形。例如，假设将变量 playerLevel 设置为 **UInt** 类型并将其赋值为 －1，会怎么样呢：

```
val playerLevel = (-1).toUInt()
println(playerLevel)                   // Prints 4294967295
```

如果从任何数值类型可以表示的最小值中减去 1，则将会"翻转回"(rolls over)该类型所能表示的最大值，这称为**整数下溢**(**integer underflow**)。本例中，**UInt** 类型或任何无符号类型可以表示的最小值均为 0，因此减去 1 会得到可能的最大 **UInt** 类型值为 4 294 967 295。这种意外的结果是将有符号类型和无符号类型一起使用的缺陷之一。

注意：当处理的有符号数非常大时，也可能发生类似的情形，称为**整数溢出**(**integer overflow**)。如果在 Int. MAX_VALUE 上加 1，则会换行并得到 Int. MIN_VALU。

为什么无符号数的类型与本章中学习的有符号数值的类型不同呢？为什么要如此大费周章呢？在 Kotlin 中，无符号整数的实现方式与有符号整数不同。实际上，无符号整数是用有符号整数实现的。

当使用到无符号整数时，实际上是告诉 Kotlin 使用有符号整数，但将其比特位看作无符号整数的比特位。与使用有符号整数相比，这样做的好处是不会产生任何内存损失，并且在对无符号整数执行操作时，性能差异几乎可以忽略不计。

那么，为什么 Kotlin 不支持无符号浮点数呢？无符号浮点数是对其有符号变体的重新解释，尽管可以重新解释浮点数值并改变符号位的含义，但这是非常不符合常规的做法，而且 Kotlin 不支持这种操作。

由于执行浮点数运算的复杂性，计算机有专门的组件可高效地执行这些操作。如果要重新赋予符号位的含义，将无法使用这些硬件加速器，从而导致应用程序的性能下降。为了避免该问题，几乎没有一种带有无符号数的语言支持无符号浮点数。

因为 Kotlin 中的无符号类型是用有符号类型来实现的，所以，有符号类型往往被视为高人一等。与无符号类型相比，有符号类型用到的时候要多很多。同时，它们还有一些古怪之处（例如，有时 IntelliJ 在 REPL 中输出结果时，会将 **UInt** 类型视为 **Int** 类型）。

是否使用无符号类型，以及在何处使用，取决于自己。在 bounty-board 项目中选择不使用它们，但是可以认为有一些变量，如 playerLevel，应该是无符号的，因为它们永远不应该是负数。

5.7 好奇之处：位运算

早些时候，学习了数值的二进制表示，随时可以得到一个数值的二进制表示。例如，求解整数 42 的二进制表示如下：

```
42.toString(radix = 2)
"101010"
```

注意：参数 radix 表示输出数值所需的基数。通过指定 2，要求计算以 2 为基数或二进制的数值。默认基数为 10，将会输出十进制数值。另一个常用的基数为 16，将返回十六进制的字符串。

Kotlin 提供了用于对数值执行二进制操作的函数，称为按位操作，包括可能在其他语言中熟悉的操作，如 Java、C 和 JavaScript 等。表 5.3 给出了 Kotlin 中常用的二进制运算。

表 5.3 二进制运算

函　数	描　述	示　例
shl(bitcount)	按位计数向左移动位	42.shl(2) *10101000*
shr(bitcount)	按位计数向右移动位	42.shr(2) *1010*
inv()	按位反转	42.inv() *11111111111111111111111111010101*
xor(number)	比较两个二进制数值，并对相应的位执行逻辑“异或”运算	42.xor(33) *001011*
and(number)	比较两个二进制数值，并对相应的位执行逻辑“与”运算	42.and(10) *1010*

第6章

字 符 串

编程中，文本数据一般由**字符串**(**string**)来表示，字符串就是按顺序排列的字符序列。在运行 bounty-board 项目时，已经使用了 Kotlin 的字符串来输出消息，如下所示：

```
"The hero announces her presence to the world."
```

本章将学习更多关于字符串的知识。在此过程中，可以通过更好的字符串格式来升级 bounty-board 项目。还可以更新程序，使玩家的等级通过控制台从用户输入中读取，而不是硬编码到程序中。

6.1 字符串插值

在 bounty-board 项目中，已经给英雄人物起了个名字。使用这个名字，比总是用“英雄人物”要方便多了。已经定义了一个常数 HERO_NAME，只需要在字符串中包含其值即可。实现此目的一种方法是通过**字符串连接**(**string concatenation**)。

更新 **main**()函数中的欢迎消息，以了解其工作原理，如程序清单 6.1 所示。

程序清单 6.1 使用字符串连接(Main.kt)

```
const val HERO_NAME = "Madrigal" var
playerLevel = 5

fun main() {
    println("The hero announces her presence to the world.")
    println(HERO_NAME + " announces her presence to the world.")
    println(playerLevel)
    ... }
...
```

运算符+可用于**连接**(**concatenate**)或结合(join)两个字符串的值。此处，将 HERO_NAME 的字符串值与字符串 announces her presence to the world 进行了连接。运行 bounty-board 以查看结果，如下所示：

```
Madrigal announces her presence to the world.
5
...
```

其实，Kotlin 还有另一个使用技巧，可以更简洁地实现同样的效果。改进后的欢迎消息如程序清单 6.2 所示。

程序清单 6.2 使用字符串插值(Main.kt)

```
const val HERO_NAME = "Madrigal"
var playerLevel = 5
```

```
fun main() {
    println(HERO_NAME + " announces her presence to the world.")
    println("$HERO_NAME announces her presence to the world.")
    println(playerLevel)
    ... }
...
```

刚刚使用的是一种称为**字符串插值**(**string interpolation**)的语言特性。符号 $ 引入了一个占位符(placeholder)。**字符串模板**(**string template**)是指具有一个或多个占位符的字符串。在运行时,Kotlin将用数值来替换占位符。

当符号 $ 后面紧接着一个变量名(本例中为 HERO_NAME)时,是在告诉 Kotlin 希望将变量的值**插入**(**interpolate**)字符串中。再次运行代码,看看结果是否发生变化。

与使用字符串连接相比,使用字符串模板通常会使得代码可读性更好,也更简洁。为了更好地理解二者之间的差异,比较以下两个输出语句,它们输出的消息是相同的:

```
println(HERO_NAME + " is at level " + playerLevel + ".")
println("$HERO_NAME is at level $playerLevel.")
```

其中,第二种方式的可读性更好,所以通常建议使用第二种语法。更新 bounty-board 项目的其余部分,以更好地利用字符串插值的优势,如程序清单 6.3 所示。

程序清单 6.3　使用更多的字符串模板(Main.kt)

```
const val HERO_NAME = "Madrigal" var
playerLevel = 5

fun main() {
    println("$HERO_NAME announces her presence to the world.")

    println(playerLevel)

    readBountyBoard()

    println("Time passes...")
    println("The hero returns from her quest.")
    println("$HERO_NAME returns from her quest.")

    playerLevel += 1
    println(playerLevel)
    readBountyBoard()

}
private fun readBountyBoard() {
    println("The hero approaches the bounty board. It reads:")
    println("$HERO_NAME approaches the bounty board. It reads:")
    println(obtainQuest(playerLevel))
}
...
```

运行程序,看看输出是否符合预期。

还可以将字符串模板用于更复杂的表达式中。假设想用引号将任务名称括起来,并缩进以示强调,为此,更新 **println**()函数调用,如程序清单 6.4 所示。稍后会对相关的语法进行解释。

程序清单 6.4　使用一个复杂的字符串模板(Main.kt)

```
...
private fun readBountyBoard() {
```

```
    println("The hero approaches the bounty board. It reads:")
    println(obtainQuest(playerLevel))
    println("\t\" ${obtainQuest(playerLevel)}\"")
}
...
```

此处用到了两个新功能。首先来看字符串插值。若想在字符串模板中插入 **obtainQuest**()函数的返回值,可以使用 ${obtainQuest(playerLevel)}。此处,在引入了字符串模板的符号 $ 之后使用了大括号{}。

字符串模板的完整语法是 ${*your-expression-here*}。在大括号内,Kotlin 允许编写任意的表达式。换行符、注释、if/else 表达式以及 when 表达式等都允许放在大括号内。如果只是读取一个变量(例如,程序清单 6.3 中的 $HERO_NAME),Kotlin 允许省略大括号。对于其他任何表达式,则必须使用大括号。

新的字符串中还包含相当多的反斜杠\。引号字符"表示字符串文字的开始和结束,例如"Madrigal"。但是,如果代码中包含如下的字符串:"Madrigal proclaims,"Hello,world!"",那么,编译器在读取到第二个引号后,会认为字符串在此处终止,此时得到的字符串是:"Madrigal proclaims,"。显然,要让编译器知道第二个引号字符仅是字符串的一部分,而不表示字符串的结束,此时就需要使用**转义**(**escape**)引号字符,告知编译器将其视为文本而不是语法。反斜杠就是完成此操作的转义字符。

还可以使用另一个带有\t 的**转义序列**(**escape sequence**)。\t 转义序列告诉 Kotlin 插入一个制表符。Kotlin 有很多的转义序列,它们具有类似的特殊含义。表 6.1 列出了转义序列(由\和被转义的字符组成)及其对编译器的含义。

表 6.1 转义序列

转 义 序 列	含 义
\t	制表符
\b	退格字符
\n	换行符
\r	回车
\"	双引号
\'	单引号/撇号
\\	反斜杠
\$	美元符号
\u	Unicode 字符

运行 bounty-board 项目,新字符串模板的输出结果如下所示:

```
Madrigal announces her presence to the world.
5
Madrigal approaches the bounty board. It reads:
    "Convince the barbarians to call off their invasion."
Time passes...
Madrigal returns from her quest.
6
Madrigal approaches the bounty board. It reads:
    "Locate the enchanted sword."
```

6.2 原始字符串

如果一个字符串中有非常多的符号需要进行转义时,可能就会很难弄清楚该字符串到底表示什么。

对于字符串："\t\"${obtainQuest(playerLevel)}\""，即使对其每部分都很了解，但是，完全解析该字符串需要花费相当多的时间。幸运的是，Kotlin 提供了更适合该项工作的一个工具：**原始字符串（raw strings）**。原始字符串允许使用特殊字符而不需要进行转义。

原始字符串允许插入换行符、引号以及其他通常需要转义的符号。实际上，原始字符串根本不支持转义序列。在使用原始字符串时，依然可以访问字符串模板。若想创建一个原始字符串，可以用 3 个引号"""开始，并以另外 3 个引号结束该字符串。

想要查看原始字符串的运行情况，更新 **readBountyBoard**()函数，仅调用一次 println()函数，如程序清单 6.5 所示。

程序清单 6.5　使用原始字符串（Main.kt）

```
...
private fun readBountyBoard() {
    println("$HERO_NAME approaches the bounty board. It reads:")

    println(obtainQuest(playerLevel))
    println(
        """
        |$HERO_NAME approaches the bounty board. It reads:
        |    "${obtainQuest(playerLevel)}"
        """.trimMargin()
    )}
...
```

注意：在第二个管道字符|和引号"之间有 4 个空格，但空格数的多少没有什么影响。

原始字符串的美妙之处在于可以保留空白字符（whitespace）。编译代码时，所有换行符以及行首、行尾的空白字符都将保留。

引入和结束原始字符串的 3 个引号"""不是必需要单独占用一行的。但对于多行原始字符串来说，许多程序员都喜欢将 3 个引号单独占一行，就像程序清单 6.5 中那样，以便于阅读。较短的原始字符串通常出现在同一行中，例如""""Welcome，Madrigal！" the mayor proclaimed."""。

管道字符|定义了字符串每一行的开头。对原始字符串调用的 **trimMargin**()函数查找以管道字符开头的行，并删除管道字符左侧所有的空白字符。管道字符本身也将从最终显示的字符串中删除。

如果在原始字符串中省略管道字符和 **trimMargin**()函数调用，文本将严格按代码中的内容进行缩进。可以从原始字符串中删除所有缩进来实现这一点，但可能会有损代码的可读性。

如果希望字符串中至少有一行是左对齐的，Kotlin 还提供了名为 **trimIndent**()的函数，其功能与管道字符类似。当调用该函数时，将找到每一行中共有的前导空白字符，并将其从字符串中删除。因此，可以使用 **trimIndent**()函数表示相同的原始字符串，如下所示：

```
private fun readBountyBoard() {
    println(
        """
            $HERO_NAME approaches the bounty board. It reads:
                "${obtainQuest(playerLevel)}"
        """.trimIndent()
    )
}
```

再次运行 bounty-board 项目。看起来输出与之前相同，但如果仔细检查空白字符，就会发现制表符已被四个空格所替换。

与试图解析包含许多转义字符的字符串相比，原始字符串对于可读性来说非常有优势，因为一眼就可以看出该字符串的样子。

6.3　从控制台读取输入

前面已经介绍了如何对字符串进行格式化，并用来存储英雄人物的名字，下面继续下一个任务的学习。到目前为止，Madrigal 的技能等级是硬编码在应用程序中的。只有通过修改代码和重新编译程序，才能进行更改。这就意味着玩家将始终获得相同的任务，除非他们重新编译自己的游戏，这显然并不理想。

为了克服该缺陷，需要从控制台读取用户的输入。通过调用 **readLine()** 函数并更新 **main()** 函数，就可以实现这一点，如程序清单 6.6 所示。

程序清单 6.6　从控制台读取文本(Main. kt)

```
...
fun main() {
    println("$HERO_NAME announces her presence to the world.")
    println("What level is $HERO_NAME?")
    val input = readLine()
    println("$HERO_NAME's level is $input.")
    println(playerLevel)

    readBountyBoard()
    ... }
...
```

运行 bounty-board 项目，可以看到程序在输出 What level is Madrigal? 之后暂停执行了。在 IntelliJ 的控制台窗口中输入数字 1，然后按 Enter 键(macOS 系统中按 Return 键)；接着，程序将输出 Madrigal's level is 1，并从此处继续执行。完整的输出如下所示：

```
Madrigal announces her presence to the world.
What level is Madrigal?
1
Madrigal's level is 1.
Madrigal approaches the bounty board. It reads:
   "Convince the barbarians to call off their invasion."
Time passes...
Madrigal returns from her quest.
6
Madrigal approaches the bounty board. It reads:
    "Locate the enchanted sword."
```

目前，只需要注意代码中存在的一些逻辑问题，后续再对此进行修复。

实际上，**readLine()** 函数与 **println()** 函数正好相反。**readLine()** 函数返回 **String** 类型的字符串，其中包含从控制台输入的一行文本。使用此函数可以为命令行驱动的应用程序获取用户的输入。

6.4　将字符串转换为数值

玩家的等级已经读取，但是从输出中可以看到，还没有使用该等级来确定玩家将获得什么样的任务。若等级为 1，Madrigal 应该被派去会见 Bubbles 先生，而不是与蛮族进行谈判。

为了更好地使用用户的输入，需要将其赋给 playerLevel 变量。但是，在对代码进行任何更改之前，先花点时间检查一下刚刚输入的代码。

将文本光标移至 input 声明，然后按下组合键 Ctrl+P，查看 Kotlin 推断出的新变量类型。弹出的窗口将会告知这是一个 **String?** 。问号的含义将在第 7 章中进行解释。现在，思考一下：input 是一个字符串，但 playerLevel 是一个整数，如何将字符串转换为数值，以便将 **readLine**()函数的结果赋给 playerLevel 呢？

幸运的是，Kotlin 的 **String** 类型提供了一个名为 **toInt**()的函数，可以自动执行此转换。更新 bounty-board 项目中的代码(见程序清单 6.7)，并适当设置玩家的等级。

程序清单 6.7　将 String 类型转换为 Int 类型(Main. kt)

```
const val HERO_NAME = "Madrigal"
var playerLevel = 5 var
playerLevel = 0
fun main() {
    println(" $HERO_NAME announces her presence to the world.")
    println("What level is $HERO_NAME?")
    val input = readLine()
    println(" $HERO_NAME's level is $input.")
    playerLevel = readLine()!!.toInt()
    println(" $HERO_NAME's level is $playerLevel.")

    readBountyBoard()
    ... }
```

当调用 **toInt**()函数时，整个字符串将会被解析，并将其视为数值。

注意：代码中两个感叹号，这与 Kotlin 的空安全(null safety)技术有关，第 7 章中会进一步介绍。

再次运行 bounty-board 项目。当提示输入玩家等级时，输入 1，将会看到以下输出：

```
Madrigal announces her presence to the world.
What level is Madrigal?
1
Madrigal's level is 1.
Madrigal approaches the bounty board. It reads:
    "Meet Mr. Bubbles in the land of soft things."
Time passes...
Madrigal returns from her quest
2
Madrigal approaches the bounty board. It reads:
    "Convince the barbarians to call off their invasion."
```

此时，bounty-board 项目一切准备就绪。首先要求玩家输入其技能等级，然后输出与之对应的需完成的任务。后续工作将是进一步完善代码，主要是添加对输入的验证。

重新运行 bounty-board 项目，但是，当被问及 Madrigal 的等级时，如果这次输入的是 one，程序将会崩溃，看到的输出可能会如下所示：

```
Madrigal announces her presence to the world.
What level is Madrigal?
one
Exception in thread "main" java.lang.NumberFormatException:
        For input string: "one"
    at java.lang.NumberFormatException.forInputString
        (NumberFormatException.java:68)
    at java.lang.Integer.parseInt(Integer.java:652)
    at java.lang.Integer.parseInt(Integer.java:770)
    at MainKt.main(Main.kt:7)
    at MainKt.main(Main.kt)
```

再次运行 bounty-board 项目，对于 Madrigal 的等级，如果这次输入的是 1.0，程序将再次崩溃，并显示类似的错误消息，如下所示：

```
Madrigal announces her presence to the world.
What level is Madrigal?
1.0
Exception in thread "main" java.lang.NumberFormatException:
        For input string: "1.0"
    at java.lang.NumberFormatException.forInputString
        (NumberFormatException.java:68)
    at java.lang.Integer.parseInt(Integer.java:652)
    at java.lang.Integer.parseInt(Integer.java:770)
    at MainKt.main(Main.kt:7)
    at MainKt.main(Main.kt)
```

在上述两种情形下，程序均遇到了同一个问题：无法将输入的字符串转换为 **Int** 类型。第 7 章会进一步介绍此问题引起的相关错误。现在，先考虑为什么 Kotlin 无法对此类型输入进行转换。

在输入为 one 的情形下，**toInt**()函数无法转换该值，因为这不是一个数值。如果需要解析一个数值的拼写形式，需要函数自己去实现或使用其他的库函数，这两者都超出了本书的范围。

要理解为什么 1.0 也不能转换为 **Int** 类型，可参考第 5 章中学到的内容：整数是指不带小数点的数。因此，正如不能将 1.0 赋值给 **Int** 类型一样，也不能将字符串 1.0 解析为 **Int** 类型。相反，需要使用 **toFloat**()或 **toDouble**()函数，才可以处理带小数点的数。如果需要解析非常大的数值或要求数值非常精确，则可以使用其他函数，如 **toLong**()函数和 **toBigDecimal**()函数。

6.5　正则表达式

一般来说，在执行可能导致程序崩溃的"危险的"操作之前，对输入进行检查是一个很好的做法。有多种方法可以防止应用程序在接收到无效输入时发生崩溃。在错误发生后进行处理的方法也有好几种，这些方法将在第 7 章介绍。

目前来说，为了防止程序发生此类崩溃，需要确保用户在调用 **toInt**()函数之前输入的是一个数值。具体而言，要确保 **readLine**()函数返回的字符串中仅包含数字。Kotlin 提供了许多工具帮助检查用户的输入是否有效。一个常用的技术就是使用**正则表达式**(**regular expression**)——一种常用的用于解析和处理字符串的工具。

正则表达式(也称为 **regex**)是表示某种模式的一个字符序列。可以将文本与模式进行比较以查找匹配项。对于 bounty-board 项目来说，可以使用正则表达式来查看输入是否仅匹配数字模式，如程序清单 6.8 所示。

程序清单 6.8　使用正则表达式(Main.kt)

```
...
fun main() {
    println("$HERO_NAME announces her presence to the world.")
    println("What level is $HERO_NAME?")
    playerLevel = readLine()!!.toInt()
    val playerLevelInput = readLine()!!
    playerLevel = if (playerLevelInput.matches("""\d+""".toRegex())) {
        playerLevelInput.toInt()
    } else {
        1
```

```
    }
    println("$HERO_NAME's level is $playerLevel.")

    readBountyBoard()
    ... }
...
```

此处用到了两个新的函数：**matches**()和 **toRegex**()。**toRegex**()函数将字符串转换为 **Regex** 类型的实例，这是 **matches**()函数所需的。传递给 **toRegex**()函数的字符串是正则表达式\d+，它表示“一个或多个数字”。在 **Regex** 类型中，\d 表示 0～9 的任何数字，+表示字符左边的一个或多个实例。

前文使用一个原始字符串(由 3 个引号"""包围)定义该正则表达式。这是可选的，但原始字符串可以更容易地声明使用保留字符(如\、$、"等)的正则表达式。需要注意的是，原始字符串不支持转义序列。这意味着原始字符串中的\被视为反斜杠字符本身，而不是转义序列的开始。

如果在此处使用了正则字符串，则需要对\进行转义，以便将其传递给 **toRegex**()函数：“\\d+”，这样做是可以的，但会使正则表达式的语法变得不太清晰。

matches()函数检查整个字符串是否与给定的正则表达式匹配。**Regex** 类型也可以用于匹配字符串中的序列，但不是此处想要的。当将所有内容放在一起时，条件 if(playerLevelInput.matches("""\d+""".toRegex()))用来检查 playerLevel Input 中的所有字符是否都是数字。

多运行 bounty-board 项目几次以确认这一点。首先，输入 Madrigal 的级别为 5，然后输入 8，以确认对于有效输入，**toInt**()函数会被正确调用。然后，尝试输入无效的输入，如 seven、3.0 和−5 等。如果输入是无效的，会默认级别为 1，程序应该永远都不会发生崩溃。

在处理字符串时，正则表达式是一个非常强大的工具。

在 Kotlin 支持的所有平台上都可以使用 **Regex** 类型。在幕后，当面向 JVM 时，Kotlin 的 **Regex** 类型使用的是 Java 的 **Pattern** 类。在使用 Kotlin/JS 时，**Regex** 类型使用了内置的 **RegExp** 类型。对于 Kotlin/Native 用户，Kotlin 提供了自己的内部模式匹配实现。这个本地实现与 Java 的 **Pattern** 类非常相似，因此可以参考 Java **Pattern** 类的相关文档了解有关模式规范的更多内容。

6.6 字符串操作

String 类型有许多函数，可以在程序运行时编辑存储的文本。其中一些函数还使用正则表达式指定应该修改字符串中的哪部分。

特别地，有一个针对字符串的 **replace**()函数，可以用它进行字符串替换。将其添加至 **readBountyBoard**()函数的实现中，具体见程序清单 6.9。

程序清单 6.9 调用 replace()函数(Main.kt)

```
private fun readBountyBoard() {
    println(
        """
        |$HERO_NAME approaches the bounty board. It reads:
        |"${obtainQuest(playerLevel).replace("Nogartse", "xxxxxxxx")}"
        """.trimMargin()
    )
}
```

replace()函数需要接收两个实际参数。第一个实际参数用于选择应替换字符串的哪些部分；第二个实际参数指出所选部分应该被替换为的值。**replace**()函数会查找所有符合条件的匹配项，并用字符串进行替换。

需提供给 **replace**()函数的第一个实际参数是 Nogartse。**replace**()函数将查找所有与字符序列 Nogartse 精确匹配的项以进行替换。如果要替换无法在简单字符串中定义的模式,还可以提供 **Regex** 类型作为形式参数。例如,可以使用形式参数"[Nn]ogartse". toRegex()来检查 Nogartse 的大写和小写版本。

调用 **replace**()函数用的第二个实际参数是"xxxxxxxx",意味着将用同样数量的 x 屏蔽 Nogartse 的名字。对替换字符串的内容是没有任何限制的。如果想要彻底删除所有记录中 Nogartse 的名字,可以通过为第二个形式参数传递一个空字符串("")来完全删除它。

将这两个实际参数放在一起,调用 **replace**()函数就可以将 Nogartse 的名字替换为对应数量的 x 了。

再次运行 bounty-board 项目。当提示输入 Madrigal 的玩家等级时,输入 8,Madrigar 将会获得一个经过屏蔽的任务,可以安全地提及。

```
Madrigal announces her presence to the world.
What level is Madrigal?
8
Madrigal's level is 8.
Madrigal approaches the bounty board. It reads:
    "Defeat xxxxxxxx, bringer of death and eater of worlds."
Time passes...
Madrigal returns from her quest.
9
Madrigal approaches the bounty board. It reads:
    "There are no quests right now."
```

关于 **replace**()函数执行字符"替换"的一点澄清:像 **replace**()这样的转换函数实际上不会修改原始字符串。相反,它们会返回一个经过修改的新字符串。要想搞清楚这一点,在 REPL 中运行程序 6.10 所示的代码段。

程序清单 6.10　探索字符串的不可变性(REPL)

```
val finalBoss = "Nogartse"
println(finalBoss)                                        // prints "Nogartse"
val replaced = input.replace("Nogartse", "********")
println(finalBoss)                                        // prints "Nogartse"
println(replaced)                                         // prints "********"
```

无论是用 var 还是 val 定义的,Kotlin 中的所有字符串实际上都是不可变的(就像在 Java 和 JavaScript 中一样),它们无法更改。如果字符串是 var,虽然保存 **String** 类型的变量可以被重新赋值,但字符串实例本身永远不会改变。任何看似更改字符串值的函数,实际上都是创建了一个新的字符串,并将更改应用于该字符串中。

6.7　字符串比较

回想一下,在 **obainQuest**()函数中,canTalkToBarbarians 的一部分主要用于检查玩家是否是个蛮族。

```
private fun obtainQuest(
    playerLevel: Int,
    hasAngeredBarbarians: Boolean = false,
    hasBefriendedBarbarians: Boolean = true,
    playerClass: String = "paladin"
```

```
): String = when (playerLevel) {
    1 -> "Meet Mr. Bubbles in the land of soft things."
    in 2..5 -> {
        val canTalkToBarbarians = !hasAngeredBarbarians &&
                (hasBefriendedBarbarians || playerClass == "barbarian")
        ...
    }
    ...
}
```

在以上这段代码中，使用**结构相等**(**structural equality**)运算符==来检查 playerClass 与 barbarian 的结构是否相等。与字符串一起使用时，该运算检查两个字符串是否包含相同的文本。(也可以将该运算符与数值一起使用，用来检查数值是否相同。)

还有另一种方法可以检查两个变量的相等性：比较**引用相等**(**referential equality**)，这就意味着检查两个变量是否共享了对类型实例的相同引用。换句话说，两个变量是否指向了内存中的同一对象。可以使用**引用相等运算符**(**referential equality operator**)===来检查引用相等。

引用相等的比较通常不是想要的。一般来说，并不关心字符串是相同的实例还是不同的实例，关心的只是在相同的序列中是否具有相同的字符(即其**结构**(**structures**)是否相同)。引用相等性也取决于运行时的实现，并且可能并不总是按预期的方式运行。

如果熟悉 Java 或基于 C 的编程语言，那么，使用==运算符进行字符串比较的行为可能与预期的不同。Java 使用==运算符进行引用相等性比较。在低级的基于 C 语言中，在这种情形下也将执行引用相等的比较，因为此运算符通常是在比较指针的值。

当使用==运算符比较结构相等性时，Kotlin 代码将被编译为调用一个名为 **equals**()的函数。Kotlin 中的每个类型都有一个 **equals**()函数。该函数的行为与 Java 的 **equals**()方法相同，实际上就是相同的。第 16 章中将介绍更多有关该函数的内容。

本章介绍如何在 Kotlin 中使用字符串的相关内容，包括使用字符串模板和原始字符串声明字符串的新方法，如何从用户获取输入文本，给出了几种可以操作字符串并将其转换为更有用的值的方法。

第 7 章中将利用 Kotlin 的空安全技术和异常处理，围绕输入验证和输出格式进行最后的一些完善，从而完成 bounty-board 项目。

6.8 好奇之处：Unicode

一个字符串是由一系列有序的字符序列组成的，一个字符就是 **Char** 类型的一个实例。具体而言，一个 **Char** 类型字符就是一个 **Unicode 字符**(**Unicode character**)。Unicode 字符编码系统旨在支持现代世界各种语言和技术学科的书面文本的交换、处理和显示。

这意味着字符串中的单个字符可以是各种各样的字符和符号，其中包括来自世界上每一种语言的字母表中的字符、图标、字形、表情符号等等，共约 143859 个(并且还在增加中)。

要想声明一个字符，可以有两个选择。但两者均需要用单引号将字符括起来。对于键盘上的字符来说，最简单的选择是将字符本身放在单引号中：

```
val capitalA: Char = 'A'
```

但是，并非所有的 143859 个字符都包含在键盘上。表示字符的另一种方式就是使用其 Unicode 字符编码，在其前面加上 Unicode 字符转义序列\u：

```
val unicodeCapitalA: Char = '\u0041'
```

键盘上有字母 A 按键，但并没有ॐ符号键。要想在程序中表示该符号，唯一的选择就是使用字符编码。程序清单 6.11 即为具体实现的代码。

程序清单 6.11　Om…（REPL）

```
val omSymbol = '\u0950' print(omSymbol)
```

控制台上将会输出符号ॐ。

第7章

空安全和异常处理

在 Kotlin 中，某些元素可以被赋值为空（**null**）。null 是一个特殊的值，实际上，它表示该元素的值不存在。一个不存在的值不能被要求执行任何操作，所以，在许多编程语言中，null 是导致崩溃和出错的常见原因。Kotlin 的若干语言特性，强迫程序员要注意程序中的 null 值，从而帮助避免系统发生崩溃。

本章中，将学习为什么 null 会导致崩溃，Kotlin 是如何在编译时默认保护对 null 的处理，以及如何在需要时安全地处理可能为 null 的值。本章还将学习如何在 Kotlin 中处理**异常**（**exception**），即程序中出现了问题的指示器。

为了理解这些问题在实际运行中的情形，需要更新 bounty-board 项目，最后一次更新输入解析的代码，并改进任务确定逻辑，以更好地模拟未给玩家分配任务的场景。

7.1 Nullability

如前所述，Kotlin 中的一些元素可以被赋值为 null，而有些则不能，称前者为**可为空的**（**nullable**），后者为**不可为空的**（**non-nullable**）。

Null 并不等同于零或表示没有值的语句。在这个奇幻游戏的背景下，bounty-board 一般呈现为一个文字的公告板，上面列出了各种任务（quests）。公告板上没有任务（换句话说，其值为 null）与上面有一条消息说“当前没有任务”是有区别的。

虽然 null 与“当前没有任务”可以被解释为相同的意思，但它们具有不同的含义。值为 null 表示什么都不存在：没有任务，没有消息，什么都没有。而 There are no quests right now. 意味着这条文字消息会出现在 bounty-board 中。

同样地，null 与空字符串""之间也有区别。一个空字符串表示在 bounty-board 上张贴了一张空白的纸张。但 null 值意味着 bounty-board 上没有任何东西——甚至连一张纸也没有。

在 Kotlin 中，数值类型也可以是 nullable，类似地，值为 null 和 0 具有不同的含义。如果用一个 **Int** 型变量来跟踪可用任务的数量，其值为 0 意味着没有可用的任务。但值为 null 意味着该变量根本就没有值，这意味着该变量的值不能进行递增或其他算术运算，直到被重新赋值为整数值。

这一切对 bounty-board 项目意味着什么呢？为了让 **obtainQuest**()函数表示 bounty-board 上可能没有任务，可以更新代码以返回一个 nullable 字符串。

最终的结果是一样的：如果 bounty-board 上没有任务，会输出一条消息，表示 bounty-board 是空白的。那么为什么要做这样的更改呢？在这种情形下，nullability 确实起到了作用，此时可以在代码中考虑一些边缘情形(edge cases)——例如从空白的 bounty-board 上读取信息。

假设想要添加一个功能,提醒 Madrigal 当前的任务。或许可以通过再次调用 **obtainQuest()**函数来实现。如果没有使用 nullability,可能会忘记空白的 bounty-board 之类的边缘情形,并意外地输出以下消息:"Madrigal's current quest is: There are no quests right now. "。但是,有了 Kotlin 的 nullability,可以帮助记住该边缘情形,并改为输出:"Madrigal does not have a quest now. "。

尽管一般不会去实现这样的提醒功能,但是,养成这样的习惯还是很好的,即将类型设为 nullable,而不是值为 0 或空的字符串。而且,了解在需要时如何处理 nullable 类型是很重要的。

将 **obtainQuest()**函数更新为在 else 分支中返回一个 null 值,如程序清单 7.1 所示。在进行此更改后,将会出现一个编译器错误,待更新完成后我们再对此进行讨论。

程序清单 7.1　返回一个 null 值(Main. kt)

```
...
private fun obtainQuest(
    playerLevel: Int,
    playerClass: String = "paladin",
    hasBefriendedBarbarians: Boolean = true,
    hasAngeredBarbarians: Boolean = false
): String = when (playerLevel) {
    1 -> "Meet Mr. Bubbles in the land of soft things."
    ...
    8 -> "Defeat Nogartse, bringer of death and eater of worlds."
    else -> There are no quests right now."
    else -> null
}
```

即使在执行此段代码之前,IntelliJ 也会用红色下画线警告代码出现了问题。不用管它,运行程序将可以看到:

```
Null can not be a value of a non-null type String
```

Kotlin 不允许从 **obtainQuest()**函数返回 null 值,因为它具有 non-null 的返回类型(**String**)。不能将 null 赋值给 non-null 类型。

此规则不仅适用于函数。以下代码无法编译的原因与程序清单 7.1 相同:

```
var quest: String = "Rescue the princess"
quest = null
```

这种行为可能与在其他语言中熟悉的行为不同。例如,在 Java 中,以下代码是允许的:

```
String quest = "Rescue the princess";
quest = null;
```

不仅在 Java 中,在 JavaScript 以及大多数编程语言中,将 null 赋值给变量 quest 是没有问题的。但是,如果试图对该字符串进行运算,如以下代码所示:

```
String quest = "Rescue the princess";
quest = null;
quest = quest.replace("princess", "prince");
```

实际上,以上代码将导致一个异常,称为 **NullPointerException**,会使程序发生崩溃。在 JavaScript 中,这类熟悉的情形被称为 **TypeError**。对于使用原生语言的用户(native users)来说,可能看到过烦人的分段错误(segmentation fault)。

无论在哪个平台上,以上代码都无法运行,因为试图让一个不存在的 **String** 类型替换其自身的一部分,这是一个不可能实现的请求。

如果不明白为什么 null 值与空字符串不同，那么这个例子可以说明两者的区别：null 值表示变量根本不存在；空字符串表示变量存在且其值为""，在调用 **replace** 时，该值可以很方便地返回另一个空字符串。

Java 和许多其他编程语言确实均支持这种伪代码："Hey, string that may or may not exist, substitute this word with a different one."在这些语言中，任何变量的值都可以为 null，除了在 Kotlin 语言中不存在的基本类型(primitive)。在所有允许类型为 null 的语言中，使用 null 值引发的错误往往是应用程序发生崩溃的常见原因。

Kotlin 在处理 null 值的问题上采取了相反的立场。除非另有规定，否则变量不能被赋值为 null。这样可以避免在编译时出现"Hey, nonexistent thing, do something"的问题，而不是在运行时崩溃，程序清单 7.2 给出了相关示例。有关编译时错误和运行时错误的详细内容稍后再做介绍。

程序清单 7.2　使用 nullable 的类型(Main.kt)

```
...
private fun obtainQuest(
    playerLevel: Int,
    playerClass: String = "paladin",
    hasBefriendedBarbarians: Boolean = true,
    hasAngeredBarbarians: Boolean = false
): String = when (playerLevel) {
): String? = when (playerLevel) {
    1 -> "Meet Mr. Bubbles in the land of soft things."
    ...
    8 -> "Defeat Nogartse, bringer of death and eater of worlds."
    else -> null
}
```

String? 是一个 nullable 类型，nullable 类型能够保存原始类型的值(在本例中为 **String**)或 null。

现在，**obtainQuest**()函数中的编译错误已经消失，取而代之的是一个新的错误，这次是在 **readBountyBoard**()函数中。本章稍后部分再次讨论该编译器错误，现在，删除 **readBountyBoard**()函数中对 **replace**()函数的调用(不用担心，很快就会恢复对 **replace**()函数的调用)，具体见程序清单 7.3。

程序清单 7.3　删除对 replace()函数的调用(Main.kt)

```
...
private fun readBountyBoard() {
    println(
        """
        |$HERO_NAME approaches the bounty board. It reads:
        |  "${obtainQuest(playerLevel).replace("Nogartse", "xxxxxxxx")}"
        |  "${obtainQuest(playerLevel)}"
        """.trimMargin()
    )
}
...
```

再次运行 bounty-board 项目。当提示输入玩家等级时，输入 10，可以看到如下输出：

```
Madrigal announces her presence to the world.
What level is Madrigal?
10
Madrigal's level is 10.
Madrigal approaches the bounty board. It reads:
    "null"
Time passes...
Madrigal returns from her quest.
```

```
11
Madrigal approaches the bounty board. It reads:
    "null"
```

Madrigal 的等级为 10 时，她已经超越了凡人之间的争斗，因此 bounty-board 项目不会再为她分配任何任务了。想要知道发生了什么，再次查看 **readBountyBoard()** 函数的实现，如下所示。

```
private fun readBountyBoard() {
    println(
        """
        |$HERO_NAME approaches the bounty board. It reads:
        |   "${obtainQuest(playerLevel)}"
        """.trimMargin()
    )
}
```

因为在执行 **obtainQuest()** 函数时，返回了一个 null 值，所以 Kotlin 将 null 插入字符串模板中。这比发生崩溃好多了，但这并不是真正想要的结果。本章稍后将会实现一个更完美的结果，现在先了解如何安全地使用 nullable 的值。

首先，如程序清单 7.4 所示，引入一个中间变量存储 **obainQuest()** 函数的结果。这样可以有更多的控制权，而不是将结果嵌套在原始字符串中。

程序清单 7.4　定义一个 nullable 变量(Main.kt)

```
...
private fun readBountyBoard() {
    val quest: String? = obtainQuest(playerLevel)
    println(
        """
        |$HERO_NAME approaches the bounty board. It reads:
        |   "${obtainQuest(playerLevel)}"
        |   "$quest"
        """.trimMargin()
    ) }
...
```

将新的变量 quest 的类型声明为 nullable 的 **String?** 类型。如果使用的是 **String** 类型，那么在试图执行代码时将会出现一个编译器错误：Type mismatch：inferred type is String? but String was expected(尝试删除 **String** 后面的?，查看运行结果，试完后一定记着改回 **String?**)。

理解 **String?** 与 **String** 是两种不同的类型，这非常重要。**obtainQuest()** 函数现在返回的是一个 nullable 的 **String?** 类型，而不是 non-nullable 的 **String** 类型。Kotlin 在编译时会验证所有的赋值，以确保不会意外地将 null 值赋给未标记为 nullable 的变量。这些均发生在编译时，可以在程序执行之前预防出现可检测到的问题。

7.2　Kotlin 的显式 Null 类型

应不惜一切代价避免出现上述的 **NullPointerException** 异常。Kotlin 语言和编译器采用了几种技术来帮助防止出现这种崩溃。首先也是最重要的：Kotlin 禁止将 null 值赋给 non-nullable 类型的变量。如果希望某个值为 nullable，则必须显式地地进行选择。

要想将类型标记为 nullable，请在类型名称后面加一个问号，如 **String?**。通过更新 **obtainQuest()** 函数的返回类型，修复在程序清单 7.1 中引入的编译器错误。

7.3 编译时和运行时

Kotlin 是一种**编译语言(compiled language)**,这意味着在执行之前,源程序会被翻译成机器语言指令,由一个被称为**编译器(compiler)**的特殊程序来完成。在这一步骤中,编译器会确保源代码满足一定的要求,然后才生成指令。

例如,编译器会检查是否将 null 赋给了一个 nullable 类型。如果试图将 null 赋给一个 non-nullable 类型,Kotlin 将拒绝编译程序。

在编译时捕获到的错误被称为**编译时错误(compile-time errors)**,这是使用 Kotlin 的优势之一。虽然将错误信息看作一种优势听起来很奇怪,但是,在开发过程中,让编译器来检查代码,而不是允许其他人运行程序并发现错误,这会使得追踪问题变得更加容易。

另外,**运行时错误(runtime error)**是指在程序编译完成并实际运行之后发现的错误,这类错误编译器是无法发现的。例如,因为 Java 无法区分 nullable 和 non-nullable 类型,所以,如果要求值为 null 的变量工作,Java 编译器就无法发现存在的问题。这样的代码在 Java 编译过程中不会有问题,但在运行时就会发生崩溃。

一般来说,我们更愿意看到编译时错误,而不是运行时错误。在编写代码时发现问题总比事后才发现要好。最糟糕的情形是程序发布之后才发现有问题。

7.4 空安全

由于 Kotlin 区分了 nullable 类型和 non-nullable 类型,所以当变量可能不存在时,要求定义为 nullable 类型的变量去执行某些操作,编译器就会意识到可能会造成危险。为了避免出现这些危险,Kotlin 会阻止对定义为 nullable 的值调用函数,直到对这种不安全的情形进行了妥善处理。

为了理解实际中的这类情形,则恢复对 quest 的 **replace()**函数调用,如程序清单 7.5 所示。

程序清单 7.5 使用 nullable 的变量(Main.kt)

```
...
private fun readBountyBoard() {
    val quest: String? = obtainQuest(playerLevel)
    val censoredQuest = quest.replace("Nogartse", "xxxxxxxx")
    println(
        """
        |$HERO_NAME approaches the bounty board. It reads:
        |  "$quest"
        |  "$censoredQuest"
        """.trimMargin()
    ) }
...
```

编译器在新代码中用红色下画线警告存在的问题,这与将 **obainQuest()**函数的返回类型更新为 **String?** 时出现的问题相同。此时可以忽略警告并运行 Main.kt,看到的将是一个编译时错误,而不是变量 quest 已被屏蔽的版本:

```
Only safe (?.) or non-null asserted (!!.) calls
are allowed on a nullable receiver of type String?
```

Kotlin 不允许调用 **replace()**函数,因为没有处理变量 quest 可能为 null 的情况。无论 quest 在运行时是 null 还是 non-null 值，其类型都保持为 nullable。Kotlin 在编译时阻止了可能会导致的运行时错误，因为编译器发现了代码中所犯的 nullable 类型的错误。

到目前为止，如果思考"那我该如何处理可能为 null 的情况呢？我需要这个**难以言喻的存在**来处理一些重要的事务。"在 Kotlin 中，安全地处理 nullable 类型可以有多种的选择。后续重点介绍 3 种选择以及一些额外的选项。

不过，首先应该问的是：所讨论的值是否必须是 nullable 类型。

正如本章前面所述，nullability 是有其用途的。当必须选择空属性时，在代码中加入 nullable 类型才是值得付出的额外努力。但是，如果无法找到使用 nullable 类型的正当理由，请考虑将其改为 non-nullable 类型。原因很简单，non-nullable 类型包含一个可以调用函数的值。

通常，将一个值赋为 null 值是没有意义的，避免出现 null 是最安全的方法。

7.4.1 选项 1：使用 if 语句检查 null 值

有时候，nullable 类型是完成任务的最佳工具。在其他情形下，使用的变量可能来自不受控制的代码，并且无法确定它不会返回 null 值。

安全地使用 null 值的最简单的选项是已经学习过的一个工具：if/else 语句。回顾一下表 3.1，其中列出了 Kotlin 中可用的比较运算符。运算符!=用于计算左边的值是否不等于右边的值，可以使用该运算符检查一个值是否为 null，如程序清单 7.6 所示，在 **readBountyBoard**()函数中试一试。

程序清单 7.6 使用!=null 进行 null 检查(Main.kt)

```
...
private fun readBountyBoard() {
    val quest: String? = obtainQuest(playerLevel)
    if (quest != null) {
        val censoredQuest: String = quest.replace("Nogartse", "xxxxxxxx")
        println(
            """
            |$HERO_NAME approaches the bounty board. It reads:
            |  "$censoredQuest"
            """.trimMargin()
        )
    } }
...
```

如果变量 quest 为 null，代码将忽略该值并且不会输出任何内容。运行 bounty-board 项目，赋予 Madrigal 等级 8，以确认程序是否工作正常：

```
Madrigal announces her presence to the world.
What level is Madrigal?
8
Madrigal's level is 8.
Madrigal approaches the bounty board. It reads:
    "Defeat xxxxxxxx, bringer of death and eater of worlds."
Time passes...
Madrigal returns from her quest.
9
```

当在 if 语句中引用变量 quest 时，IntelliJ 会以绿色突出显示 quest：

```
if (quest != null) {
    val censoredQuest: String = quest.replace("Nogartse", "xxxxxxxx")
    ...
}
```

IntelliJ 的这种突出显示，表明用到了一种称为**智能强制转换**（**smart casting**）的语言功能。当使用 if 语句来检查变量的类型时，Kotlin 会自动在分支内将其**强制转换**（**cast**）为该类型，这意味着它将把变量视为推断的类型。相同的这个语言特性也适用于 null 检查：如果属性不是 null，Kotlin 将会自动将其转换为适当的 non-null 类型。

但是，智能强制转换有一些限制条件。例如，如果使用的是文件级的 var，Kotlin 在执行智能强制转换时是不安全的，因为在执行检查和使用自动转换的过程中，该值可能会发生变化。为了解决这一问题，可以在函数作用域内创建变量的一个临时副本，也可以使用 Kotlin 提供的其他空安全（null safety）方法。

7.4.2 选项 2：安全调用运算符

虽然 if 语句是处理 null 值的一个直观选择，但通常并不是最佳选项。如果只需要对 nullable 的值调用一个函数，或者如果有一个函数调用链，每个函数调用都可能返回一个 null 值，那么 if 语句可能变得笨拙且冗长。

为了删繁就简，可以使用**安全调用运算符**（**safe call operator**）（?.）对 nullable 的对象安全地进行函数调用。在 **readBountyBoard**()函数中，尝试将变量 **censoredQuest** 移至 if 语句之外，并使用安全调用运算符（?.）进行函数调用，如程序清单 7.7 所示。

程序清单 7.7 使用安全调用运算符（Main.kt）

```
...
private fun readBountyBoard() {
    val quest: String? = obtainQuest(playerLevel)
    val censoredQuest: String? = quest?.replace("Nogartse", "xxxxxxxx")

    if (quest != null) {
        val censoredQuest: String = quest.replace("Nogartse", "xxxxxxxx")
    if (censoredQuest != null) {
        println(
            """
            |$HERO_NAME approaches the bounty board. It reads:
            |   "$censoredQuest"
            """.trimMargin()
        )
    } }
...
```

当编译器遇到安全调用运算符时，它知道要检查其 null 值。在运行时，如果对 null 值调用了安全调用运算符，它将跳过该调用并不对其求值，而是返回 null 值。

此处，如果变量 quest 值为 non-null，则返回一个已屏蔽的版本。如果变量 quest 值为 null，则不会调用 **replace**()函数，因为这样做是不安全的。运行 bounty-board 项目，并再次为 Madrigal 设置等级为 8。应该能看到已屏蔽的第 8 级任务，当 Madrigar 升至第 9 级时，程序应该会正常结束而不是发生崩溃。

安全调用运算符确保当且仅当函数所作用的变量值不为 null 时才调用函数，从而防止出现空指针异常。通过上面的示例，可以看到 **replace**()函数的调用是“安全的”，因为空指针异常的风险不再存在了。

1. 选项 2.5：使用带有 let()函数的安全调用

安全调用允许对 nullable 类型调用单个函数，但是如果想执行其他操作，例如创建一个新变量或将 nullable 类型变量作为 non-null 实际参数传递，而不是对其调用函数，该怎么办呢？一种实现的方法是将安全调用运算符与 **let()** 函数结合起来使用。

let() 函数可以在任何值上进行调用。它创建一个新的作用域，可以访问调用它的值，在这个作用域中，可以执行任意的代码。第 12 章中将学习更多有关 **let()** 函数的内容。现在，修改 **readBountyBoard()** 函数，使用 **let()** 函数而不是 if 语句，具体见程序清单 7.8。

程序清单 7.8　使用带有安全调用运算符的 let()函数(Main.kt)

```
...
private fun readBountyBoard() {
    val quest: String? = obtainQuest(playerLevel)
    val censoredQuest: String? = quest?.replace("Nogartse", "xxxxxxxx")

    if (censoredQuest != null) {
    censoredQuest?.let {
        println(
            """
            |$HERO_NAME approaches the bounty board. It reads:
            |   "$censoredQuest"
            """.trimMargin()
        )
    } }
...
```

目前来说，使用 **let()** 函数代替 if/else 语句还未能带来任何优势。本例中，两个版本的代码做的是相同的事情(并且具有之前提到的相同的智能强制转换限制)。为了更好地利用 **let()** 函数的功能，可以整合字符屏蔽逻辑，如程序清单 7.9 所示。

程序清单 7.9　使用 let()函数整合代码(Main.kt)

```
...
private fun readBountyBoard() {
    val quest: String? = obtainQuest(playerLevel)
    val censoredQuest: String? = quest?.replace("Nogartse", "xxxxxxxx")


    censoredQuest?.let {
        println(
    val message: String? = quest?.replace("Nogartse", "xxxxxxxx")
        ?.let { censoredQuest ->
            """
            |$HERO_NAME approaches the bounty board. It reads:
            |   "$censoredQuest"
            """.trimMargin()
        )
        }

    println(message)
}
...
```

此处，将 message 定义为一个 nullable 变量。在调用 **replace()** 函数之后，将其值赋给在变量 quest 中安全调用 **let()** 函数的结果。当变量 quest 不为 null 且调用 **let()** 函数时，**let()** 函数之后的代码块中的所有内容都将被执行。

第 8 章和第 12 章中将学习更多有关此语法的内容。在 **let()** 函数的大括号中，定义了一个名为 censoredQuest 的新变量，该变量将得到 quest?.replace("Nogartse","xxxxxxxx")的值。因为使用的是带有安全调用运算符(?.)的 **let()** 函数，如果运行时 quest 为 null，安全调用运算符将跳过 **let()** 函数调用，所以，censoredQuest 的值将为 non-null。

再次运行 bounty-board 项目，这一次指定 Madrigal 的等级为 6，应该可以看到与此前相同的输出结果，如下所示：

```
Madrigal announces her presence to the world.
What level is Madrigal?
6
Madrigal's level is 6
Madrigal approaches the bounty board. It reads:
    "Locate the enchanted sword."
Time passes...
Madrigal returns from her quest.
7
Madrigal approaches the bounty board. It reads:
    "Recover the long-lost artifact of creation."
```

2. null 合并运算符

再次运行 bounty-board 项目，设置 Madrigal 的等级为 10，可以看到如下的输出：

```
Madrigal announces her presence to the world.
What level is Madrigal?
10
Madrigal's level is 10
null
Time passes...
Madrigal returns from her quest.
11
null
```

在输出结果中，又再次出现 null，因为对 **let()** 函数的安全调用将变量 quest 的 null 值传递到了变量 message 中。bounty-board 项目的下一步是一劳永逸地解决该问题。当 bounty-board 项目中没有任务时，它将输出 Madrigal approaches the bounty board，but it is blank.

可以使用 if/else 语句检查变量 message 是否为 null，但是，Kotlin 有另一个非常适合此任务的工具。

在代码中遇到 null 值时，如果希望使用一个回退值（fallback value），可以使用 Kotlin 的 **null 合并运算符（null coalescing operator）**?:（也称为 Elvis 运算符，因为它酷似猫王 Elvis Presley 的标志性发型）。该运算符的意思是："如果我左侧的东西是 null，那么就执行右侧的代码。"

当 bounty-board 为空时，使用 null 合并运算符加入（incorporate）回退消息，如程序清单 7.10 所示。

程序清单 7.10　使用 null 合并运算符（Main.kt）

```
...
private fun readBountyBoard() {
    val quest: String? = obtainQuest(playerLevel)

    val message: String? = quest?.replace("Nogartse", "xxxxxxxx")
    val message: String = quest?.replace("Nogartse", "xxxxxxxx")
        ?.let { censoredQuest ->
            """
            |$HERO_NAME approaches the bounty board. It reads:
            |   "$censoredQuest"
            """.trimMargin()
        } ?: "$HERO_NAME approaches the bounty board, but it is blank."

    println(message)
}
...
```

如果变量的类型可以由 Kotlin 编译器推断出来，本书通常就会省略变量的类型。此处包含了变量 message 的 **String** 类型，以阐明 null 合并运算符的作用。

如果 **let**()函数返回了一个 null 值(或者，如果该安全调用传递了被调用的 null 值)，那么，变量 message 将被赋值为 $ HERO_NAME approaches the bounty board, but it is blank.。如果变量 quest (引申开来，包括变量 censoredQuest)的值不为 null，那么将会使用熟悉的原始字符串(raw string)。

无论如何，变量 message 都会被赋值为一个 **String** 类型的值，而不是 **String?** 类型。现在 bounty-board 项目给用户的信息就可以保证是 non-null 了。

如果第一个选项值为 null，通过提供一个拟赋值的默认 non-null 值，则可以将 null 合并运算符视为值不为 null 的保证。null 合并运算符可用于清理可能为 null 的值，这样，就可以放心大胆地处理这些值了。

运行 Main.kt，并设置 Madrigal 的等级为 10，查看新的输出，如下所示：

```
Madrigal announces her presence to the world.
What level is Madrigal?
10
Madrigal's level is 10
Madrigal approaches the bounty board, but it is blank.
Time passes...
Madrigal returns from her quest.
11
Madrigal approaches the bounty board, but it is blank.
```

null 合并运算符也可以独立于 **let**()函数使用。可以使用如下代码来完成相同的任务(不要在 Bounty-board 项目中做此更改)：

```
private fun readBountyBoard() {
    val quest: String? = obtainQuest(playerLevel)
    val message: String? = quest?.replace("Nogartse", "xxxxxxxx")
        ?.let { censoredQuest ->
            """
            |$HERO_NAME approaches the bounty board. It reads:
            |   "$censoredQuest"
            """.trimMargin()
        }

    println(message ?: "$HERO_NAME approaches the bounty board, but it is blank.")
}
```

该示例给出了 null 合并运算符作为 **println**()函数的实际参数的内联(inline)用法。此段代码在功能上与程序清单 7.10 中的代码相同：如果变量 message 为 null，则 $ HERO_NAME approaches the bounty board, but it is blank. 将会输出至控制台；否则，将输出 message。

无论使用哪一种方式的 null 合并运算符都是有效的。哪种风格更好是一个别人无法代替回答的问题，因为这取决于个人的偏好。

在某些情形下，复杂的安全调用链和 null 合并运算符会使代码更难阅读或使预期结果不明确。在这些情形下，更适合使用 if/else 语句，因为它们更清晰，尽管不够简洁。如果团队持有不同意见，那也没关系，因为两种语法都是有效的。

7.4.3　选项 3：non-null 断言运算符

讨论的最后一种空安全技术是曾在第 6 章中遇到过的，被称为 **non-null 断言运算符**(Non-null Assertion Operator)，也被叫作双感叹号运算符(double-bang operator)，因为该运算符使用了两个感叹号!!。

Non-null 断言运算符!! 可用于强制编译器允许在 nullable 类型上调用函数。但注意,这是一个比安全调用运算符更为激进的选项,一般情形下不要使用。从视觉上来看,双感叹号!! 在代码中应该会非常显眼,因为这是一个很危险的选项。如果使用了运算符!!,就是在向编译器明确宣告:**"强烈要求(demand)**执行该操作! 如果无法执行,那就不用费心执行程序的其余部分了!"

调用 **readLine()**函数时,就使用了该运算符,如下所示:

```
...
fun main() {
    println("$HERO_NAME announces her presence to the world.")
    println("What level is $HERO_NAME?")
    playerLevel = readLine()!!.replace("[^0-9]".toRegex(), "").toInt()
    println("$HERO_NAME's level is $playerLevel.")
    ...
}
...
```

语句 readLine()!!.replace(...).toInt()的意思是:"我不在乎 **readLine()**函数是否返回的是 null,无论如何都要将其转换为一个数值!"如果 **readLine()**函数确实返回了 null 值,则会抛出一个 **NullPointerException** 异常。

即使是面向 Kotlin/JS 和 Kotlin/Native 平台时,也是如此。Kotlin 引入了自己的 **NullPointerException** 类型,一般不会给出 **TypeError** 或引发一个分段错误。尽管如此,在非常特殊的情形下,仍然有可能会遇到突发的 **TypeError** 或分段错误。

在某些情形下,使用双感叹号运算符是合适的。只要确信变量在使用时值不会为 null,那么双感叹号运算符!! 就可作为选项。

对于 **readLine()**函数而言,如果用户将其输入重定向到一个空文件,则将返回 null 值。希望用户从控制台输入数据的情形是罕见的,因此有些开发者可能会认为自己的程序无须支持该类用例,但也不要忽视此情形。

readLine()函数的部分选项可以防止整个应用程序发生崩溃。

使用学过的其他一些空安全技术更新 **main()**函数的代码,例如使用 **toIntOrNull()**函数。如果字符串无法解析为整数,此函数将返回 null 值,而不是使程序崩溃。由于 **toIntOrNull()**函数在类型转换方面更加优秀,因此,不再需要使用正则表达式来清理输入,具体见程序清单 7.11。

程序清单 7.11 删除双感叹号运算符(Main.kt)

```
...
fun main() {
    println("$HERO_NAME announces her presence to the world")
    println("What level is $HERO_NAME?")
    val playerLevelInput = readLine()!!
    playerLevel = if (playerLevelInput.matches("""\d+""".toRegex())) {
        playerLevelInput.toInt()
    } else {
        1
    }
    playerLevel = readLine()?.toIntOrNull() ?: 0
    println("$HERO_NAME's level is $playerLevel")
    ...
}
...
```

运行 bounty-board 项目，为 Madrigal 设置不同的等级，测试程序是否可以按预期运行。

7.5　异常

与其他许多语言一样，Kotlin 采用异常处理表明程序中出现了问题。前面已经出现过系统或 Kotlin 标准库抛出的异常，例如在尝试将某些字符串转换为 **Int** 类型时见到过 **NumberFormatException**。到目前为止，在本章已提到了 **NullPointerException** 等异常。

但是，异常处理不是系统本身的特权。用户也可以使用自己的异常处理来解决应用程序中的潜在问题。

7.5.1　抛出异常

与许多其他语言一样，Kotlin 允许用户处理出现的异常信号。可以使用关键字 throw 来执行此操作，称为**抛出**（**throwing**）异常。除了刚刚看到的空指针异常之外，还可以抛出更多其他的异常。

为什么要抛出异常呢？所谓异常就是指程序中出现了非正常状态。如果代码中出现了异常，那么抛出一个异常信号就表示必须在继续执行程序之前处理掉该问题。异常可以帮助我们区分正常流程和出现问题时需要处理的情况，使我们能够更好地管理和调试代码。

经常遇到的一个异常为 **IllegalArgumentException**。诚然，该异常的名称有点含糊不清，其实，该异常说明用户或程序提供了一个非法的输入。可以向 **IllegalArgumentException** 传递一个字符串，当抛出异常时将其输出，以提供更多有关出错原因的信息。

回想一下 **obainQuest**()函数，如果想要检查并确保玩家的等级不是一个负数(因为 Bounty-board 项目中最低的等级是 1，所以不应该允许等级为 −1 的玩家请求任务)。此时可以使用 **IllegalArgumentException** 主动表明程序使用了非法的玩家等级。

下面将更新 **obainQuest**()函数以进行此类检查。**obainQuest**()目前是一个单表达式函数(single-expression function)，并且使用了 Kotlin 允许的一些简化语法。因为准备向该函数添加另一条语句，所以需要转换其语法以允许包含程序块。

为了轻松实现这一点，将光标移至函数名上，然后按下组合键 Alt＋Enter，查看意图操作菜单(intention actions menu)，选择 Convert to block body，它将自动插入大括号并返回关键字(如果推断出了返回类型，IntelliJ 还会自动插入返回类型)。

```
...
private fun obtainQuest(
    ...
): String? = when (playerLevel) {
    return when (playerLevel) {
        1 -> "Meet Mr. Bubbles in the land of soft things."
        ...
        else -> null
    }
}
```

现在，添加一个条件判断检查变量 playerLevel 是否为负值，如程序清单 7.12 所示。

程序清单 7.12　抛出一个 IllegalArgumentException 异常(Main.kt)

```
...
private fun obtainQuest(
```

```
    ...
): String? {
    if (playerLevel <= 0) {
        throw IllegalArgumentException("The player's level must be at least 1.")
    }
    return when (playerLevel) {
        1 -> "Meet Mr. Bubbles in the land of soft things."
        ...
        else -> null
    } }
```

此处传达的信息是：变量 playerLevel 必须至少为 1，任何其他的输入都是非法的。这意味着但凡想要使用变量 playerLevel，就必须处理因非法输入而产生的异常状态。信息很明确，可以大幅提高在开发过程中（而不是在系统崩溃之前）对异常状态的重视。

运行 bounty-board 项目，设置 Madrigal 的等级为－1，可以看到如下的输出：

```
Madrigal announces her presence to the world.
What level is Madrigal?
-1
Madrigal's level is -1.
Exception in thread "main" java.lang.IllegalArgumentException:
        The player's level must be at least 1.
    at MainKt.obtainQuest(Main.kt:41)
    at MainKt.obtainQuest$default(Main.kt:38)
    at MainKt.readBountyBoard(Main.kt:21)
    at MainKt.main(Main.kt:10)
    at MainKt.main(Main.kt)
```

因为向 **IllegalStateException** 提供了出错时的消息，所以，就可以确切地知道程序崩溃的原因了。

7.5.2 异常处理

异常是具有破坏性的，代表了一种无法恢复的状态，除非得到了处理。在 Kotlin 中，可以通过在可能引发异常的代码周围定义 try/catch 语句，指定如何处理异常。

try/catch 的语法类似于 if/else。为了学习如何使用 try/catch 语句，在 **readBountyBoard**()函数中添加该语句，以防止执行危险的操作，如程序清单 7.13 所示。

程序清单 7.13 添加一个 try/catch 语句(Main.kt)

```
...
private fun readBountyBoard() {
    try {
        val quest: String? = obtainQuest(playerLevel)

        val message: String = quest?.replace("Nogartse", "xxxxxxxx")
            ?.let { censoredQuest ->
                """
                |$HERO_NAME approaches the bounty board. It reads:
                |   "$censoredQuest"
                """.trimMargin()
            } ?: "$HERO_NAME approaches the bounty board, but it is blank."

        println(message)
    } catch (e: Exception) {
        println("$HERO_NAME can't read what's on the bounty board.")
    } }
...
```

当定义一个 try/catch 语句时，就声明了一个 try 代码块，此代码块定义了，若程序出现异常，希望尝试(try)执行哪些操作。若无异常发生，则执行 try 语句，catch 语句不会执行。这种分支逻辑类似于条件判断语句。

在 catch 代码块中定义了如果 try 代码块中的某个表达式异常会发生什么。catch 代码块采用一个特定类型的异常作为实际参数。本例中，将捕获任何为 **exception** 的异常，即捕获由任何代码行所引发的任何错误。

catch 代码块中可以包括各种各样的逻辑操作，本例中的操作较为简单。此处仅使用 catch 代码块输出了一条回退消息，指出 Madrigal 遇到了新的阅读困境(literacy predicament)。

现在，如果将 Madrigal 的等级设置为－1，**obtainQuest**()函数仍然会抛出 **IllegalArgumentException** 异常。但是，由于使用 try/catch 语句对异常进行了处理，程序将会继续执行，且 catch 代码块会运行，并将以下内容输出至控制台：

```
Madrigal announces her presence to the world.
What level is Madrigal?
-1
Madrigal's level is -1.
Madrigal can't read what's on the bounty board.
Time passes...
Madrigal returns from her quest.
0
Madrigal can't read what's on the bounty board.
```

提供的 **IllegalArgumentException** 消息("The player's level must be at least 1.")不再输出至控制台。在抛出异常时提供的消息旨在用于调试，而不是显示给用户。异常消息通常包含了有关代码的技术细节，并且对大多数使用程序的人来说往往不友好。如果未使用 try/catch 代码块调用 **obtainQuest**()函数，或者使用诸如 IntelliJ 内置的调试工具来运行 bounty-board 项目，仍然会看到该条消息。

7.5.3 try/catch 表达式

第 3 章中学习了 if/else 语句和 when 代码块可以用作表达式，try/catch 代码块也可以这样使用。与使用条件表达式相比，这是一种不常见的用法。此处，可以使用第 3 章中相同技术来清理冗余的 **println**()函数调用。继续对程序代码进行更改，通过程序清单 7.14 查看其工作原理。

程序清单 7.14 将 try/catch 用作表达式(Main.kt)

```
...
private fun readBountyBoard() {
    try {
    val message: String = try {
        val quest: String? = obtainQuest(playerLevel)

        val message: String = quest?.replace("Nogartse", "xxxxxxxx")
        quest?.replace("Nogartse", "xxxxxxxx")
            ?.let { censoredQuest ->
                """
                |$HERO_NAME approaches the bounty board. It reads:
                |    "$censoredQuest"
                """.trimMargin()
            } ?: "$HERO_NAME approaches the bounty board, but it is blank."

        println(message)
    } catch (e: Exception) {
```

```
            println(" $ HERO_NAME can't read what's on the bounty board.")
            " $ HERO_NAME can't read what's on the bounty board."
        }
        println(message)
    }
    ...
```

此更改不会影响程序的运行(可自行测试验证)。但它会将 **println**()函数调用减少到一个。同时确保可以继续进行异常处理。若删除了 catch 代码块中的字符串,编译器将报错,因为它没有提供一个字符串值来赋值给变量 message。

如果想执行可能有风险的代码计算一个值,并且希望有一个可以进行替代的回退选项,那么 try/catch 表达式非常有用。

7.6 前置条件

异常输入可能会导致程序以非预期的方式运行。作为程序开发人员,需要花费大量的时间对输入进行验证,以确保使用的值不发生意外。有些异常来源是很常见的,如意外的 null 值。为了更容易地验证输入并进行调试以避免某些常见的问题,Kotlin 在其标准库中提供了一些便利函数(convenience functions),这样就可以使用内置函数抛出带有自定义消息的异常。因为这些函数允许定义前置条件,即在执行某段代码之前必须满足的条件,所以称为**前置条件函数**(**precondition functions**)。

本章已经学习了一些可以防止 **NullPointerException** 和其他异常的方法。最后一种方法是使用类似 **require**()这样的前置条件函数,检查一个值是否为 null。如果该值不是 null,**require**()函数将返回该值;如果该值确实是 null,则函数抛出 **IllegalArgumentException** 异常。

试着用前置条件函数来替换抛出的 **IllegalArgumentException** 异常,如程序清单 7.15 所示。

程序清单 7.15　使用前置条件函数(Main.kt)

```
...
private fun obtainQuest(
    playerLevel: Int,
    playerClass: String = "paladin",
    hasBefriendedBarbarians: Boolean = true,
    hasAngeredBarbarians: Boolean = false
): String? {
    if (playerLevel <= 0) {
        throw IllegalArgumentException("The player's level must be at least 1.")
    }
    require(playerLevel > 0) {
        "The player's level must be at least 1."
    }
    return when (playerLevel) {
        ...
    } }
```

使用 **require**()函数可以替换掉抛出 **IllegalArgumentException** 异常的样板代码(boilerplate)。**require**()函数需要接收两个实际参数:第一个实际参数是需检查的布尔表达式,若该布尔表达式的计算结果为 false,则抛出 **IllegalArgumentException** 异常;出现在大括号中的第二个实际参数须包含抛出异常中的错误消息。第 8 章中将进一步了解更多关于这组大括号的含义。

前置条件函数是在执行某些代码之前传达前置需求的一种好方法。该函数相应的代码比手动编写的代码抛出异常更简洁,因为需满足的前置条件已写明。

Kotlin 在标准库中提供了 6 个前置条件函数,如表 7.1 所示。

表 7.1 Kotlin 的前置条件函数

函数名称	描述
check	若参数为 false,则抛出 **IllegalStateException** 异常
checkNotNull	若参数为 null,则抛出 **IllegalStateException** 异常,否则返回 non-null
require	若参数为 false,则抛出 **IllegalArgumentException** 异常
requireNotNull	若参数为 null,则抛出 **IllegalArgumentException** 异常,否则返回 non-null
error	若参数为 null,则使用给定的错误信息,抛出 **IllegalArgumentException** 异常,否则返回 non-null
assert	若参数为 false,则抛出 **AssertionError** 异常并进行断言标记*

* 启用断言编译器标志的细节超出了本书的范围。若感兴趣,可自行查阅相关资料。

需要特别关注 **checkNotNull**()和 **requireNotNull**()函数,这两个前置条件函数均接收一个实际参数,若该参数值为 null,则抛出异常。**require**()函数和 **requireNotNull**()函数抛出 **IllegalArgumentExceptions** 异常,而 **check**()函数和 **checkNotNull**()函数则抛出 **IllegalStateException** 异常。在检查函数的输入时,更倾向于使用 **IllegalArgumentException** 异常;而在其他大多数情形下则首选 **IllegalStateException** 异常。

前置条件函数是处理空安全的另一种技术,尽管最终结果类似于 non-null 断言运算符,但前者可以更富有表达力。前置条件函数不仅可以抛出 **NullPointerException** 异常,还可以提供更多有关哪个对象值为 null 的信息。

例如,可以将 **checkNotNull**()函数与 **readLine**()函数结合起来使用,如下所示:

```
val input: String = checkNotNull(readLine()) {
    // Throws an IllegalStateException with the message "No input was provided"
    "No input was provided"
}
```

前置条件函数是确保应用程序正常运行的一种非常方便的方法,如果应用程序未能正常运行,则前置条件函数会尽快结束并协助进行调试。前置条件函数有助于轻松抛出最常用的异常类型,一般建议开发者主动使用此类函数追踪应用程序中潜在的问题。

运行 bounty-board 项目,并确保前置条件未被触发。运行后,程序的输出应该与之前是相同的。

本章介绍了 Kotlin 处理与空性(nullity)有关的问题时必须明确地定义何时支持 nullability,因为在默认情形下,一个值是 non-nullable。应该尽可能优先选择不支持 null 的类型,因为它们可以让编译器帮助防止运行时错误的发生。

本章还介绍了如何安全使用 nullable 类型,包括使用安全调用运算符或 null 合并运算符,或者明确变量值是否为 null 等。本章还介绍了 **let**()函数以及如何将其与安全调用运算符结合起来,以便在 nullable 变量上安全地使用计算表达式。

最后是异常处理以及如何使用 Kotlin 提供的 try/catch 表达式来处理异常,还有如何定义前置条件以便在引起程序崩溃之前捕获异常情况。

至此,就结束了 bounty-board 项目的开发。第 8 章将创建一个名为 NyetHack 的新项目,并学习一个新的主题,即匿名函数(anonymous functions),这是 Kotlin 标准库中诸多函数的重要组成部分(building block)。

7.7 好奇之处：自定义异常

前面介绍的 **IllegalArgumentException** 异常表示提供了非法的输入，并通过在抛出异常时输出的字符串发布更多相关的信息。要想在异常中发布更多的详细信息，可以为特定问题创建一个自定义异常。要想定义一个自定义异常，需要定义一个继承自其他异常的新**类**（**class**）。类可以帮助定义程序中的“物”（things），如怪物、武器、食物、工具，等等。第 13 章中将学习更多有关类的内容。

在 Main. kt 中定义一个名为 **InvalidPlayerLevelException** 的自定义异常，如程序清单 7.16 所示。

程序清单 7.16　定义一个自定义异常（Main. kt）

```
...
private fun obtainQuest(
    playerLevel: Int,
    playerClass: String = "paladin",
    hasBefriendedBarbarians: Boolean = true,
    hasAngeredBarbarians: Boolean = false
): String? {
    ...
}
class InvalidPlayerLevelException() :            IllegalArgumentException("Invalid
player level (must be at least 1).")
```

InvalidPlayerLevelException 就是一个自定义异常，它充当了带有特定消息的 **IllegalArgumentException** 异常。使用关键字 throw，采用与抛出 **IllegalArgumentException** 异常相同的方式抛出自定义异常，具体见程序清单 7.17。

程序清单 7.17　抛出一个自定义异常（Main. kt）

```
...
private fun obtainQuest(
    playerLevel: Int,
    playerClass: String = "paladin",
    hasBefriendedBarbarians: Boolean = true,
    hasAngeredBarbarians: Boolean = false
): String? {
    require(playerLevel > 0) {
        "The player's level must be at least 1."
    }
    if (playerLevel <= 0) {
        throw InvalidPlayerLevelException()
    }
    return when (playerLevel) {
        ...
    } }
```

InvalidPlayerLevelException 是一个自定义异常，在变量 playerLevel 小于 1 时即可抛出。用来定义该异常的代码中未指定何时抛出，这是程序员后续要补充的内容。

自定义异常非常灵活且用处很多。不仅可以使用它们来输出自定义消息，还可以在抛出异常时执行某些功能。自定义异常还可以减轻编程负担，因为可以将其放入代码库中并重复使用。

7.8 好奇之处：已检查的异常和未检查的异常

在 Kotlin 中，所有的异常都是**未检查的**（**unchecked**），这意味着 Kotlin 编译器不会强制在 try/catch

语句中包含所有可能引发异常的代码。

对于 Java 用户来说，这一点可能是令人惊讶的，因为 Java 支持混合使用已检查的异常和未检查的异常类型。对于已检查的异常，编译器会检查异常并要求在程序中添加 try/catch 或显式地标记函数会抛出该异常；未检查的异常在编译时不受保护，无论是否有相应的 try/catch 块，编译器都允许抛出它们。

这听起来很合理。但在实践中，检查异常的理念并不像设计之时想象的那么有效。通常情况下，已检查的异常会被捕获（因为编译器要求处理已检查的异常），然后就被简单地无视了，只是为了让程序编译通过。这种现象被称为“吞下了异常”（swallowing an exception），它会使程序的调试变得非常困难，因为它抑制了一开始就出错的信息。在大多数情形下，编译时忽略的问题会导致运行时出现更多的错误。

现代编程语言中更多采用的是未检查的异常，因为经验表明，已检查的异常会导致更多的问题而不是解决问题：如代码重复、恢复难以理解的错误逻辑以及未记录错误而被压制的异常等。

Kotlin 并未区分已检查的异常和未检查的异常，可以在程序中抛出任何异常，而无须添加 try/catch 程序块或标记函数可能会抛出异常。但需要自行引入适当的保护措施，以防止运行时出现错误而导致应用程序崩溃。

第三部分

函数式编程和Collection

函数式编程是一种编程范式，它大量使用高阶函数（即可以接收和返回其他函数的函数），在代码运行时可以修改自身的行为和其他函数的行为。有些编程语言是纯粹的函数式编程语言，这意味着整个应用程序都是按照这种风格编写的。虽然Kotlin 不是一种纯粹的函数式编程语言，但它确实提供了许多函数工具，使开发人员能够以函数范式表达逻辑。

在 Kotlin 中，常说函数是“一等公民”，也就是说，其地位与任何其他类型是一样的。Kotlin 标准库利用这一点，为开发人员提供了一套具有高度灵活性和简洁性的API，用于处理常见的任务。

接下来的 5 章将探索更高级的 Kotlin 函数使用技巧，还将探索 Kotlin 的Collection 集合类型，这些类型用于存储数据组。随后，介绍如何使用函数式编程如何仅用几行代码就可以对这些 Collection 集合执行复杂的算法操作。为了理解这些概念的实际应用，将构建一个名为 NyetHack 的新项目，这是一个基于文本的角色扮演游戏，一直到第 19 章都会持续开发该项目。

第8章

Lambda表达式和函数类型

在第 4 章学习了如何通过命名来定义 Kotlin 中的函数，以及如何通过函数名来调用它们。本章将介绍另一种定义函数的方法。这种新的函数定义方法是将函数视为一个值，就像使用 **String** 类型和 **Int** 类型的方式一样。使用这种新的函数定义风格，能够将函数存储在变量中，或者将函数传递给其他函数，并从函数中返回一个函数。

为了将这些概念付诸实践，先构建一个名为 NyetHack 的项目，接下来直到第 19 章都会持续完善该项目。

8.1 NyetHack 简介

为什么项目取名叫 NyetHack 呢？也许还记得 NetHack，这是由 NetHack DevTeam 在 1987 年发布的一款游戏。NetHack 是一款基于文本的单人奇幻游戏，使用 ASCII 图形表示。本项目将构建一个类似 NetHack 的基于文本的游戏元素。

Kotlin 编程语言的发明者 JetBrains 公司在俄罗斯设有办事处。实际上，Kotlin 就是以俄罗斯的一座岛屿命名的。将基于文本的游戏 NetHack 与 Kotlin 的俄罗斯背景联系在一起，就有了 NyetHack 这个名字。

打开 IntelliJ 并创建一个新项目。如果已经在 IntelliJ 中打开了一个项目，则可以选择 File→New→Project 命令启动 New Project 向导。

在向导页面左侧列中，选择 Kotlin；在中央窗格中，选择 JVM 标题下的 Application，然后选择 Gradle Groovy 作为构建系统。此外，确保已选择了一个 Project JDK（推荐使用 Java 1.8～15 的版本），这些选项与在 bounty-board 项目中的选项相同。

在项目名称中输入 NyetHack。IntelliJ 建议将新项目保存在与上一个项目相同的位置，如果愿意，也可以改为指定的位置。完成后，单击 Next 按钮。

在向导的第二步中，可以指定有关要使用模板的更多信息。在没有模板的情况下构建 NyetHack，即如果默认情况下尚未选择 None 作为模板，可以从下拉列表中选择它。然后按下 Finish 按钮，IntelliJ 将创建一个空的 NyetHack 项目。

首先，在项目中添加一个新的文件。在项目工具窗口中查找并展开 src 文件夹（可能需要单击 NyetHack 的 disclosure 箭头以查看 src）。在 src 文件夹中，展开 main 文件夹就可以看到 kotlin 文件夹。右键单击 kotlin 文件夹，选择 New→Kotlin Class/File 命令，创建一个名为 NyetHack 的文件（不是类），这样新文件将在编辑器中打开。

正如在第 1 章中看到的那样，**main()**函数定义了程序的入口。IntelliJ 为编写该函数提供了一个快捷方式，即在 NyetHack. kt 中输入单词 main，并按下 Tab 键。IntelliJ 将自动添加函数的基本元素，如下所示：

```
fun main() {

}
```

要想开始该角色扮演游戏，首先需要使用 **println()**和 **readLine()**函数询问用户的姓名，如程序清单 8.1 所示。

程序清单 8.1　开始 NyetHack 项目(NyetHack. kt)

```
fun main() {
    println("A hero enters the town of Kronstadt. What is their name?")
    val heroName = readLine() ?: ""
}
```

运行 NyetHack. kt 文件中的 **main()**函数。控制台应该会提示输入玩家的姓名，输入玩家姓名后，程序将终止运行。

8.2　匿名函数

实际上，迄今为止调用的所有函数都是常规的所谓**命名函数**(**named functions**)。命名函数都使用关键字 fun 进行定义，并且每个函数都有一个函数名。但是，也可以在不使用关键字 fun 的情况下定义函数，甚至可以定义一个连函数名都没有的函数。

这类函数被称为**匿名函数**(**anonymous functions**)，原因就是这些函数没有函数名。匿名函数与程序其他部分的交互方式略有不同，它们通常会被传递给其他函数或从其他函数中返回。这种交互是通过**函数类型**(**function type**)来实现的，本章中将学习这些内容。

匿名函数是 Kotlin 的重要组成部分。使用匿名函数的其中一种方式是轻松地自定义 Kotlin 标准库中的内置函数，以满足特定的需求。匿名函数可以允许为标准库函数描述额外的规则，以便自定义其行为。这样就可以根据自己的需求定制标准库函数了。

以使用 **String** 类型的 **count()**函数为例进行说明。默认情况下，**count()**函数返回字符串中的字符总数。但是 **count()**函数还有一种变体，可以接收一个函数作为其形式参数。该函数只有一个 **Char** 形式参数，并返回一个 **Boolean** 类型的值。该版本的 **count()**函数会在 **String** 类型的每个字符上调用函数，并给出返回结果为 true 的总数。

为了查看实际运行效果，可在 REPL 中输入程序清单 8.2 中的代码。

程序清单 8.2　计算字符串中字母的数量(REPL)

```
"Mississippi".count({ letter -> letter == 's' })
```

按下组合键 Ctrl+Enter 执行此段代码。可以看到，REPL 中的输出结果为 4。

注意在 **count()**函数的括号内使用的新语法：

```
{ letter -> letter == 's' }
```

这段语法被称为 **Lambda 表达式**(**Lambda expression**)，有时也称为**函数字面量**(**function literal**)，用来创建匿名函数。该 Lambda 表达式代表了一个传递给 **count()**函数的函数。

从现在开始，将匿名函数称为 **Lambdas**，并将其定义称为 Lampda 表达式。这是在实际使用中经常会遇到的术语。Lambda 代表希腊字符 λ，是 Lambeda Calculus 的缩写，这是一种用于表达计算的逻辑系统，由数学家 Alonzo Church 在 20 世纪 30 年代设计。当定义一个匿名函数时，会用到 Lambda 表达式。

要想了解 **count()** 函数是如何工作的，可以通过定义自己的表达式来深入学习 Kotlin 的 Lambda 表达式的语法。首先编写一个小的辅助文件作为基本的解说者(narrator)。该解说者会处于不同的情绪状态，这些情绪将使用 Lambda 表达式来实现。

8.3 Lambda 表达式

在 NyetHack 项目中，创建一个名为 Narrator.kt 的新文件来托管解说者及其情绪。目前，该解说者只有一种情绪：大声地(loud)。创建 **narrate()** 函数，并通过定义一个 Lambda 表达式来实现它，调用该表达式并输出结果，如程序清单 8.3 所示。

程序清单 8.3　定义一个 Lambda 表达式(Narrator.kt)

```
fun narrate(
    message: String
) {
    println({
        val numExclamationPoints = 3
        message.uppercase() + "!".repeat(numExclamationPoints)
    }())
}
```

就像通过在左引号和右引号之间编辑字符来构造一个字符串一样，可以通过在左大括号和右大括号之间编辑表达式或语句来编写一个函数。程序清单 8.3 中首先调用 **println()** 函数，在包含 **println** 参数的括号内，依据 Lambda 表达式的语法在一组大括号内定义一个匿名函数。该 Lambda 表达式定义了一个变量，并返回 message 参数的转换版本(Transformed Version)，如下所示：

```
{
    val numExclamationPoints = 3
    message.uppercase() + "!".repeat(numExclamationPoints)
}
```

在该 Lambda 表达式的右大括号之外，使用了一对空括号来调用该函数。如果忘记在 Lambda 表达式的末尾加上括号，则不会输出问候消息字符串。就像常规函数一样，匿名函数只有在被调用时才工作，如下所示：

```
{
    val numExclamationPoints = 3
    message.uppercase() + "!".repeat(numExclamationPoints)
}()
```

为了让新的解说者开始工作，请将 NyetHack.kt 中的 **println()** 函数调用替换为 **narrate()** 函数调用，如程序清单 8.4 所示。

程序清单 8.4　调用 narrate 函数(NyetHack.kt)

```
fun main() {
    println("A hero enters the town of Kronstadt. What is their name?")
    narrate("A hero enters the town of Kronstadt. What is their name?")
    val heroName = readLine() ?: ""
}
```

再次运行 **main()**函数。可以看到如下输出：

```
A HERO ENTERS THE TOWN OF KRONSTADT. WHAT IS THEIR NAME?!!!
```

8.3.1 函数类型

在第 2 章已经学习了 **Int** 和 **String** 等数据类型。函数类型也可以声明变量，函数类型变量即为函数字面量，它也有一种类型，称为**函数类型**(**function type**)。函数类型的变量将函数作为其值，然后该函数可以像其他变量一样在代码中进行传递。

注意：不要将函数类型与名为 **Function** 的类型混淆。可以使用函数类型声明来定义函数的具体细节，该声明根据特定函数的输入、输出和形式参数的细节而变化，很快就可以看到。

更新 Narrator. kt，定义一个变量来保存函数，并将其赋值为格式化消息的 Lambda 表达式(这里有一些不熟悉的语法，在输入代码后再进行解释)，如程序清单 8.5 所示。

程序清单 8.5 将 Lambda 表达式赋给一个变量(Narrator. kt)

```
fun narrate(
    message: String
) {
    val narrationModifier: () -> String = {
        val numExclamationPoints = 3
        message.uppercase() + "!".repeat(numExclamationPoints)
    }
    println({
        val numExclamationPoints = 3
        message.uppercase() + "!".repeat(numExclamationPoints)
    }())
    println(narrationModifier())
}
```

当声明一个变量时，可以在变量名后使用冒号和类型来明确指定类型，就像程序清单 8.5 中的代码 narrationModifier：() -> String。正如 Int 告诉编译器变量可以保存什么类型的数据(整数)一样，函数类型声明() -> String 告诉编译器变量 narrationModifier 应该保存一个函数。

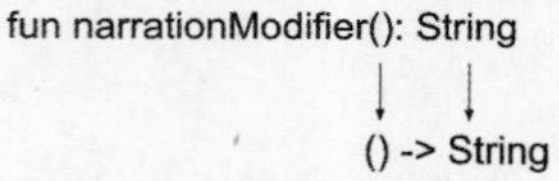

fun narrationModifier(): String

() -> String

图 8.1 函数类型的语法

函数类型定义由两部分组成，一是括号中的函数形式参数；二是由箭头(->)分隔的返回类型，如图 8.1 所示。

给变量 narrationModifier 指定类型声明为() -> String，即向编译器表明，可以赋给 narrationModifier 不接收任何参数(由空括号表示)并返回 **String** 类型的函数。与变量指定的任何其他类型声明一样，编译器将确保赋给变量或作为实际参数传递的函数的类型是正确的。

运行 **main()**函数，并确认输出是相同的：

```
A HERO ENTERS THE TOWN OF KRONSTADT. WHAT IS THEIR NAME?!!!
```

8.3.2 隐式返回值

可能已经注意到，定义的 Lambda 表达式中并没有关键字 return：

```
val narrationModifier: () -> String = {
    val numExclamationPoints = 3
    message.uppercase() + "!".repeat(numExclamationPoints)
}
```

但是，指定的函数类型表明该函数必须返回一个 **String** 类型，而编译器并没有报错。并且，根据其输出来看，该函数确实返回了一个字符串，即修改后的欢迎消息。那么，为什么没有使用关键字 return 呢？

与常规函数不同，Lambda 表达式的语法不要求（甚至不允许，除非在极少数情况下）使用关键字 return 来输出数据。Lambda 表达式**隐式地（implicitly）**返回其函数定义中的最后一行，并允许省略关键字 return。

Lambda 表达式中不允许使用关键字 return，是因为这样可能会让编译器产生歧义，不清楚返回值到底是来自 Lambda 函数本身还是调用它的函数。Lambda 表达式的这一特性既是语法的便利性，也是必要性。

8.3.3 函数的实际参数

与其他函数一样，Lambda 表达式可以接收零个、一个或多个任何类型的实际参数。Lambda 表达式可接收的形式参数在函数类型定义中以类型来表示，然后在 Lambda 表达式的定义中进行命名。

解说者的情绪应该是连贯持久的，所以应该将函数 narrationModifier() 声明为顶级变量，而不是定义在 **narrate**() 函数内部。更新 narrationModifier 的变量声明进行重构，以允许将消息（message）作为其实际参数之一，如程序清单 8.6 所示。

程序清单 8.6 添加一个 message 形式参数（Narrator. kt）

```
val narrationModifier: (String) -> String = { message ->
    val numExclamationPoints = 3
    message.uppercase() + "!".repeat(numExclamationPoints)
}
fun narrate(
    message: String
) {
    val narrationModifier: () -> String = {
        val numExclamationPoints = 3
        message.uppercase() + "!".repeat(numExclamationPoints)
    }
    println(narrationModifier(message))
}
```

此处，通过将实际参数类型置于函数类型的括号中，指定 Lambda 表达式可以接收 **String** 类型参数：

```
val narrationModifier: ( String ) -> String = { message ->
```

可以在函数的开头大括号之后为字符串形式参数命名：

```
val narrationModifier: (String) -> String = { message ->
```

Lambda 表达式可以通过箭头运算符(->)将形式参数名称与函数体分开。

再次运行 NyetHack. kt，输出结果将不会改变，但是 Lambda 表达式现在会接收 message 实际参数本身，而不是从 **narrate**() 函数的实际参数中读取。

count() 函数可以接收一个函数来检查字符串中的每个字符，该函数是一个**谓词**实际参数，称为 predicate，其类型为(Char) -> Boolean，换句话说，是一个接收 **Char** 实际参数并返回 **Boolean** 类型的函数。在 Kotlin 标准库中，经常可以看到函数类型和 Lambda 表达式的使用。

8.3.4 it 标识符

在定义仅接收一个实际参数的 Lambda 时，可以使用 it 标识符作为指定参数名称的一种便捷方式。

当 Lambda 仅有一个形式参数时，it 标识符和命名形式参数都是有效的选择。

删除 Lambda 表达式 narrationModifier 开头的形式参数名称和箭头，用 it 标识符来代替，如程序清单 8.7 所示。

程序清单 8.7　使用 it 标识符(Narrator.kt)

```
val narrationModifier: (String) -> String = { message ->
    val numExclamationPoints = 3
    message.uppercase() + "!".repeat(numExclamationPoints)
    it.uppercase() + "!".repeat(numExclamationPoints)
}
fun narrate(
    message: String
) {
    println(narrationModifier(message))
}
```

运行 NyetHack.kt，以确认与之前的输出结果相同。

it 标识符使用起来很方便，因为不需要命名变量。但是，对其所表示的数据没有进行具体的描述。建议在处理更复杂的 Lambda 表达式或嵌套 Lambda(Lambda 内部的 Lambda)时，还是应该坚持对形式参数命名，以保持程序对未来读者的可读性。

另外，it 标识符对于较短的 Lambda 表达式非常方便。例如，之前计算 Mississippi 中 s 个数的 **count()** 函数调用，使用 it 标识符的程序会更简洁，如下所示：

```
"Mississippi".count({ it == 's' })
```

鉴于此示例的简洁性，即使没有实际参数名称，其逻辑结构也很清晰。

8.3.5　接收多个实际参数

虽然 it 语法适用于仅接收一个实际参数的 Lambda 表达式，但当有多个实际参数时，it 语法是不允许的。不过，Lambda 当然可以接收多个命名实际参数。

如果要调整 narrationModifier，使消息的语气影响解说者的叙述方式，可以在 REPL 中运行程序清单 8.8 中的代码(为简单起见，不必在 NyetHack 项目中进行此步)，如程序清单 8.8 所示。

程序清单 8.8　接收第二个实际参数(REPL)

```
val loudNarration: (String, String) -> String = { message, tone ->
    when (tone) {
        "excited" -> {
            val numExclamationPoints = 3
            message.uppercase() + "!".repeat(numExclamationPoints)
        }
        "sneaky" -> {
            "$message. The narrator has just blown Madrigal's cover.".uppercase()
        }
        else -> message.uppercase()
    }
}
println(loudNarration("Madrigal cautiously tip-toes through the hallway", "sneaky"))
```

按下组合键 Ctrl+Enter 就可以运行以上代码，并在 REPL 中看到以下输出：

```
MADRIGAL CAUTIOUSLY TIP-TOES THROUGH THE HALLWAY. THE NARRATOR HAS JUST BLOWN
MADRIGAL'S COVER.
```

该 Lambda 表达式声明了两个形式参数：message 和 tone，并在调用时接收两个实际参数。因为在

Lambda 表达式中定义了多个形式参数，所以 it 标识符不再可用。

与常规函数不同，Lambda 表达式不允许有默认参数。函数类型是 Kotlin 为这类函数保留的唯一信息，无法像常规函数那样在函数类型中包含默认的实际参数。类似地，在使用 Lambda 表达式时也不允许使用实际参数命名。

8.4　类型推断支持

Kotlin 的类型推断规则也适用于函数类型，就像适用于本书之前学习的类型一样，如果在声明变量时将 Lambda 表达式赋值给它，则不需要显式地定义类型。

这就意味着之前编写的不接收任何实际参数的 Lambda 表达式，如下所示：

```
val narrationModifier: () -> String = {
    val numExclamationPoints = 3
    message.uppercase() + "!".repeat(numExclamationPoints)
}
```

也可以不指定类型，像这样：

```
val narrationModifier = {
    val numExclamationPoints = 3
    message.uppercase() + "!".repeat(numExclamationPoints)
}
```

在 Lambda 表达式接收了一个或多个实际参数时，类型推断也是一个选项，但有一点小麻烦。编译器需要帮助以便确定 Lambda 表达式的形式参数是什么类型。在使用类型推断时，必须在 Lambda 表达式的定义中同时提供每个形式参数的名称和类型。这也意味着，如果想要使用类型推断，就不能使用 it 标识符作为参数的简写形式。

利用形式参数类型，将变量 narrationModifier 更新为使用类型推断，具体见程序清单 8.9。

程序清单 8.9　对变量 narrationModifier 使用类型推断（Narrator. kt）

```
val narrationModifier: (String) -> String = {
val narrationModifier = { message: String ->
    val numExclamationPoints = 3
    it.uppercase() + "!".repeat(numExclamationPoints)
    message.uppercase() + "!".repeat(numExclamationPoints)
}
fun narrate(
    message: String
) {
    println(narrationModifier(message))
}
```

运行 NyetHack. kt，并确认与之前的运行结果相同。

当与含糊不清的隐式返回类型结合使用时，类型推断可能会使 Lambda 表达式难以理解。但是，当 Lambda 表达式本身简单明了时，类型推断会使代码变得更加简洁。

8.5　更有效的 Lambda

再来看看 Narrator. kt 文件：

```
val narrationModifier = { message: String ->
```

```
    val numExclamationPoints = 3
    message.uppercase() + "!".repeat(numExclamationPoints)
}

fun narrate(
    message: String
) {
    println(narrationModifier(message))
}
```

眼尖的读者可能已经注意到一个令人失望的事实,迄今为止,所做的一切都可以在不使用 Lambda 的情况下完成。同样的任务也完全可以用一个非匿名函数来表示,如下所示:

```
fun narrate(
    message: String
) {
    val numExclamationPoints = 3
    println(message.uppercase() + "!".repeat(numExclamationPoints))
}
```

到目前为止,所做的工作并不是徒劳无功的。当需要更改一个函数的行为时,Lambda 就会派上用场了。现在掌握了 Lambda 的基础知识,就可以完善 NyetHack 项目的解说,以表达更多的情绪。

首先,需要将变量 narrationModifier 声明为 var,以便能够重新赋值,并删除默认的修改。然后,创建一个名为 **changeNarratorMood** 的新函数,用于给该变量随机分配一个新的解说者情绪。为此,需要导入 **Random** 类型及其 **nextInt**()函数,如程序清单 8.10 所示。

程序清单 8.10 添加更多的解说者情绪(narrator.kt)

```
import kotlin.random.Random import
kotlin.random.nextInt

val narrationModifier = { message: String ->
    val numExclamationPoints = 3
    message.uppercase() + "!".repeat(numExclamationPoints)
}
var narrationModifier: (String) -> String = { it }

fun narrate(
    message: String
) {
    println(narrationModifier(message))
}

fun changeNarratorMood() {
    val mood: String
    val modifier: (String) -> String
    when (Random.nextInt(1..4)) {
        1 -> {
            mood = "loud"
            modifier = { message ->
                val numExclamationPoints = 3
                message.uppercase() + "!".repeat(numExclamationPoints)
            }
        }
        2 -> {
            mood = "tired"
            modifier = { message ->
                message.lowercase().replace(" ", "... ")
```

```
            }
        }
        3 -> {
            mood = "unsure"
            modifier = { message ->
                "$message?"
            }
        }
        else -> {
            mood = "professional"
            modifier = { message ->
                "$message."
            }
        }
    }
    narrationModifier = modifier
    narrate("The narrator begins to feel $mood")
}
```

现在,更新 NyetHack.kt 中的 **main**()函数,以展示新的情绪,如程序清单 8.11 所示。

程序清单 8.11 改变解说者的情绪(NyetHack.kt)

```
fun main() {
    narrate("A hero enters the town of Kronstadt. What is their name?")
    val heroName = readLine() ?: ""

    changeNarratorMood()
    narrate("$heroName heads to the town square")
}
```

多次运行 NyetHack 项目,可以随便给英雄人物起个喜欢的名字。Random.nextInt(1..4)将返回一个介于 1~4 的随机数。根据所选择的数字,可以看到以下输出之一。

(1) 如果随机数发生器返回的是 1,输出如下:

```
A hero enters the town of Kronstadt. What is their name?
Madrigal
THE NARRATOR BEGINS TO FEEL LOUD!!!
MADRIGAL HEADS TO THE TOWN SQUARE!!!
```

(2) 如果随机数发生器返回的是 2,输出如下:

```
A hero enters the town of Kronstadt. What is their name?
Madrigal
the... narrator... begins... to... feel... tired
madrigal... heads... to... the... town... square
```

(3) 如果随机数发生器返回的是 3,输出如下:

```
A hero enters the town of Kronstadt. What is their name?
Madrigal
The narrator begins to feel unsure?
Madrigal heads to the town square?
```

(4) 如果随机数发生器返回的是 4,输出如下:

```
A hero enters the town of Kronstadt. What is their name?
Madrigal
The narrator begins to feel professional.
Madrigal heads to the town square.
```

现在,**narrate**()函数已最大限度利用了 Lambda 的强大功能。通过为变量 narrationModifier 指定所需的值，可以随意改变解说者的行为。这是一个无与伦比的优势，无法在没有 Lambda 的情况下实现：可以在不改变 **narrate()** 函数实现的情况下改变其工作方式。这是一种非常强大的技术，在整个 Kotlin 标准库中都可以看到这种技巧的运用，并且很可能也会在自己的代码中采用这种模式。

8.6 定义一个以函数为参数的函数

截至目前，已经学习了使用 Lambda 自定义标准库函数的工作方式。例如，**count()** 函数可以接收一个 Lambda 表达式来改变其计数方式，还可以将 Lambda 传递给自己编写的函数。

函数的形式参数可以接收任何类型的实际参数，包括函数类型的实际参数。函数类型的形式参数的定义方式其实与其他类型的形式参数类似，即在函数名称后面的括号中列出它，并包含其类型。为了理解具体工作过程，可以在 **narrate()** 函数中添加一个新的实际参数，该实际参数将覆盖解说者当前的情绪，以允许一次性的格式化(one-off formatting)。

为文件 Narrator.kt 中的 **narrate()** 函数添加一个名为 modifier 的形式参数，其类型为(String)->String。由于该形式参数仅用于某些特定的解说调用中，可以为其指定一个默认值，以使用迄今为止一直在使用的 narrationModifier 变量，如程序清单 8.12 所示。

程序清单 8.12　为 narrate()函数添加一个实际参数(Narrator.kt)

```
import kotlin.random.Random
import kotlin.random.nextInt

var narrationModifier: (String) -> String = { it }

fun narrate(
    message: String
    message: String,
    modifier: (String) -> String = { narrationModifier(it) }
) {
    println(narrationModifier(message))
    println(modifier(message))
}
...
```

为函数 **narrate()** 添加的形式参数 modifier 是一个接收 **String** 类型并返回 **String** 类型的函数。它和 narrationModifier 扮演的角色是相同的，但对于 **narrate()** 函数的特定调用，也允许被覆盖。

为了练习使用新的 Lambda 表达式，欢迎信息 A hero enters the town of Kronstadt. What is their name? 将用黄色输出，从而为 NyetHack 的世界增添色彩。很多终端，包括 IntelliJ 的内置终端，均支持使用 ANSI 转义序列进行基本文本样式(basic text styling)的设置。ANSI 转义序列可以追溯到 20 世纪 70 年代，它们向兼容 ANSI 的终端发送信息，以向用户提供(稍微)更丰富的输出。

在编写代码时，用到的 ANSI 转义序列有两种。这些序列可能一开始看起来挺复杂的，但请跟随我们的步骤，我们将解释每部分的作用。更新 NyetHack.kt 文件中的 **main()** 函数，将用户的第一条消息以黄色输出，如程序清单 8.13 所示。

程序清单 8.13　将欢迎文本采用黄色输出(NyetHack.kt)

```
fun main() {
    narrate("A hero enters the town of Kronstadt. What is their name?", { message ->
        // Prints the message in yellow
        "\u001b[33;1m$message\u001b[0m"
```

```
    })
    val heroName = readLine() ?: ""
    changeNarratorMood()
    narrate("$heroName heads to the town square")
}
```

第一个 ANSI 转义序列\u001b[33;1m，表示之后所有文本的颜色都以黄色显示。\u001b 使用了在第 6 章中学习的 Unicode 转义语法，用来表示 ANSI 转义序列。方括号[表示命令的开始，33;1 对应于文本颜色“亮黄色”，具体由终端的配色方案来定义。m 是命令的最后一部分，表示正在更改文本的样式。结合在一起就是：从此处开始更改文本的样式，将颜色改为亮黄色。

因为并不希望所有的文本都以黄色显示，所以，可以在欢迎消息之后使用 ANSI 转义序列\u001b[0m 重置文本的样式。这两个命令的唯一区别就是方括号[和 m 之间的部分。此处，值为 0 将把文本重置为默认状态。换句话说，它的作用是：从此处开始重置文本样式为默认模式。

运行 NyetHack，就可以欣赏到亮黄颜色的文本了，如图 8.2 所示。

注意：如果 IDE 或终端使用的是默认颜色方案之外的配色方案，那么文本可能会以其他颜色显示。这没关系，只要开头一行与控制台中其他文本以不同的颜色输出，就表示代码运行正常。

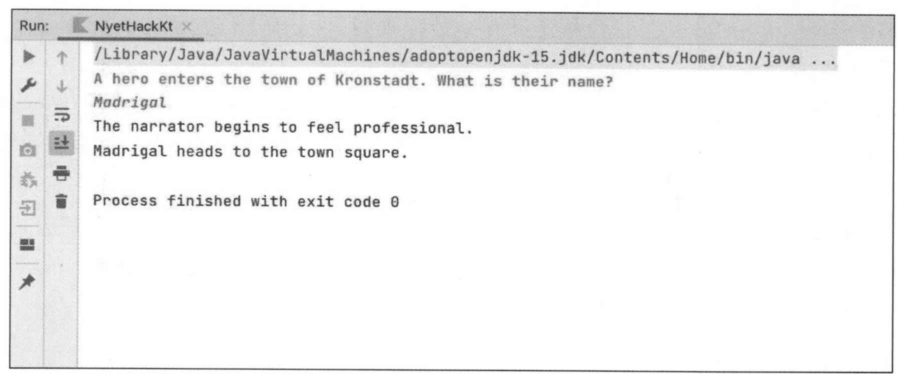

图 8.2 NyetHack 现在是彩色的了

当函数的最后一个形式参数接收一个函数类型时，可以省略 Lambda 参数的括号。例如，之前曾展示的如下示例：

```
"Mississippi".count({ it == 's' })
```

也可以这样编写，不带括号：

```
"Mississippi".count { it == 's' }
```

这种语法称为尾随 Lambda(trailing Lambda)语法，可使代码更易阅读，并且可以更快地了解函数调用。

只有在将 Lambda 表达式作为最后一个实际参数传递给函数时，才能进行上述简化。在编写函数时，可以将函数类型的形式参数声明为最后一个参数，以便函数的调用者均可以利用此种简化。

在 NyetHack 中，可以利用这种简化来使用 **narrate()** 函数。**narrate()** 函数需要两个实际参数：一个字符串和一个函数。重构代码，将不是函数的实际参数放入括号中，并在括号外列出最后一个实际参数(即函数)，如程序清单 8.14 所示。

程序清单 8.14 传递一个尾随 Lambda(NyetHack.kt)

```
fun main() {
    narrate("A hero enters the town of Kronstadt. What is their name?", { message ->
```

```
narrate("A hero enters the town of Kronstadt. What is their name?") { message ->
    // Prints the message in yellow
    "\u001b[33;1m $ message\u001b[0m"
})
}
val heroName = readLine() ?: ""
... }
```

main()函数的实现没有发生任何变化，改变的只是它的调用方式。尾随 Lambda 语法可以使编写的代码更简洁，本书都将采用这种语法。

8.7　函数内联

使用 Lambda 的好处是它们在程序编写上提供了很高的灵活性。然而，这种灵活性也是要付出代价的。

无论 Kotlin 代码是在哪个平台上运行的，在定义 Lambda 表达式时，它均被表示为一个对象的实例。此外，在运行时，程序会为所有可访问到 Lambda 表达式的变量进行内存分配，而这种行为会带来相应的内存开销。因此，Lambda 引入了内存开销，反过来这一定会导致性能受到影响。一般来说，对性能的影响是需要设法避免的。

幸运的是，有一种优化方法可以消除使用 Lambda 表达式作为参数传递给其他函数时的开销，这就是**内联**(**Inlining**)。内联可以消除 Lambda 表达式需要使用对象实例以及为自身执行变量内存分配的需求。通过内联，可以提高 Lambda 表达式的性能和效率。

要对一个 Lambda 表达式进行内联，可以使用关键字 inline 标记接收 Lambda 表达式的函数。将关键字 inline 添加到文件 Narrator. kt 的 **narrate**()函数中，如程序清单 8.15 所示。

程序清单 8.15　使用 inline 关键字(Narrator. kt)

```
...
inline fun narrate(
    message: String,
    modifier: (String) -> String = { narrationModifier(it) }
) {
    println(modifier(message))
}
...
```

现在，已经添加了 inline 关键字，而不是使用 Lambda 对象实例来调用 **narrate**()函数，编译器会在调用处复制并粘贴函数体。NyetHack. kt 中 **main**()函数的反编译 Kotlin 字节码在该函数中调用了(已内联的)**narrate**()函数，如下所示：

```
...
public static final void main() {
    String message = "A hero enters the town of Kronstadt. What is their name?";
    String var2 = "\u001b[33;1m" + message + "\u001b[0m";
    System.out.println(var2);
    String var10000 = ConsoleKt.readLine();
    if (var10000 == null) {
    var10000 = "";
    }

    String heroName = var10000;
    NarratorKt.changeNarratorMood();
```

```
        String message$iv = heroName + " heads to the town square";
        String var4 = (String)NarratorKt.getNarrationModifier().invoke(message$iv);
        System.out.println(var4);
    }
    ...
```

现在，不再调用 **narrate()** 函数，而是将 **narrate()** 的函数体直接插入 **main()** 函数中，从而完全不需要传递任何 Lambda 表达式（从而避免了创建新的对象实例）。

函数内联是在应用程序中快速提升性能的一种简单方法，建议在可能的情况下尽量使用它来处理接收 Lambda 表达式函数。

虽然函数内联可以简化程序，但函数无法默认内联，因为有几种情形无法使用 inline 关键字声明函数。以下给出了常见的两种无法内联的情形。

(1) 函数是递归的（即函数自己调用了自己）。递归函数无法内联，因为需要将函数内联到自身，这就意味着需要插入无限多个原始函数的副本。

(2) 函数使用的函数或变量具有比被内联函数更严格的可见性范围。每当调用内联函数时，都需要完整地插入函数体。插入的代码受到与普通代码相同的可见规则的限制，这就意味着对于一个公共内联函数来说，其使用的所有函数和变量也都必须是公共的。但是，可以创建一个使用私有函数和私有变量的私有内联函数。

除了 Lambda 表达式之外，还有其他一些原因可以将函数标记为内联。第 18 章中将可以看到另一个例子。

8.8 Lambda 和 Kotlin 标准库

在学习了如何声明调用和使用 Lambda 表达式的函数的基本知识后，下面深入探索 Kotlin 标准库，看看它们在整个 Kotlin 语言中如何应用。通过添加一个对 **require()** 函数的调用（该函数在第 7 章已经用过）更新 **main()** 函数，如程序清单 8.16 所示。

程序清单 8.16　回想 require() 函数(NyetHack.kt)

```
fun main() {
    narrate("A hero enters the town of Kronstadt. What is their name?") { message ->
        // Prints the message in yellow
        "\u001b[33;1m$message\u001b[0m"
    }
    val heroName = readLine() ?: ""

    val heroName = readLine()
    require(heroName != null && heroName.isNotEmpty()) {
        "The hero must have a name."
    }
    changeNarratorMood()
    narrate("$heroName heads to the town square")
}
```

出现在 **require()** 函数调用之后的大括号是一个 Lambda 表达式。这个特定的 Lambda 表达式被称为 lazyMessage，其类型是() -> Any。

require() 函数将检查作为第一个实际参数的条件。如果该条件为 false，它将抛出一个包含 Lambda 表

达式所生成消息的 **IllegalArgumentException** 异常(Lambda 表达式 lazyMessage 是可选的,如果不提供值,默认值为空)。此处,Lamba 表达式用来进行性能优化,即仅在需要抛出异常时才计算字符串。

lazyMessage 并不仅限于 **require()** 函数。实际上,它几乎适用于第 7 章中看到的所有前提条件,包括 **requireNotNull**、**check**、**checkNotNull** 和 **assert** 等。error 比较特殊,是唯一一个没有 lazyMessage 的前提条件函数;相反,它将其消息作为 **String** 类型的函数接收。

除了在其标准库中提供了一些精巧的用于性能优化的函数之外,Kotlin 还包含了诸多可以用一行代码来表达复杂算法的函数。

假设想要给玩家赋予一个受其姓名影响的头衔,例如,一个由很多元音字母组成的头衔 The Master of Vowels;或者一个由数字组成的 The Identifiable 头衔。Kotlin 中的 **String** 类型包括一些在这种情况下非常方便接收 Lambda 实际参数的函数。

在 **main()** 函数下添加一个 **createTitle()** 函数。首先,检查玩家的姓名是否有超过 4 个的元音字母,如果有,则指定其头衔为 The Master of Vowels,如程序清单 8.17 所示。

程序清单 8.17　定义 createTitle()函数(NyetHack.kt)

```
fun main() {
    narrate("A hero enters the town of Kronstadt. What is their name?") { message ->
        // Prints the message in yellow
        "\u001b[33;1m$message\u001b[0m"
    }
    val heroName = readLine()
    require(heroName != null && heroName.isNotEmpty()) {
        "The hero must have a name."
    }
    changeNarratorMood()
    narrate("$heroName heads to the town square")
    narrate("$heroName, ${createTitle(heroName)}, heads to the town square")
}
private fun createTitle(name: String): String {
    return when {
        name.count { it.lowercase() in "aeiou" } > 4 -> "The Master of Vowels"
        else -> "The Renowned Hero"
    } }
```

运行 NyetHack,并输入一个由很多元音字母组成的名字,如 Aurelia。输出将会如下所示(具体取决于解说者的心情):

```
A hero enters the town of Kronstadt. What is their name?
Aurelia
The narrator begins to feel professional.
Aurelia, The Master of Vowels, heads to the town square.
```

另一个很有用的 **String** 类型函数是 **all()** 函数,它用于检查字符串中的每个字符是否与给定的 predicate 匹配(类型为(**Char**) -> **Boolean**)。还有一个 **none()** 函数正相反,可用于检查字符串中没有一个字符与给定的 predicate 匹配的情况。

使用 **all()** 和 **none()** 函数,为玩家增加另外两个头衔。如果玩家的名字完全由数字组成,那么他们应该被赋予 The Identifiable 头衔。如果玩家的名字中没有任何字母,那么他们应当被赋予 The Witness Protection Member 头衔。当然,数字不是字母,所以要在 when 表达式中仔细对相关条件排序,以确保所有的头衔都在恰当的情形呈现出来,详见程序清单 8.18。

程序清单 8.18 添加更多的头衔(NyetHack.kt)

```
...
private fun createTitle(name: String): String {
    return when {
        name.all { it.isDigit() } -> "The Identifiable"
        name.none { it.isLetter() } -> "The Witness Protection Member"
        name.count { it.lowercase() in "aeiou" } > 4 -> "The Master of Vowels"
        else -> "The Renowned Hero"
    } }
```

使用像“11”“ **** ”这样的输入对代码进行测试,以确保程序可以输出适当的头衔。

all()、**none()**和 **count()**等函数以简洁的方式执行此类检查。如果没有这些函数,作为开发人员,需要自己实现这些算法(可能每种条件的检查都需要 5～10 行代码来实现)。

Kotlin 的标准库中包含了诸多类似的函数,可以使代码更加简洁易懂。第 11 章中将学习更多关于这些函数的知识,并体验一种称为**函数式编程**(functional programming)的范式。

8.9 有趣之处:函数引用

至此,已经使用了 Lambda 的两种用法,一种是将一个函数作为实际参数传递给另一个函数,另一种方式是传递一个**函数引用**(**function reference**)。函数引用可以将使用关键字 fun 定义的常规函数转换为具有函数类型的值。可以在任何使用 Lambda 表达式的地方使用函数引用。

假设想要提取用于输出黄色文本的 Lambda 表达式,需要将 Lambda 表达式的实现提取到自身的函数中,并使用函数引用语法(加阴影的部分),如下所示:

```
fun main() {
    narrate(
        "A hero enters the town of Kronstadt. What is their name?",
        ::makeYellow
    )
    ...
}

private fun makeYellow(message: String) = "\u001b[33;1m$message\u001b[0m"

private fun createTitle(name: String): String {
    ...
}
```

要想获取一个函数引用,请使用::运算符和需要获取引用的函数名。函数引用在许多情形下都非常有用。如果一个命名函数满足需要函数实际参数的要求,就可以使用函数引用代替 Lambda 表达式。或者,可能想要将 Kotlin 标准库中的函数作为一个实际参数传递给另一个函数。使用函数引用比传统的 Lambda 表达式更简洁。

8.10 好奇之处:捕获 Lambda

在 Kotlin 中,Lambda 表达式可以修改和引用在其作用域之外定义的变量。Lambda 表达式访问的在其外部定义的所有变量都可被 Lambda 捕获,这意味着 Lambda 表达式将保留对它的引用。这就是在 **narrate()**函数中使用的第一个 Lambda 表达式的情形。

为了演示 Lambda 表达式的这一特性，为 **changeNarratorMood()**函数添加另一种情绪，如程序清单 8.19 所示。

程序清单 8.19 修改 Lambda 表达式中的变量(Narrator.kt)

```
...
fun changeNarratorMood() {
    val mood: String
    val modifier: (String) -> String

    when (Random.nextInt(1..4)) {
    when (Random.nextInt(1..5)) {
        ...
        3 -> {
            mood = "unsure"
            modifier = { message ->
                "$message?"
            }
        }
        4 -> {
            var narrationsGiven = 0
            mood = "like sending an itemized bill"
            modifier = { message ->
                narrationsGiven++
                "$message.\n(I have narrated $narrationsGiven things)"
            }
        }
        else -> {
            mood = "professional"
            modifier = { message ->
                "$message."
            }
        }
    }
    narrationModifier = modifier
    narrate("The narrator begins to feel $mood")
}
```

这种新的解说者情绪可以统计出解说者的数量。在运行代码之前，暂停一下并问问自己：这段代码会做些什么呢？为了确认猜测，运行 NyetHack(可能需要运行若干次才能获得新的解说者情绪)。输出将如下所示：

```
A hero enters the town of Kronstadt. What is their name?
Madrigal
The narrator begins to feel like sending an itemized bill.
(I have narrated 1 things)
Madrigal, The Renowned Hero, heads to the town square.
(I have narrated 2 things)
```

回顾一下此处到底发生了些什么。

尽管 narrationsGiven 变量是在 Lambda 表达式之外定义的，但 Lambda 表达式可以访问该变量并对其进行修改。因此，narrationsGiven 值从 0 增加到 1，再从 1 增加到 2。

8.11 挑战之处：新头衔和新情绪

目前，NyetHack 项目中有 5 种解说者情绪和 4 种可以分配给玩家的头衔，但是，一切皆有可能。发挥创意，尽情地添加更多的解说者情绪和玩家头衔。

以下列出了一些可以用来表达解说者情绪的创意。

(1) lazy：解说者慵懒地只说出了所述信息的前半部分(提示：查看 **String** 类型的 **take**()或 **substring**()函数)。

(2) leet(或 1337)：解说者的说话风格为脑残体(leetspeak)，使用看起来相似的数字和符号来代替字母。例如，把 L 变为 1，E 变为 3，T 变为 7(提示：看看 **String** 类型中的 **replace**()函数，有一个接收 Lambda 表达式作为第二个形式参数的版本)。

(3) poetic：解说者会在单词之间插入换行符，这种方式看起来像是诗歌。但不幸的是，由于语言和韵律的复杂性，解说者很可能不太擅长这个(提示：此处可以有很多种解决方案，其中一个选项是将 **replace**()函数与之前在本章中见过的 **Random** 类结合起来使用)。

同样，以下给出了一些可以赋予玩家的头衔。

(1) The Bold：如果玩家姓名中的所有字母都是大写的，则赋予玩家该头衔。

(2) The Verbose：如果玩家姓名中有很多字母("很多"由设定的阈值来决定)，则赋予玩家该头衔。

(3) Bringer of Palindromes：如果玩家的姓名是一个回文字符串(即正读和反读都一样)，则赋予玩家该头衔(提示：查看 **String** 类型中的 **reverse**()函数。此外，注意字符串是区分大小写的)。

第9章

List和Set

处理具有相似取值的一组数据是许多程序的重要功能。例如,程序中可能需要处理书籍列表、旅行目的地列表、各种菜单项或顾客的账单余额等。使用**集合**(**Collection**)可以方便地处理这些数据组,并可以将它们作为参数传递给函数。

在接下来的两章将看到最常用的 Collection 类型:**List**、**Set** 以及 **Map**。与第 2 章中学习的其他变量类型一样,list、set 和 map 均有两种不同的类型:可变的(mutable)和只读的(read-only)。本章重点讨论 list 和 set。

NyetHack 项目中的英雄人物踏上一场漫长的旅程,目的地是 Kronstadt 镇。为了放松心情,结识这个热闹小镇的居民,英雄人物的第一站就是当地的一个酒馆(tavern),所以,本章开始建造该设施,Collection 是 NyetHack 项目中建模酒馆的一个重要组成部分。

酒馆建好后将展销其琳琅满目的系列商品,还有一群手持金币热衷消费的顾客,场面热闹非凡。但是在开始构建酒馆之前,还有一些事情需要处理。如程序清单 9.1 所示,创建一个名为 Tavern. kt 的新文件,并定义一些构建酒馆所需的架构。

程序清单 9.1　奠定酒馆的架构(Tavern. kt)

```
private const val TAVERN_MASTER = "Taernyl"
private const val TAVERN_NAME = " $ TAVERN_MASTER's Folly"
fun visitTavern() {
}
```

再次更新 NyetHack. kt 中的 **main**()函数。在 **main**()函数的末尾插入一个对 **visitTavern**()函数的调用。由于在整个 NyetHack 项目中都需要用到英雄人物的姓名,所以会将其定义为一个顶层变量。此外,为了防止 **main**()函数太过臃肿、太过复杂,需要将欢迎消息以及英雄人物姓名输入等的处理提取到一个单独的函数中。

本章将会多次运行 NyetHack。若每次运行时都要输入英雄人物的姓名会很烦人,就像解说者若太过情绪化也很滑稽一样。为了专注于开发,我们注释掉 **readLine**()函数的实现,取而代之的是给玩家指定一个默认姓名,同时也注释掉对 **changeNarratorMood**()函数的调用(先保留此段代码,当在第 19 章中对 NyetHack 进行最后的润色时,还会取消注释的),如程序清单 9.2 所示。

程序清单 9.2　在 main()函数中进行维护操作(upkeep)(NyetHack. kt)

```
var heroName: String = ""
fun main() {
    narrate("A hero enters the town of Kronstadt. What is their name?") { message ->
        // Prints the message in yellow
        "\u001b[33;1m $ message\u001b[0m"
    }
```

```
        val heroName = readLine()
        require(heroName != null && heroName.isNotEmpty()) {
            "The hero must have a name."
        }
        heroName = promptHeroName()
        changeNarratorMood()
        // changeNarratorMood()
        narrate("$heroName, ${createTitle(heroName)}, heads to the town square")
        visitTavern()
    }
    private fun promptHeroName(): String {
        narrate("A hero enters the town of Kronstadt. What is their name?") { message ->
            // Prints the message in yellow
            "\u001b[33;1m$message\u001b[0m"
        }
        /*val input = readLine()
        require(input != null && input.isNotEmpty()) {
            "The hero must have a name."
        }
        return input*/
        println("Madrigal")
        return "Madrigal"
    }
    ...
```

此处，使用了一种新的注释代码的方式。之前熟悉的//注释符号用于注释单行代码。而/*和*/则用于注释掉它们之间的所有代码，即使跨越多行也可以。虽然这两种风格的代码注释都是用于添加对代码行为的注释，但对于开发人员来说，注释掉暂时不想运行的代码是很常见的。

运行 NyetHack 以检查错误，应该可以看到如下输出：

```
A hero enters the town of Kronstadt. What is their name?
Madrigal
Madrigal, The Renowned Hero, heads to the town square
```

现在，是时候实现 **visitTavern** 了，这样 Taernyl's Folly 就能迎来第一批客户了。

9.1 List

List 是一种用来保存有序值的 Collection，并允许包含重复的值。它相对易用且整体上比其他数据结构简单，因此，是最常见的一种 Collection 类型。特别是由于其有序的特性，List 是一种存储诸如酒馆顾客队列或酒馆菜单项列表等信息的绝佳工具。

在 Tavern.kt 文件中，通过使用 **listOf()** 函数添加一个顾客 List 来开展酒馆业务。**listOf()** 函数返回一个只读 List，其中包含提供给参数的元素。创建一个包含 3 个顾客姓名的 List，如程序清单 9.3 所示。

程序清单 9.3 创建一个顾客 List(Tavern.kt)

```
private const val TAVERN_MASTER = "Taernyl"

private const val TAVERN_NAME = "$TAVERN_MASTER's Folly"

fun visitTavern() {
    narrate("$heroName enters $TAVERN_NAME")

    val patrons: List<String> = listOf("Eli", "Mordoc", "Sophie")
```

```
    println(patrons)
}
```

再次运行 NyetHack。可以看到以下输出：

```
A hero enters the town of Kronstadt. What is their name?
Madrigal
Madrigal, The Renowned Hero, heads to the town square
Madrigal enters Taernyl's Folly
[Eli, Mordoc, Sophie]
```

到目前为止，在创建各种类型的变量时只需简单声明它们即可。但创建 Collection 需要两个步骤：创建 Collection（此处为保存顾客的 List）和向其中添加内容（即顾客姓名）。Kotlin 中提供了类似于 **listOf**()的函数，可以同时完成这两个步骤。

现在，已经有了一个 List，再仔细看看 **List** 的数据类型。

尽管类型推断确实适用于 List，但还是给出了类型的信息：val patrons: List < String >，以便于讨论。List < String >中的尖括号表示它是一个**参数化类型（parameterized type）**。它告知编译器 List 的内容将是什么类型，本例中为 **String** 类型。更改参数类型会改变编译器允许 List 中保存内容的类型。

如果试图在名为 patrons 的 List 中放入一个整数，编译器将不会允许这样做。尝试将一个数字添加到所定义的 List 中，如程序清单 9.4 所示。

程序清单 9.4　将一个整数添加到一个字符串 List 中（Tavern.kt）

```
...
fun visitTavern() {
    narrate("$heroName enters $TAVERN_NAME")

    val patrons: List<String> = listOf("Eli", "Mordoc", "Sophie", 1)
    println(patrons)
}
```

对于整数不符合预期的 **String** 类型，IntelliJ 会给出警告。类型参数需与 **List** 一起使用，因为 **List** 是一个**泛型类型（generic type）**。这意味着 List 可以保存任何类型的数据，包括字符串（如本例中的 patrons）、字符之类的文本数据、整数或双精度浮点数之类的数值型数据，甚至是自己定义的新数据类型。第 18 章将学习更多关于泛型的知识。

撤销最近一次的更改，可以使用 IntelliJ 的撤销命令（组合键 Ctrl＋Z）或者直接删除整数，如程序清单 9.5 所示。

程序清单 9.5　更正 List 的内容（Tavern.kt）

```
...
fun visitTavern() {
    narrate("$heroName enters $TAVERN_NAME")

    val patrons: List<String> = listOf("Eli", "Mordoc", "Sophie", 1)
    println(patrons)
}
```

9.1.1　访问 List 中的元素

可以使用元素的**索引（index）**和 **get**()函数或更常见的[]运算符访问 List 中的任何元素。List 是**以零为索引的（zero-indexed）**，因此 Eli 在 patrons 中的索引为 0，而 Sophie 的索引为 2。

将 Tavern.kt 更改为仅输出第一位顾客。此外，从 patrons 中删除显式类型信息。现在，已经了解

此 **List** 所使用参数的类型，就可以使用类型推断以获得更简洁的代码。

程序清单 9.6 访问第一位顾客(Tavern. kt)

```
...
fun visitTavern() {
    narrate("$heroName enters $TAVERN_NAME")

    val patrons : List<String> = listOf("Eli", "Mordoc", "Sophie")
    println(patrons[0])
}
```

运行 NyetHack，可以看到输出了第一位顾客：Eli。

还可以使用 **get**()函数访问 List 中的元素，将所需的索引作为参数传入。调用 patrons. get(0)与调用 patrons[0]的效果相同，二者均返回 List 中的第一位顾客。

1. 索引边界与安全索引访问

通过索引访问元素需要非常小心，因为试图访问一个不存在的元素会引发 **ArrayIndexOutOfBoundsException** 异常。例如，当试图访问仅包含 3 个元素的 List 中的第 4 个元素时，会引发异常。

在 Kotlin REPL 中尝试以下代码(可以从 Tavern. kt 文件中复制第一行)，如程序清单 9.7 所示。

程序清单 9.7 访问一个不存在的索引(REPL)

```
val patrons = listOf("Eli", "Mordoc", "Sophie") patrons[4]
```

运行该代码，结果是引发了一个 **ArrayIndexOutOfBoundsException** 异常，表示索引 4 超出 List 的范围了。

由于通过索引访问元素可能会引发异常，所以 Kotlin 提供了一些安全的索引访问函数，以便可采用不同的方式来处理遇到的问题。例如，如果想要访问第一个或最后一个元素，**List** 就提供了很方便的函数来实现，如下所示：

```
patrons.first()        // Eli
patrons.last()         // Sophie
```

若索引超出边界，其他函数还可以指定一个须执行的操作，而不是简单地抛出一个异常信息。例如，**getOrElse**()函数的安全索引访问函数可以接收两个参数：第一个参数是要请求的索引(用括号而不是方括号表示)，第二个参数是一个 Lambda 表达式，如果请求的索引不在 List 的范围内，该表达式将会生成一个默认值，而不是抛出一个异常信息。

在 REPL 中尝试运行程序清单 9.8 中的代码。

程序清单 9.8 测试 getOrElse()函数(REPL)

```
patrons.getOrElse(4) { "Unknown Patron" } "Unknown Patron"
```

在这种情况下，运行的结果是 Unknown Patron。因为请求的索引在 List 中不存在，所以程序调用了 Lambda 表达式以获取回退值。

另一个安全索引访问函数是 **getOrNull**()，它在索引超出边界时返回的值是 null，而不是抛出异常信息。当使用 **getOrNull**()函数时，必须决定如何处理该 null 值，正如第 7 章中所述，其中一个选项是将 null 值合并为一个默认值。尝试在 REPL 中将 **getOrNull**()函数与 null 值合并运算符结合使用，如程序清单 9.9 所示。

程序清单 9.9 测试 getOrNull()函数(REPL)

```
patrons.getOrNull(4) ?: "Unknown Patron" "Unknown Patron"
```

同样，运行结果仍然是 Unknown Patron。

Kotlin 提供了许多 orNull 版本的 Collection 函数。例如 firstOrNull 和 lastOrNull，这样的函数会

在 List 为空时返回 null 值。在使用 List 和其他 Collection 时,一定要注意类似的极端情形。

2. 检查 List 中的内容

这家酒馆里有一些阴暗的角落和密室。幸运的是,目光敏锐的酒馆老板认真记录了顾客离开或进入的情况。如果想知道某位顾客是否在场,酒馆老板通过查看 patrons 名单就一目了然了。

更新 Tavern. kt 文件,使用 **contains()** 函数来检查特定的顾客是否在场,如程序清单 9.10 所示。

程序清单 9.10　检查顾客是否在场(Tavern. kt)

```
...
fun visitTavern() {
    narrate("$heroName enters $TAVERN_NAME")

    val patrons = listOf("Eli", "Mordoc", "Sophie")
    println(patrons[0])

    val eliMessage = if (patrons.contains("Eli")) {
        "$TAVERN_MASTER says: Eli's in the back playing cards"
    } else {
        "$TAVERN_MASTER says: Eli isn't here"
    }
    println(eliMessage)
}
```

运行 NyetHack。因为 patrons 中确实包含 Eli,所以可以在控制台输出的末尾看到: Taernyl says: Eli's in the back playing cards。

顺便说一下,**contains()** 函数对 List 中的元素进行了结构比较,就像结构相等运算符一样。关于结构相等与引用相等之间的区别,可参考 **6.7 节**的内容。

还可以使用 **containsAll()** 函数一次检查多个顾客是否在场。为此,需要为 **containsAll()** 函数传递一个要检查的元素 List。更新代码以询问酒馆老板: Sophie 和 Mordoc 两人是否都在场,如程序清单 9.11 所示。

程序清单 9.11　检查多个顾客是否在场(Tavern. kt)

```
...
fun visitTavern() {
    narrate("$heroName enters $TAVERN_NAME")

    val patrons = listOf("Eli", "Mordoc", "Sophie")

    val eliMessage = if (patrons.contains("Eli")) {
        "$TAVERN_MASTER says: Eli's in the back playing cards"
    } else {
        "$TAVERN_MASTER says: Eli isn't here"
    }
    println(eliMessage)

    val othersMessage = if (patrons.containsAll(listOf("Sophie", "Mordoc"))) {
        "$TAVERN_MASTER says: Sophie and Mordoc are seated by the stew kettle"
    } else {
        "$TAVERN_MASTER says: Sophie and Mordoc aren't with each other right now"
    }
    println(othersMessage)
}
```

运行 NyetHack,可以看到如下输出:

```
...
Madrigal enters Taernyl's Folly
Taernyl says: Eli's in the back playing cards
Taernyl says: Sophie and Mordoc are seated by the stew kettle
```

9.1.2 更改 List 中的内容

如果有顾客进入或离开酒馆，细心的酒馆老板需要在 patrons 变量中添加或删除相应顾客的姓名。但目前还无法做到。

listOf()函数返回的是一个不允许更改其内容的只读 List，即无法添加、删除、更新或替换条目。只读 List 是很有用的，因为它可以防止发生一些不幸的错误，例如不小心将一位顾客从 List 中删除，这就意味着将顾客误判为不在场。

List 的只读特性与用来定义 List 变量的 val 或 var 关键字无关。将 patrons 的变量声明从 var(当前的定义方式)更改为 val 并不会将 List 从只读更改为可写。相反，这将允许重新赋值给 patrons 变量，以存储一个新的、不同的 List。

List 的可变性(mutability)是由 List 的**类型(type)**定义的，表明是否可以修改 List 中的元素。由于顾客经常自由进出酒馆，所以 patrons 的类型需要更改以允许对其进行更新。在 Kotlin 中，可修改的 List 被称为**可变 List(mutable list)**。毫无疑问，可以使用 **mutableListOf()**函数来创建一个可变 List。

更新 Tavern.kt 文件，在其中使用 **mutableListOf()**函数而不是 **listOf()**函数。可变 List 提供了各种添加、删除和更新项目的函数。使用 **add()**函数和 **remove()**函数来模拟进出顾客，如程序清单 9.12 所示。

程序清单 9.12 将顾客 List 修改为可变的(Tavern.kt)

```
...
fun visitTavern() {
    narrate("$heroName enters $TAVERN_NAME")

    val patrons = listOf("Eli", "Mordoc", "Sophie")
    val patrons = mutableListOf("Eli", "Mordoc", "Sophie")
    ...
    println(othersMessage)

    narrate("Eli leaves the tavern")
    patrons.remove("Eli")
    narrate("Alex enters the tavern")
    patrons.add("Alex")
    println(patrons)
}
```

List 还提供了一些在现有只读和可变 List 版本之间动态转换的函数：**toList()**和 **toMutableList()**。例如，可以使用 **toList()**函数创建一个可变 patrons 的只读版本，如下所示：

```
val patrons = mutableListOf("Eli", "Mordoc", "Sophie")
val readOnlypatrons = patrons.toList()
```

运行 NyetHack，可以看到输出至控制台的内容如下：

```
...
Eli leaves the tavern
Alex enters the tavern
[Mordoc, Sophie, Alex]
```

新元素 Alex 被添加到了 List 的末尾。还可以在 List 中的特定位置添加顾客。例如，若有一位 VIP 顾客进入了酒馆，酒馆老板就可以优先安排他们的座位。

在顾客 List 的开头添加一位 VIP 顾客。巧合的是，该顾客的名字也是 Alex（这位 Alex 在镇上非常有名，喜欢享受被优待等特权，这让其他叫 Alex 的顾客很不爽）。List 可以支持多个元素具有相同值，例如两位同名的顾客，所以添加另一位名为 Alex 的顾客对 List 来说不是问题，如程序清单 9.13 所示。

程序清单 9.13　添加另一位名为 Alex 的顾客（Tavern.kt）

```
...
fun visitTavern() {
    ...
    narrate("Eli leaves the tavern")
    patrons.remove("Eli")
    narrate("Alex enters the tavern")
    patrons.add("Alex")
    println(patrons)
    narrate("Alex (VIP) enters the tavern")
    patrons.add(0, "Alex")
    println(patrons)
}
```

再次运行 NyetHack，可以看到如下输出：

```
...
[Mordoc, Sophie, Alex]
Alex (VIP) enters the tavern
[Alex, Mordoc, Sophie, Alex]
```

据说这位著名的 Alex 更喜欢别人叫他 Alexis。这可以通过使用运算符（[]=）修改 patrons，以重新赋值给 List 中第一个索引处的字符串来实现，如程序清单 9.14 所示。

程序清单 9.14　使用运算符来修改可变 List（Tavern.kt）

```
...
fun visitTavern() {
    ...
    narrate("Eli leaves the tavern")
    patrons.remove("Eli")
    narrate("Alex enters the tavern")
    patrons.add("Alex")
    narrate("Alex (VIP) enters the tavern")
    patrons.add(0, "Alex")
    patrons[0] = "Alexis"
    println(patrons)
}
```

运行 NyetHack，可以看到 patrons 已经更新，并将 Alexis 作为 VIP 顾客 Alex 的首选姓名，如下所示：

```
...
[Mordoc, Sophie, Alex]
Alex (VIP) enters the tavern
[Alexis, Mordoc, Sophie, Alex]
```

可以更改可变 List 内容的函数被称为**可变函数（mutator function）**。表 9.1 给出了 List 中最常用的可变函数。

表 9.1 List 中常见的可变函数

函数	描述	示例
[]=(运算符)	设置索引处的值；若索引不存在，则抛出异常信息	val patrons = mutableListOf("Eli", "Mordoc", "Sophie") patrons[4] = "Reggie" *IndexOutOfBoundsException*
add	在 List 末尾添加一个元素，并将 List 大小加 1	val patrons = mutableListOf("Eli", "Mordoc", "Sophie") patrons.add("Reggie") *[Eli, Mordoc, Sophie, Reggie]* patrons.size *4*
add(at index)	在 List 中的特定索引处添加一个元素，将 List 的大小加 1。若索引不存在，则抛出异常信息	val patrons = mutableListOf("Eli", "Mordoc", "Sophie") patrons.add(0, "Reggie") *[Reggie, Eli, Mordoc, Sophie]* patrons.add(5, "Sophie") *IndexOutOfBoundsException*
addAll	将具有相同类型内容的另一个 Collection 添加到 List 中	val patrons = mutableListOf("Eli", "Mordoc", "Sophie") patrons.addAll(listOf("Reginald", "Alex")) *[Eli, Mordoc, Sophie, Reginald, Alex]*
+=(运算符)	在 List 中添加一个元素或元 Collection	mutableListOf("Eli", "Mordoc", "Sophie") += "Reginald" *[Eli, Mordoc, Sophie, Reginald]* mutableListOf("Eli", "Mordoc", "Sophie") += listOf("Alex", "Shruti") *[Eli, Mordoc, Sophie, Alex, Shruti]*
−=(运算符)	从 List 中删除一个元素或元 Collection	mutableListOf("Eli", "Mordoc", "Sophie") -= "Eli" *[Mordoc, Sophie]* val patrons = mutableListOf("Eli", "Mordoc", "Sophie") patrons -= listOf("Eli", Mordoc") *[Sophie]*

续表

函　数	描　述	示　例
clear	从 List 中删除所有元素	`mutableListOf("Eli", "Mordoc", Sophie").clear()` *[]*
remove	从 List 中删除一个元素	`val patrons = mutableListOf( "Eli", "Mordoc", "Sophie" )` `patrons.remove("Mordoc")` *[Eli, Sophie]*
removeAll	从 List 中删除另一个 Collection 中的所有元素	`val patrons = mutableListOf( "Eli", "Mordoc", "Sophie" )` `patrons.removeAll(listOf("Eli", "Mordoc")` *[Sophie]*

9.2 重复迭代

酒馆老板非常重视跟每位莅临的顾客打招呼，这样做对生意有好处。List 提供了对各种函数的内置支持，这些函数可以对 List 中的每个元素进行操作。这一概念被称为**重复迭代**（**iteration**）。

对 List 进行重复迭代的一种方法是采用 for 循环。其逻辑是"对于 List 中的每个元素重复执行某些操作"。若赋予元素一个名称，Kotlin 编译器就会自动检测元素的类型。

更新 Tavern.kt 文件，为每位顾客输出一句问候语，如程序清单 9.15 所示（删除之前修改和输出 patrons 的代码，以使控制台的输出更清爽）。

程序清单 9.15　使用 for 循环来重复问候顾客（Tavern.kt）

```
...
fun visitTavern() {
    narrate("$heroName enters $TAVERN_NAME")

    val patrons = mutableListOf("Eli", "Mordoc", "Sophie")
    ...
    println(othersMessage)

    narrate("Eli leaves the tavern")
    patrons.remove("Eli")
    narrate("Alex enters the tavern")
    patrons.add("Alex")
    println(patrons)
    narrate("Alex (VIP) enters the tavern")
    patrons.add(0, "Alex")
    patrons[0] = "Alexis"
    println(patrons)

    for (patron in patrons) {
        println("Good evening, $patron")
    } }
```

运行 NyetHack，输出酒馆老板会按姓名问候每位顾客：

```
...
Good evening, Eli
Good evening, Mordoc
Good evening, Sophie
```

本例中，因为 patrons 的类型是 **MutableList<String>**，所以 patrons 的类型也将是 **String**。在 for 循环的代码块中，应用于 patrons 的代码将应用于 patrons 中的每个元素。

注意关键字 in，in 指定了在 for 循环中重复迭代的对象。

```
for (patron in patrons) { ... }
```

在很多编程语言中，如 Java、C# 和 JavaScript，这种循环语法称为 foreach 循环。还有另一种循环语法，在 Java 和 C 代码中经常出现，但是 Kotlin 并不支持此语法，此语法如下：

```
for (int i = 0; i < patrons.size; i++)
```

Kotlin 唯一支持的 for 循环类型就是 foreach 循环。如果确实需要重复迭代特定的一组数字，可以使用在第 3 章中学习的 **Range** 类型。**Range** 类型是可自定义的，并且支持许多与传统 for 循环相同的操作。

```
// Prints every patron
for (i in 0 until patrons.size) {
    println(patrons[i])
}

// Prints every other patron in reverse order
for (i in patrons.size - 1 downTo 0 step 2) {
    println(patrons[i])
}
```

使用这种循环不会损失程序性能。编译 Kotlin 代码时，编译器会将 foreach 循环优化为传统的 for 循环。编译器还非常智能，能够在运行时实现基于 **Range** 类型的 foreach 循环，而无须创建 **Range** 类型的实例。所以，不会有性能上的损失。

for 循环简单易读，但还有另一种选择：**List** 和 **MutableList**，也有一个名为 **forEach()** 的函数。

forEach() 函数按顺序从左到右逐个遍历 List 中的每个元素，并将每个元素作为参数传递给提供的 Lambda 表达式。

使用 **forEach()** 函数替换 for 循环如程序清单 9.16 所示。

程序清单 9.16 使用 forEach 来重复问候顾客(Tavern.kt)

```
...
fun visitTavern() {
    narrate("$heroName enters $TAVERN_NAME")

    val patrons = mutableListOf("Eli", "Mordoc", "Sophie")
    ...
    println(othersMessage)

    for (patron in patrons) {
        println("Good evening, $patron")
    }
    patrons.forEach { patron ->
        println("Good evening, $patron")
    }
}
```

运行 NyetHack，可以看到与之前相同的输出。for 循环与 **forEach()** 函数在功能上是等价的。

Kotlin 的 for 循环和 **forEach()** 函数在后台处理索引。如果在迭代过程中还希望访问 List 中每个元素的索引，可以使用 **forEachIndexed()** 函数。更新 Tavern.kt 文件，以便使用 **forEachIndexed()** 函数显示每位顾客在队伍中的位置，如程序清单 9.17 所示。

程序清单 9.17　使用 forEachIndexed()函数显示顾客的位置(Tavern.kt)

```
...
fun visitTavern() {
    narrate("$heroName enters $TAVERN_NAME")
    val patrons = mutableListOf("Eli", "Mordoc", "Sophie")
    ...
    println(othersMessage)

    patrons.forEach { patron ->
    patrons.forEachIndexed { index, patron ->
        println("Good evening, $patron - you're #${index + 1} in line")
    } }
```

再次运行 NyetHack,查看顾客及其位置,如下所示:

```
...
Good evening, Eli - you're          #1 in line
Good evening, Mordoc - you're       #2 in line
Good evening, Sophie - you're       #3 in line
```

总体而言,我们更喜欢使用 **forEach**()函数而非 for 循环。当与第 11 章中的函数式编程操作相结合时,它更易于阅读,感觉更自然。而且,当迭代操作需要知道 List 中某个元素的索引时,使用 **forEachIndexed**()函数是最简洁的方法。

在 Kotlin 中,**forEach**()和 **forEachIndexed**()函数也适用于其他一些类型。这些类型包括 **Iterable**、**List**、**Set**、**Map**、**IntRange**(如第 3 章所述的类似 0..9 这样的范围),以及其他属于 ITERABLE 类型的 Collection 类型。属于 **Iterable** 类型的就会支持重复迭代操作,换句话说,就可以遍历其所有元素,并对每个元素均执行某些操作。

尽管没有被实现为 **Iterable** 类型,在 Kotlin 中,其他一些类型(如 **String**)也支持这些常见的迭代函数。请留意这些类型的函数。在第 11 章中可以看到,在处理数据时,经常使用 **Iterable** 类型的一些强大技术来操作代码。

酒馆老板 Taernyl 在跟顾客打招呼的同时,已经在准备为顾客服务了。他为每位顾客准备好了本地人最爱的 Dragon's Breath。为此,需要创建一个名为 **placeOrder**()的新函数,并从传递给 **forEachIndexed**()函数的 Lambda 表达式中调用它。这样 List 中的所有顾客就可以下单了,如程序清单 9.18 所示。

程序清单 9.18　模拟若干顾客的点单(Tavern.kt)

```
...
fun visitTavern() {
    narrate("$heroName enters $TAVERN_NAME")

    val patrons = mutableListOf("Eli", "Mordoc", "Sophie")
    ...
    println(othersMessage)

    patrons.forEachIndexed { index, patron ->
        println("Good evening, $patron - you're #${index + 1} in line")
        placeOrder(patron, "Dragon's Breath")
    }
}
private fun placeOrder(patronName: String, menuItemName: String) {
    narrate("$patronName speaks with $TAVERN_MASTER to place an order")
    narrate("$TAVERN_MASTER hands $patronName a $menuItemName")
}
```

运行 NyetHack，运行结果显示酒馆里已经焕然一新，有 3 位顾客高兴地点了 Dragon's Breath，如下所示：

```
...
Good evening, Eli - you're          #1 in line
Eli speaks with Taernyl to place an order
Taernyl hands Eli a Dragon's Breath
Good evening, Mordoc - you're       #2 in line
Mordoc speaks with Taernyl to place an order
Taernyl hands Mordoc a Dragon's Breath
Good evening, Sophie - you're       #3 in line
Sophie speaks with Taernyl to place an order
Taernyl hands Sophie a Dragon's Breath
```

名为 **Iterable** 的 Collection 支持各种各样的函数，这些函数可为 Collection 中的每项定义需执行的操作。在第 11 章中将可以了解更多关于 **Iterable** 类型和其他迭代函数的内容。

9.3 将文件读入 List 中

生活需要多姿多彩，酒馆老板也深知顾客期望可以为他们提供品种丰富的商品。目前，菜单里唯一可供出售的是 Dragon's Breath。现在是时候通过加载菜单项供顾客选择来解决该问题了。

为了节省输入时间，将在文本文件中提供预定义的菜单数据，可以直接将其加载到 NyetHack 中。该文件包含若干菜单项和每个菜单项的一些附加元数据，在第 10 章中会用到这些元数据。

首先，创建一个用于存储数据的新文件夹：在项目工具窗口中，右击 NyetHack 项目并选择 New→Directory 命令，如图 9.1 所示，并将文件夹命名为 data。

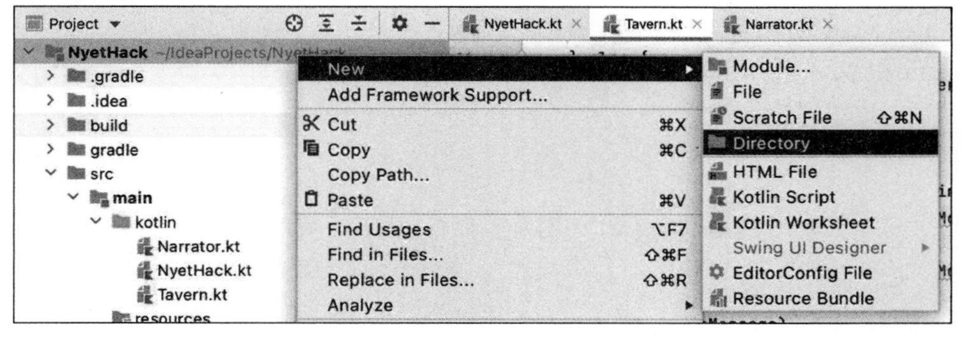

图 9.1 创建一个新的目录

接下来，从网址 bignerdranch.com/tavern-menu-data/下载菜单数据，并将其保存在 data 文件夹下名为 tavern-menu-data.txt 的文件中。

现在，更新 Tavern.kt 文件，以便将文本从该文件中读取到一个字符串中。为了更方便处理菜单，可以使用 **split()** 函数。**split()** 函数返回一个 **List<String>**，其中每个条目对应出现在分隔符（在本例中为换行符）之间的 **String** 类型部分。

在进行此更改时，确保在 Tavern.kt 文件的最顶部包含了 import java.io.File 语句，具体如程序清单 9.19 所示。

注意：由于 **File** 是一个 Java API，所以只能在面向 Kotlin/JVM 时才能使用。对于其他平台，需要选择适合于所用编译平台的 **API**。

程序清单 9.19 从文件中读取菜单数据(Tavern.kt)

```
import java.io.File
private const val TAVERN_MASTER = "Taernyl"
private const val TAVERN_NAME = "$TAVERN_MASTER's Folly"

private val menuData = File("data/tavern-menu-data.txt")
    .readText()
    .split("\n")
...
```

代码中使用了 **java.io.File** 类型，通过提供文件路径来处理特定的文件。

File 上的 **readText()** 函数以 **String** 类型形式返回文件的内容。然后，可以使用 **split()** 函数根据换行符(由转义序列"\n"表示)进行拆分，将其返回为一个 List。

现在，调用 menuData 上的 **forEachIndexed()** 函数以输出 **List** 中的每项及其索引，如程序清单 9.20 所示。

程序清单 9.20 输出品种繁多的菜单(Tavern.kt)

```
...
fun visitTavern() {
    narrate("$heroName enters $TAVERN_NAME")

    val patrons = mutableListOf("Eli", "Mordoc", "Sophie")
    ...
    println(othersMessage)

    patrons.forEachIndexed { index, patron ->
        println("Good evening, $patron - you're #${index + 1} in line")
        placeOrder(patron, "Dragon's Breath")
    }

    menuData.forEachIndexed { index, data ->
        println("$index : $data")
    }
}
...
```

运行 NyetHack，可以看到加载至 **List** 中的菜单数据，如下所示：

```
...
0 : shandy,Dragon's Breath,5.91
1 : elixir,Shirley's Temple,4.12
2 : meal,Goblet of LaCroix,1.22
3 : desert dessert,Pickled Camel Hump,7.33
4 : elixir,Iced Boilermaker,11.22
5 : deserved dessert,Hard Day's Work Ice Cream,3.21
6 : meal,Bite of Lembas Bread,0.59
```

9.4 解构化

名为 menuData 的 List 包含有关菜单项的一些附加元数据，即每个菜单项的类型和售价等。在需要购买这些商品时(将会在第 10 章中完成)，这些信息将非常有用，但目前仅需要知道这些商品的名称。

创建第二个 List 以存储菜单项的名称。在输入程序清单 9.21 的代码后，介绍使用的两种新的语法元素。

程序清单 9.21 解析菜单项的名称(Tavern.kt)

```
...
private val menuData = File("data/tavern-menu-data.txt")
    .readText()
    .split("\n")

private val menuItems = List(menuData.size) { index ->
val (type, name, price) = menuData[index].split(",")
    name
}

fun visitTavern() {
    narrate("$heroName enters $TAVERN_NAME")
    narrate("There are several items for sale:")
    println(menuItems)

    val patrons = mutableListOf("Eli", "Mordoc", "Sophie")
    ...
    menuData.forEachIndexed { index, data ->
        println("$index : $data")
    }}
```

为了创建名为 menuItems 的 List,可以使用 **List 构造函数(Constructor)**而不是 **listOf()**函数。第 13 章中将了解更多关于构造函数的内容,现在可以将其视为一个返回 **List** 的常规函数。**List** 构造函数可以接收两个实际参数:**Int** 类型的大小以及用于填充 List 的初始化函数。

查看提供给 **List** 构造函数的 Lambda 表达式。首先,它将菜单项文件中的行按逗号分隔。这样拆分的结果就会生成一个 List,如下所示:

```
["shandy", "Dragon's Breath", "5.91"]
```

为了填充名为 menuItems 的 List 集合,需要获取该 List 中的第二项(本例中为 Dragon's Breath)。虽然可以使用之前看到的 get 操作来获取索引 1 中的项,但此处使用了一种不同的技术,称为**解构化(destructuring)**。

List 提供了对其包含的前 5 个元素进行**解构(destructure)**的能力。解构化允许在单个表达式中声明和赋值多个变量。使用该解构化声明来分隔菜单数据中的元素,如下所示:

```
val (type, name, price) = menuData[index].split(',')
```

该声明将 **split()**函数返回的 List 中的前 3 个元素赋给名为 type、name 和 price 的字符串值。

再次运行 NyetHack。现在,菜单项的名称将作为 list 而不是编号序列进行输出,如下所示:

```
...
Madrigal enters Taernyl's Folly
There are several items for sale:
[Dragon's Breath, Shirley's Temple, Goblet of LaCroix, Pickled Camel Hump,
    Iced Boilermaker, Hard Day's Work Ice Cream, Bite of Lembas Bread]
...
```

还可以通过使用符号_在列表中有选择性地解构元素,从而跳过不需要的元素。因为 List 的初始化程序(initializer)不需要知道项目的类型或售价,所以可以使用符号_将其省略,如程序清单 9.22 所示。

程序清单 9.22 省略被解构的元素(Tavern.kt)

```
...
private val menuItems = List(menuData.size) { index ->
```

```
        val (type, name, price) = menuData[index].split(",")
        val (_, name, _) = menuData[index].split(",")
        name
    }
...
```

再次运行 NyetHack,并确认输出没有变化。

现在,菜单数据已经加载,可以快速引用菜单上的项目了,每位顾客在下单时就可以从菜单中随机进行选择了,如程序清单 9.23 所示。

程序清单 9.23 随机下单(Tavern.kt)

```
...
fun visitTavern() {
    narrate("$heroName enters $TAVERN_NAME")
    narrate("There are several items for sale:")
    println(menuItems)

    val patrons = mutableListOf("Eli", "Mordoc", "Sophie")
    ...
    println(othersMessage)

    patrons.forEachIndexed { index, patron ->
        println("Good evening, $patron - you're #${index + 1} in line")
        placeOrder(patron, "Dragon's Breath")
        placeOrder(patron, menuItems.random())
    } }
...
```

运行 NyetHack,可以看到每位顾客根据菜单在随机下单。

9.5 Set

正如之前所看到的,List 允许元素重复(并且是有序的,因此可以通过其位置来识别重复的元素)。但有时需要一个能够确保其项目唯一性的 Collection,则可以使用 **Set**。

Set 在很多方面都类似于 **List**。它们使用的是相同的迭代函数,并且 **Set** 也有只读的和可变的两种类型。

但是,List 与 Set 之间存在两个主要的区别:Set 的元素是唯一的,不是基于索引的,因为 Set 中的项目不能保证以任何特定的顺序排列。

9.5.1 创建一个 Set

就像使用 **listOf()** 函数来创建 List 一样,使用 **setOf()** 函数也可以创建一个 **Set**。尝试在 REPL 中创建一个 Set,如程序清单 9.24 所示。

程序清单 9.24 创建一个 Set(REPL)

```
val planets = setOf("Mercury", "Venus", "Earth")
planets
["Mercury", "Venus", "Earth"]
```

如果试图创建一个名为 planets 的 Set,其中包含一对重复项,则该对重复项只会在 Set 中保留一个,如程序清单 9.25 所示。

程序清单 9.25 试图创建一个具有重复项的 Set(REPL)

```
val planets = setOf("Mercury", "Venus", "Earth", "Earth")
```

```
planets
["Mercury", "Venus", "Earth"]
```

重复元素 Earth 会从 Set 中删除。

与 List 一样，可以使用 **contains()** 函数和 **containsAll()** 函数来检查 Set 中是否包含特定元素。还可以使用关键字 in 作为调用 **contains()** 函数的缩写(**containsAll** 无缩写)。在 REPL 中尝试使用 **contains()** 函数，如程序清单 9.26 所示。

程序清单 9.26　检查名为 planets 的 Set(REPL)

```
planets.contains("Pluto") false
"Earth" in planets
true
```

Set 不通过索引来访问其内容，这意味着它没有内置的[]运算符来使用索引访问元素。但是，通过调用函数以迭代完成任务，仍然可以请求访问特定索引处的元素。在 REPL 中输入程序清单 9.27 中的代码，调用 **elementAt()** 函数来读取 Set 中的第三颗行星。

程序清单 9.27　寻找第三颗行星(REPL)

```
planets.elementAt(2) Earth
```

尽管这种方法是可行的，但鉴于 **elementAt()** 函数的工作机理，对 Set 使用基于索引的访问要比对 List 使用基于索引访问慢一个数量级。当对 Set 集合调用 **elementAt()** 函数时，Set 会按顺序逐个元素地迭代，直至所指定的索引。这就意味着对于一个较大的 Set，请求访问一个索引较高的元素会比按 List 集合中的索引进行访问要慢。因此，如果需要基于索引的访问，可能更适合使用 **List**，而不是 **Set**。

此外，虽然 **Set** 有一种可变的版本(很快就会看到)，但是没有依赖于索引的可变函数可用，就像 **List** 的 **add(index,element)** 函数一样。

为了弥补这一性能不足，Set 与 List 相比具有一个独特的优势：无论 Set 有多庞大，检查一个元素是否在 Set 中都非常快。在幕后，**Set** 有一个内部排序的机制，使其能够快速地找到任一元素。

想想酒馆里的情形吧。对于跟踪顾客排队等待服务的顺序，List 就很适合。但是，如果只是想知道都有谁在酒馆里，只要顾客的姓名是唯一的，那么使用 Set 可能会更好。

9.5.2　向 Set 中添加元素

酒馆老板 Taernyl 想要删除酒馆的排队系统，但他仍然想知道酒馆里都有哪些人。下一个任务就是更新 NyetHack 的酒馆系统，将酒馆里的顾客存储在一个 **MutableSet** 中，而不是 **MutableList** 中。由于很多顾客的名字是相同的，所以酒馆老板 Taernyl 需要追踪所有顾客的全名。

为了在 NyetHack 中实现这一点，首先需要随机生成一些顾客的姓名。即在 Tavern.kt 文件中更新一个包含顾客的名字和姓氏的 Collection，并使用 **repeat()** 函数随机生成 10 个姓名。然后，使用+=运算符将生成的顾客姓名添加到新的 Set 中(也可以使用 **add()** 函数，但本例中使用的是运算符)。

删除对 **forEachIndexed()** 函数的两次调用，这两次调用分别创建了对顾客的问候和菜单订单。将酒馆里顾客的姓名输出，为了使输出更易读，可以使用 **joinToString()** 函数，该函数将 Collection 中的所有元素连接在一起，并用逗号进行分隔。最后，随机邀请 3 位顾客根据菜单下单。如程序清单 9.28 所示。

程序清单 9.28　随机生成一些顾客(Tavern.kt)

```
private const val TAVERN_MASTER = "Taernyl" private const
val TAVERN_NAME = "$TAVERN_MASTER's Folly"
```

```
private val firstNames = setOf("Alex", "Mordoc", "Sophie", "Tariq")
private val lastNames = setOf("Ironfoot", "Fernsworth", "Baggins", "Downstrider")

private val menuData = File("data/tavern-menu-data.txt")
    .readText()
    .split("\n")
...
fun visitTavern() {
    narrate("$heroName enters $TAVERN_NAME")
    narrate("There are several items for sale:")
    println(menuItems)
    narrate(menuItems.joinToString())

    val patrons = mutableListOf("Eli", "Mordoc", "Sophie")
    val patrons: MutableSet<String> = mutableSetOf()
    repeat(10) {
        patrons += "${firstNames.random()} ${lastNames.random()}"
    }

    val eliMessage = if (patrons.contains("Eli")) {
      "$TAVERN_MASTER says: Eli's in the back playing cards"
    } else {
      "$TAVERN_MASTER says: Eli isn't here"
    }
    println(eliMessage)

    val othersMessage = if (patrons.containsAll(listOf("Sophie", "Mordoc"))) {
      "$TAVERN_MASTER says: Sophie and Mordoc are seated by the stew kettle"
    } else {
      "$TAVERN_MASTER says: Sophie and Mordoc aren't with each other right now"
    }
    println(othersMessage)

    patrons.forEachIndexed { index, patron ->
        println("Good evening, $patron - you're #${index + 1} in line")
        placeOrder(patron, menuItems.random())

    }

    narrate("$heroName sees several patrons in the tavern:")
    narrate(patrons.joinToString())

    repeat(3) {
        placeOrder(patrons.random(), menuItems.random())
    } }
...
```

运行 NyetHack，就可以在输出中看到随机生成的顾客姓名。它们不一定与下面的姓名严格匹配，但肯定是相似的：

```
...
Madrigal enters Taernyl's Folly
There are several items for sale:
Dragon's Breath, Shirley's Temple, Goblet of LaCroix, Pickled Camel Hump,
    Iced Boilermaker, Hard Day's Work Ice Cream, Bite of Lembas Bread
Madrigal sees several patrons in the tavern:
Alex Downstrider, Sophie Downstrider, Mordoc Fernsworth, Tariq Downstrider,
    Mordoc Baggins, Mordoc Ironfoot, Alex Fernsworth, Alex Baggins,
    Tariq Fernsworth, Tariq Baggins
```

```
Alex Fernsworth speaks with Taernyl to place an order
Taernyl hands Alex Fernsworth a Shirley's Temple
Mordoc Ironfoot speaks with Taernyl to place an order
Taernyl hands Mordoc Ironfoot a Hard Day's Work Ice Cream
Alex Downstrider speaks with Taernyl to place an order
Taernyl hands Alex Downstrider a Hard Day's Work Ice Cream
```

正如之前提到的，虽然 **MutableSet** 与 **MutableList** 类似，也支持添加和删除元素，但它不提供基于索引的可变函数。表 9.2 给出了 **MutableSet** 中一些最常用的可变函数。

表 9.2　MutableSet 中最常用的可变函数

函　　数	描　　述	示　　例
add	向 Set 中添加一个元素	mutableSetOf(1, 2).add(3) *[1, 2, 3]*
addAll	将具有相同类型的所有其他 Collection 添加到集合中	mutableSetOf(1, 2).addAll(listOf(1,5,6)) *[1,2,5,6]*
+=(广义赋值运算符)	向 Set 中添加一个元素或 Collection	mutableSetOf(1, 2) += 3 *[1, 2, 3]* mutableSetOf(1, 2) += listOf(1, 3, 5, 5) *[1, 2, 3, 5]*
-=(广义赋值运算符)	从 Set 中删除一个元素或 Collection	mutableSetOf(1, 2, 3) -= 3 *[1,2]* mutableSetOf(1, 2, 3) -= listOf(2, 3) *[1]*
remove	从 Set 中删除元素	mutableSetOf(1, 2, 3).remove(1) *[2,3]*
removeAll	从 Set 中删除另一个 Collection 中的所有元素	mutableSetOf(1, 2).removeAll(listOf(1, 3)) *[2]*
clear	从 Set 中删除所有元素	mutableSetOf(1, 2).clear() *[]*

多次运行 NyetHack，密切关注酒馆里的顾客。可能会看到，有时酒馆里的顾客会少于 10 人。这是因为 Set 不允许元素重复，当随机生成的姓名重复时，会导致姓名只能出现一次。

9.6　while 循环

如果想确保在 Madrigal 进入酒馆时屋里始终有 10 位顾客，就需要采取一种不同的方法来实现。另一种非常适合此任务的控制流机制(Control Flow Mechanism)是 while 循环。

若想对每个元素都依次进行某种操作，for 循环是一种很有效的方法。但是，如果遇到无法遍历的情形，for 循环就不擅长了。这时候 while 循环就可以大展身手了。

while 循环的逻辑是，只要某个条件为 true，就执行该代码块中的代码。请更新 Tavern.kt 文件，通过使用 while 循环随机生成顾客姓名，直至 Set 中正好有 10 个元素为止。

程序清单 9.29　始终生成 10 位顾客(Tavern.kt)

```
...
fun visitTavern() {
    narrate("$heroName enters $TAVERN_NAME")
    narrate("There are several items for sale:")
    narrate(menuItems.joinToString())

    val patrons: MutableSet<String> = mutableSetOf()
    repeat(10) {
    while (patrons.size < 10) {
        patrons += "${firstNames.random()} ${lastNames.random()}"
    }
    ...
}
...
```

多次运行 NyetHack。现在，就可以在酒馆里看到 10 位顾客了。

使用 while 循环需要事先做一些准备以便跟踪循环的状况。此处，利用了变量 patrons 自动跟踪。根据要实现目标的不同，还可以加入自己的计数器或其他需要手动管理的条件。

可以将 while 循环与其他形式的控制流相结合，以表现更为复杂的条件，如第 3 章中看到的条件判断语句。请考虑以下示例：

```
var isTavernOpen = true
var isClosingTime = false
while (isTavernOpen) {
    if (isClosingTime) {
        isTavernOpen = false
    }
    println("Having a grand old time!")
}
```

在本例中，只要 isTavernOpen 为 true，while 循环就会一直继续跟踪由 **Boolean** 类型表示的状况。

虽然 while 循环的功能很强大，但也有一定的风险。设想一下，如果 isTavernOpen 一直都不是 false 会发生什么；或者，如果想让酒馆容纳 20 个人，但程序只可以随机生成 16 个唯一的姓名。在上述两种情形下，while 循环将永远循环下去，程序将挂起或无限持续执行。因此，在使用 while 循环时要格外小心。

9.7 Collection 之间的转换

在 NyetHack 中，通过逐个将 List 集合中的元素传递给酒吧，就可以创建一个可变的具有独特顾客姓名的 Set 集合。还可以使用 **toSet**() 和 **toList**() 函数(以及它们的可变版本，**toMutableSet**() 函数和 **toMutablelist**() 函数)将 List 转换为 Set，反之亦然。常见的一种技巧是调用 **toSet**() 函数来删除 List 中的非唯一元素。在 REPL 中尝试进行程序清单 9.30 和程序清单 9.31 的实验。

程序清单 9.30　将 List 转换为 Set(REPL)

```
listOf("Eli Baggins","Eli Baggis","Eli Ironfoot").toSet() [Eli Baggins,Eli Ironfoot]
```

程序清单 9.31　将 Set 转换回 List(REPL)

```
val patrons = listOf("Eli Baggins", "Eli Baggins", "Eli Ironfoot")
    .toSet()
```

```
    .toList()

patrons

[ Eli Baggins, Eli Ironfoot ]

patrons[0] Eli
Baggins
```

由于删除重复项并重新启用基于索引的访问的需求非常常见，因此 Kotlin 针对 **List** 提供了一个名为 **distinct**()的函数，其行为与之前描述的转换方式相同，如程序清单 9.32 所示。

程序清单 9.32　调用 distinct()函数(REPL)

```
val patrons = listOf("Eli Baggins", "Eli Baggins", "Eli Ironfoot").distinct()
patrons

[ Eli Baggins, Eli Ironfoot ]

patrons[0] Eli
Baggins
```

Set 非常适合于表示每个元素都是唯一的数据序列。在完成酒馆模拟时，第 10 章将学习有关 Map 的知识，从而完成对 Kotlin 中 Collection 类型的介绍。

9.8　有趣之处：Array 类型

很多编程语言，包括 Kotlin 在内，都支持对 **Array**(数组)的基本类型定义。数组比迄今为止学习过的 Collection 类型更加基本：它们不支持调整大小、总是可变的，并且会覆盖 Array 中的值，而不是为它们腾出空间。

很多时候，尤其是在使用平台代码时，需要用到的是一个 **Array** 而不是 Collection。假设在 Kotlin 中调用一个具有以下签名(signature)的函数：

```
fun displayPlayerAges(playerAges: IntArray)
```

displayPlayerAges()函数所需的参数是 **IntArray**。在其他编程语言(如 C 和 Java)中，通常会表示为 int[] playerAges。为了获得一个 **IntArray**(将会编译为 int[])，可以采用如下方式调用 **displayPlayerAges**()函数：

```
val playerAges: IntArray = intArrayOf(34, 27, 14, 52, 101)
displayPlayerAges(playerAges)
```

此处需要注意 **IntArray** 类型和被调用的 **intArrayOf**()函数。像 **List** 一样，**IntArray** 类型表示一系列元素，特别是整数。与 **List** 不同的是，**IntArray** 类型在编译时是由基本类型支持的。Kotlin 会根据所面向的目标平台使用本机的 Array 类型，因此，如果计划在程序中使用大量的互操作性，这将是一个有用的技巧，值得注意。

还可以使用内置的转换函数将 Kotlin 中的 Collection 转换为所需的 Array 类型。例如，可以使用 **List** 提供的 **toIntArray**()函数将整数 List 转换为 **IntArray** 类型。这能够将 Collection 转换为基本类型为 **Int** 的 Array 类型，这在调用 Java 或本机函数时非常有用：

```
val playerAges: List<Int> = listOf(34, 27, 14, 52, 101)
displayPlayerAges(playerAges.toIntArray())
```

表 9.3 给出了 Array 类型以及创建它们的函数。

表 9.3　Array 类型及创建它们的函数

Array 类型	创建函数
IntArray	intArrayOf
DoubleArray	doubleArrayOf
LongArray	longArrayOf
ShortArray	shortArrayOf
ByteArray	byteArrayOf
FloatArray	floatArrayOf
BooleanArray	booleanArrayOf
Array *	arrayOf

* Array 编译为保存任何引用类型的基本类型的 Array

作为一般准则，除非有令人信服的理由（例如需要与平台代码进行互操作），否则请坚持使用像 **List** 之类的 Collection 类型。在大多数情况下，Kotlin 中的 Collection 是一个更好的选择，因为与可变性相对应，Collection 提出了“只读性”（read-only-ness）的概念，并支持更强大的功能集。

9.9　好奇之处：只读的与不可变的

本书更倾向于使用“只读的”（read-only）一词而非“不可变的”（immutable），很少有例外。之前并没有解释原因，现在可以做出说明了，不可变的意味着不可更改的（unchangeable），这是对 Kotlin 中 Collection（以及某些其他类型）的一个误导性标签，因为它们确实可以更改。以下给出了一些使用 List 的示例。

这里有两个 **List** 的声明。它们是只读的，使用关键字 val 声明。但是，它们所包含的元素是可变的。

```
val x = listOf(mutableListOf(1, 2, 3))
val y = listOf(mutableListOf(1, 2, 3))

x == y
true
```

到目前为止，一切顺利。

变量 x 和 y 被赋予了相同的值，并且 **List** API 未公开任何用于添加、删除或重新赋值特定元素的函数。但是，这些 List 包含可变的 List，其内容可以被修改：

```
val x = listOf(mutableListOf(1, 2, 3))
val y = listOf(mutableListOf(1, 2, 3))
x[0].add(4)
x == y
false
```

变量 x 和 y 之间的结构比较现在的结果为 false，原因是变量 x 的内容已经发生了变化。一个不可变的（不可更改的）List 应该表现得这样吗？我们认为，不应该这样。

以下是另一个示例：

```
var myList: List<Int> = listOf(1, 2, 3)
(myList as MutableList)[2] = 1000
myList
[1, 2, 1000]
```

本例中,变量 myList 被强制转换为 **MutableList** 类型,这意味着尽管它是用 **listOf**()函数创建的,但编译器被告知将 myList 视为可变的 List(第 15 章和第 17 章中将深入了解有关强制转换的内容)。该强制转换的结果是允许更改变量 myList 中第三个元素的值。再次强调,这不是我们期望的"不可更改的"的行为。

在 Kotlin 中,**List** 并不强制执行不可变性,而是决定如何以不可变的方式来使用它。Kotlin 中 **List** 的不可变性只是表面上的,不管怎么称呼它,请记住这一点。

9.10 好奇之处:break 表达式

for 循环和 while 循环均会在达到某个特定状态时退出循环。对于 for 循环来说,当没有更多的条件需要进行迭代时,循环就会退出。而对于 while 循环来说,当 while 循环设定的条件值为 false 时,就会退出循环。

退出循环的另一种方法是使用 break 表达式。考虑以下的示例:酒馆开张时一个 while 循环便开始运行,break 表达式可以用来立即停止循环,而不用将 isTavernOpen 的值变为 false 时才结束循环,具体如下所示:

```
var isTavernOpen = true
var isClosingTime = false
while (isTavernOpen) {
    if (isClosingTime) {
        break
    }
    println("Having a grand old time!")
}
```

break 表达式不会停止程序或函数的执行。相反,它只是从调用它的循环中跳出来,程序仍会继续执行。

使用 break 表达式是退出循环的一种简单方法,但通常是以可读性为代价的。特别是在使用嵌套循环时,break 表达式会引起困惑,到底是哪个循环被中断了呢?(该问题的答案是,break 所属的最内层循环将被停止。但是,如果不知道这一事实就会抓狂。)

特别是在处理复杂循环时,当所有的循环逻辑都出现在循环条件中时,往往更容易阅读。否则,可能需要阅读整个循环体才能了解其真正含义。对于上个示例,也可以按照如下形式实现相同的循环:

```
var isTavernOpen = true
var isClosingTime = false
while (isTavernOpen && !isClosingTime) {
    println("Having a grand old time!")
}
```

偶尔可以在 Kotlin 标准库或添加到项目中的其他库中看到 break 表达式,但在代码中使用 break 表达式应慎重。

9.11 好奇之处:Return 标签

第 8 章中,学习了使用 Lambda 的各种不同方法,可以将函数引用传递给其他函数,或从其他函数中返回它们,但最常见的用法是通过调用 Kotlin 标准库中的函数来使用 Lambda。

Lambda 可以隐式地返回结果，而无须使用关键字 return。可以在 Lambda 表达式中包含关键字 return，但结果可能会出乎意料。考虑如下函数，用来输出英文字母表中除了元音的每个字母：

```
fun printConsonants() {
    ('a'..'z').forEach { letter ->
        if ("aeiou".contains(letter)) {
            return
        }

        print(letter)
    }
}
```

运行 **printConsonants**()函数，结果会怎么样呢？（可以在 Kotlin REPL 中试试。）

不止是跳出了迭代，return 表达式会退出 **printConsonants**()函数。尽管是在 Lambda 表达式内部调用的 return，但它却从外部作用域，即 **printConsonants**()函数返回了。因为 a 是元音字母，并且是英语字母表中的第一个字母，所以在任何值被输出之前，**printConsonants**()函数直接返回了。

如果想要从传递给 **forEach**()函数的 Lambda 表达式中返回，则必须更明确地指定要返回的位置。使用 **return 标签**(**return label**)可以提供这种明确性。

```
fun printConsonants() {
    ('a'..'z').forEach letters@ { letter ->
        if ("aeiou".contains(letter)) {
            return @letters
        }

        print(letter)
    }
}
```

在这个修改后的 **printConsonants**()函数中，传递给 **forEach**()函数的 Lambda 表达式被赋予了一个标签：letters@，letters 就是该标签的名称，@字符表明这是一个应用于其前缀的 Lambda 表达式的标签。

当在 return 语句中添加标签时，可以返回至任何局部函数作用域。此处，语句 return@letters 只是进入 **forEach** 循环的下一次迭代，但也可以使用标签来返回值：

```
return@numbers 17
```

标签也可以用于循环，这样可以使 break 语句更加清晰明了。看看以下这段代码，它使用嵌套循环输出特定软件的所有版本号：

```
prefixLoop@for(prefix in listOf("alpha", "beta")) {
    var number = 0
    numbersLoop@while (number < 10) {
        val identifier = "$prefix $number"
        if (identifier == "beta 3") {
            break@prefixLoop
        }
        number++
    }
}
```

在使用标签时也要小心，因为在没有上下文的情形下更改作用域可能会让人困惑。当然，只要运用恰当，标签可以成为控制执行流程的另一个很有用的工具。

9.12 挑战之处：格式化的酒馆菜单

第一印象很重要，顾客进门最先看到的就是酒馆菜单。因此需要生成一个更优雅的菜单，使其更上一层楼。将菜单设计为整齐划一的菜名和价格组合的 List。价格中的小数点也都严格对齐。使整个菜单以一种令人愉悦的方式呈现。

输出的菜单应如下所示：

```
*** Welcome to Taernyl's Folly ***
Dragon's Breath...............5.91
Shirley's Temple.............4.12
Goblet of LaCroix............1.22
Pickled Camel Hump...........7.33
Iced Boilermaker............11.22
Hard Day's Work Ice Cream....3.21
Bite of Lembas Bread.........0.59
```

提示：需要计算每行的空格量，方法是使用菜单项 List 中最长的字符串。

9.13 挑战之处：更高级的格式化酒馆菜单

在之前的输出菜单格式代码基础上，再生成一个新菜单，该菜单进一步按类型对列出的元素进行了分组。输出的菜单应如下所示：

```
*** Welcome to Taernyl's Folly ***
          ~[shandy]~
Dragon's Breath...............5.91
          ~[elixir]~
Iced Boilermaker............11.22
Shirley's Temple.............4.12
           ~[meal]~
Goblet of LaCroix............1.22
Bite of Lembas Bread.........0.59
      ~[desert dessert]~
Pickled Camel Hump...........7.33
     ~[deserved dessert]~
Hard Day's Work Ice Cream....3.21
```

第10章

Map

在 Kotlin 中，第三种常用的 Collection 类型是 **Map**。**Map** 与 **List** 和 **Set** 类型有很多的共同之处，都能对元素进行分组。默认情况下，3 种类型中的元素都是只读的，都使用参数化类型告知编译器其内容的类型，并且都支持迭代。

Map 与 **List** 和 **Set** 的不同之处在于，其元素是由键值对组成的，而不是使用整数进行基于索引的访问，**Map** 使用指定的类型提供基于键的访问。键是唯一的，用于识别 Map 中的值；另一方面，值则不需要是唯一的。通过这种方式，**Map** 与 **Set** 共享了另一个特性：Map 的键可以保证是唯一的，就像 Set 中的元素一样。

10.1 创建一个 Map

与 List 和 Set 类似，Map 也可以通过 **mapOf**()和 **mutableMapOf**()函数创建。将使用 **mapOf**()函数创建一个 Map，表示不同角色钱包中金币的数量。目前，仅跟踪了 Madrigal 和 Taernyl 的钱包余额，本章稍后将处理随机生成的顾客的钱包。

在 Tavern.kt 文件中创建第一个 Map(关于参数语法稍后再进行解释)，如程序清单 10.1 所示。

程序清单 10.1　创建一个只读的 Map(Tavern.kt)

```
...
fun visitTavern() {
    ...
    val patrons: MutableSet<String> = mutableSetOf()
    val patronGold = mapOf(
        TAVERN_MASTER to 86.00,
        heroName to 4.50
    )
    while (patrons.size < 10) {
        patrons += "${firstNames.random()} ${lastNames.random()}"
    }

    println(patronGold)

    narrate("$heroName sees several patrons in the tavern:")
    ... }
...
```

尽管 Map 中的键必须都是相同类型的，并且值也必须是相同类型的，但键和值可以是不同类型的。此处，已经有了一个具有字符串键和双精度浮点数值的 Map。正在使用类型推断，但如果希望包含显式的类型信息，它看起来会像这样：val patronGold：Map < String，Double >。

运行 NyetHack，以查看输出的 Map。

```
...
Madrigal enters Taernyl's Folly
There are several items for sale:
Dragon's Breath, Shirley's Temple, Goblet of LaCroix, Pickled Camel Hump,
Iced Boilermaker, Hard Day's Work Ice Cream, Bite of Lembas Bread
{Taernyl = 86.0, Madrigal = 4.5}
Madrigal sees several patrons in the tavern:
...
```

在输出 Map 时，它会以大括号的形式呈现。而输出 List 和 Set 时，则以方括号的形式呈现。

使用了 **to** 在 Map 中定义每个条目（键和值）：

```
...
val patronGold = mapOf(
    TAVERN_MASTER to 86.00,
    heroName to 4.50
)
```

虽然 **to** 看起来像是一个关键字，但实际上它是一种特殊类型的函数，称为**中缀函数**（**infix function**），它允许在其实际参数周围省略点和括号。可以将其写为 heroName.to(4.50)，但最好还是使用缩写方式，尤其是在使用 **mapOf()** 函数创建 Map 时。第 19 章中将进一步了解这种类型的函数调用。**to()** 函数将其左侧和右侧的值转换为"对"，一种用于表示两个元素组合的类型。这样可以方便地将键和值配对在一起。

Map 是使用键值对构建的。实际上，还有另一种定义 Map 中元素的方式，如程序清单 10.2 所示。

程序清单 10.2　使用 Pair 类型定义 Map(REPL)

```
val patronGold = mapOf(
    Pair("Taernyl", 86.00),
    Pair("Madrigal", 4.50)
)
println(patronGold) {Taernyl = 86.0,
Madrigal = 4.5}
```

但是，使用 **to()** 函数构建 Map 比以上语法更简洁。

之前已经提到，Map 中的键必须是唯一的。如果试图向 Map 中添加重复的条目会怎么样呢？尝试在 REPL 中，再添加另一个键值为 Madrigal 的键值对，如程序清单 10.3 所示。

程序清单 10.3　试图添加重复的键值对(REPL)

```
val patronGold = mapOf(
    "Taernyl" to 86.00,
    "Madrigal" to 4.50,
    "Madrigal" to 20.00
)
println(patronGold) {Taernyl = 86.0,
Madrigal = 20.0}
```

就像 Set 要求所有元素都是唯一的那样，Map 中的键也必须是唯一的。如果试图向 Map 中添加另一个键已存在的"对"，则原来的键值对就会被新添加的替换掉。

10.2　访问 Map 的值

一般使用键访问 Map 中的值。与从 List 中访问项的方式相似，可以使用 **get()** 函数或者更常见的索引运算符([])访问值。与传递索引不同,需要提供要查找其值的键实现。对于名为 patronGold 的 Map 来说,使用字符串键访问顾客的金币余额值。试试看吧,如程序清单 10.4 所示。

程序清单 10.4 访问顾客的金币余额(Tavern.kt)

```
...
fun visitTavern() {
    ...
    while (patrons.size < 10) {
        patrons += "${firstNames.random()} ${lastNames.random()}"
    }

    println(patronGold)
    println(patronGold["Madrigal"])
    println(patronGold["Taernyl"])
    println(patronGold["Eli"])

    narrate("$heroName sees several patrons in the tavern:")
    ... }
...
```

运行 NyetHack,输出指定的 3 位顾客的余额,如下所示:

```
...
{Taernyl=86.0, Madrigal=4.5}
4.5
86.0
null
...
```

输出中仅包括了值,不包括键。此外,查找顾客 Eli 返回的是 null,原因是 Eli 尚未添加到名为 patronGold 的 Map 中。

与其他 Collection 一样,Kotlin 提供了用于访问存储在 Map 中的值的一些函数。表 10.1 给出了一些常见的 Map 访问函数。

表 10.1 Map 访问函数

函 数	描 述	示 例
[](get/索引运算符)	获取键的值;如果键不存在,则返回 null 值	patronGold["Reginald"] *null*
getValue	获取键的值;如果提供的键不在 Map 中,则抛出异常	patronGold.getValue("Reggie") *NoSuchElementException*
getOrDefault	获取键的值,或使用提供的值返回一个默认值	patronGold.getOrDefault("Reginald",0.0) *0.0*

getOrElse	获取键的值,或使用匿名函数来计算一个默认值	patronGold.getOrElse("Reggie") { patronName ->
		if (patronName == "Jane") 4.0 else 0.0
		}
		0.0

10.3 向 Map 中添加条目

尽管用顾客金币值的 Map 表示了 Madrigal 和 Taernyl 的钱包,但并未包括动态生成的顾客钱包。现在,可以通过使用 **MutableMap** 替换 patronGold 解决这个问题。

用生成顾客的 while 循环向 Map 中添加一个元素，以便在顾客进入酒馆时就给予他们 6 个金币。此外，删除之前查找 Map 元素的操作，因为键是顾客的全名，而不仅仅是其姓氏，如程序清单 10.5 所示。

程序清单 10.5 填充可变的 Map(Tavern.kt)

```
...
fun visitTavern() {
    ...
    val patrons: MutableSet<String> = mutableSetOf()
    val patronGold = mapOf(
    val patronGold = mutableMapOf(
        TAVERN_MASTER to 86.00,
        heroName to 4.50
    )
    while (patrons.size < 10) {
        patrons += "${firstNames.random()} ${lastNames.random()}"
        val patronName = "${firstNames.random()} ${lastNames.random()}"
        patrons += patronName
        patronGold += patronName to 6.0
    }

    println(patronGold)
    println(patronGold["Madrigal"])
    println(patronGold["Taernyl"])
    println(patronGold["Eli"])

    narrate("$heroName sees several patrons in the tavern:")
    narrate(patrons.joinToString())
...}
```

使用 **Map** 的加号赋值运算符(+=)为每个新键添加了一个条目(也可以使用 **put**()函数，其工作方式相同)。如果该键已经存在，加号赋值运算符将覆盖 Map 中现有的键值对，这与之前尝试创建具有重复键的 Map 是相同的。

表 10.2 给出了一些可修改 Map 内容的常用函数。

表 10.2 可修改 Map 内容的常用函数

函　数	描　述	示　例
=(赋值运算符)	为 Map 中指定的键添加或更新值	val patronGold = mutableMapOf("Mordoc" to 6.0) patronGold["Mordoc"] = 5.0 *{Mordoc=5.0}*
+=(加号赋值运算符)	根据指定的条目或 Map，在 Map 中添加或更新一个或多个条目	val patronGold = mutableMapOf("Mordoc" to 6.0) patronGold += "Eli" to 5.0 *{Mordoc=6.0, Eli=5.0}* patronGold += mapOf("Eli" to 7.0, "Mordoc" to 1.0, "Sophie" to 4.5) *{Mordoc=1.0, Eli=7.0, Sophie=4.5}*

续表

函　数	描　述	示　例
put	为 Map 中指定的键添加或更新值	val patronGold = mutableMapOf("Mordoc" to 6.0) patronGold.put("Mordoc", 5.0) *{Mordoc = 5.0}*
putAll	将提供的所有键值对添加到 Map 中	val patronGold = mutableMapOf("Mordoc" to 6.0) patronGold.putAll(listOf("Jebediah" to 5.0, "Sahara" to 6.0)) patronGold["Sahara"] *6.0*
getOrPut	如果键不存在，则为该键添加一个条目并返回结果；否则返回现有条目	val patronGold = mutableMapOf<String, Double>() patronGold.getOrPut("Randy"){5.0} *5.0* patronGold.getOrPut("Randy"){10.0} *5.0*
remove	从 Map 中删除条目并返回其值	val patronGold = mutableMapOf("Mordoc" to 5.0) val mordocBalance = patronGold.remove("Mordoc") {} print(mordocBalance) *5.0*

-=（减号赋值运算符）	从 Map 中删除一个或多个条目	val patronGold = mutableMapOf(
		    "Mordoc" to 6.0,
		    "Jebediah" to 1.0,
		    "Sophie" to 8.0,
		    "Tariq" to 4.0
		)
		
		patronGold -= listOf("Mordoc",
		"Sophie")
		{Jebediah = 1.0, Tariq = 4.0}

clear	从 Map 中删除所有条目	mutableMapOf(
		    "Mordoc" to 6.0,
		    "Jebediah" to 1.0
		).clear(
		) {}

10.4 修改 Map 的值

performPurchase()函数目前并未实现对顾客订单的扣费，这对于 Taernyl 来说当然不是一个可持续的商业模式。为了模拟实际的交易，应该从顾客的钱包中扣除相应订单的费用，并将其添加到 Taernyl 的账号中。名为 patronGold 的 Map 将特定顾客的金币余额值与其姓名相关联，作为一个键。交易完成后，将修改顾客的金币余额值为新的余额。

目前，Taernyl 采用的是固定价格模式，即每名顾客购买的同一商品价格是相同的。在开始向顾客收费后，将返回并使用 tavern-menu-data.txt 文件中的价格。

更新 **performPurchase()**函数，使用名为 patronGold 的 Map 来跟踪酒馆里的资金流，确保当顾客余额不足时可以拒绝下单。此外，在交易的前后均输出 Map，以确保顾客的账单没有差错。

最后，生成 10 位顾客让酒馆变得热闹些，但这样 NyetHack 的输出会变得非常冗长。可以将顾客数量调整到更易于管理的水平，如程序清单 10.6 所示。

程序清单 10.6 更新 patronGold 中的值(Tavern.kt)

```
fun visitTavern() {
    ...
    while (patrons.size < 10) {
    while (patrons.size < 5) {
      val patronName = "${firstNames.random()} ${lastNames.random()}"
      patrons += patronNamepatronGold += patronName to 6.0
    }
    narrate("$heroName sees several patrons in the tavern:")
    narrate(patrons.joinToString())

    println(patronGold)
    repeat(3) {
        placeOrder(patrons.random(), menuItems.random(), patronGold)
    }
    println(patronGold)

}

private fun placeOrder(patronName: String, menuItemName: String) {
private fun placeOrder(
    patronName: String,
    menuItemName: String,
    patronGold: MutableMap<String, Double>
) {
    val itemPrice = 1.0

    narrate("$patronName speaks with $TAVERN_MASTER to place an order")
    if (itemPrice <= patronGold.getOrDefault(patronName, 0.0)) {
        narrate("$TAVERN_MASTER hands $patronName a $menuItemName")
        narrate("$patronName pays $TAVERN_MASTER $itemPrice gold")
        patronGold[patronName] = patronGold.getValue(patronName) - itemPrice
        patronGold[TAVERN_MASTER] = patronGold.getValue(TAVERN_MASTER) + itemPrice
    } else {
        narrate("$TAVERN_MASTER says, \"You need more coin for a $menuItemName\"")
    } }
```

运行 NyetHack，可以看到随机生成的订单，以及下单前后顾客钱包的变化，如下所示：

```
...
{Taernyl = 86.0, Madrigal = 4.5, Alex Fernsworth = 6.0, Tariq Downstrider = 6.0, ...}
Alex Fernsworth speaks with Taernyl to place an order
Taernyl hands Alex Fernsworth a Shirley's Temple
Alex Fernsworth pays Taernyl 1.0 gold
Tariq Downstrider speaks with Taernyl to place an order
Taernyl hands Tariq Downstrider a Goblet of LaCroix
Tariq Downstrider pays Taernyl 1.0 gold
...
{Taernyl = 89.0, Madrigal = 4.5, Alex Fernsworth = 5.0, Tariq Downstrider = 5.0, ...}
```

10.5 在 List 与 Map 之间进行转换

在 NyetHack 中，下一个任务是向顾客收取实际的订单费用。为了实现这一点，可以创建另一个 Map，将菜单项的名称作为键，其价格作为值。之前，使用 **List** 构造函数引入了一个名为 menuItems 的新 List，解决了解析菜单项名称的问题。Map 没有对应的构造函数，但有其他的方法来解决该问题。

就像可以将 List 转换为 Set。也可以使用 **toMap**()函数将 List 转换为 Map，但有一点小问题。**toMap**()函数仅适用于包含 **Pair** 的 List。因此，可以在 **List<Pair<String，Double>>**上调用 **toMap**()函数，但不能在 **List<String>**上调用。如果试图在保存除 **Pair** 之外的其他内容的 List 上调用 **toMap**()函数，则会提示正在调用一个尚未声明的函数。

为了创建一个菜单价格的 Map，首先要创建一个 List，其中包含菜单项名称和价格的键值对。可以使用第 9 章中学习的 **List** 的构造函数，根据菜单项文件来动态填充此 Collection。因为 List 中包含菜单的键值对，所以可以调用 **toMap**()函数将其转换为 Map，如程序清单 10.7 所示。

程序清单 10.7 将 List 转换为 Map(Tavern.kt)

```
...
private val menuItems = List(menuData.size) { index ->
    val (_, name, _) = menuData[index].split(",")
    name
}

private val menuItemPrices: Map<String, Double> = List(menuData.size) { index ->
    val (_, name, price) = menuData[index].split(",")
    name to price.toDouble()
}.toMap()
...
```

该段代码与初始化名为 menuItems 的 List 的实现方式非常相似。它遍历菜单，并使用之前学习的解构技术读取菜单上的值。与初始化 menuItems 不同，在 List 中创建了键值对，并在构建 List 后添加了一个对 **toMap**()函数的调用。这样就可以从菜单数据文件中动态地读取条目了。否则，需要使用 **mapOf**()函数，代码如下：

```
mapOf(
    "Dragon's Breath" to 5.91,
    "Shirley's Temple" to 4.12,
    "Goblet of LaCroix" to 1.22,
    "Pickled Camel Hump" to 7.33,
    "Iced Boilermaker" to 11.22
    "Hard Day's Work Ice Cream" to 3.21
    "Bite of Lembas Bread" to 0.59
)
```

有了此包含价格的 Map，就可以更新 **placeOrder**()函数以使用正确的价格了，如程序清单 10.8 所示。

程序清单 10.8 对菜单项收取全价(Tavern.kt)

```
private fun placeOrder(
    patronName:String,
    menuItemName:String,
    patronGold:MutableMap<String,Double>
){
    val itemPrice = 1.0
    val itemPrice = menuItemPrices.getValue(menuItemName)
    narrate("spatronName speaks with $TAVERN_MASTER to place an order")
}
```

运行 NyetHack,输出如下所示:

```
{Taernyl=86.0,Madrigal=4.5,Mordoc Baggins=6.0,Sophie Ironfoot=6.0,.}
Mordoc Baggins speaks with Taernyl to place an order
Taernyl serves Mordoc Baggins a Goblet of LaCroix
Mordoc Baggins pays Taernyl 1.22 gold
Sophie Ironfoot speaks with Taernyl to place an order
Taernyl hands Sophie Ironfoot a Shirley's Temple
Sophie Ironfoot pays Taernyl 4.12 gold
...
{Taernyl=97.25, Madrigal=4.5, Mordoc Baggins=4.78, Sophie Ironfoot=1.88, …}
```

菜单上还有一条数据,指示一个项目是什么样的食物或饮料。可以使用这些信息在玩家读取的输出中生成稍微好一点的措辞。例如,Taernyl 可能会“上菜”或“倒菜”,而不是“递给”顾客食物和饮料。创建另一个映射存储菜单项的类型,然后在 placeOrder()函数中使用 when 表达式定制输出。完整的解析菜单项如程序清单 10.9 所示。

程序清单 10.9 解析菜单项的类型(Tavern.kt)

```
...
private val menuItemPrices: Map<String, Double> = List(menuData.size) { index ->
    val (_, name, price) = menuData[index].split(",")
    name to price.toDouble()
}.toMap()

private val menuItemTypes: Map<String, String> = List(menuData.size) { index ->
    val (type, name, _) = menuData[index].split(",")
    name to type
}.toMap()
...
private fun placeOrder(
    patronName: String,
    menuItemName: String,
    patronGold: MutableMap<String, Double>
) {
    val itemPrice = menuItemPrices.getValue(menuItemName)

    narrate("$patronName speaks with $TAVERN_MASTER to place an order")
    if (itemPrice <= patronGold.getOrDefault(patronName, 0.0)) {
        narrate("$TAVERN_MASTER hands $patronName a $menuItemName")
        val action = when (menuItemTypes[menuItemName]) {
            "shandy", "elixir" -> "pours"
            "meal" -> "serves"
            else -> "hands"
        }
        narrate("$TAVERN_MASTER $action $patronName a $menuItemName")
        narrate("$patronName pays $TAVERN_MASTER $itemPrice gold")
        patronGold[patronName] = patronGold.getValue(patronName) - itemPrice
```

```
        patronGold[TAVERN_MASTER] = patronGold.getValue(TAVERN_MASTER) + itemPrice
    } else {
        narrate("$TAVERN_MASTER says, \"You need more coin for a $menuItemName\"")
    } }
```

多次运行 NyetHack，以确认 Taernyl 使用了正确的服务用语，其结果如下：

```
...
Tariq Fernsworth speaks with Taernyl to place an order
Taernyl serves Tariq Fernsworth a Goblet of LaCroix
Tariq Fernsworth pays Taernyl 1.22 gold
Sophie Fernsworth speaks with Taernyl to place an order
Taernyl pours Sophie Fernsworth a Dragon's Breath
Sophie Fernsworth pays Taernyl 5.91 gold
Tariq Baggins speaks with Taernyl to place an order
Taernyl says, "You need more coin for a Iced Boilermaker"
{Taernyl=87.22, Madrigal=4.5, Tariq Fernsworth=4.78, Tariq Baggins=6.0,
Sophie Baggins=6.0, Alex Fernsworth=6.0, Sophie Fernsworth=0.08999999999999986,
Sophie Ironfoot=6.0, Alex Baggins=6.0, Alex Downstrider=6.0,
Mordoc Fernsworth=6.0, Tariq Ironfoot=6.0}
```

10.6 在 Map 中迭代

顾客的金币余额已经更新了，现在还剩下一项任务，即以更恰当的格式来显示结果。对于要显示的账户余额，希望采用更通俗简洁的格式，省略掉括号、等号，并四舍五入。例如顾客 Sophie Fernsworth 的余额，由于浮点精度问题，系统中上述余额可能显示为 0.08999999999999986。可以通过使用 **forEach()** 函数对 Map 进行迭代改进输出的格式。

在 Tavern.kt 文件的末尾添加一个名为 **displayPatronBalances()** 的新函数，该函数将对名为 patronGold 的 Map 进行迭代，并为每位顾客输出其最终的金币余额（如第 5 章所述，格式设置为小数点后两位）。在 **visitTavern()** 函数的结尾处调用 **displayPatronBalances()** 函数，如程序清单 10.10 所示。

程序清单 10.10 显示顾客的账户余额(Tavern.kt)

```
...
fun visitTavern() {
    ...
    narrate("$heroName sees several patrons in the tavern:")
    narrate(patrons.joinToString())

    println(playerGold)
    repeat(3) {
        placeOrder(patrons.random(), menuItems.random(), patronGold)
    }
    println(playerGold)
    displayPatronBalances(patronGold)
}
...
private fun displayPatronBalances(patronGold: Map<String, Double>) {
    narrate("$heroName intuitively knows how much money each patron has")
    patronGold.forEach { (patron, balance) ->
        narrate("$patron has ${"%.2f".format(balance)} gold")
    } }
```

该 **forEach()** 函数的调用与第 9 章中对 List 和 Set 使用的 **forEach()** 函数调用非常相似，但注意新添加代码中的两个细节：

(1) Lambda 表达式是实际参数使用了解构(Destructuring)。该 **forEach()** 函数调用接收了一个类型为

(**Pair<String,Double>)->Unit** 的 Lambda 表达式。通常情况下,会使用 it.first 和 it.second 来访问 Map 中条目的键和值,但在此处,利用了 Lambda 表达式形式参数列表中的解构,增加了代码的清晰度。

(2) 将 **displayPatronBalances()** 的形式参数声明为一个 **Map**,而不是一个 **MutableMap**。为什么这样做呢?因为在显示顾客金币余额时,不需要也不希望对其进行编辑。

当函数接收一个 Collection 但不需要对其进行更改时,最好的做法是优先只读类型而不是可变类型。一方面,可以防止在只打算从中读取数据时意外修改了 Map。这样做的另一个好处是,无论使用的是 **Map** 还是 **MutableMap**,程序的其他部分都可以调用该函数。

但是,这带来了一个问题:为什么 Kotlin 允许将 **MutableMap** 作为 **Map** 类型的实际参数进行传递?毕竟,**MutableMap** 和 **Map** 是不同的类型。

实际上,Kotlin 允许将 **MutableMap** **强制转换(cast)**为 **Map** 类型。强制转换允许程序将数值解释为与其定义或声明类型不同的类型。**MutableMap** 本身是基于 **Map** 而构建的,因此完全可以将 Map 视为比实际类型(即 **MutableMap**)更通用的一般 **Map** 类型。在该特定场景中,当调用 **displayPatronBalances()** 函数时,强制转换是隐式进行的。

切记,由于强制转换是对现有值的重新解释,所以无论它们是如何进行强制转换的,从代码其他位置对原始 Map(需牢记,仍然是一个 **MutableMap**)的更改,都会影响所有对该 Map 引用的地方。可以通过对 **MutableMap** 调用 **toMap()** 函数创建一个只读副本,而不是强制转换 Map,以防止这些更新的发生。

同样的强制转换技术也适用于 **MutableList** 和 **MutableSet**,可以轻松地将任何 Collection 视为其只读版本。但不能反过来进行类型转换,因为并非每个 **Map** 都是 **MutableMap** 的子类型。

如果想要安全地将只读的 **Map** 转换为 **MutableMap**,可以使用 **toMutableMap**。记住,只是获得了原始 Map 的一个副本,并且插入或删除操作均不会影响到原始的只读版本(如果想要执行这种危险的强制转换操作,第 15 章和第 17 章中将会介绍手动强制转换方法)。

运行 NyetHack,坐下来,悠闲地观察 Taernyl's Folly 的顾客与酒馆老板聊天、从菜单上点餐,并进行付款,结果如下:

```
A hero enters the town of Kronstadt. What is their name?
Madrigal
Madrigal, The Renowned Hero, heads to the town square
Madrigal enters Taernyl's Folly
There are several items for sale:
Dragon's Breath, Shirley's Temple, Goblet of LaCroix, Pickled Camel Hump,
    Iced Boilermaker, Hard Day's Work Ice Cream, Bite of Lembas Bread
Madrigal sees several patrons in the tavern:
Tariq Ironfoot, Alex Baggins, Alex Fernsworth, Sophie Ironfoot, Tariq Downstrider
Alex Fernsworth speaks with Taernyl to place an order
Taernyl pours Alex Fernsworth a Shirley's Temple
Alex Fernsworth pays Taernyl 4.12 gold
Alex Fernsworth speaks with Taernyl to place an order
Taernyl says, "You need more coin for a Shirley's Temple"
Tariq Ironfoot speaks with Taernyl to place an order
Taernyl pours Tariq Ironfoot a Dragon's Breath
Tariq Ironfoot pays Taernyl 5.91 gold
Madrigal intuitively knows how much money each patron has
Taernyl has 96.03 gold
Madrigal has 4.50 gold
Tariq Ironfoot has 0.09 gold
Alex Baggins has 6.00 gold
Alex Fernsworth has 1.88 gold
Sophie Ironfoot has 6.00 gold
```

```
Tariq Downstrider has 6.00 gold
```

第 8 章和第 9 章介绍了如何使用 Kotlin 的 Collection 类型，如 **List**、**Set** 和 **Map** 等。表 10.3 对它们的特性进行了比较。

表 10.3　Kotlin 中的 Collection 汇总

Collection 类型	是否有序	是否唯一	存储	是否支持解构化
List	是	否	元素	是
Set	否	是	元素	否
Map	否	键	键值对	否

由于在默认情况下 Collection 是只读的，因此必须显式地创建一个可变的 Collection（或将只读转换为可变）才能修改其内容，从而避免意外地添加或删除其元素。

第 11 章将介绍更高级的函数式编程技术，进而能够更有效地处理 Kotlin 中的 Collection 类型。

10.7　挑战之处：复杂的订单

目前，Taernyl's Folly 酒馆的顾客只能一次购买一件商品。如果他们想同时购买食物和饮料，必须分两次单独下单。通过允许顾客一次性购买多种商品，可以进一步完善酒馆的点单系统。

完善后的系统允许顾客一次购买 1～3 件商品，数量和商品均可随机选择。如果顾客的账户余额不足以支付全部订单，则应拒绝其下单，并在其重新下单之前，不应给他们提供任何商品。同时，还应考虑可能需要给予顾客更多的金币，以支付一些更昂贵餐食组合的费用。

在进行上述这些更改之前，务必保存 NyetHack 的一份副本。第 11 章中将介绍使用 Collection 的更多方式，这些方式与本次挑战中所做的并不兼容。

第11章
函数式编程基础

一种编程语言可以支持开发人员使用多种编程范式。其中两种最常用的范式是面向对象编程和函数式编程,而 Kotlin 实现了这两种范式。本书第四部分将学习面向对象编程,本章重点介绍函数式编程。

Kotlin 支持多种编程风格,因此针对拟解决的问题,可以混合使用面向对象和函数式编程两种风格。有些编程语言(如 Haskell)仅支持函数式编程。这些纯函数式编程语言在学术界更常用,并不常用于商业软件,但函数式编程的概念和许多技术已被其他语言如 JavaScript 和 Swift 采用。

第 8 章介绍了将其他函数作为形式参数的函数、将函数作为结果返回的函数,以及可以将函数定义为值的函数类型。可以将其他函数作为形式参数的函数以及返回值为函数的函数,统称为**高阶函数**(**higher-order functions**)。**函数式编程**(**functional programming**)依赖于从少数高阶函数返回的数据,这些高阶函数专门用于处理 Collection。函数式编程中的函数被设计为**可组合的**(**composable**),这意味着简单的函数可以组合在一起构建复杂的行为。

本章将探讨 Kotlin 提供的一些函数式编程的特性,并解释函数式编程范式背后的思想。尽管本讨论是针对 Kotlin 的,但其中的许多思想,甚至一些函数的名称,也适用于其他编程语言。因此,即使对其他编程语言更熟悉,也能够从中获益。

使用函数式编程更新 Tavern. kt 文件。更具体地说,对 Collection 使用函数式编程,这样可使 Tavern 的代码库更强大、更简洁。一般把函数式编程的概念划分为 3 个宽泛的大类:**转换**(**transforming**)数据、**过滤**(**filtering**)数据以及**组合**(**combining**)数据。

11.1 转换数据

首先讨论的是转换函数。**转换函数**(**transform function**)通过遍历 Collection 的内容,并使用作为实际参数的**转换器函数**(**transformer function**)修改 Collection 中的每个元素。然后,转换函数返回经过修改的 Collection。

两个常用的转换函数是 **map**()和 **flatMap**()。

11.1.1 map()函数

map()转换函数遍历调用它的 Collection,并将其转换器函数应用于每个元素。结果是一个包含转换后元素的 Collection(此处讨论的是 **map**()转换函数,不要与 **mapOf**()函数或 **map** 类型混淆)。

map()和 **flatMap**()函数通常用于将给定的数据集转换为相同值的不同表达形式。再次查看用于从 tavern-menu-data. txt 解析菜单项的代码：

```
private val menuData = File("data/tavern-menu-data.txt")
    .readText()
    .split("\n")
private val menuItems = List(menuData.size) { index ->
    val (_, name, _) = menuData[index].split(",")
    name
}
```

该段代码可以正常运行，但是 menuItems 的计算有点不够明确。可以创建一个与 menuData 具有相同元素数的新的 List 集合，然后通过对 menuData 进行迭代以填充新的 List 集合。使用 **map()** 函数实现这一点是非常常见的。

根据程序清单 11.1 所示的方法使用 **map()** 函数更新 menuItems 声明。在进行这些更改之后，将对 **map()** 函数的工作原理进行解释。

程序清单 11.1　使用 map()函数(Tavern. kt)

```
...
private val menuData = File("data/tavern-menu-data.txt")
    .readText()
    .split("\n")

private val menuItems = List(menuData.size) { index ->
    val (_, name, _) = menuData[index].split(",")
    name
}
private val menuItems: List<String> = menuData.map { menuEntry: String ->
    val (_, name, _) = menuEntry.split(",")
    name
}
...
```

运行 NyetHack，并确认输出没有变化：

```
...
There are several items for sale:
Dragon’s Breath, Shirley’s Temple, Goblet of LaCroix, Pickled Camel Hump,

    Iced Boilermaker, Hard Day’s Work Ice Cream, Bite of Lembas Bread

...
```

如前所述，menuItems 被赋值为一个 List，其中包含 Taernyl’s Folly 可用项目的名称。但是现在，当程序运行时，**map()** 函数会创建一个 List 用来保存其转换器函数返回的元素。然后，它对每个元素运行转换器函数（本例中，是从 menuData 的每个值中读取第二个元素），并将每个转换后的值追加到 List 中，保留原始 Collection 的顺序。最后，**map()** 函数将返回经映射后(mapped)值的新 List。

再次检查使用的类型。最初 menuData 的类型是一个 **List<String>**，并且传递给 **map()** 函数的 Lambda 表达式返回的是一个 **String** 类型。此处，正在对具有相同类型的值进行映射，这当然没有问题，并且在使用转换函数时是非常常见的。

但是，**map()** 函数允许任意地将其映射到任何类型。例如，对于一个编码为字符串的数字 List，如果想将所有的字符串转换为双精度浮点数类型，可以将 **map()** 函数与 **toDouble()** 函数结合起来使用：

```
val numbers: List<String> = listOf("1.0", "2.0", "3.0")
["1.0", "2.0", "3.0"]
```

```
val numbersAsDoubles: List<Double> = numbers.map { it.toDouble() }
[1.0, 2.0, 3.0]
```

对于第一个 **map()** 函数的调用，提供了一个命名形式参数用于转换，包括其类型信息：menuEntry：String。为了清楚起见，可以这样做。但是，名称和类型声明其实都不是必须的。也可以使用 it 标识符，并且可以完全省略类型信息，因为 Kotlin 可以推断出类型。

为了理解该调用在实际中的样子，删除显式的类型信息，但是保留名称，因为名称提供了有用的上下文信息，如程序清单 11.2 所示。

程序清单 11.2　推断 map 的类型（Tavern.kt）

```
...
private val menuItems: List<String> = menuData.map { menuEntry: String ->
    val (_, name, _) = menuEntry.split(",")
    name
}
...
```

这种表达力与简洁性的完美结合，对于不同规模的应用程序都是非常有用的，以后在很多代码库中都可以看到 **map()** 函数的应用。

更新 menuItemPrice 和 menuItemTypes 的定义，以使用 **map()** 函数，如程序清单 11.3 所示。

程序清单 11.3　使用 map()函数生成 maps（Tavern.kt）

```
...
private val menuItems = menuData.map { menuEntry ->
  val (_, name, _) = menuEntry.split(",")
  name

}

private val menuItemPrices: Map<String, Double> = List(menuData.size) { index ->
    val (_, name, price) = menuData[index].split(",") private
val menuItemPrices = menuData.map { menuEntry ->
    val (_, name, price) = menuEntry.split(",")
    name to price.toDouble()
}.toMap()

private val menuItemTypes: Map<String, String> = List(menuData.size) { index ->
    val (type, name, _) = menuData[index].split(",") private
val menuItemTypes = menuData.map { menuEntry ->
    val (type, name, _) = menuEntry.split(",")
    name to type
}.toMap()
...
```

与变量 menuItemPrice 和 menuItemTypes 的名称不同，**map()** 函数对两个变量返回是 **Pair List**。这就是需要调用 **toMap()** 函数的原因。

运行 NyetHack，以确认输出没有任何变化。

11.1.2　associate()函数

在对代码进行上述修改时，可能已经注意到 IntelliJ 在调用 **map()** 函数的部分添加了淡淡的波浪线。这是 IntelliJ 专门用来吸引注意的一种方式。将鼠标悬停在任一 **map()** 函数的调用上，就可以查看 IntelliJ 提供的建议，如图 11.1 所示。

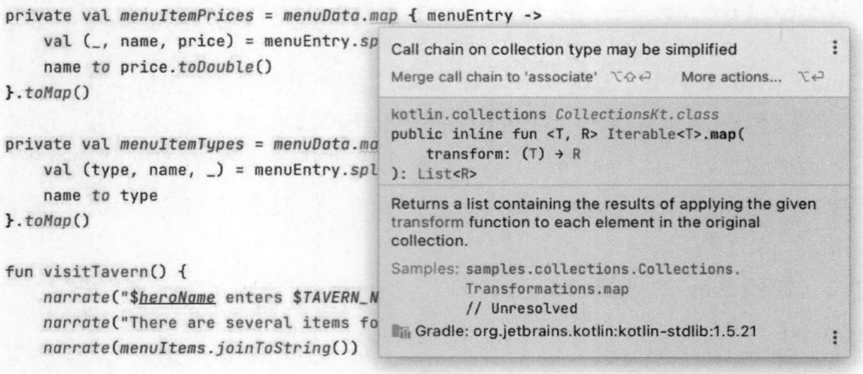

```
private val menuItemPrices = menuData.map { menuEntry ->
    val (_, name, price) = menuEntry.sp
    name to price.toDouble()
}.toMap()

private val menuItemTypes = menuData.ma
    val (type, name, _) = menuEntry.spl
    name to type
}.toMap()

fun visitTavern() {
    narrate("$heroName enters $TAVERN_N
    narrate("There are several items fo
    narrate(menuItems.joinToString())
```

Call chain on collection type may be simplified

Merge call chain to 'associate' ⌥⇧↩ More actions... ⌥↩

```
kotlin.collections CollectionsKt.class
public inline fun <T, R> Iterable<T>.map(
    transform: (T) → R
): List<R>
```

Returns a list containing the results of applying the given transform function to each element in the original collection.

Samples: samples.collections.Collections.Transformations.map // Unresolved

Gradle: org.jetbrains.kotlin:kotlin-stdlib:1.5.21

图 11.1 函数式编程的提示

此处，IntelliJ 将介绍另一个名为 **associate**()的函数。该函数调用的作用与调用 yourCollection.map { key to value }. toMap()相同。可以通过在弹出窗口中单击 Merge call chain to 'associate' 实现，也可以手动进行更改。尝试一下程序清单 11.4 中的代码。

程序清单 11.4 使用 associate()函数(Tavern. kt)

```
...
private val menuItemPrices = menuData.map { menuEntry -> private
val menuItemPrices = menuData.associate { menuEntry ->
    val (_, name, price) = menuEntry.split(",")
    name to price.toDouble()
}.toMap()

private val menuItemTypes = menuData.map { menuEntry -> private
val menuItemTypes = menuData.associate { menuEntry ->
    val (type, name, _) = menuEntry.split(",")
    name to type
}.toMap()
...
```

Kotlin 中有很多类似的函数式编程操作，本书无法一一进行展示。本章仅展示其中最基本的一些操作。对这些函数进行组合，可以实现非常复杂的操作。

有时候，需要编写大量代码才能实现的操作，其实在标准库中已经有相应的函数了，就像此处的情形。IntelliJ 通常可以检测到这一点，并提示使用内置函数。在处理代码中的 Collection 时，利用 IntelliJ 给出的提示是学习新的函数式编程的途径。建议密切关注 IntelliJ 给出的此类建议。

11.1.3 使用函数式编程进行解构

menuItems、menuItemPrices 和 menuItemTypes 之间有相当多的重复，它们各自从 menuData 中分离元素并提取特定的组件。因为 menuData 的行是可拆分的，所以可以使用 **map**()函数将 split(",")调用移至 menuData 本身。这样做的时候，还可以结合第 9 章中学习的 Lambda 表达式使用解构语法。

照程序清单 11.5 进行更改，将会使 Lambda 表达式更加简洁、富有表现力。

程序清单 11.5 使用带有 map()函数的解构(Tavern. kt)

```
...
private val menuData = File("data/tavern-menu-data.txt")
    .readText()
    .split("\n")
```

```
        .map { it.split(",") }

private val menuItems = menuData.map { menuEntry ->
    val (_, name, _) = menuEntry.split(",")
    name
}
private val menuItems = menuData.map { (_, name, _) -> name }

private val menuItemPrices = menuData.associate { menuEntry ->
    val (_, name, price) = menuEntry.split(",")
private val menuItemPrices = menuData.associate { (_, name, price) ->
    name to price.toDouble()
}

private val menuItemTypes = menuData.associate { menuEntry ->
    val (type, name, _) = menuEntry.split(",")
private val menuItemTypes = menuData.associate { (type, name, _) ->
    name to type
}
...
```

在程序清单 11.5 中，将新的 **split()** 函数调用放在了 **map()** 函数调用的内部，因为希望在前一次的 **split()** 函数将每行分隔后再进行拆分，这将返回一个 List。如果试图在 split("\n")的结果上直接使用 split(",")，将会出现编译错误。

在 Kotlin 中，通常会看到这种仅在几行甚至一行代码上进行的函数式操作。将更新后的代码与之前的代码进行比较，尽管新的代码需要用到 **map()** 和 **associate()** 函数，但其意图更加清晰。与其他方法相比，Kotlin 的函数式编程 API 通常可使代码更透明、更简洁。

再次运行 NyetHack，以确保没有报错。

11.1.4　flatMap()函数

flatMap() 函数的行为与 **map()** 函数几乎完全相同，唯一的区别是它会**展平（flatten）**被映射的值：它接收一个 Collections 的 Collection（例如，一个字符串 List 的 List），并返回一个嵌套类型的 Collection（例如一个字符串 List）。

目前，还没有使用 **flatMap()** 函数的需求，但 Taernyl 项目中马上就要用到了。酒馆老板希望将菜单中的某种商品列为当日促销商品，以进行推广。到底该如何选择呢？老板希望从顾客最喜爱的商品（patrons' favorite items）中进行选择。

对于 Taernyl 的多数顾客来说，挑选一种最喜爱的商品是很容易的。但是不同的顾客会有不同的心仪的商品。例如，Alex Ironfoot 喜欢甜食，菜单上所有的甜点都是他的最爱。创建一个新的函数来确定顾客最喜爱的商品菜单，如程序清单 11.6 所示。

程序清单 11.6　征询顾客最喜爱的商品（Tavern.kt）

```
import java.io.File
import kotlin.random.Random
import kotlin.random.nextInt
...
fun visitTavern() {
    ...
}
private fun getFavoriteMenuItems(patron: String): List<String> {
    return when (patron) {
```

```
            "Alex Ironfoot" -> menuItems.filter { menuItem ->
                menuItemTypes[menuItem]?.contains("dessert") == true
            }
            else -> menuItems.shuffled().take(Random.nextInt(1..2))
        }
    }

    private fun placeOrder(
        patronName: String,
        menuItemName: String,
        patronGold: MutableMap<String, Double>
    ) {
        ...
    }

    ...
```

以上的新代码使用了 **List** 的 3 个函数：**filter**()、**shuffled**()和 **take**()。第一个条件针对的是 Alex Ironfoot，使用 **filter**()函数找出菜单中的所有甜点。11.2 节中会详细讨论该函数。

shuffled()函数返回一个元素随机重新排序的原始 List 的副本。**take**()函数返回一个包含最多给定数量商品的 List，本例中，给定数量可以随机选择为一个或两个。将这两个函数结合起来，除了 Alex Ironfoot 之外的顾客将随机从菜单中选择一至两个商品作为他们的最爱。

在确定当日促销商品时，Taernyl 需要考虑酒馆里都有哪些顾客，以便找出所有顾客最喜欢的商品。通过将顾客映射至他们最喜欢的菜单项来获取这些数据，如程序清单 11.7 所示。

程序清单 11.7　使用 map()函数获取顾客最喜爱的商品(Tavern.kt)

```
...
fun visitTavern() {
    ...
    narrate("$heroName sees several patrons in the tavern:")
    narrate(patrons.joinToString())

    val favoriteItems = patrons.map { getFavoriteMenuItems(it) }
    println("Favorite items: $favoriteItems")
    ... }
...
```

以上代码的输出结果会是什么样的呢？运行 NyetHack 查看一下。

```
...
Favorite items: [[Pickled Camel Hump], [Dragon's Breath, Goblet of LaCroix],
    [Iced Boilermaker, Shirley's Temple], [Pickled Camel Hump]]
...
```

仔细查看以上输出中的括号，该输出中的菜品被分组为 List。现在，将 favoriteItems 变量突出显示，然后按下组合键 Control＋Shift＋P 以显示其类型。IntelliJ 将会显示一个提示框，表明它是一个 **List<List<String>>**。

要理解为什么 favoriteItems 是一个 List 的 List，请回想一下 **map**()函数是如何工作的。提供给 **map**()函数的 Lambda 表达式的返回值直接应用于结果 List 中。此处，转换函数返回一个 List，因此，最终得到了一个 List 的 List。

有时候，确实需要这种嵌套的 List(menuData 也是一个 **List<List<String>>**，很好用)，但有时这样的嵌套会妨碍使用 Collection，使其变得困难。为了去除嵌套，可以展平 Collection。

有两种方法可以像这样来展平嵌套 Collection。一种方法是使用 **flatten**()函数，它将去除嵌套。但是，如果已经在使用 **map()** 函数转换（如本例），可以在单个步骤中使用 **flatMap()** 函数进行映射和展平。在找出顾客最喜爱的商品时，可以尝试将调用 **map()** 函数替换为调用 **flatMap()** 函数，如程序清单 11.8 所示。

程序清单 11.8　使用 flatMap()函数获取顾客最喜爱的商品（Tavern. kt）

```
...
fun visitTavern() {
    ...
    val favoriteItems = patrons.map { getFavoriteMenuItems(it) }
    val favoriteItems = patrons.flatMap { getFavoriteMenuItems(it) }
    println("Favorite items: $favoriteItems")
    ... }
...
```

再次运行 NyetHack。现在可以看到未以嵌套 List 给出的顾客最喜爱的商品，如下所示：

```
...
Favorite items: [Pickled Camel Hump, Iced Boilermaker, Goblet of LaCroix,
    Iced Boilermaker, Iced Boilermaker, Pickled Camel Hump]
...
```

可以看到，使用函数式编程修改所定义的操作是非常容易的。此处，只需将 **map()** 函数更改为 **flatMap()** 函数，就可以在输出中移除所有的嵌套。如果没有这些函数式编程技术，为了改变输出可能需要重写算法（或将新算法追加至现有算法上），但在函数式编程世界中轻轻松松即可完成。

现在，Taernyl 已经有了一位顾客最喜爱的商品 List（而不是一个最喜爱的商品 List 的 List），可以确定当日促销商品了。使用 **random()** 函数开启 Taernyl 的新的营销活动，如程序清单 11.9 所示。

程序清单 11.9　选择当日促销商品（Tavern. kt）

```
...
fun visitTavern() {
    ...
    val favoriteItems = patrons.flatMap { getFavoriteMenuItems(it) }
    val itemOfDay = patrons.flatMap { getFavoriteMenuItems(it) }.random()
    println("Favorite items: $favoriteItems")
    narrate("The item of the day is the $itemOfDay")
    ... }
...
```

运行 NyetHack。输出应该会如下所示：

```
...
The item of the day is the Goblet of LaCroix
...
```

11.1.5　map()函数 vs flatMap()函数

map() 函数和 **flatMap()** 函数是极其相似的两个函数。在决定到底使用 **map()** 函数和 **flatMap()** 函数中的哪一个时，要先确定“我的转换函数是否返回了一个 Collection?”如果答案是否定的，那么应该使用 **map()** 函数。如果转换函数返回的不是 **List** 或其他 Collection，则不能使用 **flatMap()** 函数，因为它要求 Lambda 表达式返回一个元素的 Collection。

如果转换函数确实返回的是一个元素的 Collection，而不仅仅是一个元素，根据希望最终返回的类型，可能希望使用 **flatMap()** 函数。如果想要返回一个 Collection 的 Collection，那么使用 **map()** 函数即可。但如果想要移除内部的嵌套，则应该使用 **flatMap()** 函数。

11.2 过滤数据

函数式编程中的第二类函数是 filter()函数。**过滤函数**(**filter function**)接收一个决定哪些元素应该出现在返回 List 中的函数。过滤函数有几种形式。一个是之前用到的 **take**()函数,它会在达到目标元质数量后丢弃所有的元素。另外还有一个名为 **drop**()的函数,它可从 Collection 的开头丢弃一定数量的元素。

但是用来进行过滤的最常用的函数还是 **filter**()函数。**filter**()函数接收一个谓词函数,该谓词函数对 Collection 中的每个元素进行条件检查,并返回一个布尔值。如果谓词函数返回 true,则该元素将被添加到 filter 函数返回的新的 Collection 中。如果谓词函数返回 false,则该元素将被排除在新 Collection 之外。

Taernyl 经营着一家很棒的酒馆,并希望继续保持其在行业中的精英地位。他想制定一项规则,即金币即将告罄的顾客必须离开酒馆。若顾客的金币少于 4 枚,需将其请出 Taernyl's Folly,可使用 **filter**()函数检测触及规则的顾客,如程序清单 11.10 所示。

程序清单 11.10 使用 filter()函数查找拟驱离的顾客(Tavern.kt)

```
...
fun visitTavern() {
    ...
    displayPatronBalances(patronGold)

    val departingPatrons: List<String> = patrons
        .filter { patron -> patronGold.getOrDefault(patron, 0.0) < 4.0 }
    departingPatrons.forEach { patron ->
        narrate("$heroName sees $patron departing the tavern")
    }

    narrate("There are still some patrons in the tavern")
    narrate(patrons.joinToString())
}
```

运行 NyetHack,并特别注意输出的最后部分:

```
...
Madrigal sees Tariq Baggins departing the tavern
There are still some patrons in the tavern
Sophie Fernsworth, Sophie Downstrider, Mordoc Downstrider, Tariq Baggins,
    Alex Downstrider
```

可能需要运行若干次,直到顾客购买了足够贵的商品。

在上面示例的输出中,尽管 Madrigal 看到有顾客离开了酒馆,但他们的姓名仍然在名为 patrons 的 List 中。这是因为 **filter**()函数(以及许多其他操作,如 **map**()函数)返回了一个新的 List。而原始的 Collection 保持不变,无论其是否为可变的。

要想真正使顾客离开酒馆,需要将其姓名从 patrons 和 patronGold 中全部删除,如程序清单 11.11 所示。

程序清单 11.11 移除离开的顾客(Tavern.kt)

```
...
fun visitTavern() {
    ...
```

```
    val departingPatrons: List<String> = patrons
        .filter { patron -> patronGold.getOrDefault(patron, 0.0) < 4.0 }
    patrons -= departingPatrons
    patronGold -= departingPatrons
    departingPatrons.forEach { patron ->
        narrate("$heroName sees $patron departing the tavern")
    }

    narrate("There are still some patrons in the tavern")
    narrate(patrons.joinToString())
}
...
```

再次运行 NyetHack，以确认顾客确实离开了酒馆，结果如下：

```
...
Madrigal sees Tariq Downstrider departing the tavern
There are still some patrons in the tavern
Alex Ironfoot, Mordoc Fernsworth, Sophie Baggins
```

11.3 组合函数

函数式编程中使用的第三类函数是**组合(combine)函数**。组合函数接收多个 Collection，并将它们合并成一个新的 Collection(这与 **flatMap**()函数不同，后者可以在一个包含了其他 Collection 的 Collection 上调用)。

组合函数中的一个例子是 **zip**()函数。当使用 **zip**()函数将两个 List 组合在一起时，将按照其元素出现的顺序将两个 List 的元素进行组合。例如，若对两个 List：[1,2,3]和["a","b","c"]执行 **zip**()函数操作，得到的结果将类似于["1a","2b","3c"]。

zip()函数的一个应用便是生成顾客的姓名。可以使用 **zip**()函数确保所有顾客都有唯一的、随机配对的名字和姓氏，而不是随机选择名字和姓氏，直到生成 5 个唯一的名字，如程序清单 11.12 所示。

程序清单 11.12 将姓名压缩在一起(Tavern.kt)

```
...
fun visitTavern() {
    narrate("$heroName enters $TAVERN_NAME")
    narrate("There are several items for sale:")
    narrate(menuItems.joinToString())

    val patrons: MutableSet<String> = mutableSetOf()
    val patrons: MutableSet<String> = firstNames.shuffled()
        .zip(lastNames.shuffled()) { firstName, lastName -> "$firstName $lastName" }
        .toMutableSet()

    val patronGold = mutableMapOf(
        TAVERN_MASTER to 86.00,
        heroName to 4.50
    )
    while (patrons.size < 5) {
        val patronName = "${firstNames.random()} ${lastNames.random()}"
        patrons += patronName
    patrons.forEach { patronName ->
        patronGold += patronName to 6.0
    }
```

```
        narrate("$heroName sees several patrons in the tavern:")
        narrate(patrons.joinToString())
        ... }
    ...
```

以上代码中的 Lambda 表达式告诉 **zip**()函数如何组合两个 Collection 中的元素。此处,将名字的第一个元素和一个空格添加到姓氏后面,形成一个完整的姓名。也可以完全省略该转换器函数,这将导致 **zip**()函数返回一个名字与姓氏的 List(这相当于提供了参数{ firstName,lastName -> firstName to lastName })。

运行新的代码,顾客的姓名将再次随机生成,但这一次他们的名字和姓氏将会是唯一的。例如,现在的顾客姓名可能是 Sophie Downstrider、Alex Fernsworth、Tariq Baggins 和 Mordoc Ironfoot 等。

firstNames 和 lastNames 中各有 4 个元素,因此 **zip**()函数返回一个包含 4 个元素的 List。如果输入的两个 Collection 的元素数量不同呢? **zip**()函数将返回元素数量与两个输入 Collection 中元素数量较少的那个相同的 List。较少输入 Collection 中的每个元素都被压缩为一对,而较多输入 Collection 中的剩余元素将会被忽略。

由于在单独生成每个顾客时,不再向变量 patronGold 添加条目,所以使用 **forEach** 循环遍历每位顾客并将金币分配给他们。这样做是没有问题的,但是,也可以在单个调用 **mutableMapOf**()函数中填充整个映射。删除 **forEach**()函数调用,如程序清单 11.13 所示,确保在代码 heroName to 4.50 之后加上逗号。稍后再对这种新的语法进行说明。

程序清单 11.13 扩展实际参数(Tavern.kt)

```
...
fun visitTavern() {
    ...
    val patrons: MutableSet<String> = firstNames.shuffled()
        .zip(lastNames.shuffled()) { firstName, lastName -> "$firstName $lastName" }
        .toMutableSet()

    val patronGold = mutableMapOf(
        TAVERN_MASTER to 86.00,
        heroName to 4.50,
        *patrons.map { it to 6.00 }.toTypedArray()
    )
    patrons.forEach { patronName ->
        patronGold += patronName to 6.0
}

    narrate("$heroName sees several patrons in the tavern:")
    narrate(patrons.joinToString())
    ... }
...
```

函数 **mutableMapOf**()接收可变数量的实际参数,11.8 节中有更多相关的内容。通常情况下,不可以将 **List** 传递给任何 Collection 构建器,除非想要的就是一个 List 的 Collection。相反,需要将 Collection 的值扩展为单独的实际参数。此处,使用的便是**扩展运算符(spread operator)**(*)。

扩展运算符可使 Collection 的元素作为单独的形式参数传递给接收可变数量的实际参数的函数。扩展运算符的限制之一是其仅适用于数组 **Array**,因此还需要调用 **toTypedArray**()函数。尽管扩展运算符的使用范围有限,但在需要以上述方式构建 Collection 时非常方便。

11.4　为什么选择函数式编程

回顾一下程序清单 11.12 中使用 **zip()** 函数创建顾客姓名 List 的方式。想象一下，如果不使用这些函数式编程 API，想要实现同样的任务应该怎么办呢？举个例子，在 Java 中可能会是这样：

```
List<String> firstNames = Arrays.asList("Alex", "Mordoc", "Sophie", "Tariq");
List<String> lastNames = Arrays.asList("Ironfoot", "Fernsworth", "Baggins",
        "Downstrider");
Collections.shuffle(firstNames);
Collections.shuffle(lastNames);
List<String> patrons = new ArrayList<>();
for (int i = 0; i < firstNames.size; i++) {
    patrons.add(firstNames.get(i) + " " + lastNames.get(i));
}
```

这种编程风格称为**命令式编程(imperative programming)**。乍一看，以上的命令式编程版本可能与程序清单 11.12 中的函数式版本的代码行数大致相同。但是函数式编程方法有一些关键的优势，例如隐式**累加器变量(accumulator variable)**带来的好处。

在函数式编程操作中，累加器变量(如本例中的 patrons)是隐式定义的，因此不需要保存存储中间计算结果的临时变量。函数式编程操作的结果会自动添加到累加器中，从而降低出错的风险。

这就是为什么在函数式编程中添加新操作是如此简单的原因。与命令式编程相比，没有隐式累加器变量，新操作通常涉及创建一个新的临时变量来辅助进行转换的问题。这增加了代码的复杂性和维护的难度。

在函数式编程中添加新操作变得如此简单的另一个原因是，所有的函数式编程操作都设计为与可迭代对象(iterable) 一起使用。假设在构建 Map 之后，需要对名为 patrons 的 Map 进行格式化以表示订单。在命令式编程风格中，还需要添加如下代码：

```
List<String> formattedOrders = new ArrayList<>();
for (Map.Entry<String, String> favoriteOrder : customerFavorites.entrySet()) {
    formattedOrders.add(favoriteOrder.getKey() + " orders their favorite item - "
            + favoriteOrder.getValue());
}
```

以上代码中增加了一个新的累加器变量和一个新的 for 循环，用于填充累加器。这意味着有更多的商品、更多的状态和更多需要跟踪的内容。

在函数式编程风格下，后续操作可以轻松地添加到函数链中，而无须额外的状态。同样的程序也可以采用函数式编程风格来实现，只需简单地添加以下代码：

```
.map { "${it.key} orders their favorite menu item - ${it.value}" }
```

11.5　Sequence

第 9 章和第 10 章介绍了 Collection 类型：**List**、**Set** 和 **Map**。这些 Collection 类型均被称为 **eager collection**。在创建这些类型的实例时，其包含的所有值都将添加到 Collection 中，并且可以访问。

另外还有一种 Collection 类型：**lazy collection**。术语 **lazy** 表示只有在第一次请求时，才会创建值。lazy collection 类型可以提供更好的性能，尤其是在处理非常大的 Collection 时，因为其值仅在需要时才会生成。

Kotlin 提供了一种内置的 lazy collection 类型，名为 **Sequence**。**Sequence** 不对其内容进行索引，也不跟踪其大小。实际上，在使用 **Sequence** 时，可能会出现无穷多值的 **Sequence** 的情形，因为对可以生成的数量并没有限制。

使用 **Sequence** 定义一个在每次请求新值时都会被调用的函数，该函数被称为**迭代器函数**（**iterator function**）。一种定义 **Sequence** 及其迭代器的方法是使用 Kotlin 提供的 **Sequence** 构建器函数 **generateSequence**()。该函数接收一个初始种子值作为 **Sequence** 的起始点。当 **Sequence** 被另一个函数处理时，**generateSequence**()函数将调用指定的迭代器来确定下一个要生成的值。例如：

```
generateSequence(0) { it + 1 }
        .onEach { println("The Count says: $ it, ah ah ah!") }
```

如果运行以上代码片段，**onEach**()函数将会一直执行。

那么，lazy collection 有什么好处，为什么要选择它而不是 List 呢？假设想要编写一段代码来找出前 N 个质数，例如 $N=1000$。代码的实现大概是这样的：

```
// Determines whether a number is prime
fun isPrime(number: Int): Boolean {
    (2 until number)
        .map { divisor ->
            if (number % divisor == 0) {
                return false // Not a prime
            }
        }
    return true
}

val listOfPrimes = (1..5000)
    .toList()
    .filter { isPrime(it) }
    .take(1000)
```

该代码中存在的问题是，并不知道需要检查多少个数字才能得到 1000 个质数。代码中预估需要 5000 个，但实际上远远不止（其实，检查 5000 个数字只能得到 669 个质数）。

这是一个非常适合使用 lazy collection 而不是 eager collection 支持函数链的完美案例。使用 lazy collection 非常理想，因为不需要为 **Sequence** 定义一个上限来确定要检查的项数，如下所示：

```
val oneThousandPrimes = generateSequence(3) { value ->
    value + 1
}.filter { isPrime(it) }
.take(1000)
```

在以上解决方案中，**generateSequence**()函数用来逐个生成新值，从 3（种子值）开始，每次递增 1。然后通过扩展函数 **isPrime**()对值进行筛选。重复执行该过程一直到生成 1000 个新值为止。因为无法知道需要检查多少个候选数字，所以在满足 **take**()函数之前，一直采用 lazy collection 生成新值是最理想的。

大多数情况下，所处理的 Collection 规模都较小，包含的元素少于 1000 个。在这些情况下，不用担心在有限数量上使用 **Sequence** 还是 List，因为这两种 Collection 类型之间的性能差异可以忽略不计，只是几个纳秒的数量级差异。

但是，对于更大的 Collection（包含数十万个元素），通过切换 Collection 类型可以显著提高性能。在这些情况下，可以很简单地将 List 替换为 **Sequence** 即可，如下所示：

```
val listOfNumbers = (0 until 10000000).toList()
val sequenceOfNumbers = listOfNumbers.asSequence()
```

函数式编程范式可能需要频繁创建新的 Collection,而 **Sequence** 为处理大型 Collection 提供了一种可扩展的机制。

本章介绍了如何使用 **map()**、**filter()** 和 **zip()** 等基本函数式编程工具,以简化数据处理方式。此外还介绍了如何使用 **Sequence** 在数据集不断变大的情况下高效地处理数据。

第 12 章将通过介绍 Kotlin 的作用域函数来结束函数式编程概念之旅。

11.6 好奇之处:性能分析

当代码运行速度是一个重要的考量因素时,Kotlin 提供了用于代码性能分析的实用函数:**measureNanoTime()** 和 **measureTimeInMillis()**。这两个函数均接收一个 Lambda 表达式作为实际参数,并评估 Lambda 表达式中所包含代码的运行速度。函数 **measureNanoTime()** 以纳秒为单位返回运行时间,而函数 **measureTimeInMillis()** 以毫秒为单位返回运行时间。

将需要评估的函数包装在一个实用函数中,如下所示:

```
val listInNanos = measureNanoTime {
    // List functional chain here
}

val sequenceInNanos = measureNanoTime {
    // Sequence functional chain here
}

println("List completed in $ listInNanos ns")
println("Sequence completed in $ sequenceInNanos ns")
```

作为一个实验,尝试在 REPL 中对使用 List 和 **Sequence** 获取质数的示例进行性能分析(将 List 示例更改为检查 7919 个数字,这样就可以找到 1000 个质数)。看看将 List 替换为 **Sequence** 对运行时间有多大影响。

11.7 好奇之处:聚合数据

前面已经展示了 Kotlin 中存在的一小部分函数式编程 API。还有另外一些称为**聚合(aggregation)**函数的函数,这类函数可以将 Collection 的全部内容缩减为一个值。这些函数中最著名的一个是 **reduce()** 函数,类似的还有 **fold()** 函数。

11.7.1 reduce()函数

reduce() 函数可以将给定 Collection 中所有的值累加为一个输出值。**reduce()** 函数接收一个 Lambda 表达式作为参数。该 Lambda 表达式有两个形式参数:一个称为**累加器(accumulator)**的运行中的聚合值,以及 Collection 中需聚合的下一个值。该 Lambda 表达式的返回值将作为累加器的下一个值使用。

有许多种情形可能需要用到 **reduce()** 函数。例如,对于酒馆里围坐在一张餐桌的顾客来说:每位顾客都会自己点单,但厨房可能会将这些订单视为一个整体订单。为了完成这一转换,可以使用 **reduce()** 函数将顾客们的订单累加为一个整体订单。相应的代码如下所示:

```
val ordersAtTable: List < Order > = listOf(...)
val tableOrder: Order = ordersAtTable.reduce { acc, order -> acc + order }
```

本例中用到了名为 **Order** 的类型。虽然还存在这种类型，但一般需要重新定义。本书第四部分将会学习如何定义自己的类型。

注意：reduce() 函数返回的是一个单独的元素，而不是一个 Collection。该值将成为最终累加的结果。如果 List 中只有一个元素，Lambda 表达式将不会被调用，而 Collection 中的第一个(也是唯一的)值将被直接返回。

11.7.2 fold()函数

另一个用于聚合数据的函数是 **fold()** 函数。**fold()** 函数类似于 **reduce()** 函数，但也有一些重要的区别。

fold() 函数需要用到一个初始累加器值，而不是使用 Collection 中的第一个值。与 **reduce()** 函数类似，该累加器值会被一个 Lambda 表达式的结果更新，该 Lambda 表达式会对每个项进行调用。**fold()** 函数与 **reduce()** 函数相比有一个很大的优势，就是可以将累加器定义为想要的任何类型(而 **reduce()** 函数的累加器必须与 List 中的类型保持一致)。

假设 Taernyl's Folly 的顾客在买单时还要自行支付销售税和额外的小费(Taernyl 的顾客一般都很慷慨，总是愿意在销售税后总额的基础上支付 20%的小费，以表达对出色服务的感激之情)。可以使用 **fold()** 函数来确定订单的价格，如下所示：

```
val orderSubtotal = menuItemPrices.getOrDefault("Dragon's Breath", 0.0)

val salesTaxPercent = 5
val gratuityPercent = 20
val feePercentages: List<Int> = listOf(salesTaxPercent, gratuityPercent)

val orderTotal: Double = feePercentages.fold(orderSubtotal) { acc, percent ->
    acc * (1 + percent / 100.0)
}

println("Order subtotal: $orderSubtotal")
println("Order total: $orderTotal")
```

累加器的初始值 orderSubtotal(对 Dragon's Breath 来说为 5.91)，作为 acc 变量值传递给 Lambda 表达式，第一个费用的百分比(销售税(5%))作为 percent 传递给 Lambda 表达式(该实际参数的默认名称为 item)。然后，Lambda 表达式将整数百分比转换为乘数，计算乘积以确定附加费用的多少，并返回更新后的累加值。

在接下来的计算中，新的累加值(对 Dragon's Breath 来说为 6.2055)作为 acc 变量值传递给 Lambda 表达式，而第二个费用百分比(小费(20%))也作为 percent 传递给 Lambda 表达式。最终的累加器值包含了结果(对 Dragon's Breath 来说为 7.4466)，并通过 **fold()** 函数返回。

11.7.3 SumBy()函数

如果有一个包含需要相加值的 Collection，也可以使用 **sumBy()** 函数(用于整数相加)或 **sumByDouble()** 函数(用于浮点数相加)。例如，如果想计算菜单上所有菜品的价格，可以使用 **sumByDouble()** 函数来进行这个计算，如下所示：

```
val orderTotal = menuItems.sumByDouble { item ->
    menuItemPrices.getOrDefault(item, 0.0)
}

println("Order price: $orderTotal")
```

sumBy() 函数和 **sumByDouble()** 函数实际上都是 **fold()** 函数的一种特殊变体。当仅需要值相加时，

sumBy()函数和 **sumByDouble**()函数省略了代码中的初始值和累加器，这对于可读性来说是一个不错的选择。另外，**sumBy**()函数不需要对有数字值的 Collection 进行调用。本例中，针对 **List < String >**进行调用没有任何问题。只要 Lambda 表达式返回的是一个数字值，就可以使用 **sumBy**()函数或 **sumByDouble**()函数对值进行聚合。

就像 **associate** 可以简化后面紧跟 **toMap**()函数调用的 **map**()函数调用一样，**sumBy**()函数减少了调用 **fold**()函数的复杂性。与更通用的 **map**()、**flatMap**()、**filter**()和 **fold**()函数调用相比，还有许多函数充当了简写或便捷函数(shorthand or convenience function)。请多关注这些函数，并查看 API 手册以获得可用函数式编程操作的完整列表。

11.8　好奇之处：关键字 vararg

如前所述，像 **listOf**()和 **mapOf**()之类的 Collection 构建器函数，以形式参数的形式接收所需 Collection 的内容。可以向这些函数传递任意数量的实际参数。但是，声明的所有其他函数的形式参数的数量均是固定的，不能传递额外的参数，因为 Kotlin 不知道该如何处理它。那么，Collection 构建器函数是如何工作的呢？

Collection 构建器函数(以及标准库中的其他几个函数)可以接收可变数量的实际参数。这些函数使用了关键字 vararg 实现这一点，可从如下所示的 **listOf**()函数的完整语法格式中看出：

```
public fun <T> listOf(vararg elements: T): List<T> = ...
```

无论何时调用，形式参数 vararg 均可以指定零个、一个或多个实际参数。在 **listOf**()函数的函数体中，elements 的类型实际上是一个 **Array**，有关 **Array** 的内容查阅 9.8 节的内容。可以查询变量 elements 中元素的数量，也可以遍历这些元素或访问特定索引中的元素，就像处理 Collection 类型那样。

也可以声明自己的 vararg 参数。在 REPL 中亲自尝试如程序清单 11.14 所示代码。

程序清单 11.14　输出数量可变的消息(REPL)

```
fun printAll(vararg messages: String) {
    println("I have ${messages.size} things to say.")
    messages.forEach { println(it) }
}

printAll("Hello, World!", "Madrigal has left the building.")
I have 2 things to say.
Hello, World!
Madrigal has left the building.
```

实际上，会更多地在标准库中看到 vararg 参数，而不是在自己的代码中使用它们。但了解其行为有助于理解 Collection 构建器的工作原理。如果发现自己需要声明一个接收一组元素的函数，并且不想手动将它们包装在一个 Collection 类型中，那么 vararg 提供了一种方便的语法。

11.9　好奇之处：Arrow.kt

本章介绍了 Kotlin 标准库中的一些函数式编程风格的工具，如 **map**()、**flatMap**()和 **filter**()。

Kotlin 是一种多范式(multiparadigm)编程语言，这意味着它混合了面向对象、命令式和函数式编程的风格。如果使用过像 Haskell 之类的严格的函数式编程语言，就会知道它提供了一些很有用的函数式编程思想，而 Kotlin 中仅包含了一些基本函数。

例如，Haskell 中包含了 **Maybe** 类型，这是一种既支持某些值又支持错误的类型，并允许使用类型来表示可能导致错误的操作。使用 **Maybe** 类型可以表示一个异常，例如解析数字时出现错误，而无须抛出异常，这样，就不需要在代码中使用 try/catch 语句了。

在不需要处理 try/catch 语句的情况下就可以表示异常是一件好事。有些人将 try/catch 视为一种 GOTO 语句形式，但这往往会导致代码难以阅读和维护。

Haskell 中的许多函数式编程特性可以通过类似 Arrow.kt 等库引入 Kotlin 中。

例如，Arrow.kt 库中包含类似于 Haskell 中的 **Maybe** 类型的变体，称为 **Either**。使用 **Either** 可以表示可能导致失败的操作，而不需要使用抛出异常和 try/catch 语句。

举个例子，考虑一个将用户输入字符串解析为 **Int** 类型的函数。如果该值是一个数字，则应将其解析为 **Int** 类型，但如果该值是无效的，则应被表示为一个错误。

使用 **Either**，其代码如下所示：

```
fun parse(s: String): Either<NumberFormatException, Int> =
    if (s.matches(Regex("-?[0-9]+"))) {
        Either.Right(s.toInt())
    } else {
        Either.Left(NumberFormatException("$s is not a valid integer."))
    }

val x = parse("123")
val value = when(x) {
    is Either.Left -> when (x.a) {
        is NumberFormatException -> "Not a number!"
        else -> "Unknown error"
    }
    is Either.Right -> "Number that was parsed: ${x.b}"
}
```

没有异常，没有 try/catch 程序块，只有简单易懂的逻辑。

11.10 挑战之处：翻转 Map 中的值

使用本章中学习的函数式编程技术，编写名为 **flipValues()** 的函数，该函数可以在 Map 中将键和值进行翻转。例如：

```
val gradesByStudent = mapOf("Josh" to 4.0, "Alex" to 2.0, "Jane" to 3.0)
{Josh=4.0, Alex=2.0, Jane=3.0}

flipValues(gradesByStudent)
{4.0=Josh, 2.0=Alex, 3.0=Jane}
```

11.11 挑战之处：找出最喜爱的商品

目前，Taernyl 从一个顾客最喜爱的商品列表中随机挑选出了当日促销商品。只要有一位顾客喜爱某个商品，它就有资格被抽选为当日促销商品。Taernyl 希望当日促销商品能成为所有顾客真正的最爱。

更新确定当日促销商品的代码，以选出在顾客最喜爱的商品菜单中出现次数最多的商品。如果出现并列情况，可以返回其中任意一个商品。为了增加难度，尝试在不声明任何新变量的情况下实现该运算。

提示：可能会发现 **fold()** 和 **maxOf()** 函数很有用。另外，需考虑一下哪种 Collection 类型对统计每个商品的出现次数会很有帮助。

第12章

作用域函数

作用域函数(**Scope functions**)是 Kotlin 标准库中的通用效用函数(general utility function),可以帮助编写更简洁、更具表现力的代码。本章介绍 6 个最常用的作用域函数,**apply**、**let**、**run**、**with**、**also** 和 **takeIf**,同时给出其中一个函数在 NyetHack 中的使用案例。

每个作用域函数都是在一个值上调用的,通常称为**接收器**(**receiver**),并且接收一个 Lambda 表达式,该 Lambda 表达式定义了希望对该值执行的操作。接收器这一术语源于这样一个事实,即 Kotlin 的作用域函数是基于**扩展函数**(**extension functions**)的,而接收器正是扩展函数的主题。将在第 19 章介绍扩展函数,这是一种在类型上定义函数的灵活方式。

12.1 apply()函数

在常见的作用域函数之中,首先学习 **apply**()函数。函数 **apply**()可以被视为一个配置函数,可以在接收器上调用一系列函数来进行配置,以便在使用时能够满足特定需求。在 **apply**()函数执行提供的 Lambda 表达式之后,**apply**()函数将返回配置后的接收器。

apply()函数可以大大减少在配置使用对象时的重复代码量。例如,可能希望创建复杂的规则以确定哪些元素包含在 Collection 中。例如在 NyetHack 中,Taernyl 的顾客或许不是随机光顾酒馆的,因为 Kronstadt 的市民的日常习惯决定了他们何时光顾酒馆。

实现这些复杂规则的一种方法是创建一个 **MutableList** 并手动地填充该 List。如果希望最终获得一个只读 **List** 而不是 **MutableList**,还需要声明第二个变量,如下所示:

```
val patrons: MutableList < String > = mutableListOf()
if (isAfterMidnight) { patrons.add("Sidney") }
if (isOpenMicNight) { patrons.add("Janet") }
if (isHappyHour) { patrons.add("Jamie") }
if (patrons.contains("Janet") || patrons.contains("Jamie")) { patrons.add("Hal" }

val guestList: List < String > = patrons.toList()
```

若使用 **apply**()函数,可以在实现相同配置的同时,减少重复代码,且无须使用变量 patrons,如下所示:

```
val guestList: List < String > = mutableListOf < String >().apply {
    if (isAfterMidnight) { add("Sidney") }
    if (isOpenMicNight) { add("Janet") }
    if (isHappyHour) { add("Jamie") }
    if (contains("Janet") || contains("Jamie")) { add("Hal" }

}.toList()
```

apply()函数将 Lambda 表达式中每个函数调用的**作用域**(**scope**)限定为其所调用的接收器,在配置接收器时 **apply()**函数可以省略每个函数调用中的变量名。因为 Lambda 表达式中所有函数调用都是相对于接收器进行的,所以这种情形有时也称为**相对作用域**(**relative scoping**),也可以认为函数在接收器上被**隐式调用**(**implicitly called**)。

12.2 let()函数

另一个常用的作用域函数是 **let()**函数,在第 7 章中已使用过该函数。**let()**函数将变量的作用域限定于提供的 Lambda 表达式,并将接收器作为实际参数进行传递。这就可以使用 it 标识符来引用接收器,这一点在第 8 章中已学习过。

由于 Madrigal 是这个小镇的新面孔,自然会引起一些关注。酒馆里的某位顾客,或许是第一位看到她的顾客,可能会上前跟她打招呼,并向 Madrigal 作些介绍。现在可以使用 **let()**函数构建该介绍,如下所示:

```
val patrons: List<String> = listOf(...)
val greeting = patrons.first().let {
    "$it walks over to Madrigal and says, \"Hi! I'm $it. Welcome to Kronstadt!\""
}
```

如果是没有使用 **let()**函数,就需要将第一个元素分配给某个变量,以便记住是哪位顾客在说话,如下所示:

```
val patrons: List<String> = listOf(...)
val friendlyPatron = patrons.first()
val greeting = "$friendlyPatron walks over to Madrigal and says, \"Hi! " +
    "I'm $friendlyPatron. Welcome to Kronstadt!\""
```

当与其他 Kotlin 语法结合使用时,**let()**函数还提供了其他的一些优势。第 7 章中第一次用到了 **let()**函数,是作为处理空安全机制的一部分,如下所示:

```
censoredQuest?.let {
    println(
        """
        |$HERO_NAME approaches the bounty board. It reads:
        |  "$censoredQuest"
        """.trimMargin()
    }
```

在以上某位友好顾客向 Madrigal 打招呼的例子中,如果在酒馆未营业时,Madrigal 迈进的可能是一家空荡荡的酒馆。在此情形下,可以使用 **firstOrNull** 而不是 **first** 来处理这种极端情况,且不会导致系统崩溃。

```
val patrons: List<String> = listOf(...)
val greeting = patrons.firstOrNull()?.let {
    "$it walks over to Madrigal and says, \"Hi! I'm $it. Welcome to Kronstadt!\""
} ?: "Nobody greets Madrigal because the tavern is empty"
```

使用安全调用运算符(?.)意味着,当且仅当接收器不为 null 时,**let()**函数才会执行。本例中,这意味着 **let()**函数仅在 **firstOrNull** 返回某个顾客姓名时才会执行。通过使用带有安全调用的 **let()**函数,可以确保 it 的参数为 non-null,并且可以在 Lambda 表达式中安全地执行操作,而无须再次检查其 nullity。

比较一下上面使用 **let()**函数的示例和以下不使用 **let()**函数的版本:

```
val patrons: List<String> = listOf(...)
```

```
val friendlyPatron = patrons.firstOrNull()
val greeting = if (friendlyPatron != null) {
    "$friendlyPatron walks over to Madrigal and says, \"Hi! " +
        "I'm $friendlyPatron. Welcome to Kronstadt!\""
} else {
    "Nobody greets Madrigal because the tavern is empty"
}
```

该版本在功能上与前面的版本是等价的，但稍显啰唆。if/else 结构中使用了 3 次完整的 friendlyPatron 变量，一次在条件判断中，两次在创建结果字符串中。相反，**let()**函数允许使用流畅的**链式的（chainable）**风格，可以省略中间变量的声明。

请记住，单独使用 **let()**函数本身不是一种空安全技术。正是作用域函数和安全调用的组合才提供了空安全性。

还可以将 **apply()**函数与安全调用一起使用，但这种用法较少见。在选择空安全配对时，大多数 Kotlin 程序员会选择使用 **let()**函数，尽管其他人更喜欢 **run()**函数，这是我们将要学习的下一个作用域函数。这两个函数很相似，但萝卜白菜各有所爱。

let()函数可以在任何类型的接收器上调用，并返回提供 Lambda 表达式的求值结果。在上面的示例中，就是对字符串 patrons. firstOrNull()调用了 **let()**函数。传递给 **let()**函数的 Lambda 表达式接收了其被调用的接收器作为其唯一的实际参数。因此，可以使用 it 标识符来访问该实际参数。

值得一提的是，函数 **let()**与 **apply()**之间有几个区别。如前所见，**let()**函数将接收器传递给所提供的 Lambda 表达式，而 **apply()**函数不传递任何内容。此外，当 Lambda 表达式完成后，**apply()**函数返回的是当前的接收器。另一方面，**let()**函数返回 Lambda 表达式的最后一行，称为 **Lambda 表达式结果（Lambda Result）**。

12.3　run()函数

接下来，本节介绍的是 **run()**函数。与 **apply()**函数相比，**run()**函数提供了相对相同的作用域行为，并返回 Lambda 表达式的结果，而不是像 **let()**函数那样返回接收器本身。

假设想要跟踪酒馆里正在播放的音乐，可以编写代码如下：

```
val tavernPlaylist = mutableListOf("Korobeiniki", "Kalinka", "Katyusha")
val nowPlayingMessage: String = tavernPlaylist.run {
    shuffle()
    "${first()} is currently playing in the tavern"
}
```

shuffle()函数隐式地在接收器（即 **List** 实例）上执行。这与在 **apply()**函数中看到的 **add()**和 **contains()**函数类似。然而，与 **apply()**函数不同的是，**run()**函数返回的是 Lambda 表达式结果，即一条消息，以确认酒馆里当前正在播放的是哪首俄罗斯民歌。

另外，还有一种不针对接收器调用的 **run()**函数。这种形式很少见，但为了完整起见，将其列出如下：

```
val healthPoints = 90
val healthStatus = run {
    if (healthPoints == 100) "perfect health" else "has injuries"
}
```

12.4　with()函数

with()函数与 **run()**函数非常相似，两个函数的行为完全相同，但使用了不同的调用约定。与迄今为止用到的作用域函数不同，**with**()函数要求将其实际参数作为第一个形式参数接收，而不是在接收器类型上调用作用域函数，如下所示：

```
val nameTooLong = with("Polarcubis, Supreme Master of NyetHack") {
    length >= 20
}
```

到目前为止，作用域函数均是在值本身上进行调用的，如"Polarcubis". run {…}。但 **with**()函数打破了这一惯例。需先调用 **with**()函数，如：

```
with("Polarcubis") { ... }
```

正是由于这一差异，推荐使用 **run**()函数而不是 **with**()函数，因为前者一致性更好、更常用，而且可读性更好。但到底是选择 **run**()函数还是 **with**()函数，只是风格的不同。可根据具体情形进行选择：

```
val player: Player = ...
val monster: Goblin = ...

// Both calls compile as `player.fight(monster)`
with(player) { fight(monster) }
player.run { fight(monster) }
```

这些函数的调用，其运行方式相同并且返回的结果也相同。

12.5 also()函数

also()函数的运行方式与 **let**()函数非常相似。就像 **let**()函数一样，**also**()函数将调用它的接收器作为 Lambda 表达式的实际参数并传递给它。但是 **let**()函数和 **also**()函数之间有一个主要区别，**also**()函数返回的是接收器本身，而不是 Lambda 表达式的结果，就像 **apply**()函数一样。

这一点使得 **also**()函数在从同一来源添加多个副操作时特别有用。在下面的示例中，**also**()函数被调用了两次以便组织两种不同的操作，一个用来输出文件名，另一个将文件的内容赋值给变量 fileContents。

```
var fileContents: List<String>
File("file.txt")
        .also { print(it.name) }
        .readLines()
        .also { fileContents = it }
```

因为 **also**()函数返回的是接收器自身而不是 Lambda 表达式的结果，所以，可以继续将其他函数调用链接到原始接收器上。

12.6 takeIf()函数

最后一个作用域函数是 **takeIf**()函数。**takeIf**()函数的运行方式与其他作用域函数不同，该函数计算 Lambda 表达式中提供的谓词条件，并确认该条件返回 true 还是 false。如果条件为 true，将从 **takeIf**()函数返回接收器；如果条件为 false，则返回 null。

考虑以下示例，该示例仅在文件存在时对文件进行读取。

```
val fileContents = File("myfile.txt")
    .takeIf { it.exists() }
```

```
    ?.readText()
```

若不使用 **takeIf()** 函数，代码将会很烦琐，如下所示：

```
val file = File("myfile.txt")
val fileContents = if (file.exists()) {
    file.readText()
} else {
    null
}
```

使用 **takeIf()** 函数的版本则不需要临时变量 file，也不需要指定 null 返回值。在检查变量赋值的条件或继续运行所需的条件是否为 true 方面，**takeIf()** 函数是非常有用的。从概念上来讲，**takeIf()** 函数类似于 if 语句，但其优势在于可以直接在实例上调用，并且通常可以不必为临时变量赋值。

作用域函数的学习已经接近尾声了，但是为了完整起见，还是应该提及 **takeIf()** 函数的一个补充函数 **takeUnless()**。**takeUnless()** 函数与 **takeIf()** 函数完全相同，只是当定义的条件为 **false** 时，它会返回原始值。只有在文件不是隐藏文件时，以下示例才读取该文件（否则返回 null）：

```
val fileContents = File("myfile.txt").takeUnless { it.isHidden }?.readText()
```

建议使用 **takeIf()** 函数，尤其是对于复杂的条件，因为 **takeIf()** 函数通常可以使条件的可读性更好。比较以下两种表述的"可理解性"（understandability）。

（1）若条件为 true，则返回值。此为 **takeIf()** 函数。

（2）除非条件为 true，否则返回值。此为 **takeUnless()** 函数。

如果第二种表述会让人略感迟疑，那么 **takeUnless()** 函数在表述相关的逻辑时不是那么自然。

对于简单的条件（如上面的示例），**takeUnless()** 函数不会有问题。但是对于更复杂的例子，解析 **takeUnless()** 函数就很困难。建议仅在条件判断较简单时使用 **takeUnless()** 函数，否则可以在谓词的 Lambda 表达式中对其进行否定。

12.7　使用作用域函数

表 12.1 总结了本章讨论的 Kotlin 作用域函数。

表 12.1　作用域函数

函　　数	是否将接收器作为参数传递给 Lambda 表达式	是否提供相对作用域	返　回　值
let()	Yes	No	Lambda 表达式结果
apply()	No	Yes	接收器
run()[a]	No	Yes	Lambda 表达式结果
with()[b]	No	Yes	Lambda 表达式结果
also()	Yes	No	接收器
takeIf()	Yes	No	接收器的 nullable 版本
takeUnless()	Yes	No	接收器的 nullable 版本

a **run()** 函数的非接收器版本（不常用）不传递接收器，不执行相对作用域，并返回 Lambda 表达式结果。

b 与其他作用域函数不同，**with()** 函数在接收器上的调用不是这样的："hello.with {..}"。相反，它将第一个实际参数视为接收器，第二个实际参数作为 Lambda 表达式，如下所示：with("hello") {..}。该函数是唯一以这种方式工作的作用域函数，而且使用频率比其他作用域函数要低。

顾名思义，作用域函数最适合在想要临时创建一个新的作用域或更改程序运行的作用域时使用。

任何会使用临时变量的时候，都可以考虑使用作用域函数。

考虑一下 NyetHack 项目，能想到有什么地方需要使用作用域函数吗？由于已经充分利用了 Kotlin 的函数式编程操作符，所以没有太多可以通过使用作用域函数来进行简化的地方。

但是，看一下 Tavern.kt 中顾客离开的逻辑，如下所示：

```
val departingPatrons: List<String> = patrons
    .filter { patron -> patronGold.getOrDefault(patron, 0.0) < 4.0 }
patrons -= departingPatrons
patronGold -= departingPatrons
departingPatrons.forEach { patron ->
    narrate("$heroName sees $patron departing the tavern")
}
```

此段代码多次使用了 departingPatrons，可以使用作用域函数使代码更加简洁。只要愿意，本章介绍的任何一种作用域函数都可以拿来使用。但是，建议使用 **also()** 函数封装其动作。打开 Tavern.kt 文件，试试程序清单 12.1 的代码。

程序清单 12.1　使用 also()函数(Tavern.kt)

```
...
fun visitTavern() {
    ...
    displayPatronBalances(patronGold)

    val departingPatrons: List<String> = patrons
    patrons
        .filter { patron -> patronGold.getOrDefault(patron, 0.0) < 4.0 }
    patrons -= departingPatrons
    patronGold -= departingPatrons
        .also { departingPatrons ->
            patrons -= departingPatrons
            patronGold -= departingPatrons
        }
    departingPatrons.forEach { patron ->
        .forEach { patron ->
            narrate("$heroName sees $patron departing the tavern")
        }

    narrate("There are still some patrons in the tavern")
    narrate(patrons.joinToString())
}
...
```

运行 NyetHack，并确认程序的运行结果相同。

以上代码中将所有顾客离开的逻辑合并到一个语句中。还可以完全地删除 departingPatrons 变量，因为后面不需要访问该变量了。

本章介绍了如何使用作用域函数简化代码。使用作用域函数编写的代码不仅简洁，而且具有 Kotlin 独有的特质。本书的其余部分将在适当的情况下广泛使用作用域函数。

本书第三部分介绍了如何使用 Kotlin 的 Collection 类型，并增加了 Kotlin 中函数式编程技术的经验。在接下来的第四部分，将切换思路开始学习另外一种不同的编程范式：面向对象编程。

第四部分

面向对象编程

接下来的 5 章将介绍另一种称为面向对象编程的编程范式。因为面向对象编程范式提供的工具集可以大幅简化程序的结构，所以自 20 世纪 60 年代以来一直流行至今。这个工具集非常有用，可以将代码组织成可重用、可扩展的组件，称为**类**(**class**)和**对象**(**object**)。

接下来介绍如何定义类、初始化对象、从其他类和接口进行继承以及如何利用 Kotlin 中的特殊类型的类，如 singleton 和 data 类。在这一部分结束时，所开发的 NyetHack 项目将会成为一个可以进行充分互动的游戏，包括探索各种房间、打怪兽等。

第13章

类

面向对象编程的核心是**类**，即代码所表示的“物”的独特类别的定义。类定义了这些“物”将由什么类型的数据组成，以及可以实现哪些功能。

为了采用面向对象编程来开发 NyetHack 项目，首先需要识别该项目中存在的独特的“物”的类型，并为它们定义类。本章中，将为 NyetHack 添加一个自定义的 **Player** 类，使用该类来表示 NyetHack 玩家的独特风格。

13.1 定义类

类可以在自己的文件中进行定义，也可以与其他元素（如函数或变量）一起定义。将类定义在自己的文件中，随着程序规模的扩大，类也可以有更大的增长空间，在开发 NyetHack 时就是这么做的。创建一个新的 Player. kt 文件：单击 src/main/kotlin 文件夹，选择 New→Kotlin Class/File 命令，并在输入名称时选择 File。然后，使用 class 关键字声明第一个类，如程序清单 13.1 所示。

程序清单 13.1 定义 Player 类（Player. kt）

```
class Player
```

类通常在与其名称匹配的文件中进行声明，但这不是必需的。如果有多个用于类似目的的类，可以在同一个文件中定义多个类。

这样，类就定义好了。接下来需要做的就是为它赋予一些具体的工作。

13.2 构建实例

类声明就像是一张蓝图。蓝图中包含了构造建筑物的细节，但它们并不是建筑物本身。声明 **Player** 类的工作原理与此类似：到目前为止，尚未构建玩家，只是创建了一张蓝图（目前为止仍很粗糙）。

每当启动 NyetHack 的一次新游戏时，都要调用 **main**()函数，并且希望做的第一件事就是创建一个玩家角色来玩该游戏。为了构建一个可以在 NyetHack 中使用的玩家角色，必须进行**实例化**(**instantiate**)，即通过调用其**构造函数**(**constructor**)创建一个**实例**(**instance**)。

在 NyetHack. kt 文件中，变量在 **main**()函数中进行声明，并实例化了一个 **Player**，如程序清单 13.2 所示。

程序清单 13.2 实例化一个玩家（NyetHack. kt）

```
var heroName = ""
```

```
val player = Player()

fun main() {
    heroName = promptHeroName()

    // changeNarratorMood()
    narrate("$heroName, ${createTitle(heroName)}, heads to the town square")
    visitTavern()

}
...
```

通过在 **Player** 类的名称后加括号调用 **Player** 类的构造函数。这样就可以创建 **Player** 类的一个实例。现在，变量 Player 被称为包含了 **Player** 类的一个实例。在 Kotlin 中，每个类定义都创建了一个相应的类型，因此变量 Player 的类型为 **Player**。

构造函数的功能正如其名，是用来构造实例的。具体来说，就是构造一个实例并为后续的使用做好准备工作。调用构造函数的语法与调用函数非常相似：使用括号传递实际参数给它的形式参数列表。第 14 章中还会介绍构造实例的其他方法。

使用类组织代码中关于"物"的逻辑操作，可以保障代码的可扩展性。随着 NyetHack 项目规模的增长，还将添加更多的类，每个类都有自己的功能。

现在，已经有了一个 **Player** 类实例，可以用它来做什么呢？

13.3 类函数

类定义中可以指定两种类型的内容：**行为**(**behavior**)和**数据**(**data**)。在 NyetHack 中，玩家应该能够进行各种操作，包括进行战斗、移动、施魔法(cast a spell)或检查库存等。通过将函数定义添加到类实体中，可以为类定义行为。在类内部定义的函数称为**类函数**(**class function**)。

对于已经在 NyetHack 中定义的一些玩家数据，可以将其迁移到 **Player** 类中，并引入一些新的行为和数据。

通过添加一个允许玩家施魔法的函数，来定义 **Player** 类的第一个行为，如程序清单 13.3 所示。

程序清单 13.3　定义一个类函数(Player.kt)

```
class Player {
    fun castFireball(numFireballs: Int = 2) {
        narrate("A glass of Fireball springs into existence (x$numFireballs)")
    }}
```

此处，为 **Player** 类定义了一个带有一对大括号**类实体**(**class body**)。类实体包含了类的行为和数据定义，就像函数的操作是在函数体中定义的一样。

为什么要在 **Player** 类上定义 **castFireball**()函数？在 NyetHack 项目中，召唤火球(a glass of Fireball)施魔法是玩家可能会做的事情：但是如果没有 **Player** 类的实例，就不可能做到，因为它是由调用 **castFireball**()函数的特定玩家来实施的。将 **castFireball**()定义为类函数，以便在类的实例上进行调用，体现的就是这一逻辑。

在 NyetHack.kt 文件中，为 **main**()函数添加一个 **castFireball**()的调用作为类函数，如程序清单 13.4 所示。

程序清单 13.4　调用一个类函数(NyetHack.kt)

```
var heroName = ""
val player = Player()

fun main() {
    heroName = promptHeroName()

    // changeNarratorMood()
    narrate("$heroName, ${createTitle(heroName)}, heads to the town square")
    visitTavern()
    player.castFireball()
}
...
```

运行 NyetHack,并确认玩家在酒馆中召唤了一轮火球。

13.4　可见性和封装

通过使用类函数向类中添加行为(以及稍后将看到的使用类属性添加数据),构建了一个该类可以做什么和成为什么的描述,并且这个描述对于拥有该类实例的任何人都是可见的。

默认情况下,没有可见性修饰符的任何函数或属性都是公共的,这意味着它可以从程序中的任何文件或函数进行访问。由于 **castFireball**()函数上没有可见性的修饰符,因此可以从程序中的任何地方调用它。

在某些情况下,例如 **castFireball**()函数,希望代码的其他部分能够访问类属性或调用类函数。但也有其他一些类函数或属性,并不希望从代码库中的其他地方调用它们。

随着程序中类的数量增加,代码的复杂性也随之增加。隐藏那些不需要从代码的其他部分可见的实现细节,有助于确保代码的逻辑清晰简洁,这就是可见性一展身手的地方了。

公共的类函数可以在程序中的任何地方调用,而私有的类函数不能在其定义的类之外调用。这种限制特定类函数或属性可见性的思想推动了面向对象编程中的一个重要概念,即**封装**(**encapsulation**)。封装意味着一个类应该有选择地公开(expose)其函数及属性,以定义如何与其他对象进行交互。任何不需要公开的内容,包括公开函数及属性的实现细节,都应该保持为私有的。

例如,虽然 **castFireball**()函数是从 **main**()函数中调用的,但是 **main**()函数并不关心 **castFireball**()函数的具体实现方式,只在乎"是否召唤了火球"。因此,尽管该函数本身可能会被公开,但其实现细节对调用者来说并不重要。

简而言之,在构建类时,只公开需要公开的内容。

表 13.1 列出了 Kotlin 中的可见性修饰符。

表 13.1　可见性修饰符

修　饰　符	描　　述
public(默认的)	该函数或属性可由类之外的代码进行访问默认情况下,无可见性修饰符的函数和属性是公共的
private	函数或属性只能在同一类中进行访问
protected	函数或属性只能在同一类或其子类中进行访问
internal	函数或属性将在同一模块中进行访问

在第 15 章将讨论 protected 的可见性。

无论 Kotlin 代码面向的是哪个平台，这些可见性修饰符都是相同的。如果熟悉 Java，可能已经注意到在 Kotlin 中没有软件包私有的(package private)可见性级别，13.9 节会解释其中的原因。

13.5 类属性

类函数的定义中描述了与类相关联的行为。数据定义也称为**类属性**(**class properties**)，是表示类的特定状态或特征所需的属性。例如，**Player** 类的类属性可以用来表示玩家的姓名、当前生命值、奇幻种族、阵营、性别以及其他属性。

目前，已经在 **main**()函数中为玩家定义了一个姓名，但新的类定义更适合玩家。需要在 Player.kt 文件中更新代码，添加一个 name 属性(为 name 赋的值看起来可能有些乱，但这么做是有理由的，请先按照如下所示输入)。

程序清单 13.5 定义 name 属性(Player.kt)

```
class Player {
    val name = "madrigal"

    fun castFireball(numFireballs: Int = 2) {
        narrate("A glass of Fireball springs into existence (x $ numFireballs)")
    } }
```

程序清单 13.5 中将 name 属性添加到了 **Player** 类实体中，并将其作为 **Player** 类的实例所包含的相关数据。name 属性像变量一样被定义为 val 类型，可以使用 val 和 var 关键字分别将属性表示为只读的或可变的数据。本章后面将详细讨论属性的可变性。

在构造类的实例时，其所有属性都必须具有相应的值。这意味着，与其他变量不同，类属性必须被赋予一个初始值。例如，以下代码是无效的，因为在声明时没有为属性 name 进行赋值：

```
class Player {
    var name: String
}
```

第 14 章将进一步探讨类和属性初始化的细微差别。接下来，在 NyetHack.kt 文件中删除 heroName 声明，如程序清单 13.6 所示。

程序清单 13.6 在 main()函数中删除 heroName(NyetHack.kt)

```
var heroName: String = "" val
player = Player()

fun main() {
    heroName = promptHeroName()

    // changeNarratorMood()
    narrate(" $ heroName, $ {createTitle(heroName)}, heads to the town square")
    narrate(" $ {player.name}, $ {createTitle(player.name)}, heads to the town square")

    visitTavern()
    player.castFireball()
}
...
```

现在，name 是 **Player** 类的一个属性，在调用 **narrate**()函数时，可以使用**点语法**(**dot syntax**)来访问变量 player 的 name 属性。这种点语法就是用来读取和写入对象实例属性以及调用函数的。

如果现在就构建(编译并链接)程序 Tavern. kt,可能会出现若干编译器错误,每个错误中都会包含"Unresolved reference: heroName."。打开 Tavern. kt 文件,将对 heroName 的引用替换为 player. name 以修复错误,如程序清单 13.7 所示。

程序清单 13.7 解决对 Player 类的 name 属性的引用(Tavern. kt)

```
...
fun visitTavern() {
    narrate("$heroName {player.name} enters $TAVERN_NAME")
    narrate("There are several items for sale:")
    narrate(menuItems.joinToString())
    ...
    val patronGold = mutableMapOf(
        TAVERN_MASTER to 86.00,
        heroNameplayer.name to 4.50,
        *patrons.map { it to 6.00 }.toTypedArray()
    )

    narrate("$heroName {player.name} sees several patrons in the tavern:")
    narrate(patrons.joinToString())
    ...
    patrons.filter { patron -> patronGold.getOrDefault(patron, 0.0) < 4.0 }
        .also { departingPatrons ->
            patrons -= departingPatrons
            patronGold -= departingPatrons
        }
        .forEach { patron ->
            narrate("$heroName {player.name} sees $patron departing the tavern")
        }
    ...
}
...
private fun displayPatronBalances(patronGold: Map<String, Double>) {
    narrate("$heroName {player.name} intuitively knows how much money each patron has")
    patronGold.forEach { (patron, balance) ->
        narrate("$patron has ${"%.2f".format(balance)} gold")
    } }
```

运行 NyetHack。Madrigal 像之前一样进入酒馆,但现在是从 **Player** 类的一个实例访问 name 属性,而不是从 NyetHack. kt 中的顶级变量访问 name 属性。

本章后面的部分将重构 NyetHack 以将属于 **Player** 类的其他数据迁移至类定义中。

1. 属性的 getter 和 setter

属性为类的每个实例的特征进行建模,还为其他实体提供了与类跟踪的数据进行交互的一种方式,这些数据以简洁紧凑的语法来表示。这种交互是通过 getter 和 setter 进行的。

对于定义的每个属性,Kotlin 最多会生成 3 个组件: **field**、**getter** 和 **setter**。field 是存储属性数据的位置,不能直接在类上定义 field。Kotlin 已经封装了 field,可以保护 field 中的数据,并通过 getter 和 setter 进行访问。

属性的 getter 指定了属性的读取方式。每个属性都会生成一个 getter。setter 定义了属性的赋值方式,因此仅在属性为可写的(即属性的类型是 var)才会生成 setter。

设想在一家餐厅就餐,菜单上有意大利面等各种食物。如果顾客点了意大利面,服务员端上了意大利面,上面加了意大利面酱和奶酪。顾客无须走进厨房,厨师和服务员就处理好了一切,甚至在点的意大利面中加入了意大利面酱和奶酪。顾客就像函数调用者,而服务员扮演的角色就是 getter。

作为这家餐厅的顾客，在点意大利面时不用操心烧开水煮面条之类的事情。相反，顾客只是想点意大利面，并等待服务员将它送到顾客面前。而餐厅也不希望顾客进入厨房，翻找食材，以及按自己的方式配菜、炒菜、摆盘等。

虽然 Kotlin 会自动提供默认的 getter 和 setter，但是当想要指定数据的读取或写入方式时，也可以更改 getter 和 setter 的行为。为此，需要编写一个自定义的 getter 或 setter。

要想查看自定义 getter 的工作原理，请为 name 定义一个 getter，以实现在访问 name 时该字符串中的第一个字母是大写的，如程序清单 13.8 所示。

程序清单 13.8　定义一个自定义的 getter(Player.kt)

```
class Player {
    val name = "madrigal"
        get() = field.replaceFirstChar { it.uppercase() }

    fun castFireball(numFireballs: Int = 2) {
        narrate("A glass of Fireball springs into existence (x$numFireballs)")
} }
```

当为属性定义一个自定义 getter 时，改变了属性在被访问时的工作方式。因为 name 包含了一个专有名词，所以在引用它时，总是希望它是大写的。该自定义 getter 就可以确保这一点。

运行 NyetHack，并确认 Madrigal 是以大写字母 M 开头的。

这里的 field 标识符指向的是 Kotlin 自动管理的后备字段(backing field)。后备字段中的数据是 getter 和 setter 用来读取和写入的代表属性的数据。调用者永远不会直接看到后备字段，只能通过 getter 呈现的数据进行访问。实际上，只能在自定义的 getter 或 setter 中访问属性的字段。

当返回 name 以大写字母 M 开头的值时，后备字段不会被修改。若赋给 name 的值没有大写，就像代码中那样，在 getter 完成后，它仍将保持为小写。

另外，setter 确实会修改它所声明的属性的后备字段。为 name 添加一个 setter，使用 **trim()** 函数从传入的值中删除任何前导和尾随空格，如程序清单 13.9 所示。

程序清单 13.9　定义一个自定义的 setter(Player.kt)

```
class Player {
    val name = "madrigal"
        get() = field.replaceFirstChar { it.uppercase() }
        set(value) {
            field = value.trim()
        }

    fun castFireball(numFireballs: Int = 2) {
        narrate("A glass of Fireball springs into existence (x$numFireballs)")
} }
```

在为此属性添加 setter 的时候，会遇到一个问题，IntelliJ 会给出警告信息，如图 13.1 所示。

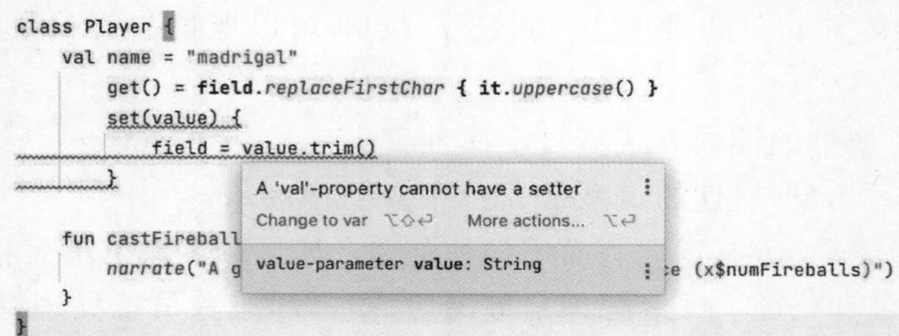

图 13.1　val 属性为只读

因为将 name 属性定义为 val，所以它是只读的，即使使用 setter 也无法进行修改，这可以保护 val 在未经允许的情况下不会被修改。

IntelliJ 的警告信息强调了关于 setter 的一个重要观点：当属性的值被设置时，setter 就会被触发。为 val 属性定义 setter 是不合逻辑的（实际上也是错误的）。由于 val 属性是只读的，所以 setter 永远无法完成其工作。

如果希望更改玩家的姓名，则可以将 name 属性从 val 更改为 var，如程序清单 13.10 所示。

程序清单 13.10　将 name 属性更改为可变的（Player.kt）

```
class Player {
    val var name = "madrigal"
        get() = field.replaceFirstChar { it.uppercase() }
        set(value) {
            field = value.trim()
        }

    fun castFireball(numFireballs: Int = 2) {
        narrate("A glass of Fireball springs into existence (x $ numFireballs)")
    } }
```

现在，根据自定义 setter 的规则，name 可以被修改，并且 IntelliJ 的警告信息也会随之消失。

调用属性 getter，使用的是与其他变量相同的语法。调用属性 setter，使用的是赋值运算符，就像用来给变量赋值一样。

在 Kotlin REPL 中，尝试在 **Player** 类外部更改玩家的姓名。首先，需要单击左侧的 Build and restart 按钮重新加载 REPL，以便识别对 **Player** 的更改（确保在姓名字符串中包含一个空格，以便为 setter 提供一些操作），如程序清单 13.11 所示。

程序清单 13.11　更改玩家的姓名（REPL）

```
val player = Player() player.name
= "estragon " print(player.name +
"TheBrave") EstragonTheBrave
```

此处，可以看到 getter 和 setter 对于 name 的新值产生的影响。

给类属性赋新值会改变其所属类的状态。如果 name 仍然是 val，那么刚刚在 REPL 中尝试的示例将导致错误消息：error：val cannot be reassigned，即 val 不能被重新赋值。

2. 属性的可见性

属性与在函数内部定义的变量有所不同。在定义属性时，它是在类级别进行定义的。因此，如果属性的可见性是允许的，其他类是可以访问它的。过于宽泛的可见性可能会导致很多问题：如果其他类可以访问 **Player** 类的数据，那么程序中的任何类都可以随意更改该 **Player** 类实例的数据。

属性通过它们的 getter 和 setter 实现对数据细粒度的控制。所有的属性都有 getter，而所有 var 属性也都有 setter，无论是否为它们定义了自定义行为。默认情况下，属性的 getter 和 setter 的可见性与属性本身的可见性相匹配。因此，若有一个公共的属性，则它的 getter 和 setter 也都是公共的。

如果想要公开对属性的访问，但不想公开其 setter，则可以通过将属性的 setter 设置为私有的，单独定义 setter 的可见性，如程序清单 13.12 所示。

程序清单 13.12　隐藏 name 的 setter（Player.kt）

```
class Player {
    var name = "madrigal"
        get() = field.replaceFirstChar { it.uppercase() }
```

```
        private set(value) {
            field = value.trim()
        }

    fun castFireball(numFireballs: Int = 2) {
        narrate("A glass of Fireball springs into existence (x $ numFireballs)")
    } }
```

现在,可以从 NyetHack 中的任何地方访问 name 了,但只能在 **Player** 类内部进行修改。如果想要控制程序的其他部分是否可以修改某些属性,那这种技术非常有用。

一个 setter 的可见性不能比所定义的属性更宽泛。可见性修饰符旨在限制谁可以访问属性的哪些行为,Kotlin 不允许在 getter 或 setter 上使用比属性本身的可见性修饰符更宽泛的修饰符。

还可以将可见性修饰符应用于 setter,而无须定义自己的设置。为此,可以省略 set 关键字后的括号和大括号,如下所示:

```
class Player {
    var name = "madrigal"
        private set
    ...
}
```

与之前一样,这样做可以确保 name 可以在程序中的任何地方被访问,但只能在 **Player** 类内部进行更改,而且没有指定任何额外的更改行为。当希望防止对变量进行外部修改但不需要在 setter 中使用自己的逻辑时,这种简洁的语法非常有用。

至于 getter 的可见性,不能使用可见性修饰符使 getter 的可见性不同于属性的可见性(可以为 getter 指定可见性修饰符,但它必须与属性的可见性一致。因此,在实践中,这样做是没有意义的)。

3. 计算属性

前面已经说过,当定义该属性时,会生成一个字段来存储属性封装的值。确实如此,除非一个特殊情形:**计算属性(computed properties)**。计算属性是指通过自定义 getter(如果属性是 var,则通过 setter 来定义)指定的属性,这时字段就不需要了。在此情形下,Kotlin 也不会生成字段了。

考虑一下 NyetHack. kt 文件中的 **createTitle( )** 函数。该函数为玩家创建了一个名号(designation),该名号与其名字有关,应该放在 **Player** 类中。虽然可以将函数迁移至 **Player** 类中,但名号是数据,而不是行为。因此,它确实应该是一个属性,但又需要能够对玩家姓名的变化做出响应。使用计算属性可以将这个值保存在属性中,并确保它始终可以随姓名更新。

为玩家的 title 添加一个计算属性以及一个新的函数,允许玩家更改其姓名,如程序清单 13.13 所示。

程序清单 13.13　为 Player 类增加 title(Player. kt)

```
class Player {
    var name = "madrigal"
        get() = field.replaceFirstChar { it.uppercase() }
        private set(value) {
            field = value.trim()

        }


    val title: String
        get() = when {
```

```
            name.all { it.isDigit() } -> "The Identifiable"
            name.none { it.isLetter() } -> "The Witness Protection Member"
            name.count { it.lowercase() in "aeiou" } > 4 -> "The Master of Vowels"
            else -> "The Renowned Hero"
        }

    fun castFireball(numFireballs: Int = 2) {
        narrate("A glass of Fireball springs into existence (x $numFireballs)")
    }

    fun changeName(newName: String) {
        narrate("$name legally changes their name to $newName")
        name = newName
    }

}
```

在 Madrigal 提交更改姓名所需的文件之前及之后，尝试在 NyetHack.kt 文件中使用新的计算属性，如程序清单 13.14 所示。

程序清单 13.14　使用计算属性(NyetHack.kt)

```
val player = Player()
fun main() {
    narrate("${player.name} is ${player.title}")
    player.changeName("Aurelia")
    // changeNarratorMood()
    narrate("${player.name}, ${createTitle(player.name)}, heads to the town square")

    narrate("${player.name}, ${player.title}, heads to the town square")
    visitTavern()
    player.castFireball()
}

private fun promptHeroName(): String {
    ...
}

private fun createTitle(name: String): String {
    return when {
        name.all { it.isDigit() } -> "The Identifiable"
        name.none { it.isLetter() } -> "The Witness Protection Member"
        name.count { it.lowercase() in "aeiou" } > 4 -> "The Master of Vowels"
        else -> "The Renowned Hero"
    }
}
```

运行 NyetHack，输出将会如下所示：

```
Madrigal is The Renowned Hero
Madrigal legally changes their name to Aurelia
Aurelia, The Master of Vowels, heads to the town square
Aurelia enters Taernyl's Folly
...
```

每次访问属性时，title 的值都会重新计算。它没有初始值或默认值，也没有备份字段来保存其值。如果玩家的姓名发生了变化，该值将自动更新，以便玩家的名号与其姓名保持同步。

13.7 节中会更详细地学习 val 和 var 属性的实现和编译过程。

第 14 章在介绍初始化的同时，还将添加更多实例化 **Player** 类的方法。在进一步扩展程序之前，现在是学习软件包的好时机。

13.6 使用软件包

软件包就像一个相似元素构成的文件夹，有助于为项目中的文件提供逻辑分组。例如，在 kotlin.collections 软件包中包含了用于创建和管理 List 及 Set 的类。随着项目变得越来越复杂，软件包可以帮助管理项目，并且还可以防止命名冲突。

可以通过右击 src/main/kotlin 目录并选择 New→Package 命令，创建一个软件包。在弹出的提示对话框中，将软件包命名为 com.bignerdranch.nyethack。可以按照自己的喜好命名一个软件包，但推荐使用这种反向 DNS 风格的命名，可以根据编写的应用程序数量进行扩展。

创建的软件包 com.bignerdranch.nyethack 是 nyethack 的顶级软件包。将文件包含在顶级包中可以防止与定义的类以及其他地方定义的类(例如，在外部库或模块中)发生任何命名冲突。随着添加文件的增多，可以创建更多的软件包来保持代码的组织性。

新的 com.bignerdranch.nyethack 软件包(类似于一个文件夹)显示在项目工具窗口中。现在，可以将所有的 Kotlin 代码迁移至该新的软件包中。

选中 Narrator.kt、NyetHack.kt、Player.kt 及 Tavern.kt 等所有的源文件。将这些文件拖进 com.bignerdranch.nyethack 软件包中，将会出现如图 13.2 所示的 Move 对话框。确保已启用 Update package directive，然后单击 OK 按钮。

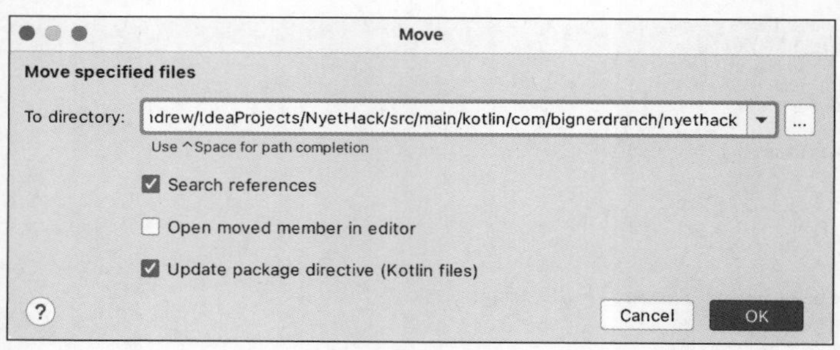

图 13.2 Move 重构对话框

操作完成后，所有的 Kotlin 文件都将嵌套在 com.bignerdranch.nyethack 软件包，如图 13.3 所示。在磁盘上，IntelliJ 创建了一个 bignerdranch/nyethack 文件夹，该文件夹包含了所有的 Kotlin 代码。尽管有 3 个嵌套文件夹，但 IntelliJ 的项目工具窗口将这一层次结构简化为单独的文件夹，以便更容易导航。

在进行此重构时，IntelliJ 还在每个文件的顶部插入了一行代码 package com.bignerdranch.nyethack。该行代码告知 Kotlin 这个文件是属于哪个软件包的。尽管此软件包的声明不一定要与文件在磁盘上保存的文件夹结构相匹配，但强烈建议遵循这个约定。

随着程序复杂度的增长，使用类、文件和软件包来组织代码将有助于确保代码的清晰性。

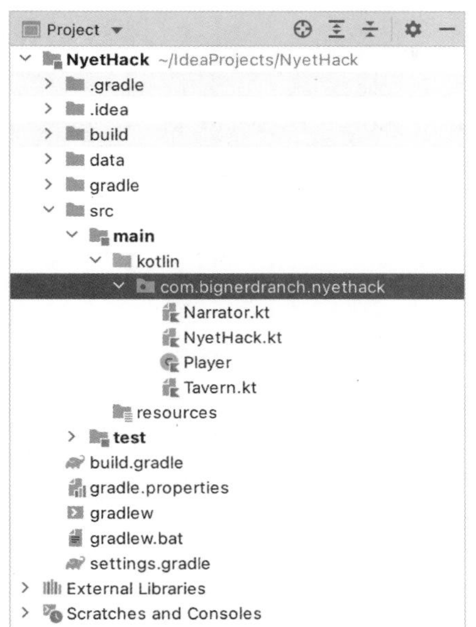

图 13.3 com. bignerdranch. nyethack 软件包

13.7 好奇之处：详细解析 var 和 val 属性

本节重点介绍在指定类属性时可以使用的关键字 var 和 val，var 表示可写的，val 表示只读的。

如果想知道 Kotlin 的类属性在内部是如何工作的，还需要理解类属性的实现方式，具体可查看反编译的字节码。具体来说，就是查看根据属性指定方式生成的字节码，具体如 Player. kt 文件所示：

```
package com.bignerdranch.nyethack
class Player {
    var name = "madrigal"
        get() = field.replaceFirstChar { it.uppercase() }
        private set(value) {
            field = value.trim()
        }

    val title: String
        get() = when {
            name.all { it.isDigit() } -> "The Identifiable"
            name.none { it.isLetter() } -> "The Witness Protection Member"
            name.count { it.lowercase() in "aeiou" } > 4 ->
                "The Master of Vowels"
            else -> "The Renowned Hero"
        }

    fun castFireball(numFireballs: Int = 2) {
        narrate("A glass of Fireball springs into existence (x$numFireballs)")
    }

    fun changeName(newName: String) {
        narrate("$name legally changes their name to $newName")
```

```
        name = newName
    }
}
```

现在,选择 Tools→Kotlin→Show Kotlin Bytecode 命令,然后单击 Decompile 按钮,查看生成的反编译字节码。IntelliJ 可以完整显示反编译的 Player.kt 的实现,为了突出相关细节,对输出进行了整理,具体如下:

```
...
public final class Player {
    @NotNull
    private String name = "madrigal";

    @NotNull
    public final String getName() {
        // Returns the value of this.name
    }

    private final void setName(String value) {
        // Assigns the value of this.name to value.trim()
    }

    @NotNull
    public final String getTitle() {
        // Evaluates your when expression to generate player titles
    }

    public final void castFireball(int numFireballs) {
        ...
    }

    // $FF: synthetic method
    public static void castFireball$default(...) {
        ...
    }

    public final void changeName(@NotNull String newName) {
        // Calls setName(newName) and narrates your message
    }

}
```

从以上代码可以看出,该类从上到下包含以下内容。

(1) 一个 name 字段,再加一个 getter 和 setter(分别称为 **getName** 和 **setName**)。

(2) 一个 title 的 **getTitle**()函数。

(3) **castFireball**()函数。

(4) 一个用于处理 **castFireball**()函数的默认参数的 synthetic 方法。

(5) **changeName**()函数。

name 是一个 var,只有一个字段,但包含 getter 和 setter。而 title 是一个计算 val,只有一个 getter。现在,尝试将 name 属性从 var 变为 val(注释掉阴影部分的代码,而不是删除它,因为在继续下一章之前需要撤销此更改)，具体更改如程序清单 13.15 所示。

程序清单 13.15 将 var 变为 val(Player.kt)

```
...
class Player {

    var val name = "madrigal"
        get() = field.replaceFirstChar { it.uppercase() }
        /* private set(value) {
            field = value.trim()
        } */
    ...
    fun changeName(newName: String) {
        narrate("$name legally changes their name to $newName")
        // name = newName
    } }
```

通过再次启动反编译器观察最终生成的反编译字节码(这里的删除线是为了强调缺失的内容)，如下所示：

```
public final class Player {
    @NotNull
    private String name = "madrigal";

    @NotNull
    public final String getName() {
        // Returns the value of this.name
    }

    private final void setName(String value) {
        // Assigns the value of this.name to value.trim()
    }
    ...
}
```

使用 var 和 val 声明属性的区别在于，var 声明的属性没有 setter 方法。

本章还介绍了可以为属性定义一个自定义 getter 或 setter，getter 和 setter 的实现可直接出现在 **getName()**、**setName()**和 **getTitle()**函数内部。

计算属性的工作方式与之相同。title 属性只有一个 getter。因为没有在 getter 中引用该字段，所以编译器能够确定不需要该字段。

属性的这一特殊功能：计算一个值，而不是读取一个字段的状态，是使用术语“只读的”而不是“不可变的”的另一个原因。具体看如下的 **Dice** 类：

```
class Dice {
    val rolledValue
        get() = (1..6).random()
}
```

每次读取 **Dice** 类的 rolledValue 属性，得到的结果是一个 1～6 的随机值，每次访问该属性时都会重新确定这个值，这显然不符合“不可变的”的定义。

当完成了探索字节码的过程后，可通过将 name 的关键字 var 和 setter 恢复至其原始状态，将 Player.kt 还原，如程序清单 13.16 所示。

程序清单 13.16 恢复 Player(Player.kt)

```
...
class Player {
```

```
val var name = "madrigal"
    get() = field.replaceFirstChar { it.uppercase() }
    /* private set(value) {
        field = value.trim()
    } */
...
fun changeName(newName: String) {
    narrate("$name legally changes their name to $newName")
    // name = newName
} }
```

13.8 好奇之处：防止可变性

当某个属性既是 nullable 的又是可变的(mutable)时，那么，在使用其值之前必须确保该属性为 non-null。例如，NyetHack 中的玩家可能携带了武器，但是玩家的武器也可以为 null(如果他们还没有武器或者被解除武装了)。考虑以下的代码，将会输出所使用的武器的名称(如果玩家正在使用武器)：

```
class Weapon(val name: String)
class Player {
    var weapon: Weapon? = Weapon("Mjolnir")

    fun printWeaponName() {
        if (weapon != null) {
            println(weapon.name)
        }
    }
}
fun main() {
    Player().printWeaponName()
}
```

运行后可能会发现，这段代码无法编译。检查一下到底是哪里出了错，如图 13.4 所示。

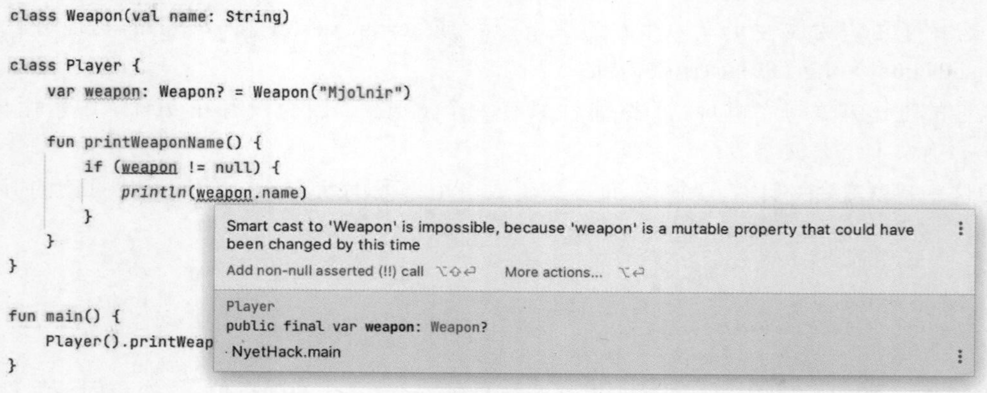

```
class Weapon(val name: String)

class Player {
    var weapon: Weapon? = Weapon("Mjolnir")

    fun printWeaponName() {
        if (weapon != null) {
            println(weapon.name)
        }
    }
}

fun main() {
    Player().printWeap
}
```

Smart cast to 'Weapon' is impossible, because 'weapon' is a mutable property that could have been changed by this time
Add non-null asserted (!!) call ⌥⇧↩ More actions... ⌥↩
Player
public final var weapon: Weapon?
NyetHack.main

图 13.4 对“Weapon”进行智能强制转换是不可能的

编译器阻止了代码的编译，因为可能会发生所谓的**竞争条件**(**race condition**)，该部分将在第 20 章中进行深入学习。竞争条件是指当程序的其他部分以一种导致结果不可预测的方式同时修改代码的状态时所发生的情况。

此处，编译器发现，尽管对变量 weapon 进行了 null 值检查，但在该检查通过后，再到输出武器名称，这个过程中 **Player** 类的变量 weapon 属性还有可能被替换为 null 值。

因此，与在第 7 章中见到的情形不同，weapon 在 null 值检查中不能进行强制转换。前面的例子中涉及在函数内部声明的变量。由于一次只有一个对该函数的调用可以访问这些变量，因此智能强制转换是允许的。但是 weapon 是一个可变的类属性，因此在函数运行期间，它都有可能会被修改。

编译器拒绝对上面的代码进行编译，因为**它无法确定**并保证变量 weapon 不会是 null 值。但是，只要 val 属性是在代码中定义的，不是一个计算属性，并且不能被其他类修改，就可以对 val 属性使用智能强制转换。

解决该问题的一种方法是使用像 **let()** 函数之类的作用域函数（在第 12 章中已经学习过），防止 null 值的出现，如下所示：

```
class Player {
    var weapon: Weapon? = Weapon("Mjolnir")

    fun printWeaponName() {
        weapon?.let {
            println(it.name)
        }
    }
}
```

以上代码是可以编译的，这得益于作用域函数 **let()**。此段代码并没有引用类属性，而是使用了 it，即 **let()** 函数的参数，它是一个仅存在于匿名函数作用域内的局部变量。因此，变量 it 肯定不会被程序的其他部分修改。

这样就完全避免了智能强制转换的问题，因为该段代码使用的是一个只读的 non-nullable 的局部变量（因为 **let()** 函数是在安全调用运算符 weapon?.let 之后进行调用的），这样就不需要处理原始的 nullable 属性了。

13.9　好奇之处：Package Private

本章讨论了公共的和私有的可见性级别。正如本章介绍的，一个 Kotlin 类、函数或属性在默认情况下都是公共的（没有可见性修饰符），这意味着它可以被本项目中的其他任何类、函数和属性使用。

如果熟悉 Java，可能已经注意到这两种语言之间默认的访问级别的差异：默认情况下，Java 使用的是 package private 访问级别，这意味着没有可见性修饰符的方法、字段和类只能在同一软件包的类中使用。

在 Kotlin 中，没有提供对软件包 package private 可见性的支持，它既不是默认访问级别，也不被支持。Kotlin 选择不支持 package private 可见性，因为它几乎没有什么实际的用处。实际上，很容易通过创建一个匹配的软件包，并在其中添加一个类来绕过 package private 可见性的限制。

另外，Kotlin 提供了内部可见性级别（internal visibility level），而 Java 则没有。内部可见性将一个函数、类或属性标记为可以被同一模块内的其他函数、类和属性访问。**模块（module）**是一个独立的功能单元，可以独立运行、测试和调试。

模块包括源代码、构建脚本、单元测试、部署描述符等内容。NyetHack（不是 NyetHack.kt 文件，而是顶级的 NyetHack）就是开发项目中的一个模块，一个 IntelliJ 项目可以包含多个模块。模块还可以依赖其他模块获取源文件和各种资源。

内部可见性对于在一个模块内共享类并禁止其他模块访问是非常有用的，因此，它是在 Kotlin 中构建库的一个很好的选择。

第14章

初 始 化

第 13 章介绍了如何定义表示现实世界中对象的类。在 NyetHack 中，玩家是通过其属性和行为来定义的。尽管使用类属性和函数可以表示的复杂性很宽泛，但到目前为止，还几乎没有看到类的实例是如何生成的。

回想一下第 13 章中是如何定义 **Player** 类的，如下所示：

```
class Player {
    ...
}
```

Player 类的类头(class header)很简单，因此实例化 **Player** 类也很简单，如下所示：

```
val player = Player()
```

回想一下，当调用类的构造函数时，就会创建该类的一个实例，该过程称为**实例化**(**instantiation**)。本章介绍的是**初始化**(**initialization**)类及其属性的方法。当初始化变量、属性或类实例时，会对其赋一个初始值，以便后续使用。本章将会介绍更多的构造函数，了解属性初始化的方法，甚至学习如何使用后期初始化(late initialization)和延迟初始化(lazy-initialization)来追求灵活性。

关于术语的说明：从技术上讲，当为一个对象分配内存时，该对象会被实例化，而当对象被赋值时，该对象会被初始化。但是，在实际应用中，这些术语的使用方式通常略有不同。一般来说，初始化用来表示"使变量、属性或类实例可以使用所需的一切准备工作"，而实例化往往局限于"创建类的一个实例"。本书遵循这一更常见的用法。

14.1 构造函数

现在，**Player** 类包含了所定义的行为和数据。例如，指定了一个 name 属性，如下所示：

```
var name = "madrigal"
    get() = field.replaceFirstChar { it.uppercaseChar() }
    private set(value) {
        field = value.trim()
    }
```

在当前的实现中，开始的时候，每个玩家的姓名都是 madrigal，然后需要经过 NyetHack 中烦琐的程序才能对玩家的姓名进行更改。最好的办法当然是在创建 **Player** 类的实例时就给玩家进行恰当的命名。

这就是**主构造函数**(**primary constructor**)发挥作用的地方。构造函数允许其调用者指定实例化类所需的初始值，以便进行构造。然后，可以将这些值赋给类中定义的属性。

14.1.1 主构造函数

与函数一样，构造函数中定义了必须以实际参数形式提供的预期形式参数。为了指定 **Player** 类实例正常工作所需的内容，可以在 **Player** 类的类头中定义主构造函数。更新 Player.kt 文件，通过一个主构造函数来接收玩家的姓名，如程序清单 14.1 所示。此外，还要请求一些关于玩家的额外信息，将来在 NyetHack 中构建新功能时，这些信息会很有用。

程序清单 14.1 定义一个主构造函数(Player.kt)

```
package
com.bignerdranch.nyethack
class Player(
    initialName: String,
    hometown: String,
    healthPoints: Int,
    isImmortal: Boolean
) {
    var name = "madrigal" initialName
        get() = field.replaceFirstChar { it.uppercaseChar() }
        private set(value) {
            field = value.trim()
        }
    val hometown = hometown

    var healthPoints = healthPoints

    val isImmortal = isImmortal

    val title: String
        get() = ...
    ... }
```

现在，为了创建 **Player** 类的一个实例，需要提供与添加到构造函数中的形式参数匹配的实际参数。例如，不要将玩家的 name 属性硬编码，而是将实际参数传递给 **Player** 类的主构造函数，就可以在创建实例时动态地指定玩家的姓名。

构造函数形式参数的名称要与对象的属性名称相匹配或接近。这是传统的做法，但并非强制性要求。如果想明确到底引用的是构造函数的形式参数还是属性，可以给它们赋予不同的名称。如果属性和构造函数形式参数的名称相同，在类的所有初始化步骤中，Kotlin 都会使用构造函数的形式参数，在其他地方使用的则是其属性。

如果想确认引用的属性或变量是否正确，可以将文本插入符置于相关符号之上，然后按下组合键 Ctrl+B 跳转至其定义。也可以通过按下 Ctrl 键及变量的名称进行操作。若 Kotlin 正在读取构造函数的实际参数，IntelliJ 将会跟踪进入形式参数。否则，若正在读取的是属性，则会跟踪进入属性声明。

该技巧同样适用于查看函数以及类定义，而且它通常也有助于在项目中导航或查看某个类或函数的实现方式。

要想使用新的构造函数，请在 **main()** 函数中更改对 **Player** 类构造函数的调用，以包含新的信息，详见程序清单 14.2。此外，删除在 NyetHack 启动时更改玩家姓名的代码，并在解说中添加有关玩家生命体征的信息。

函数中将第一个旁白字符串分成了两行，是为了适应输出页面的需要，实际应该将其输入为一行。

程序清单 14.2 调用主构造函数(NyetHack.kt)

```
package com.bignerdranch.nyethack
```

```
val player = Player("Jason", "Jacksonville", 100, false)

fun main() {
    narrate("${player.name} is ${player.title}")
    player.changeName("Aurelia")
    // changeNarratorMood()
    val mortality = if (player.isImmortal) "an immortal" else "a mortal"
    narrate("${player.name} of ${player.hometown}, ${player.title},
            heads to the town square")
    narrate("${player.name}, $mortality, has ${player.healthPoints} health points")

    visitTavern()
    player.castFireball()
}
...
```

回想一下主构造函数为 **Player** 类添加了多少功能：如果没有主构造函数，玩家的姓名只能是 Madrigal，而且无法更改属性的只读值，如其家乡和生命状态等。现在，玩家的姓名可以任意取、家乡可以随意改、生命值和生命状态也可以进行设置，**Player** 类的所有数据都不是硬编码的。

运行 NyetHack，并确认输出部分的开头如下所示：

```
Jason of Jacksonville, The Renowned Hero, heads to the town square
Jason, a mortal, has 100 health points
Jason enters Taernyl's Folly
...
```

14.1.2 在主构造函数中定义属性

Player()中构造函数的形式参数与类属性之间具有一对一的关系：当创建玩家时，为每个属性指定了一个参数和一个类属性。这样可以确保在构造玩家对象时，所有属性都得到了正确的初始化。

对于采用默认 getter 和 setter 的属性，Kotlin 允许在一个定义中同时对二者进行指定，而不必用临时变量对其进行赋值。name 属性使用的是自定义 getter 和 setter，所以无法使用这一特性，但是 **Player** 类的其他属性可以使用这个特性。

更新 **Player** 类，将 hometown、healthPoints 以及 isImmortal 定义为 **Player** 类主构造函数的属性，如程序清单 14.3 所示。

程序清单 14.3　在主构造函数中定义属性(Player.kt)

```
class Player(

    initialName: String,
    val hometown: String,
    var healthPoints: Int,
    val isImmortal: Boolean
) {
    var name = initialName
        get() = field.replaceFirstChar { it.uppercaseChar() }
        private set(value) {
            field = value.trim()
        }

    val hometown = hometown

    var healthPoints = healthPoints
```

```
val isImmortal = isImmortal
... }
```

对于每个构造函数的形式参数,可以指定其是可变的还是只读的。构造函数中可以使用关键字 val 或 var 指定形式参数,定义类的属性、属性的可变性以及传递给构造函数期望实际参数的形式参数,还可以隐式地将每个属性赋给作为实际参数传递给它的值。

代码的重复使得更改会更加困难。通常,更喜欢使用这种定义类属性的方式,因为它可以减少代码的重复。由于 name 属性具有自定义的 getter 和 setter,所以无法使用这种语法,但在其他情形下,在主构造函数中定义属性通常是最直接的选择。

14.1.3　次构造函数

构造函数有两种类型:主构造函数和次构造函数(secondary constructor)。刚刚定义的构造函数是一个主构造函数。当指定一个主构造函数时,即"该类的任何实例都需要这些形式参数。"还可以指定一个次构造函数来作为构造类的一种替代方法,同时仍然能够满足主构造函数的要求。

次构造函数要么调用主构造函数并为其提供所需的所有实际参数,要么通过另一个次要构造函数进行调用,后者也遵循相同的规则。例如,假设在大多数情况下,一名玩家的生命值从 100 点开始,直至死亡。还可以定义一个次构造函数提供这个配置。在 **Player** 类中添加一个次构造函数,如程序清单 14.4 所示。

程序清单 14.4　定义一个次构造函数(Player. kt)

```
class Player(
    initialName: String,
    val hometown: String,
    var healthPoints: Int,
    val isImmortal: Boolean
) {
    ...
    val title: String
        get() = when {
            ...
        }

    constructor(name: String, hometown: String) : this(
        initialName = name,
        hometown = hometown,
        healthPoints = 100,
        isImmortal = false
    )
    ...
}
```

可以为不同组合的形式参数定义多个次构造函数。该次构造函数通过一组特定的形式参数调用主构造函数。本例中的关键字 this 指的就是为该构造函数定义类的实例。具体来说,this 调用了类中定义的另一个构造函数——主构造函数。

因为该次构造函数为 healthPoints 和 isImmortal 提供了默认值,所以在调用时不需要为那些形式参数传递实际参数。在 NyetHack. kt 文件中,调用的是 **Player** 类的次构造函数,而不是其主构造函数,如程序清单 14.5 所示。

程序清单 14.5 调用一个次构造函数(NyetHack.kt)

```
...
val player = Player("Jason", "Jacksonville", 100, false)
fun main() {
    ... }
...
```

可以使用次构造函数来定义初始化的逻辑，即当类被实例化时需运行的代码。例如，添加一个表达式，奖励玩家 Jason 更大的生命值，如程序清单 14.6 所示。

程序清单 14.6 为次构造函数添加代码(Player.kt)

```
class Player(
    initialName: String,
    val hometown: String,
    var healthPoints: Int,
    val isImmortal: Boolean
) {
    ...
    constructor(name: String, hometown: String) : this(
        initialName = name,
        hometown = hometown,
        healthPoints = 100,
        isImmortal = false
    ) {
        if (name.equals("Jason", ignoreCase = true)) {
            healthPoints = 500
        }
    }
    ...
}
```

次构造函数在定义实例化时对需要运行的逻辑非常有用。次构造函数仅在被调用时才生效，对类的其他构造函数没有影响。因此，次构造函数不能像主构造函数那样用来定义属性。类属性必须在主构造函数或类级别上进行定义。

运行 NyetHack，可以看到玩家 Jason 并非无敌，而是生命值很高，这表明 **Player** 类的次构造函数在 NyetHack.kt 文件中被调用了。

14.1.4 默认实际参数

在定义构造函数时，可以为特定的形式参数指定默认值，如果没有为该形式参数提供实际参数，则会分配这些默认值给它们。在学习函数时已经了解了这些默认的实际参数，并且它们在主构造函数和次构造函数中的工作方式是相同的。例如，在主构造函数中使用默认形式参数值 Neversummer 设置 hometown 的默认值，如程序清单 14.7 所示。

程序清单 14.7 在构造函数中定义一个默认实际参数(Player.kt)

```
class Player(
    initialName: String,
    val hometown: String = "Neversummer",
    var healthPoints: Int,
    val isImmortal: Boolean
) {
    ...
    constructor(name: String, hometown: String) : this(
        initialName = name,
```

```
        hometown = hometown,
        healthPoints = 100,
        isImmortal = false
    ) {
        if (name.equals("Jason", ignoreCase = true)) {
            healthPoints = 500
        }
    }
    ...
}
```

因为从次构造函数中删除了一个实际参数，所以还需要相应地更新 **Player** 类的定义，如程序清单 14.8 所示。

程序清单 14.8　使用默认实际参数（NyetHack.kt）

```
...
val player = Player("Jason", "Jacksonville")
fun main() {
    ... }
...
```

运行代码并确认结果，尽管 Jason 可能是 Jacksonville Jaguars 球队的一个铁杆粉丝，但他现在来自 Neversummer，而不是 Jacksonville。除了使用默认实际参数和次构造函数，还有许多方法可以定义允许构造函数使用的实际参数组合。对于 **Player** 类来说，现在的选择如下所示：

```
Player("Jason", "Jacksonville", 40, true)
```

以上代码是指定了所有的形式参数的主构造函数。

```
Player("Madrigal", healthPoints = 40, isImmortal = false)
```

以上代码中的主构造函数通过默认的实际参数指定了家乡 Neversummer，并指定了其他的形式参数。

```
Player("Estragon")
```

以上代码的次构造函数指定了姓名，并通过默认的实际参数指定了家乡 Neversummer、100 HP 以及生命值。

14.1.5　命名实际参数

使用的默认实际参数越多，调用构造函数的方法就越多。更多的调用方法也为更多的歧义打开方便之门，因此 Kotlin 提供了命名构造函数实际参数（named constructor arguments），类似于用来调用函数的命名实际参数。命名实际参数的使用规则与常规函数和构造函数是相同的。

命名实际参数语法允许每个实际参数包含形式参数的名称，以提高可读性。比较以下两种构建 **Player** 类实例的方法：

```
val player = Player(
    initialName = "Madrigal",
    hometown = "Neversummer",
    healthPoints = 40,
    isImmortal = true
)
val player = Player("Madrigal", "Neversummer", 40, true)
```

哪种方法更具可读性呢？显然第一种方法的可读性更强。

当有多个相同类型的形式参数时，命名实际参数尤为有用。对于 **Player** 类来说，使用命名形式参数可以明确玩家到底是名叫 Madison 来自 Austin，还是名叫 Austin 来自 Madison。

这种减少歧义的做法还有另一个好处：命名实际参数允许以任意顺序指定函数或构造函数的实际参数。如果形式参数没有命名，则必须非常小心，应与其定义的顺序完全匹配。

为 **Player** 类编写的次构造函数使用了命名实际参数，类似于第 4 章中的情形，如下所示：

```
class Player(
    initialName: String,
    val hometown: String = "Neversummer",
    var healthPoints: Int,
    val isImmortal: Boolean
) {
    ...
    constructor(name: String, hometown: String) : this(
        initialName = name,
        healthPoints = 100,
        isImmortal = false
    ) { ...
    }
    ...
}
```

当需要为构造函数或函数提供多个实际参数时，我们建议使用命名形式参数。这样可以让读者更容易跟踪到底是哪个实际参数传递给哪个形式参数。

14.2 初始化程序块

除了主构造函数和次构造函数之外，在 Kotlin 中还可以为类指定一个**初始化程序块（initializer block）**。初始化程序块是一种设置变量或值以及执行验证以确保构造函数的实际参数有效的方法。它包含的代码在构造类时执行。

例如，在构建一个玩家时是有特定要求的：开始游戏时，玩家的生命值必须至少为 1，姓名不能为空等。

在以关键字 init 为标志的初始化程序块中，可以通过预设条件的方式强制执行这些要求，如程序清单 14.9 所示。

程序清单 14.9 定义一个初始化程序块（Player.kt）

```
class Player(
    initialName: String,
    val hometown: String = "Neversummer",
    var healthPoints: Int,
    val isImmortal: Boolean
) {
    ...
    val title: String
        get() = when {
            ...
        }

    init {
        require(healthPoints > 0) { "healthPoints must be greater than zero" }
        require(name.isNotBlank()) { "Player must have a name" }
    }
```

```
    constructor(name: String) : this(
        initialName = name,
        healthPoints = 100,
        isImmortal = false
    ) { ...
    }
    ...
}
```

初始化程序块中的代码将在实例化时类调用，无论调用的是类的主构造函数还是次构造函数。如果其中任何一个预设条件无法满足，则会抛出错误信息 **IllegalArgumentException**（可以通过在 Kotlin REPL 中给 **Player** 类传递不同的形式参数来测试这一点）。

这些要求很难封装在构造函数或属性的声明中。如果需要，也可以在初始化程序块中进行属性的赋值。通常仅在无法用一个表达式计算初始值时才这样做，而且这是一个很好的工具，值得掌握。

如果希望将声明和赋值分开，还可以使用初始化程序块对属性进行赋值。这在定义涉及多个语句的复杂逻辑计算属性的初始值时特别有用。例如，如果想要计算玩家的初始物品清单，可以使用如下所示的 init 程序块：

```
class Player {
    ...
    val inventory: List<String>

    init {
        val baseInventory = listOf("waterskin", "torches")
        val classInventory = when (playerClass) {
            "archer" -> listOf("arrows")
            "wizard" -> listOf("arcane staff", "spellbook")
            "rogue" -> listOf("lockpicks", "crowbar")
            else -> emptyList()
        }
        inventory = baseInventory + classInventory
    }
}
```

14.3　初始化顺序

前面介绍了如何以各种方式初始化属性或将操作逻辑添加至属性的初始化中：在主构造函数中**内联（inline）**、在声明中进行初始化、在次构造函数中进行初始化或在初始化程序块中进行初始化。同一个属性可能会在多个初始化程序中被引用，因此它们的执行顺序很重要。

考虑如下的 **Villager** 类，该类代表了住在 Kronstadt 的居民：

```
class Villager(val name: String, val hometown: String) {

    val personality: String
    val race = "Dwarf"
    var age = 50
        private set

    init {
        println("initializing villager")
        personality = "Outgoing"
    }
```

```
    constructor(name: String) : this(name, "Bavaria") {
        age = 99
    }
}
```

假设通过调用 Villager("Estragon")来使用类的次构造函数构造了一个实例。那么,这些表达式的执行顺序是怎么样的呢?

为了找出答案,在反编译的 Java 字节码中检查字段初始化顺序和方法调用是很有帮助的。图 14.1 的左侧是 **Villager** 类。右侧简化的反编译 Java 字节码给出了生成的初始化顺序。

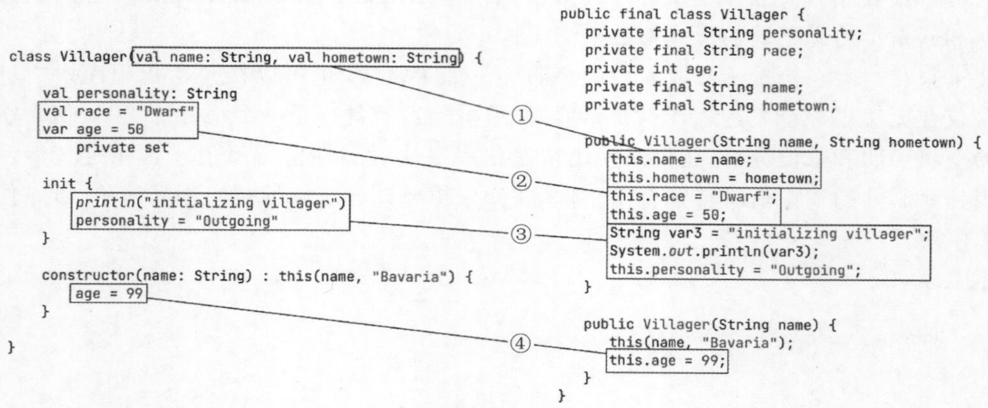

图 14.1　Villager 类的初始化顺序(反编译字节码)

生成的初始化顺序如下。

(1) 在主构造函数中声明属性(①: name 和 hometown)。

(2) 按照声明的顺序执行 init 程序块和属性赋值(②: 为 race 和 age 属性赋值; ③: 调用 **println**()函数和对 personality 赋值)。

(3) 次构造函数的初始化程序(④: 将 99 赋值给变量 age)。

init 程序块和属性赋值的初始化顺序取决于它们在代码中的顺序。如果 init 程序块是在设置 race 和 age 属性之前定义的,则程序块的初始化会在赋值这些属性之前被执行。

14.4　延迟初始化

无论类属性是在哪里声明的,都必须在类实例构造时进行初始化。该规则是 Kotlin 的空安全系统的一个重要组成部分,因为这意味着当调用类的构造函数时,类的所有 non-nullable 属性都会被初始化为 non-null 值。当实例化一个对象时,可以立即引用该对象的任何属性,无论是在类内部还是外部。

尽管该规则非常重要,但也是可以打破的。为什么会这样做呢? 因为并不总是能控制构造函数何时以及如何被调用,这通常发生在诸如 Android、Spring 和 JUnit 等框架和库中。在这些情况下,可能需要在构造函数之外的地方对属性进行初始化。

14.4.1　后期初始化

有时候,会发现在对象初始化时无法对属性初始化,并且必须等到稍后才能获取属性的值。这可能与使用的框架有关(例如,Android 应用程序有若干组件是在名为 **onCreate**()的函数中进行初始化的,而不是在构造函数中)，也可能与应用程序的设计有关。

传统上，该问题的解决方案是将属性的初始值设为 null，然后在需要的时候再将属性设置为其实际值。这个方法虽然可行，但不幸的是有一个缺点：每次访问该属性时，都必须检查它是否为 null。

在某些情况下，拥有一个 nullable 值是有意义的。但在其他情况下，可能会拥有一个属性，在初始化后始终有一个值，而 Kotlin 的空安全要求很快就会成为一个麻烦。

这就是**后期初始化(late initialization)**大显身手的地方。后期初始化允许在初始化方面稍微放松一点 Kotlin 的规则。

任何具有 var 属性的声明都可以再添加一个关键字 lateinit，用于告知 Kotlin 编译器，当类实例化时，允许跳过对属性的初始化，如下所示：

```
class Arena {
    var isArenaOpen = false
    lateinit var opponentName: String

    fun prepareArena() {
        isArenaOpen = true
        opponentName = getWillingCombatants().random()
    }

    private fun getWillingCombatants() =
        listOf("Cornelius", "Cheryl", "Ralph", "Deborah")
}
```

这一点很有用，但使用时必须谨慎。并不是每个变量都应该被标记为 lateinit。例如，**Player** 类的属性可能就不应该声明为关键字 lateinit，因为在创建该类的实例之前，可以获取有关玩家的所有信息。

然而，有时候后期初始化又是无法避免的。例如 NyetHack.kt 文件中的 player 变量，如下所示：

```
val player = Player("Jason")


fun main() {
    // changeNarratorMood()
    val mortality = if (player.isImmortal) "an immortal" else "a mortal"
    narrate("${player.name} of ${player.hometown}, ${player.title},
            heads to the town square")
    narrate("${player.name}, $mortality, has ${player.healthPoints}
            health points")

    visitTavern()
    player.castFireball()
}
...
```

关键字 lateinit 也可以应用于顶级属性，而 player 就很适合进行后期初始化。为什么会这么说呢？在启动 NyetHack 时，难道不应该立即创建一个玩家吗？

还记得在 **promptHeroName()** 函数中提示用户输入玩家的姓名吗？自从引入 **Player** 类之后，还未曾使用过该函数，但最终会想要恢复使用它。

在创建玩家之前需要提示输入姓名，这会出现一个尴尬的困境：如何在 **main()** 函数中初始化

Player 类，并将其保留为顶级属性？这就体现了后期初始化的卓越之处。

将 player 标记为 lateinit var，并恢复调用函数以询问玩家的姓名。但需要将 **promptHeroName()** 函数中的细节注释掉，因为在 NyetHack 中还有很多内容要构建，而且并不希望在每次测试代码时都需要输入一个姓名，如程序清单 14.10 所示。

程序清单 14.10　使用 lateinit(NyetHack.kt)

```
val player = Player("Jason") lateinit
var player: Player

fun main() {
    narrate("Welcome to NyetHack!")
    val playerName = promptHeroName()
    player = Player(playerName)
    // changeNarratorMood()
    val mortality = if (player.isImmortal) "an immortal" else "a mortal"
    narrate("${player.name} of ${player.hometown}, ${player.title},
            heads to the town square")
    narrate("${player.name}, $mortality, has ${player.healthPoints} health points")

    visitTavern()
    player.castFireball()
}
private fun promptHeroName(): String {
    narrate("A hero enters the town of Kronstadt. What is their name?") { message ->
        // Prints the message in yellow
        "\u001b[33;1m$message\u001b[0m"
    }

    /* val input = readLine()
    require(input != null && input.isNotEmpty()) {
        "The hero must have a name."
    }

    return input */
    println("Madrigal")
    return "Madrigal"
}
```

运行 NyetHack，并确认新的初始化逻辑是否按以下预期工作：

```
Welcome to NyetHack!
A hero enters the town of Kronstadt. What is their name?
Madrigal
Madrigal of Neversummer, The Renowned Hero, heads to the town square
...
```

当使用关键字 lateinit 时，就是告知编译器："我承诺会在使用该变量之前对其进行初始化。"只要在访问 lateinit 的变量前进行初始化，就不会有问题。为了看看如果违背了对编译器的承诺会发生什么，可以尝试在为 player 赋值之前访问该变量，如程序清单 14.11 所示。

程序清单 14.11　违背对编译器的承诺(NyetHack.kt)

```
lateinit var player: Player
fun main() {
    narrate("Welcome to NyetHack, ${player.name}!")
    val playerName = promptHeroName()
    player = Player(playerName)
    ... }
...
```

运行以上代码，编译器不会报错。但是，在运行 NyetHack 时，将会发生崩溃并抛出错误信息 **UninitializedPropertyAccessException**，并且看到以下输出：

```
Exception in thread "main" kotlin.UninitializedPropertyAccessException: lateinit
property player has not been initialized
    at com.bignerdranch.nyethack.NyetHackKt.getPlayer(NyetHack.kt:3)
    at com.bignerdranch.nyethack.NyetHackKt.main(NyetHack.kt:6)
    at com.bignerdranch.nyethack.NyetHackKt.main(NyetHack.kt)
```

每当试图在赋值 lateinit 的属性之前对该属性进行读取，代码就会以这种方式崩溃。如果需要，可以检查一个后期初始化的变量是否已进行初始化，例如：

```
lateinit var player: Player

fun main() {
    if (::player.isInitialized) {
        narrate("Welcome to NyetHack, ${player.name}!")
    }
    val playerName = promptHeroName()
    player = Player(playerName)
    ...
}
```

当对一个 lateinit 的变量是否已初始化存在不确定性时，可以使用 **isInitialized** 避免错误信息 **UninitializedPropertyAccessException**。然而，应谨慎使用 **isInitialized**。例如，不应该在每个 lateinit 中都添加它。如果频繁使用 **isInitialized**，那么，很可能表明应该改用 nullable 类型。

在继续进行该项目前，通过撤销上次的更改修复崩溃，如程序清单 14.12 所示。

程序清单 14.12　信守对编译器的承诺（NyetHack.kt）

```
lateinit var player: Player
fun main() {
    narrate("Welcome to NyetHack, ${player.name}!")
    val playerName = promptHeroName()
    player = Player(playerName)
    ... }
...
```

虽然有时候需要使用关键字 lateinit，但它也有一些限制。lateinit 只能用于 var 属性，因为无法保证属性只能被设置一次，并且无法为任何 lateinit var 定义自定义的 getter 或 setter。另外，如果属性的类型是 **Boolean**、**Char** 或任何数值类型（包括 **Int**、**Double** 和 **UInt**），则无法使用 lateinit。实际上，lateinit var 是通过使用 null 值来实现的，而 Kotlin 在运行时无法将这些基本类型赋值为 null。

14.4.2　惰性初始化

后期初始化不是延迟初始化的唯一方法，还可以在变量首次访问时进行初始化。这个概念被称为**惰性初始化（lazy initialization）**，虽然名为惰性，但实际上惰性初始化可以使代码更高效。

本章进行初始化的大多数属性都是非常轻量级的——单个对象，比如一个 **String** 类型，几乎立即可以计算出来。但有些属性可能会保存更复杂的值，可能需要实例化多个对象，或者在初始化时涉及一些计算量更大的任务，例如从文件中读取数据。

如果属性触发了大量类似的任务，或者如果类不需要立即访问属性，那么惰性初始化可能就是一个不错的选择。

假设玩家可以获取到一则预言，描述了他们尚未付诸行动的英雄行为。获得该则预言需要先找到一位合适的算命先生，这可能有些困难。并不是每位玩家都需要提前获知关于自己的预言，因为不管是否被提前告知，预言都会成真。而且预言也是不可撤销的：一旦玩家获知了预言，他们就无法改变它。

惰性初始化正好可以用来实现这种模式。如果一则预言是被惰性地进行计算的，玩家在首次获得该预言之前，是不会冒险去获知预言的。在玩家获知一则预言后，会牢记它，并在下次需要时立即返回该预言。

为了查看这些概念在实际中的应用，为 **Player** 类引入一个新的 prophecy 属性以及一个名为 **prophesize**()的新函数，如程序清单 14.13 所示。

程序清单 14.13　惰性地获知预言(Player.kt)

```
class Player(
    initialName: String,
    val hometown: String = "Neversummer",
    var healthPoints: Int,
    val isImmortal: Boolean
) {
    ...
    val title: String
        get() = when {
            ...
        }

    val prophecy by lazy {
        narrate("$name embarks on an arduous quest to locate a fortune teller")
        Thread.sleep(3000)
        narrate("The fortune teller bestows a prophecy upon $name")

        "An intrepid hero from $hometown shall some day " + listOf(
            "form an unlikely bond between two warring factions",
            "take possession of an otherworldly blade",
            "bring the gift of creation back to the world",
            "best the world-eater"
        ).random()
    }
    ...
    fun changeName(newName: String) {
        narrate("$name legally changes their name to $newName")
        name = newName
    }
    fun prophesize() {
        narrate("$name thinks about their future")
        narrate("A fortune teller told Madrigal, \"$prophecy\"")
    } }
```

对于出现的新的 by lazy 语法，关键字 by 表示正在使用属性代理(property delegate)实现该属性，**lazy** 属性是定义惰性初始化行为的一个代理。关于属性代理，可以在 14.6 节中了解更多内容。

在第一次被引用之前，代理属性 prophecy 一直未被初始化。此时，**lazy** 的 Lambda 表达式中的所有代码都会被执行。这段代码只会被执行一次，即当第一次通过 **prophesize**()函数访问代理属性(此处为 prophecy)时。将来对 lazy 属性的访问可以使用缓存的结果(Lambda 表达式返回的字符串)，而不是再次进行复杂的运算。

在 Lambda 表达式中，调用了函数 Thread.sleep(3000)。该函数使代码在继续执行前暂停 3000 毫秒(即 3 秒)。Thread 是 Java 的一个类，不需要为它添加导入类的语句。

为了查看惰性初始化的实际运行情况，在 **main**()函数中插入两个调用 **predictize**()函数的语句，如程序清单 14.14 所示。

程序清单 14.14 使用惰性属性(NyetHack.kt)

```
...
fun main() {
    narrate("Welcome to NyetHack!")
    val playerName = promptHeroName()
    player = Player(playerName)
    // changeNarratorMood()
    player.prophesize()
    val mortality = if (player.isImmortal) "an immortal" else "a mortal"
    narrate("${player.name} of ${player.hometown}, ${player.title},
           heads to the town square")
    narrate("${player.name}, $mortality, has ${player.healthPoints} health points")
    visitTavern()
    player.castFireball()
    player.prophesize()
}
...
```

在运行 NyetHack 时,注意观察输出,该输出类似如下所示(尽管调用了两次 prophecy,但程序只暂停 3 秒):

```
Welcome to NyetHack!
A hero enters the town of Kronstadt. What is their name?
Madrigal
Madrigal thinks about their future
Madrigal embarks on an arduous quest to locate a fortune teller
The fortune teller bestows a prophecy upon Madrigal
A fortune teller told Madrigal, "An intrepid hero from Neversummer shall some
    day take possession of an otherworldly blade"
Madrigal of Neversummer, The Renowned Hero, heads to the town square
...
A glass of Fireball springs into existence (x2)
Madrigal thinks about their future
A fortune teller told Madrigal, "An intrepid hero from Neversummer shall some

    day take possession of an otherworldly blade"
```

惰性初始化很有用,但为了保证性能,在语法实现上需要额外开销,所以应该将其应用于那些需要更多计算的任务上。对于可以轻松计算的属性,不必要地使用惰性代理可能会影响程序的性能。但是,对于那些初始化开销很大的属性,使用惰性初始化是一种很好的方法。可以将工作延迟到需要时再执行,这有助于提高程序的响应性。

通过上述内容,已经了解了在 Kotlin 中初始化对象的方法。通常情况下,经验会非常简单明了:调用一个构造函数,并获得一个类的实例引用,然后可以根据需要进行操作。尽管如此,在 Kotlin 中还有其他初始化对象的方法,了解这些方法有助于编写出更加干净、高效的代码。

第 15 章中将介绍继承,这是一个面向对象的基本特性,它允许在相关类之间共享数据和行为。

14.5 好奇之处:初始化陷阱

本章前面已经介绍了,在使用初始化程序块时,顺序是很重要的,必须确保在定义初始化程序块之前,对所有在程序块中使用的属性进行初始化。查看以下代码,它展示了初始化程序块中的顺序问题:

```
class Player() {
    init {
        val healthBonus = health.times(3)

    }

    val health = 100
}

fun main() {
    Player()
}
```

该段代码将无法编译，因为 health 属性在被 init 程序块使用时尚未进行初始化。如前所述，当在 init 程序块内部使用属性时，必须在访问属性之前进行初始化。若在初始化程序块之前已定义了 health，代码就可以编译了，如下所示：

```
class Player() {

    val health = 100

    init {
        val healthBonus = health.times(3)
    }
}

fun main() {
    Player()
}
```

还有一些类似但更微妙的情形可能会让粗心的程序员犯错。例如，在以下的代码中，声明了一个 name 属性，然后，**firstLetter**()函数从属性中读取第一个字符，如下所示：

```
class Player() {
    val name: String
    private fun firstLetter() = name[0]

    init {
        println(firstLetter())
        name = "Madrigal"

    }
}

fun main() {
    Player()
}
```

以上代码可以编译通过，因为对编译器来说，name 属性在 init 程序块中进行了初始化，可以对其赋予初始值。

但是，运行此代码会导致运行时错误(JVM 中为 **NullPointerException**、JS 中为 **TypeError**，本机平台为一个分段错误(segmentation fault))，因为在 init 程序块中为 name 属性赋初始值之前，首先调用了使用 name 属性的 **firstLetter**()函数。

编译器不会检查属性在 init 程序块内被初始化的顺序与使用它们的函数之间的顺序。当定义一个调用访问属性的函数的 init 程序块时，需要确保在调用函数之前已经对这些属性进行了初始化。当在

调用 **firstLetter**()函数之前对 name 赋值时，代码可以编译并可以正常运行，不会发生错误，如下所示：

```
class Player() {
    val name: String
    private fun firstLetter() = name[0]
    init {
        name = "Madrigal"
        println(firstLetter())
    }
}

fun main() {
    Player()
}
```

还有一个棘手的情形如以下代码所示，代码中初始化了两个属性：

```
class Player(name: String) {
    val playerName: String = initPlayerName()

    val name: String = name

    private fun initPlayerName() = name
}

fun main() {
    println(Player("Madrigal").playerName)

}
```

同样的，以上代码可以编译通过，因为对编译器来说，所有的属性都已被初始化。但令人沮丧的是，运行该代码得到的输出将会为 null。

问题出在哪里呢？当使用 **initPlayerName**()函数初始化 playerName 时，编译器假定 name 已初始化了，但是，当调用 **initPlayerName**()函数时，name 实际上尚未初始化。

本例中，再次证明初始化的顺序很重要。这两个属性的初始化顺序必须颠倒过来，顺序调整后，**Player** 类就可以编译通过并返回一个 non-null 的 name 值，如下所示：

```
class Player(name: String) {
    val name: String = name
    val playerName: String = initPlayerName()

    private fun initPlayerName() = name
}

fun main() {
    println(Player("Madrigal").playerName)
}
```

14.6　好奇之处：属性代理

在 Kotlin 中，惰性初始化是借助一种称为**代理**(**delegate**)的机制来实现的。代理定义了属性的行为模板。

在 Kotlin 中，可以通过关键字 by 使用代理。Kotlin 标准库中已经实现了一些代理，其中包括 **lazy**、**observable**、**vetoable** 和 **notNull** 等。

当使用关键字 by 时，就是在告知 Kotlin，须采用正在使用的代理所提供的 **get** 和 **set** 实现。这也意味着在使用任何属性代理时，无法定义自定义的 getter 或 setter。

实际上，**lazy** 是迄今为止最常用的一种代理。尽管 Koin 和 Jetpack Compose 等一些专注于 Kotlin 的库定义了自己的代理，但代码库中很少看到其他内置的代理。

如果发现在代码中频繁编写一些相同的自定义 getter 和 setter，可以考虑定义自己的代理。为此，查看 **ReadOnlyProperty**（如果想为 val 属性编写代理）或 **ReadWriteProperty**（如果想为 var 和 val 属性编写代理）这两个接口。第 17 章中将更详细地介绍如何实现这两个接口。

14.7 挑战之处：圣剑 Excalibur 之谜

正如在第 13 章中所学到的那样，可以为属性指定自己的 getter 和 setter。既然已经了解了属性及其类的初始化方式，下面给出一个圣剑 Excalibur 之谜。每把圣剑都有自己的名字。在 Kotlin REPL 中定义一个名为 **Sword** 的类以实现这一点，如程序清单 14.15 所示。

程序清单 14.15 定义 Sword 类（REPL）

```
class Sword(name: String) {
    var name = name
        get() = "The Legendary $ field"
        set(value) {
            field = value.lowercase().reversed().capitalize()
        } }
```

当实例化 **Sword** 类并引用 name 时，会得到什么样的输出呢？在检查 REPL 之前，试着回答该问题，如程序清单 14.16 所示。

程序清单 14.16 引用 name（REPL）

```
val sword = Sword("Excalibur") println(sword.name)
```

当对 name 重新赋值时，输出会是什么呢？如程序清单 14.17 所示。

程序清单 14.17 重新赋值 name（REPL）

```
sword.name = "Gleipnir" println(sword.name)
```

最后，为 **Sword** 类添加一个初始化程序块，以重新赋值 name，如程序清单 14.18 所示。

程序清单 14.18 添加一个初始化程序块（REPL）

```
class Sword(name: String) {
    var name = name
        get() = "The Legendary $ field"
        set(value) {
            field = value.lowercase().reversed().capitalize()
        }

    init {
        this.name = name
    }
}
```

现在，当实例化 **Sword** 类并引用 name 属性时，会得到什么样的输出呢？如程序清单 14.19 所示。

程序清单 14.19 再次引用 name（REPL）

```
val sword = Sword("Excalibur") println(sword.name)
```

该挑战将测试读者对初始化程序和自定义属性 getter 和 setter 的掌握情况。

第15章

继　　承

继承(Inheritance)是面向对象的三大特征之一,可以用来定义类型之间的层次关系。本章将使用继承在相关类之间共享数据和行为。

为了理解继承,可以思考一个与编程无关的例子,汽车和卡车有很多的共同点:都有车轮、发动机等,但它们也有一些不同的特点。使用继承的特性,可以在一个共享类 **Automobile** 中定义其共同拥有的东西,这样就不必在 **Car** 和 **Truck** 类中实现转向、引擎等功能。**Car** 和 **Truck** 将继承这些共享特征,并根据需要进行细微的修改,然后各自定义自己的专属功能就行了。

在 NyetHack 中,可以使用继承添加一系列的房间,以便玩家有地方可以前往。

15.1　定义 room 类

首先,在 com.bignerbranch.nyethack 软件包中创建一个名为 Room.kt 的类文件。创建 Player.kt 文件,是从一个空白文件开始的,并手动添加了类声明。这一次,在创建文件时,让 IntelliJ 设置声明并选择 Class 作为文件类型即可,如下所示:

```
class Room {

}
```

将来,可以使用任何一种方法来设置类文件。

Room.kt 文件中将包含一个名为 **Room** 类的新类,表示 NyetHack 坐标平面中的一个方块。稍后,可以在一个继承自 **Room** 的类中定义一个特定类型的房间。

首先,**Room** 类将包含一个属性(name)以及两个函数(**description**()和 **enterRoom**())。**description**()函数返回描述房间的一个 **String** 类型(目前,仅为房间的名称)。**enterRoom**()函数定义了房间的行为,并将玩家在房间内看到或体验的内容输出至控制台。这些是 NyetHack 中每个房间都需要具备的特性。

将程序清单 15.1 中的代码添加至 Room.kt 文件中,并定义 **Room** 类。

程序清单 15.1　声明 Room 类(Room.kt)

```
class Room(val name: String) {
    fun description() = name

    fun enterRoom() {
        narrate("There is nothing to do here")
    }

}
```

在 NyetHack.kt 文件中，当游戏从 **main**()函数开始时，通过创建 **Room** 类的一个实例并输出其 **description**()函数的结果来测试新的 **Room** 类，如程序清单 15.2 所示。同时，删除对 **visitTavern**()函数的调用，本章稍后将使用新的 **Room** 类对酒馆进行重构。

程序清单 15.2　输出关于 Room 类的描述(NyetHack.kt)

```
...
fun main() {
    narrate("Welcome to NyetHack!")
    val playerName = promptHeroName()
    player = Player(playerName)
    // changeNarratorMood()
    player.prophesize()

    var currentRoom = Room("The Foyer")
    val mortality = if (player.isImmortal) "an immortal" else "a mortal"
    narrate("${player.name} of ${player.hometown}, ${player.title},
            heads to the town square")
            is in ${currentRoom.description()}")
    narrate("${player.name}, $mortality, has ${player.healthPoints} health points")
    currentRoom.enterRoom()

    visitTavern()
    player.castFireball()
    player.prophesize()
}
...
```

运行 NyetHack，可以在控制台看到以下输出：

```
Welcome to NyetHack!
A hero enters the town of Kronstadt. What is their name?
Madrigal
Madrigal thinks about their future
Madrigal embarks on an arduous quest to locate a fortune teller
The fortune teller bestows a prophecy upon Madrigal
A fortune teller told Madrigal, "An intrepid hero from Neversummer shall some
    day bring the gift of creation back to the world"
Madrigal of Neversummer, The Renowned Hero, is in The Foyer
Madrigal, a mortal, has 100 health points
There is nothing to do here
A glass of Fireball springs into existence (x2)
Madrigal thinks about their future
A fortune teller told Madrigal, "An intrepid hero from Neversummer shall some
    day bring the gift of creation back to the world"
```

到目前为止，一切运行正常，但有点无聊。谁会只想在门厅里闲逛呢？是时候让来自 Neversummer 的 Madrigal 出去闯荡了。

15.2　创建一个子类

一个**子类**(**subclass**)与其继承自的类(通常称为父类或**超类**(**superclass**))共享所有的属性。

举例来说，NyetHack 的市民需要一个城市广场。城市广场属于 **Room** 类的一种类型，兼具 **Room** 类的特征，同时还具备仅城市广场才会有的特色——例如发布一条欢迎信息来迎接进入的玩家。为了创建 **TownSquare** 类，需要创建 **Room** 类的子类，因为它们具有一些相同的特征，然后再描述 **TownSquare**

与 **Room** 类的区别。

但是，在定义 **TownSquare** 类之前，需要对 **Room** 类进行一些更改，以便对其进行子类化。

并不是编写的每个类都要成为层次结构的一部分。默认情况下，类是关闭的，即禁止进行子类化。要使一个类能够被子类化，必须使用关键字 open 标记它。

在 **Room** 类中添加关键字 open，以便它可以被子类化，如程序清单 15.3 所示。

程序清单 15.3　将 Room 类标记为 open 以便可以进行子类化（Room.kt）

```
open class Room(val name: String) {
    fun description() = name

    fun enterRoom() {
        narrate("There is nothing to do here")

    }

}
```

现在，**Room** 类已经被标记为 open，在一个名为 TownSquare.kt 的新文件中创建一个 **TownSquare** 类。使用:运算符将 **TownSquare** 类设置为 **Room** 类的子类，如程序清单 15.4 所示。

程序清单 15.4　声明 TownSquare 类（TownSquare.kt）

```
class TownSquare : Room("The Town Square")
```

TownSquare 类的声明将类名放在:运算符的左侧，将构造函数的调用放在其右侧。构造函数的调用表明调用 **TownSquare** 父类的是哪个构造函数，以及需要传递给它的实际参数。本例中，**TownSquare** 类是 **Room** 类的一个子类，具体名称为 The Town Square。

对 **TownSquare** 类来说，希望得到的不仅仅是一个名字。区分子类与其父类的另一种方法是**重写**（**overriding**），也称为覆盖。回顾一下第 13 章，类使用属性来表示数据，使用函数来表示行为。子类可以覆盖以上两者，也可以为其提供自定义的实现方法。

Room 类有两个函数：**description**() 和 **enterRoom**()。**TownSquare** 类应提供自己个性化的 **enterRoom**()函数的实现，以表达英雄人物进入城市广场时的喜悦心情。

使用 Override 关键字覆盖 **TownSquare** 类中的 **enterRoom**()函数，如程序清单 15.5 所示。

程序清单 15.5　覆盖 enterRoom()函数（TownSquare.kt）

```
class TownSquare : Room("The Town Square") {
    override fun enterRoom() {
        narrate("The villagers rally and cheer as the hero enters")
    } }
```

当覆盖 **enterRoom**()函数时，IntelliJ 会对关键字 override 发出警告，如图 15.1 所示。

```
package com.bignerdranch.nyethack

class TownSquare : Room("The Town Square") {
    override fun enterRoom() {
        'enterRoom' in 'Room' is final and cannot be overridden    ro enters")
    }   Make Room.enterRoom open    More actions...
}
```

图 15.1　**enterRoom**()函数无法被覆盖

IntelliJ 一如既往是正确的：这里肯定出现了问题。除了 **Room** 类被标记为 open 之外，**enterRoom**()函数也必须被标记为 open，才能进行覆盖。

将 **Room** 类中的 **enterRoom**()函数标记为可覆盖的函数，如程序清单 15.6 所示。

程序清单 15.6　将 enterRoom()函数标记为 open(Room.kt)

```
open class Room(val name: String) {

    fun description() = name

    open fun enterRoom() {
        narrate("There is nothing to do here")

    }

}
```

现在，当英雄人物到达城市广场并调用 **enterRoom**()函数时，**TownSquare** 子类的一个实例将显示为“欢呼的市民”，而不是输出默认语句“There is nothing to do here”。

第 13 章已经介绍了如何使用可见性修饰符控制属性和函数的可见性。默认情况下，属性和函数均是公共的。还可以通过将可见性设置为私有的(private)，使它们仅在定义它们的类中可见。

受保护的可见性(protected visibility)是第三种选项，它可以将可见性限制在定义属性或函数的类或该类的任何子类中。

在 Room.kt 文件中，在 **Room** 类中添加一个名为 status 的新的受保护属性，如程序清单 15.7 所示。

程序清单 15.7　声明一个受保护的属性(Room.kt)

```
open class Room(val name: String) {

    protected open val status = "Calm"

    fun description() = " $ name (Currently: $ status)"

    open fun enterRoom() {
        narrate("There is nothing to do here")

    }

}
```

变量 status 用来表示房间的一般状态(其他的房间可能会报告危险性、吵闹程度或恐怖程度等状态)，这些都列在关于房间的描述中，以便玩家了解进入房间时会发生什么。在默认的 **Room** 类中，没有进行特别的设置，均为默认值。

Room 类的子类可以修改变量 status 以反映一个房间的危险程度，但是除此之外，变量 status 应该封装在 **Room** 类及其子类中。这种情况非常适合使用关键字 protected：想要将属性仅对定义属性的类及其子类公开。

要想覆盖 **TownSquare** 类中的 status 属性，可以使用关键字 override，类似在 **enterRoom**()函数中的做法，如程序清单 15.8 所示。

程序清单 15.8　覆盖 status(TownSquare.kt)

```
class TownSquare : Room("The Town Square") {
    override val status = "Bustling"
```

```
    override fun enterRoom() {
        narrate("The villagers rally and cheer as the hero enters")
    }
}
```

子类不仅可以覆盖其超类的属性和函数，也可以定义自己的属性和函数。

例如，NyetHack 中的城市广场在 Room 类别里是独一无二的，表现在每当宣布重大事件时都会有钟声响起来。在 **TownSquare** 类中添加一个名为 **ringBell()** 的函数和一个名为 bellSound 的私有变量。在程序清单 15.9 中，变量 bellSound 中保存了一个表示铃声的字符串，而 **ringBell()** 函数在 **enterRoom()** 函数中被调用，返回的字符串用以宣布英雄人物到达了城市广场。

程序清单 15.9　在子类中添加新的属性和函数(TownSquare.kt)

```
class TownSquare : Room("The Town Square") {
    override val status = "Bustling"
    private var bellSound = "GWONG"

    override fun enterRoom() {
        narrate("The villagers rally and cheer as the hero enters")
        ringBell()
    }

    fun ringBell() {
        narrate("The bell tower announces the hero's presence: $bellSound")
    } }
```

TownSquare 类可以访问 **TownSquare** 类和 **Room** 类中定义的所有属性和函数。但是，**Room** 类无法访问 **TownSquare** 类中声明的属性和函数，如 **ringBell()** 函数。

通过更新 NyetHack.kt 文件中的 currentRoom 变量，创建 **TownSquare** 类的一个实例来测试 **enterRoom()** 函数，如程序清单 15.10 所示。

程序清单 15.10　调用子类的函数实现(NyetHack.kt)

```
...
fun main() {
    narrate("Welcome to NyetHack!")
    val playerName = promptHeroName()
    player = Player(playerName)
    // changeNarratorMood()
    player.prophesize()

    var currentRoom: Room = Room("The Foyer") TownSquare()
    val mortality = if (player.isImmortal) "an immortal" else "a mortal"
    narrate("${player.name} of ${player.hometown}, ${player.title},
            is in ${currentRoom.description()}")
    narrate("${player.name}, $mortality, has ${player.healthPoints} health points")
    currentRoom.enterRoom()
    player.castFireball()
    player.prophesize()
}
...
```

再次运行 NyetHack，可以在控制台中看到以下输出：

```
...
Madrigal of Neversummer, The Renowned Hero, is in The Town Square
    (Currently: Bustling)
Madrigal, a mortal, has 100 health points
```

```
The villagers rally and cheer as the hero enters
The bell tower announces the hero's presence: GWONG
A glass of Fireball springs into existence (x2)
...
```

注意：在 NyetHack.kt 文件中，变量 currentRoom 属于 **Room** 类，尽管该实例本身是一个 **TownSquare** 类，并且其 **enterRoom()** 函数与 **Room** 类的实现已有很大的不同。明确声明变量 **currentRoom** 属于 **Room** 类，以便它可以保存任何类型的 **Room** 类，即使使用 **TownSquare** 类的构造函数为变量 currentRoom 赋值。因为 **TownSquare** 类是 **Room** 类的子类，这在语法上是完全有效的。

可以对子类进行子类化，从而创建更深的层次结构。如果创建了一个名为 **Piazza** 的 **TownSquare** 类的子类，那么 **Piazza** 既是 **TownSquare** 类，也是 **Room** 类。只要有想象力且便于对代码库的组织管理，子类化的深度是没有限制的。

基于它们被调用的类，**enterRoom()** 函数的不同版本是面向对象编程中被称为**多态性**(**polymorphism**)概念的一个示例。

多态性是简化程序结构的一种策略。多态性允许在类组之间重用函数以实现共同特性(如玩家进入房间时的情况)，并根据类的独特需求自定义其行为(如 **TownSquare** 类中欢呼的人群)。

当对 **Room** 类进行子类化以定义 **TownSquare** 类时，就定义了一个覆盖 **Room** 类版本的新的 **enterRoom()** 函数的实现。现在，当调用变量 currentRoom 的 **enterRoom()** 函数时，使用的将是 **TownSquare** 类的 **enterRoom()** 函数，且不需要对 NyetHack.kt 文件进行任何修改。

考虑以下的函数头：

```
fun drawBlueprint(room: Room)
```

函数 **drawBlueprint()** 接收一个 **Room** 类作为其形式参数，也可以接收 **Room** 类的任意子类，因为任何子类都至少具有 **Room** 类的功能。多态性仅需要关心类能做什么，而不用关心如何实现函数。

将函数记为 open 使其可以被覆盖是非常有用的，但确实也会带来副作用。在 Kotlin 中，当覆盖一个函数时，默认情况下，子类中的覆盖函数是 open 的，即可以被覆盖的(只要子类被标记为 open 就行)。

如果不希望这种情况发生该怎么办呢？以 **TownSquare** 类为例，假设希望 **TownSquare** 类的任何子类都能够自定义其描述，但不能更改玩家进入房间时发生的事件。

使用关键字 final 可以指定函数不能被覆盖。将 **TownSquare** 类标记为 open，但同时将 **enterRoom()** 函数标记为 final，这样，当英雄人物进入城市广场时，任何子类就都不可以覆盖市民欢呼的函数了，如程序清单 15.11 所示。

程序清单 15.11　将函数声明为 final(TownSquare.kt)

```
open class TownSquare : Room("The Town Square") {
    override val status = "Bustling"
    private var bellSound = "GWONG"

    final override fun enterRoom() {
        narrate("The villagers rally and cheer as the hero enters")
        ringBell()

    }

    fun ringBell() {
        narrate("The bell tower announces the hero's presence: $ bellSound")
    } }
```

现在，有了关键字 final，**TownSquare** 类的任何子类都可以提供一个自定义的 **description()** 函数，但

不能覆盖 **enterRoom**()函数。

正如在第一次尝试覆盖 **enterRoom**()函数时所看到的,除非函数是从一个 open 类继承的,否则默认情况下都是 final 的。在继承的函数中添加关键字 final 将可以确保其不会被覆盖,即使它所在的类是 open 的。

本节介绍了如何使用继承在类之间共享数据和行为,还介绍了如何使用关键字 open、final 和 override 自定义可以共享及不可以共享的内容。通过要求显式地使用关键字 open 和 override 选择继承,这样可以大幅减少不想被子类化的类的暴露机会,并防止他人覆盖不应该被覆盖的函数。

15.3 类型检查

NyetHack 并不是一个非常复杂的程序。但是在一个高效的代码库中,应该包括许多类和子类。尽管在清晰地命名方面尽了最大的努力,但在运行时还是会发现不能确定变量的类型。运算符 **is** 就是一个有用的工具,可以用来查询一个对象是否属于某特定类型。

在 Kotlin REPL 中输入程序清单 15.12 中所示代码,实例化一个 room 对象(可能需要使用命令 import com. bignerdranch. nyethack. Room. 将 **Room** 类导入 REPL 中。如果在输入变量声明时使用自动完成(autocomplete),IntelliJ 将自动完成导入)。

程序清单 15.12 实例化一个变量 room(REPL)

```
var room = Room("Foyer")
```

接下来,使用 **is** 运算符查询变量 room 是否为 **Room** 类的实例,如程序清单 15.13 所示。

程序清单 15.13 检查 room 是否属于 Room 类(REPL)

```
room is Room true
```

运算符 **is** 将左侧对象的类型与右侧对象的类型进行比较。表达式返回一个 **Boolean** 类型的值,如果类型匹配,则返回 true,否则返回 false。

尝试另一种查询:检查变量 room 是否为 **TownSquare** 类的实例,如程序清单 15.14 所示。

程序清单 15.14 检查变量 room 是否为 TownSquare 类的实例(REPL)

```
room is TownSquare false
```

变量 room 的类型为 **Room** 类,它是 **TownSquare** 类的父类。但变量 room 本身并不是一个 **TownSquare** 类。

尝试另一个变量——这次是 **TownSquare**,如程序清单 15.15 所示。

程序清单 15.15 检查 TownSquare 变量是否为 TownSquare 类(REPL)

```
var townSquare = TownSquare()
townSquare is TownSquare

true

townSquare is Room true
```

变量 townSquare 属于 **TownSquare** 类,同时也是 **Room** 类,这就使得多态性成为可能。

如果需要知道变量所属的类,类检查就是一种很直接的方法。可以使用类检查和条件分支构建分支逻辑,但一定要记住多态性会如何影响该逻辑。

例如,在 Kotlin REPL 中创建一个 when 表达式,根据变量所属的类返回 **Room** 类或 **TownSquare**

类，如程序清单 15.16 所示。

程序清单 15.16　作为分支条件的类型检查(REPL)

```
var className: String = when(townSquare) {
    is TownSquare -> "TownSquare"
    is Room -> "Room"
    else -> throw IllegalArgumentException()
}
print(className)
TownSquare
```

以上 when 表达式中的第一个分支的计算结果为 true，因为变量 townSquare 属于 **TownSquare** 类，第二个分支的计算结果也是 true，因为变量 townSquare 也属于 **Room** 类。但这并不重要，因为第一个分支已经满足了，因此，TownSquare 被输出至控制台。

现在，将分支条件的顺序颠倒一下，如程序清单 15.17 所示。

程序清单 15.17　分支条件颠倒之后的类型检查(REPL)

```
var className: String = when(townSquare) {
    is Room -> "Room"
    is TownSquare -> "TownSquare"
    else -> throw IllegalArgumentException()
}
print(className)
Room
```

这一次，变量 room 被输出至控制台，因为第一个分支的计算结果为 true。

当根据对象类型有条件地进行分支时，顺序很重要。

15.4　Kotlin 的类型层次结构

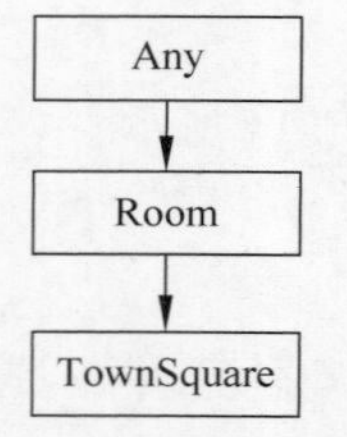

图 15.2　**TownSquare** 类的类型层次结构

如果没有指定要继承的类，则类会隐式地继承一个名为 **Any** 的通用超类。这意味着每种类型最终都继承自 **Any** 类。对于 **TownSquare** 类，其类层次结构如图 15.2 所示。

可以使用 **Any** 类定义接收任何类型实际参数的函数。假设在 NyetHack 中有两个可以成为祝福之源的事：一个被祝福的玩家和一个被称为 The Fount of Blessings 的房间。使用 **printIsSourceOfBlessings**()函数检查并输出某个对象是否为祝福之源，该函数可以接收 **Any** 类的实际参数，并使用类型检查对传递给它的实际参数类型进行有条件的分支，如下所示：

```
fun printIsSourceOfBlessings(any: Any) {
    val isSourceOfBlessings: Boolean = if (any is Player) {
        any.title == "The Blessed"
    } else {
        (any as Room).name == "The Fount of Blessings"
    }

    println("$any is a source of blessings: $isSourceOfBlessings")

}
```

该段代码中出现的一些新概念，将在接下来的部分中进行讨论。因为每个对象都是 **Any** 类的一个子类，所以可以传递任何类型的实际参数给 **printIsSourceOfBlessings**()函数。这种灵活性非常有用，但其代价是不能立即对实际参数进行处理。本例中使用了类型强制转换(type casting),类似于在第 10 章中看到的方法,用来处理 **Any** 类的实际参数。

15.4.1 类型强制转换

类型转换是告知 Kotlin 在程序运行时将对象视为不同类型的一种方法。这样就可以通过将对象强制转换为某个超类的类型来限制其功能,或者通过将其强制转换为某个子类的类型来访问其功能(如函数、属性等)。

在 **printIsSourceOfBlessings**()函数中,条件表达式使用类型检查来判断变量 any 是否为 **Player** 类。如果不是,那么将执行 else 分支中的代码。

在 else 分支中引用了一个 name 变量,如下所示:

```
fun printIsSourceOfBlessings(any: Any) {
    val isSourceOfBlessings: Boolean = if (any is Player) {
        any.isBlessed
    } else {
        (any as Room).name == "Fount of Blessings"
    }

    println("$any is a source of blessings: $isSourceOfBlessings")

}
```

使用运算符 **as** 将值强制转换为不同的类型。这种强制转换意味着"对于这个表达式,将对象 any 视为 **Room** 类处理。"在本例中,表达式是对 **Room** 类 name 属性的一个引用,因此可以将其与字符串 Fount of Blessings 进行比较。

类型强制转换的功能非常强大,正因如此,使用时必须非常谨慎。将一个值强制转换为原始值的超类总是安全的(如将 **Room** 类强制转换为 **Any** 类或将 **Int** 类强制转换为 **Number** 类)。另外一个例子是在第 10 章中看到的:当将 **MutableMap** 类隐式地强制转换为 **Map** 类时,**MutableMap** 类继承自 **Map** 类。

在 **printIsSourceOfBlessings**()函数中进行的强制转换是有效的,但并不安全。为什么不安全呢?在 NyetHack 中,**Room**、**Player** 和 **TownSquare** 是仅有的 3 个类,因此,若某个对象不是 **Player** 类,那么它一定属于 **Room** 类,这种假设似乎是合理的。但是,标准库和平台 API(例如 Java 的标准库以及生成的 Kotlin/JS 和 Kotlin/Native)中已经包含了很多的类,同时将来还会在自己的代码中定义更多的类。

如果被转换的类型与要转换的类型之间不兼容,则强制转换不会成功。例如,一个 **String** 类型与一个 **Int** 类型毫不相干,因此从 **String** 类型强制转换至 **Int** 类型将会抛出错误信息 **ClassCastException**,从而有可能导致程序崩溃(切记,强制转换与转换不同。有些字符串可以转换为整数,但是 **String** 类型绝不可以强制转换为 **Int** 类型)。

强制转换允许尝试将任何变量强制转换为任何类型,但需要确保该值可以被强制转换为该类型。可以通过智能强制转换和安全强制转换(safe cast operator)运算符来避免不安全的强制转换所带来的危险(15.7 节中将学习更多的相关内容)。

如果必需要进行不安全的强制转换,注意程序可能会崩溃。除非确定类型转换会成功,否则最好避免进行类型转换。

15.4.2 智能强制转换

确保类型转换成功的一个方法是先检查要被转换的变量的类型,然后返回到 **printIsSourceOfBlessings**()

函数中条件表达式的第一个分支。

```
fun printIsSourceOfBlessings(any: Any) {
    val isSourceOfBlessings: Boolean = if (any is Player) {
        any.isBlessed
    } else {
        (any as Room).name == "Fount of Blessings"
    }

    println("$any is a source of blessings: $isSourceOfBlessings")

}
```

进入该分支的条件为对象 any 的属于 **Player** 类。在该分支内部，对对象 any 的 isBlessed 属性进行了引用。isBlessed 是在 **Player** 类上定义的属性，而不是在 **Any** 类上定义的，那么在没有进行强制转换的情况下，如何实现这一点呢？

实际上，此处进行了一次强制转换，即智能强制转换。之前第 7 章中已经介绍了智能强制转换的作用。

Kotlin 编译器足够聪明，能够识别出如果分支的 any is Player 类型检查是成功的，那么在该分支内可以将对象 any 视为 **Player** 类。因为它知道在该分支内将对象 any 强制转换为 **Player** 类始终会成功的，所以编译器允许省略强制转换语法，直接在对象 any 上引用 isBlessed 属性，该属性是 **Player** 类的。

可以将 **printIsSourceOfBlessings**()函数中不安全的强制转换变为安全转换的一种方法是，引入另外一种类型检查和智能强制转换，如下所示：

```
fun printIsSourceOfBlessings(any: Any) {
    val isSourceOfBlessings: Boolean = if (any is Player) {
        any.isBlessed
    } else if (any is Room) {
        any.name == "Fount of Blessings"
    } else {
        false
    }

    println("$any is a source of blessings: $isSourceOfBlessings")

}
```

这样该函数就不会再导致程序崩溃了，而且无论其类型如何，均可以安全地接收任何实际参数了。为了实现这一点，利用了 Kotlin 编译器的智能强制转换功能，自动安全地进行了类型转换。另一种选择是使用稍后介绍的安全强制转换运算符。

15.5 重构酒馆

现在已经有了在 NyetHack 中表示位置的机制，是时候重新审视一下酒馆了。目前，酒馆的所有行为都已被定义为顶级的属性和函数。可以花点时间重构酒馆，将其改为从 **Room** 类继承。

首先，在现有的 Tavern.kt 文件中定义一个新的 **Tavern** 类，如程序清单 15.18 所示。

程序清单 15.18 创建一个 Tavern 类(Tavern.kt)

```
...
private val menuItemTypes = menuData.associate { (type, name, _) ->
```

```
    name to type
}

class Tavern : Room(TAVERN_NAME) {

    override val status = "Busy"

    override fun enterRoom() {
    }
}

fun visitTavern() {
    ...
}
...
```

接下来，将 visitTavern()函数的实现复制并粘贴到 Tavern 类的 enterRoom()函数中，如程序清单15.19 所示。

程序清单 15.19 实现 enterRoom()函数(Tavern.kt)

```
...
class Tavern : Room(TAVERN_NAME) {
    override val status = "Busy"

    override fun enterRoom() {
        narrate("${player.name} enters $TAVERN_NAME")
        narrate("There are several items for sale:")
        narrate(menuItems.joinToString())

        val patrons: MutableSet<String> = firstNames.shuffled()
            .zip(lastNames.shuffled()) { firstName, lastName ->
                "$firstName $lastName"
            }
            .toMutableSet()

        val patronGold: MutableMap<String, Double> = mutableMapOf(
            TAVERN_MASTER to 86.00,
            player.name to 4.50,
            *patrons.map { it to 6.00 }.toTypedArray()
        )

        narrate("${player.name} sees several patrons in the tavern:")
        narrate(patrons.joinToString())
        val itemOfDay = patrons.flatMap { getFavoriteMenuItems(it) }.random()
        narrate("The item of the day is the $itemOfDay")

        repeat(3) {
            placeOrder(patrons.random(), menuItems.random(), patronGold)
        }
        displayPatronBalances(patronGold)

        patrons
            .filter { patron -> patronGold.getOrDefault(patron, 0.0) < 4.0 }
            .also { departingPatrons ->
                patrons -= departingPatrons
                patronGold -= departingPatrons
            }
            .forEach { patron ->
```

```
                narrate("${player.name} sees $patron departing the tavern")
            }

        narrate("There are still some patrons in the tavern")
        narrate(patrons.joinToString())
    }
}
...
```

现在，将 **placeOrder()**函数复制并粘贴到新的 **Tavern** 类中，如程序清单 15.20 所示。

程序清单 15.20　将 placeOrder()函数复制到 Tavern 类中(Tavern.kt)

```
...

class Tavern : Room(TAVERN_NAME) {

    override val status = "Busy"

    override fun enterRoom() {
        ...
    }

    private fun placeOrder(
        patronName: String,
        menuItemName: String,
        patronGold: MutableMap<String, Double>
    ) {
        val itemPrice = menuItemPrices.getValue(menuItemName)

        narrate("$patronName speaks with $TAVERN_MASTER to place an order")
        if (itemPrice <= patronGold.getOrDefault(patronName, 0.0)) {
            val action = when (menuItemTypes[menuItemName]) {
                "shandy", "elixir" -> "pours"
                "meal" -> "serves"
                else -> "hands"
            }

            narrate("$TAVERN_MASTER $action $patronName a $menuItemName")
            narrate("$patronName pays $TAVERN_MASTER $itemPrice gold")
            patronGold[patronName] = patronGold.getValue(patronName) - itemPrice
            patronGold[TAVERN_MASTER] = patronGold.getValue(TAVERN_MASTER) + itemPrice
        } else {
            narrate("$TAVERN_MASTER says, \"You need more coin for a $menuItemName\"")
        }
    }
}
...
```

将 visitTavern()函数和 placeOrder()函数复制到 **Tavern** 类后，就可以删除这两个函数的顶级函数了(确保不要删除 **getFavoriteMenuItems**()函数)，如程序清单 15.21 所示。

程序清单 15.21　删除未使用的函数(Tavern.kt)

```
...

class Tavern : Room(TAVERN_NAME) {

    override val status = "Busy"
```

```
    override fun enterRoom() {
        ...
    }

    private fun placeOrder(
        patronName: String,
        menuItemName: String,
        patronGold: MutableMap<String, Double>
    ) {
        ...
    }
}

fun visitTavern() {
    narrate("${player.name} enters $TAVERN_NAME")
    narrate("There are several items for sale:")
    narrate(menuItems.joinToString())
    ...

    narrate("There are still some patrons in the tavern")
    narrate(patrons.joinToString())
}
...
private fun placeOrder(
    patronName: String,
    menuItemName: String,
    patronGold: MutableMap<String, Double>
) {
    val itemPrice = menuItemPrices.getValue(menuItemName)

    narrate("$patronName speaks with $TAVERN_MASTER to place an order")
    if (itemPrice <= patronGold.getOrDefault(patronName, 0.0)) {
        ...
    } else {
        ...
    }
}
...
```

为了更好地使用新的类，**Tavern** 类应该把顾客及其金币值存储在一个类属性中。进行此更改并删除 **placeOrder**()函数的 patronGold 实际参数，如程序清单 15.22 所示。

程序清单 15.22 提取顾客和金币值为属性(Tavern.kt)

```
...
class Tavern : Room(TAVERN_NAME) {
    val patrons: MutableSet<String> = firstNames.shuffled()
        .zip(lastNames.shuffled()) { firstName, lastName -> "$firstName $lastName" }
        .toMutableSet()

    val patronGold: MutableMap<String, Double> = mutableMapOf(
        TAVERN_MASTER to 86.00,
        player.name to 4.50,
        *patrons.map { it to 6.00 }.toTypedArray()
    )

    override val status = "Busy"

    override fun enterRoom() {
```

```
        narrate("${player.name} enters $TAVERN_NAME")
        narrate("There are several items for sale:")
        narrate(menuItems.joinToString())

        val patrons: MutableSet<String> = firstNames.shuffled()
            .zip(lastNames.shuffled()) { firstName, lastName ->
                "$firstName $lastName"
            }
            .toMutableSet()
        val patronGold: MutableMap<String, Double> = mutableMapOf(
            TAVERN_MASTER to 86.00,
            player.name to 4.50,
            *patrons.map { it to 6.00 }.toTypedArray()
        )
        narrate("${player.name} sees several patrons in the tavern:")

        narrate(patrons.joinToString())

        val itemOfDay = patrons.flatMap { getFavoriteMenuItems(it) }.random()
        narrate("The item of the day is the $itemOfDay")

        repeat(3) {
            placeOrder(patrons.random(), menuItems.random(), patronGold)
        }
        ...
    }

    private fun placeOrder(
        patronName: String,
        menuItemName: String,
        patronGold: MutableMap<String, Double>
    ) {
        ...
    } }
...
```

确保重构完成后，运行 NyetHack，Madrigal 进入酒馆而不是城市广场且没有改变酒馆的行为，如程序清单 15.23 所示。

程序清单 15.23　测试重构后的 Tavern(NyetHack.kt)

```
...
fun main() {
    narrate("Welcome to NyetHack!")
    val playerName = promptHeroName()
    player = Player(playerName)
    // changeNarratorMood()
    player.prophesize()

    var currentRoom: Room = TownSquare() Tavern()
    ... }
...
```

运行 NyetHack，可以看到熟悉的酒馆输出：

```
...
Madrigal of Neversummer, The Renowned Hero, is in Taernyl's Folly
    (Currently: Busy)
Madrigal, a mortal, has 100 health points
Madrigal enters Taernyl's Folly
There are several items for sale:
```

```
Dragon's Breath, Shirley's Temple, Goblet of LaCroix, Pickled Camel Hump,
    Iced Boilermaker, Hard Day's Work Ice Cream, Bite of Lembas Bread
Madrigal sees several patrons in the tavern:
Mordoc Downstrider, Alex Baggins, Sophie Fernsworth, Tariq Ironfoot
The item of the day is Bite of Lembas Bread
Mordoc Downstrider speaks with Taernyl to place an order
Taernyl says, "You need more coin for a Iced Boilermaker"
Sophie Fernsworth speaks with Taernyl to place an order
Taernyl pours Sophie Fernsworth a Dragon's Breath
Sophie Fernsworth pays Taernyl 5.91 gold
Alex Baggins speaks with Taernyl to place an order
Taernyl says, "You need more coin for a Iced Boilermaker"
Madrigal intuitively knows how much money each patron has
Taernyl has 91.91 gold
Madrigal has 4.50 gold
Mordoc Downstrider has 6.00 gold
Alex Baggins has 6.00 gold
Sophie Fernsworth has 0.09 gold
Tariq Ironfoot has 6.00 gold
Madrigal sees Sophie Fernsworth departing the tavern
There are still some patrons in the tavern
Mordoc Downstrider, Alex Baggins, Tariq Ironfoot
A glass of Fireball springs into existence (x2)
Madrigal thinks about their future
A fortune teller told Madrigal, "An intrepid hero from Neversummer shall some
    day form an unlikely bond between two warring factions"
```

在第 16 章中增加部分功能，让 Madrigal 可以在不同的房间中漫游，随心所欲地出入各个房间。之前已实现的一些行为就要为适应这种情形而进行一定的调整。首先，不应该在同一天内更改当日促销商品。对于 NyetHack 游戏内的时间来说，这就意味着在退出并重新启动 NyetHack 之前，当日促销商品不应该有变化。将变量 itemOfDay 移出 **enterRoom**()函数，以确保记录其值。同时，将当日促销商品的消息移至菜单输出的位置上，如程序清单 15.24 所示。

程序清单 15.24　记录当日促销商品(Tavern.kt)

```
...
class Tavern : Room(TAVERN_NAME) {
    ...

    val itemOfDay = patrons.flatMap { getFavoriteMenuItems(it) }.random()

    override val status = "Busy"

    override fun enterRoom() {
        narrate("${player.name} enters $TAVERN_NAME")
        narrate("There are several items for sale:")
        narrate(menuItems.joinToString())
        narrate("The item of the day is the $itemOfDay")

        narrate("${player.name} sees several patrons in the tavern:")
        narrate(patrons.joinToString())

        val itemOfDay = patrons.flatMap { getFavoriteMenuItems(it) }.random()
        narrate("The item of the day is the $itemOfDay")
        ...
    }
    ...
}
...
```

酒馆里各种需要输出的信息相当可观。为了简化 NyetHack 的输出，当 Madrigal 走进酒馆时，只有一位顾客下单，并且 Taernyl's Folly 酒馆里的现金流不存在任何问题，因此不再需要 Madrigal 的全知全能的会计服务了。删除 **displayPatronBalances**()函数，因为也不再需要它了。

如果足够多的顾客在无消费能力时被迫离开酒馆，则 Madrigal 走进的就是空荡荡的酒馆。为了防止这类情形的发生，需要删除可能导致顾客在金币不足时离开酒馆的逻辑代码，如程序清单 15.25 所示。

程序清单 15.25　酒馆的维护(Tavern.kt)

```
...
class Tavern : Room(TAVERN_NAME) {
    ...
    override fun enterRoom() {
        narrate("${player.name} enters $TAVERN_NAME")
        narrate("There are several items for sale:")
        narrate(menuItems.joinToString())
        narrate("The item of the day is $itemOfDay")

        narrate("${player.name} sees several patrons in the tavern:")
        narrate(patrons.joinToString())

        repeat(3) {
        placeOrder(patrons.random(), menuItems.random())
        }
        displayPatronBalances()

        patrons
            .filter { patron -> patronGold.getOrDefault(patron, 0.0) < 4.0 }
            .also { departingPatrons ->
                patrons -= departingPatrons
                patronGold -= departingPatrons
            }
            .forEach { patron ->
                narrate("${player.name} sees $patron departing the tavern")
            }

        narrate("There are still some patrons in the tavern")
        narrate(patrons.joinToString())
    }
    ...
}
...
private fun displayPatronBalances(patronGold: Map<String, Double>) {
    narrate("${player.name} intuitively knows how much money each patron has")
    patronGold.forEach { (patron, balance) ->
        narrate("$patron has ${"%.2f".format(balance)} gold")
    }}
```

进行上述修改后，运行 NyetHack，输出应该如下所示：

```
...
Madrigal, a mortal, has 100 health points
Madrigal enters Taernyl's Folly
There are several items for sale:
Dragon's Breath, Shirley's Temple, Goblet of LaCroix, Pickled Camel Hump, Iced
    Boilermaker, Hard Day's Work Ice Cream, Bite of Lembas Bread
```

```
The item of the day is Iced Boilermaker
Madrigal sees several patrons in the tavern:
Mordoc Downstrider, Tariq Ironfoot, Alex Baggins, Sophie Fernsworth
Tariq Ironfoot speaks with Taernyl to place an order
Taernyl says, "You need more coin for a Iced Boilermaker"
A glass of Fireball springs into existence (x2)
Madrigal thinks about their future
A fortune teller told Madrigal, "An intrepid hero from Neversummer shall some
    day bring the gift of creation back to the world"
```

通过这样的重构，酒馆已经使用新的 **Room** 类进行了改进。为什么保留了 **getFavoriteMenuItems()** 函数和大部分酒馆属性在文件级别，而没有将它们移至类中，这是因为它们不会随着酒馆的实现而改变。Taernyl's Folly 中的每个实例都应该具有相同的菜单项，而顾客最喜爱的商品也应该保持不变，不管顾客去的是哪家酒馆。

按理说，可以将菜单属性和 **getFavoriteMenuItems()** 函数放入 **Tavern** 类中，这是完全有效的。如果从一开始就编写 **Tavern** 类（而不是经过重构这一步骤），这样做可能会更有意义。无论哪种方式都是有效的，可以自由选择喜欢的组织方式。还可以在同一个文件中随意地混合顶级声明和类，这样就为代码分组提供了更多的可能性。

本章介绍了如何使用子类化来共享类之间的行为。第 16 章将会介绍更多类型的类，包括数据类、枚举以及 Object（Kotlin 的单实例类），并在 NyetHack 游戏中添加一个游戏循环。

15.6 好奇之处：Any 类

在将变量的值输出至控制台时，会调用一个名为 **toString()** 的函数来确定该值在控制台的展示形式。对于某些类型来说，这很容易，例如，一个 **String** 类型的展示形式自然就是其字符串值本身。但对于其他类型来说，这可能不太明确。

Any 类为 **toString()** 等常用函数提供了抽象的定义，可以通过项目对应平台已有函数支持这些函数的实现。

查看 **Any** 类的源代码可以得到如下结果：

```
/**
 * The root of the Kotlin class hierarchy.
 * Every Kotlin class has [Any] as a superclass.
 */
public open class Any {
    public open operator fun equals(other: Any?): Boolean
    public open fun hashCode(): Int
    public open fun toString(): String
}
```

在类的定义中并未包含 **toString()** 函数的定义。那么它是在哪里定义的，当调用如 **Player** 类的 **toString()** 函数时返回的是什么呢？

printIsSourceOfBlessings() 函数的最后一行内容输出到控制台，如下所示：

```
fun printIsSourceOfBlessings(any: Any) {
    val isSourceOfBlessings: Boolean = if (any is Player) {
        any.isBlessed
    } else {
        (any as Room).name == "Fount of Blessings"
    }
```

```
    println("$any is a source of blessings: $isSourceOfBlessings")
}
```

调用 **printIsSourceOfBlessings**()函数，并传递一个被祝福的玩家的结果可能会如下所示：

```
Player@71efa55d is a source of blessings: true
```

Player@71efa55d 是 **Any** 类上 **toString**()函数的默认实现。Kotlin 在面向 JVM 和 Native 时使用的便是该函数(Kotlin/JS 为[object Object])。可以在 **Player** 类中覆盖 **toString**()函数，以返回更易读的内容。

Any 类是 Kotlin 实现平台无关性的工具之一，它提供了一个在特定平台上(如 JVM)表示共同超类的类之上的抽象层。因此，尽管在面向 JVM 时，**Any** 类中的 **toString**()函数实现是 **java.lang.Object.toString**，但当编译为 JavaScript 时，它可能完全不同。

这种抽象意味着不需要知道代码可能运行的每个平台的细节；相反，只需要简单地依赖 **Any** 类即可。

15.7 好奇之处：安全的强制转换运算符

在本章之前的部分已经介绍了 **as** 运算符作为执行强制转换的一种机制。同时，还提到这种方式的类型转换有时被认为是不安全的，如果在程序运行时执行的是无效的强制转换，则可能会抛出异常信息 **ClassCastExceptions**。

除了 **as** 运算符外，还有一个**安全的强制转换运算符**(safe cast operator)：**as?**。运算符 **as?** 的行为与 **as** 非常相似，但有一个关键的区别：如果执行的是无效的强制转换，**as?** 返回的是 null，而不是抛出异常信息。可以尝试在 REPL 中自行测试一下程序清单 15.26 中的代码。

程序清单 15.26 安全的和不安全的强制转换(REPL)

```
5 as String
ClassCastException: class Integer cannot be cast to class String
5 as? String
null
```

运算符 **as?** 是将类型检查与强制转换结合在一条语句中的一种绝佳方法。如果强制转换失败，可以使用第 7 章中熟悉的空安全技术提供回退行为，这样就不会导致程序崩溃。

第16章

对象、数据类和枚举类

前面的 3 章介绍了如何使用面向对象的编程思想在对象之间建立有意义的连接。尽管其初始化的方式多种多样，但迄今为止使用过的所有类都是用关键字 class 进行声明的。本章将介绍**对象声明**（**object declaration**）以及其他类型的类：**嵌套类**（**nested class**）、**数据类**（**data class**）和**枚举类**（**enum class**），以上每个类都有自己的声明语法和独特特征。

在本章的最后，英雄人物将能够在 NyetHack 的世界中从一个房间走进另一个房间，并且程序的组织会更好，以支持后续章节中的增强功能。

16.1 对象关键字

第 14 章介绍了关于构建类的知识。一个类的构造函数返回的是类的一个实例，可以多次调用构造函数来创建任意数量的实例。

例如，NyetHack 项目中可以有任意数量的玩家，因为 **Player** 类的构造函数可以被调用任意多次。对于 **Player** 类来说，这是可取的，因为 NyetHack 的世界足够大，可以容纳足够多的玩家。

但是，假设想要构建一个 **Game** 类来跟踪游戏的状态。那么，拥有多个 **Game** 类实例将会成为一个问题，因为多个实例可能都要各自保存自己的状态，可能就会导致状态不同步。

如果需要在程序运行期间保持状态一致，并且只需要一个实例，可以考虑定义一个**单例**（**singleton**）。使用关键字 object，可以指定一个类只能有一个实例，即单例。当第一次访问该对象时，它将会被实例化。该实例在程序运行期间将会持久存在，并且此后每次访问都会返回一个实例。

使用关键字 object 的方法有 3 种：**对象声明**（**object declaration**）、**对象表达式**（**object expression**）和**伴生对象**（**companion object**）。在接下来的 3 节中，将分别介绍每种用法的使用场景。

16.1.1 对象声明

对象声明对于组织和状态管理都非常有用，尤其是当需要在程序的整个生命周期中保持某种状态一致时，可以定义一个 Game 对象来实现这一目的。

使用对象声明定义一个 **Game** 类，不仅可以方便地定义游戏循环，还可以帮助整理 NyetHack.kt 文件中的 **main()** 函数。将代码拆分为类和对象声明可以进一步提高代码库的组织性，可以更好地管理大规模的代码。

在 NyetHack.kt 中，使用对象声明定义一个 Game 对象，如程序清单 16.1 所示。

程序清单 16.1　声明一个 Game 对象(NyetHack. kt)

```
...
fun main() {
    ...
}

private fun promptHeroName(): String {
    ...
}

object Game {

}
```

对于本例来说,选择将 **Game** 类添加到现有的 NyetHack. kt 文件中,是因为它是影响游戏运行方式的重要"脚手架"。但是,也完全可以将 **Game** 类放在自己的文件中(如果这样做,建议将该文件命名为 Game. kt)。由于 Kotlin 关于文件中允许出现的内容有很大的灵活性,所以,选择权在你。

现在,NyetHack. kt 文件中的 **main**()函数就可以专为启动游戏而服务了。所有的游戏逻辑代码都将封装在 Game 对象中,而且只会有一个实例存在。这样做的好处是,可以将游戏的所有逻辑集中在一个地方,并使用单一的实例管理游戏状态和逻辑。

由于对象声明会自动初始化,因此不需要添加自定义构造函数并在初始化时调用其中的代码。相反,可以使用初始化程序块来实现在对象初始化时要调用的代码。为 Game 对象添加一个初始化程序块,并在该对象实例化时将一个问候语输出至控制台,如程序清单 16.2 所示。

程序清单 16.2　为 Game 对象添加初始化程序块(NyetHack. kt)

```
...
object Game {
    init {
        narrate("Welcome, adventurer")
    } }
```

运行 NyetHack,可以发现欢迎信息并未输出,这是因为 Game 对象还没有被初始化。而 Game 对象之所以尚未初始化是因为它还没有被引用过。

对象声明可由其某一属性或函数进行引用。为了触发 Game 对象的初始化,需要定义并调用一个名为 **play**()的函数。**play**()函数将作为 NyetHack 项目中游戏循环的主要部分。

将 **play**()函数添加到 Game 对象中,并在 **main**()函数中进行调用。当调用对象声明中定义的函数时,需要使用对象的名称进行调用,而不是使用类的实例,就像在调用其他类函数时那样,如程序清单 16.3 所示。

程序清单 16.3　调用对象声明中定义的函数(NyetHack. kt)

```
...
fun main() {
    ...
    player.castFireball()
    player.prophesize()

    Game.play()
}

private fun promptHeroName(): String {
    ...
```

```
}

object Game {
    init {
        narrate("Welcome, adventurer")
    }

    fun play() {
        while (true) {
            // Play NyetHack
        }
    } }
```

Game 对象所做的不仅是封装游戏的状态，还用来保持游戏的循环，以便接收玩家的指令。游戏循环采用了 while 循环的形式，这样可使 NyetHack 的互动性更好。while 循环的判断条件非常简单：只要应用程序在运行，游戏循环就会持续运行。

目前，**play**()函数还没有实现任何功能。最终，它将按照回合的方式来定义 NyetHack 的游戏玩法：在每个回合中，玩家的状态和其他环境信息均将被输出至控制台。然后，通过使用 **readLine**()函数来接收用户的输入信息。

来看一看 **main**()函数中的游戏逻辑，思考一下应该将其放置在 Game 对象中的什么位置。例如，肯定不希望在每一轮游戏开始时都需要创建一个新的 currentRoom，所以这类的游戏逻辑应该放在 Game 对象中，而不是 **play**()函数中。将 currentRoom 声明为 Game 类对象的私有属性。然后将解说和 **enterRoom**()函数调用移至 **play**()函数的 while 循环中，因为希望该部分逻辑作为游戏的一部分运行，以提醒玩家他们周围的环境情况，如程序清单 16.4 所示。

程序清单 16.4　将游戏逻辑移至 Game 对象中(NyetHack.kt)

```
...
fun main() {
    narrate("Welcome to NyetHack!")
    val playerName = promptHeroName()
    player = Player(playerName)
    // changeNarratorMood()
    player.prophesize()

    var currentRoom: Room = Tavern()
    val mortality = if (player.isImmortal) "an immortal" else "a mortal"
    narrate("${player.name} of ${player.hometown}, ${player.title},
            is in ${currentRoom.description()}")
    narrate("${player.name}, $mortality, has ${player.healthPoints} health points")
    currentRoom.enterRoom()

    player.castFireball()
    player.prophesize()

    Game.play()
}

private fun promptHeroName(): String {
    ...
}

object Game {
    private var currentRoom: Room = TownSquare()
```

```
    init {
        narrate("Welcome, adventurer")

    }

    fun play() {
        while (true) {
            // Play NyetHack
            narrate("${player.name} of ${player.hometown}, ${player.title},
                    is in ${currentRoom.description()}")
            currentRoom.enterRoom()
        }
    } }
```

将代码从 **main**()函数移至 Game 对象的 **play**()函数中，将设置游戏循环所必需的代码封装在 Game 对象内部。这样做有助于保持代码的整洁和高内聚性。通过将游戏逻辑放置在 Game 对象中，可以更好地管理游戏的状态和行为，并且可以轻松扩展和修改游戏的功能。

main()函数仍然要执行若干操作：初始化玩家、改变解说者的情绪、进行两次预言、描述玩家的生命值以及施放火球等。

玩家的初始化和解说者的情绪可以保留在 **main**()函数中，但玩家不应该在游戏循环之外施放火球或思考自己的未来。同样，关于玩家生命值的解说应该发生在游戏开始之时，放在 Game 对象的 init 程序块内进行。删除对 **castFireball**()函数和 **prophesize**()函数的调用，然后将玩家生命值的解说移至 Game 对象中，以实现在新类中隔离游戏逻辑的工作，如程序清单 16.5 所示。

程序清单 16.5　整理 main()函数(NyetHack.kt)

```
fun main() {
    narrate("Welcome to NyetHack!")
    val playerName = promptHeroName()
    player = Player(playerName)
    // changeNarratorMood()
    player.prophesize()

    val mortality = if (player.isImmortal) "an immortal" else "a mortal"
    narrate("${player.name}, $mortality, has ${player.healthPoints} health points")

    player.castFireball()
    player.prophesize()

    Game.play()
}
...
object Game {
  ...
  init {
      narrate("Welcome, adventurer")
      val mortality = if (player.isImmortal) "an immortal" else "a mortal"
      narrate("${player.name}, $mortality, has ${player.healthPoints} health points")
  }
  ...
}
```

如果现在运行 NyetHack.kt，程序将会进入死循环，因为无法跳出循环。游戏循环的最后一步是使用 **readLine**()函数接收来自控制台的用户输入。**readLine**()函数会在等待用户从控制台输入时暂停执行，然后恢复执行并返回接收到的输入。

在游戏循环中添加一个对 **readLine()** 函数的调用以接收用户的输入，如程序清单 16.6 所示。

程序清单 16.6　接收用户的输入(NyetHack.kt)

```
...
object Game {
    ...
    fun play() {
        while (true) {
            narrate("${player.name} of ${player.hometown}, ${player.title},
                    is in ${currentRoom.description()}")
            currentRoom.enterRoom()

            print("> Enter your command: ")
            println("Last command: ${readLine()}")
        }
    }
}
```

尝试运行 NyetHack，并在提示符后输入一个命令，如下所示：

```
Welcome to NyetHack!
A hero enters the town of Kronstadt. What is their name?
Madrigal
Welcome, adventurer
Madrigal, a mortal, has 100 health points
Madrigal of Neversummer, The Renowned Hero, is in The Town Square
    (Currently: Bustling)
The villagers rally and cheer as the hero enters
The bell tower announces the hero's presence: GWONG
> Enter your command: fight
Last command: fight
Madrigal of Neversummer, The Renowned Hero, is in The Town Square
    (Currently: Bustling)
The villagers rally and cheer as the hero enters
The bell tower announces the hero's presence: GWONG
> Enter your command:
```

刚才输入的命令将会回显，这表明新输入的命令已被发送至游戏中。

16.1.2　对象表达式

使用关键字 class 来定义类是很有用的，因为可以在代码库中建立起一个新的概念。例如，通过编写一个名为 **Room** 的类，传达了在 NyetHack 中存在房间的概念。而通过编写 **Room** 类的名为 **TownSquare** 的子类，就表示系统里存在一种特定类型的称为城市广场的房间。

但是，并不总是需要定义一个可以在整个项目中使用的新类。也许需要的仅是一个一次性的类实例。实际上，可能仅仅是临时的，甚至都不需要有一个名字。

这便是关键字 object 的另一种用法：对象表达式。请看下面的例子：

```
val abandonedTownSquare = object : TownSquare() {
    override fun enterRoom() {
        narrate("The hero anticipated applause, but no one is here...")
    }
}
```

该对象表达式定义了 **TownSquare** 类的一个子类——很像在第 13 章中定义子类的方式，并返回了它的一个实例。新的子类覆盖了 **enterRoom()** 函数，因此英雄入场时没有了欢呼的人群。该对象表达式的主体与类实体的工作方式相同，可以根据需要覆盖或创建新的函数和属性。

该类遵循了许多与对象类相同的规则。尽管对象表达式并不是单例,但仍然属于一次性的类。因为无法访问其构造函数,甚至无法找到相应的类,所以无法实例化此对象的第二个实例。

对象表达式创建了一种称为**匿名类**(**anonymous class**)的类,这是与匿名函数(之前一直称为Lambdas表达式)非常相似的一个概念。由于匿名类没有使用关键字class来定义,所以不能将它们当作类型,也不能在创建匿名类的函数之外访问在其内声明的属性或函数。

另外,对象声明定义了相应单例的一个新类型。回忆一下Game对象:可以在代码的任何地方访问其函数和属性(除非受到可见性修饰符的限制)。

对象表达式的作用域比对象类要小得多,因此,对象表达式会继承它所在声明位置的某些属性。如果是在文件级进行声明的,对象表达式会立即进行初始化。如果是在另一个类中进行声明的,则在其外部类初始化时进行初始化。

16.1.3 伴生对象

如果想要为一个类添加可以通过类的实例或者不带实例的方式访问的行为,那么只需一个伴生对象(companion object)即可。伴生对象可以使用修饰符companion在另一个类声明内部进行声明。一个类最多只能拥有一个伴生对象。

伴生对象定义了一个单例,与之前了解的对象类非常相似。当一个类拥有了一个伴生对象时,该类既可以像一个普通类那样工作,也可以像一个对象类那样工作。

查看以下为**Player**类定义的伴生对象示例:

```
class Player(...) {
    constructor(saveFileBytes: ByteArray) : this(...)
    companion object {
        private const val SAVE_FILE_NAME = "player.dat"
        fun fromSaveFile() = Player(File(SAVE_FILE_NAME).readBytes())
    }
}
```

该**Player**类有一个名为**fromSaveFile**()的伴生对象函数。如果想要在代码库的其他地方调用**fromSaveFile**()函数,不需要创建一个**Player**类的实例,代码如下所示:

```
val player = Player.fromSaveFile()
```

如果需要,伴生对象也可以有自己的初始化逻辑。当它所属的类被初始化或者它的函数或属性被直接访问时,伴生对象的初始化程序会被调用。但无论**Player**类被实例化多少次,其伴生对象始终只有一个实例。

表16.1对比了在代码中使用关键字object定义对象的3种方式。

表16.1 关键字object的用法

语法	描述

`object Game {`
`    val player: Player = ...`
`}`
`Game.player`
	对象声明可以出现在声明类的任何地方,对象声明定义了一个单例类。当希望将某种行为封装到一个类中,但只希望存在一个类的实例时,这是非常有用的

续表

语　法	描　述

`val singleUseRoom = object : Room (`
`        name = "Pocket Dimension"`
`) {`
`    override fun enterRoom() {`
`        narrate("Madrigal doesn't think`
`            she's in Kronstadt anymore")`
`    }`
`}`
 	
`singleUseRoom.enterRoom()`
Madrigal doesn't think
she's in Kronstadt anymore
	对象表达式通常用作函数的实际参数或对变量赋值
	对象表达式定义并实例化一个单次使用的类，该类可扩展为其他类型。如果想要创建一个类的实例并覆盖其部分行为而不需要提取一个完整的类，对象表达式是非常有用的

`class SpellBook(val spells: List<String> {`
`    companion object {`
`        fun createDefault(): SpellBook =`
`            SpellBook(listOf(`
`                "Thundersurge",`
`                "Arcane Ammunition",`
`                "Reverse Damage"`
`            ))`
`    }`
`}`
`val spells = SpellBook.createDefault()`
	伴生对象被定义在另一个类的内部，伴生对象是与另一个类相关联的单例类。如果想要一个可以获得多个实例的类，但又需要定义可以在没有类实例的情况下访问的行为，则可以在伴生对象中定义这些全局行为

理解对象声明、对象表达式和伴生对象在何时以及如何实例化的差异，是理解何时使用它们的关键。有效地使用它们可以帮助编写组织良好、可扩展性强的代码。

16.2 嵌套类

并非所有在其他类中定义的类都需要被声明为对象。可以使用关键字 class 来定义一个**嵌套(nested)**在另一个类中的常规类。本节将定义一个嵌套在 Game 对象内的新 **GameInput** 类。

现在，游戏循环已经定义好了，还需要对传递给游戏的用户输入进行一些控制。NyetHack 是一个基于文本的冒险游戏，由用户对 **readLine**()函数输入的命令来驱动。对于用户输入的命令，需要确保两件事：第一，命令是有效的；第二，由多部分构成的命令(例如 move east)需被正确处理；希望 move 可以触发 **move**()函数，east 为 **move**()函数指出移动的方向。

接下来，将解决以上这两个需求，首先是分离命令中的多个部分。**GameInput** 类将提供一个逻辑来区分命令及其实际参数。

在 Game 对象中创建一个私有类来提供这个抽象化，如程序清单 16.7 所示。

程序清单 16.7　定义一个嵌套类(NyetHack.kt)

```
...
object Game {
    ...
    private class GameInput(arg: String?) {
        private val input = arg ?: ""
        val command = input.split(" ")[0]
        val argument = input.split(" ").getOrElse(1) { "" }
    } }
```

为什么要将 **GameInput** 类私有地嵌套在 **Game** 类中呢？因为 **GameInput** 类仅与 **Game** 类相关，不需要从 NyetHack 的任何其他地方进行访问。将 **GameInput** 类作为一个私有的嵌套类意味着 **GameInput** 类可以在 **Game** 类内部使用，但不会在 API 的其余部分中造成混乱。

在 **GameInput** 类中定义了两个属性：一个用于命令，另一个用于实际参数。为此，调用 **split()** 函数在空格字符处对输入命令进行分隔，然后调用 **getOrElse()** 函数以尝试获取 **split()** 函数结果列表中的第二项。如果提供给 **getOrElse()** 函数的索引不存在，**getOrElse()** 函数将返回一个空字符串作为默认值。

现在就可以分离命令的各部分了，是时候开始构建处理命令的基础设施了。

为了对用户的输入命令做出响应，使用 when 表达式在 **Game** 类中构建一个有效命令的集合。在 **GameInput** 类中添加一个名为 **processCommand()** 的函数。该函数将使用 when 表达式来根据用户输入的命令进行分支处理。

稍后再来处理用户输入的命令。现在，为用户输入无效的情况添加一个回退分支。如程序清单 16.8 所示，确保调用 **lowercase()** 函数对用户的输入进行合理处理。

程序清单 16.8　在嵌套类中定义一个函数(NyetHack.kt)

```
...
object Game {
    ...
    private class GameInput(arg: String?) {
        private val input = arg ?: ""
        val command = input.split(" ")[0]
        val argument = input.split(" ").getOrElse(1) { "" }

        fun processCommand() = when (command.lowercase()) {
            else -> narrate("I'm not sure what you're trying to do")
        }
    } }
```

现在，是时候让 **GameInput()** 函数发挥作用了。将 **Game.play** 中的 **readLine()** 函数替换为使用了 **GameInput** 类的版本，详见程序清单 16.9。

程序清单 16.9　使用 GameInput() 函数(NyetHack.kt)

```
...
object Game {
    ...
    fun play() {
        while (true) {
            narrate("${player.name} of ${player.hometown}, ${player.title},
                    is in ${currentRoom.description()}")
            currentRoom.enterRoom()

            print("> Enter your command: ")
            println("Last command: ${readLine()}")
```

```
            GameInput(readLine()).processCommand()
        }
    }
    ...
}
```

运行 NyetHack。如果习惯于使用 IntelliJ 窗口顶部工具栏中的运行按钮，可能会注意到，它现在不在那里了。这是因为游戏仍在等待上次运行时的输入。可以使用工具栏中替代了运行按钮的“停止和重新运行”按钮，或 **main()** 函数旁边的运行按钮。在弹出的窗口中，选择 Stop and rerun。

现在，输入的任何命令都会触发相应的响应，如下所示：

```
Welcome to NyetHack!
A hero enters the town of Kronstadt. What is their name?
Madrigal
Welcome, adventurer
Madrigal, a mortal, has 100 health points
Madrigal of Neversummer, The Renowned Hero, is in The Town Square
    (Currently: Bustling)
The villagers rally and cheer as the hero enters
The bell tower announces the hero's presence: GWONG
> Enter your command: fight
I'm not sure what you're trying to do
Madrigal of Neversummer, The Renowned Hero, is in The Town Square
    (Currently: Bustling)
The villagers rally and cheer as the hero enters
The bell tower announces the hero's presence: GWONG
> Enter your command:
```

程序得到了一定的完善：已将输入命令限制为一个小型（目前为空）已知输入集中指定的命令了。在本章的后续部分，将添加 move 命令，而 **GameInput()** 函数就会变得更有用。

但是，英雄人物还需要一个由多个城市广场组成的场景，这样，他们才能在 NyetHack 的世界中随处活动。

16.3 数据类

为英雄人物构建场景的第一步是建立一个坐标系以便四处活动。该坐标系将使用基本方位（cardinal directions）表示方向，并使用一个称为 **Coordinate** 的类表示方向的变化。

Coordinate 类是一个简单的类型，很适合被定义为**数据类（data class）**。顾名思义，数据类是专门用于保存数据的类，它们具有一些强大的数据操作优势，稍后就会看到。

创建一个名为 Navigation.kt 的新文件，并使用关键字 data 将 **Coordinate** 定义为一个数据类。**Coordinate** 类将在构造函数中定义两个属性：x 坐标和 y 坐标，如程序清单 16.10 所示。

程序清单 16.10 定义一个数据类（Navigation.kt）

```
data class Coordinate(val x: Int, val y: Int)
```

为了跟踪玩家在地图上的位置，在 Game 对象中添加一个名为 currentPosition 的属性，如程序清单 16.11 所示。

程序清单 16.11 跟踪玩家的位置（NyetHack.kt）

```
...
object Game {
```

```
private var currentRoom: Room = TownSquare()
private var currentPosition = Coordinate(0, 0)
... }
```

回想一下第15章的内容，Kotlin中的所有类最终都继承自 **Any** 类。在 **Any** 类中定义的是一系列可以在任何实例中进行调用的函数，包括 **toString()** 函数、**equals()** 函数和 **hashCode()** 函数等。

Any 类为所有这些函数提供了默认实现，但正如之前所看到的，这些默认行为通常没有什么用处。数据类为这些函数提供了实现，这可能更适合开发的项目。本节将逐步介绍这些函数以及使用数据类来表示代码库中数据的其他一些好处。

16.3.1 toString()函数

类中 **toString()** 函数的默认实现不是很容易理解。以 **Player** 类为例。**Player** 类被定义为一个普通的类，在Kotlin/JVM和Kotlin/Native上的实例中调用 **toString()** 函数将返回类似以下的结果：

```
Player@3527c201
```

默认实现返回的是类似ClassName@*hashCode* 格式的一个字符串，其中ClassName是类的名称，后跟一个实际上是随机十六进制数的hashCode。

可以在类中覆盖 **toString()** 函数以提供实现，就像在其他开放的函数中那样。而且数据类通过提供自己的默认实现省去了很多麻烦的工作。对于 **Coordinate()** 函数来说，该实现创建的字符串看起来像这样：

```
Coordinate(x = 1, y = 0)
```

因为x和y是在 **Coordinate()** 的主构造函数中声明的属性，所以它们以文本形式来表示 **Coordinate()** 函数(在构造函数之外声明的属性不会包含在该输出中)。数据类的 **toString()** 函数的实现比 **Any** 类中的默认实现要更加有用。

16.3.2 equals()函数和hashCode()函数

以下表达式的结果会是什么呢？

```
Room("The Haunted Mines") == Room("The Haunted Mines")
```

也许会令人惊讶，但答案是false。默认情况下，类的实例是通过它们的引用进行比较的，因为这是 **Any** 类中 **equals()** 函数的默认实现。由于本例中的两个值是单独的实例，所以它们具有不同的引用，因此并不相等(equal)。

如果两个房间有相同的名字时，可能会将它们视为相等的，可以通过在类中覆盖 **equals()** 函数来提供自定义的相等性(equality)检查，以便基于属性的比较来确定相等性，而不是基于内存引用。之前看到的类似 **String** 类型就是通过对值进行比较来判断相等性的。

再次强调，数据类会解决这一问题，它们会提供一个基于主构造函数中声明属性的 **equals()** 函数的实现。当 **Coordinate()** 函数被定义为一个数据类时，Coordinate(1,0)＝＝Coordinate(1,0)的结果为true，因为两个实例的x属性的值是相等的，y属性的值也是相等的。

数据类还为 **hashCode()** 函数提供了一个实现。无论何时覆盖 **equals()** 函数，都必须同时覆盖相应的 **hashCode()** 函数以避免在程序中引入隐蔽的bug。**hashCode()** 函数返回对象的一个数值表示，在其他用途中，它被 **set()** 函数和 **map()** 函数用于进行快速查找。

哈希代码(hash code)必须遵循两条规则：第一，如果两个对象基于 **equals()** 函数是相等的，则必须具有相同的哈希代码；第二，一个对象的哈希代码在其属性没有改变的情况下不得进行更改。这是为了保证在使用哈希代码进行快速查找时的一致性和正确性。

一般来说，不建议自己编写 **hashCode**()函数的实现。当覆盖 **equals**()函数并需要提供相应的 **hashCode**()函数实现时，IntelliJ 可以生成一个实现。参阅 16.7 节可以了解如何做到这一点。

最后，作为一般的经验，如果发现自己想要一个 **equals**()函数实现，那么在声明的函数实现之前，需要考虑使用数据类是否会更合适。数据类提供了一个简单且自动的方式来实现对象的相等比较。

16.3.3　Copy()函数

除了可以给 **Any** 类中的函数提供更有用的默认实现之外，数据类还提供了一个函数，可以轻松地创建对象的副本，并可以在创建过程中修改其值。

Coordinate()函数被定义为一个数据类，其 x 和 y 值的属性为只读的。不能直接修改坐标，因此如果想要修改坐标，必须获取一个新的对象。可以使用所需的值再次调用构造函数来实现这一点，但是 **copy**()函数可以使此任务变得更加简洁，并允许省略不想更改的值。因此，可以创建坐标的一个副本，如下所示。

在相同的位置创建一个副本：val duplicatedCoordinate=coordinate.copy()

在 map 最左边创建一个副本：val leftCoordinate=coordinate.copy(x=0)

在 map 的顶部创建一个副本：val topCoordinate=coordinate.copy(y=0)

许多 Kotlin 开发人员认为，在数据类内部只使用 val 属性是最佳的做法。这样可以避免由于可变性引起的竞态条件(race conditions)以及意外行为等错误。对于以这种方式构造的数据类，**copy**()函数几乎成为修改应用程序数据的必需品。

16.3.4　解构声明

数据类的另一个好处是，它们自动允许对类的数据进行解构。

到目前为止，所看到的解构示例涉及像 **Pair** 和 **List** 等解构类型，正如在第 11 章中所看到的那样。在底层，解构声明依赖于具有诸如 **component1**()、**component2**()等名称的函数声明，每个函数都被声明为要返回的某个数据片段。数据类会自动地为其主构造函数中定义的每个属性代表定义这些函数。

支持解构的类并没有什么神奇之处；数据类只是为了使类的"可解构"(destructurable)而做了额外的工作。可以通过为类添加组件(component)运算符函数，使任何类支持解构，如下所示：

```
class PlayerScore(val experience: Int, val level: Int) {
    operator fun component1() = experience
    operator fun component2() = level
}

val (experience, level) = PlayerScore(1250, 5)
```

通过将 **Coordinate**()函数声明为数据类，可以像下面这样检索在 **Coordinate**()主构造函数中定义的属性，如下所示：

```
val (x, y) = Coordinate(1, 0)
```

本例中，x 的值为 1，因为 **component1**()函数返回了在 **Coordinate**()主构造函数中声明的第一个属性的值。y 的值为 0，因为 **component2**()函数返回了在 **Coordinate**()主构造函数中声明的第二个属性的值。

这些特性都支持使用数据类来表示保存数据的简单对象，如 **Coordinate**()函数。经常需要比较、复制或输出其内容的类，尤其适合成为数据类。

然而，对数据类也有一些限制和要求。对于数据类来说：

（1）必须具有一个主构造函数，该函数至少有一个形式参数；

（2）要求每个主构造函数的形式参数被标记为 val 或 var；

（3）不能使用 abstract、open、sealed 或 inner 等关键字进行声明。

如果类中不需要使用 **toString**()、**copy**()、**equals**()、**hashCode**()或 **componentN**()等函数，那么数据类并无多大益处。而且，如果需要一个自定义的 **equals**()函数，例如，一个只使用特定属性而不是所有属性进行比较的 **equals**()函数，那么数据类并不是最合适的工具，因为它会在自动生成的 **equals**()函数中包含所有的属性。

在后续的 16.5 节将介绍如何覆盖 **equals**()函数和其他的函数。

16.4 枚举类

枚举类(**enumerated class**)也可以简称为 enums，是一种特殊类型的类，其中类的所有可能值都在类实体中列出或进行了**枚举**(**enumerated**)。

在 NyetHack 项目中，使用一个枚举类表示玩家在游戏中可以移动的 4 个可能方向，即 4 个基本方位(cardinal direction)。在 Navigation. kt 文件中添加名为 **Direction** 的枚举类，如程序清单 16.12 所示。

程序清单 16.12 定义一个枚举类(Navigation. kt)

```
data class Coordinate(val x:Int,val y:Int)
enum class Direction {
  North,
  East,
  South,
  West
}
```

枚举比其他类型的常量(如字符串)更具描述性。您可以使用枚举类的名称、点和类型的名称来引用枚举值，如下所示：

```
Direction.East
```

关于命名约定的快速说明：枚举通常以 PascalCase 或 all-capsSNAKE_CASE 命名。两者都可以，可以自由选择自己喜欢的样式。尤其是从 Java 切换到 Kotlin 的开发人员可能更喜欢使用 SNAKE_CASE 匹配 Java 的命名约定。本书将使用 PascalCase。

枚举可以做的不仅仅是声明特定的事例。若要在 NyetHack 中使用 Direction 表示角色移动，在沿 Direction 移动时，可以将每个 Direction 类型与 Coordinate 更改联系起来。

在游戏世界中，移动应该根据移动的方向修改玩家的 x 和 y 位置。例如，如果玩家向东移动，x 坐标应增加 1 个单位，y 坐标不变。如果玩家向南移动，则 x 坐标不变，y 坐标应增加 1 个单位。

将主构造函数添加到定义坐标特性的 Direction 枚举中。因为向枚举的构造函数添加了一个参数，所以在 Direction 中定义每个枚举值时必须调用该构造函数，并为每个值提供一个 Coordinate，如程序清单 16.13 所示。

程序清单 16.13 定义一个枚举类构造函数(Navigation. kt)

```
data class Coordinate(val x: Int, val y: Int)
```

```
enum class Direction(
    private val directionCoordinate: Coordinate
) {
    North(Coordinate(0, -1)),
    East(Coordinate(1, 0)),
    South(Coordinate(0, 1)),
    West(Coordinate(-1, 0))
}
```

就像其他类一样，枚举类也可以包含函数声明。

在 **Direction** 枚举类中添加 **updateCoordinate**()函数，根据玩家的移动来更新玩家的坐标位置（确保在枚举值声明和函数声明之间添加分号作为分隔符），如程序清单 16.14 所示。

程序清单 16.14　在枚举类中定义一个函数（Navigation.kt）

```
data class Coordinate(val x: Int, val y: Int)

enum class Direction(
    private val directionCoordinate: Coordinate
) {
    North(Coordinate(0, -1)),
    East(Coordinate(1, 0)),
    South(Coordinate(0, 1)),
    West(Coordinate(-1, 0));

    fun updateCoordinate(coordinate: Coordinate) =
        Coordinate(
            x = coordinate.x + directionCoordinate.x,
            y = coordinate.y + directionCoordinate.y
        )
}
```

可以在枚举值上调用函数，而不是在枚举类本身上调用。因此，调用 **updateCoordinate**()函数将类似于以下方式：

```
var currentPosition = Coordinate(5, 2)
currentPosition = Direction.East.updateCoordinate(currentPosition)
```

枚举类具有一些内置（out-of-the box）的特性。与数据类类似，枚举类具有 **equals**()、**hashCode**()以及 **toString**()等函数的实现。枚举类还有两个独有的属性：name 和 ordinal。

枚举类的 name 属性表示枚举值在代码中的名称，而 ordinal 属性是与其在枚举声明中位置相对应的 **Int** 类型的数据，类似于一个索引。因此，对于 **Direction** 枚举类来说，North 的 name 属性为 North，ordinal 属性为 0；East 的 name 属性是 East，ordinal 属性是 1，以此类推。在编写程序时注意如何使用这些属性。在重构枚举声明时，很容易意外地更改了这些值，这可能导致意想不到的后果。

枚举类本身还有两个函数可供调用：**values**()和 **valueOf**()。**values**()函数返回的是枚举的所有声明值的一个 **Array**。**valueOf**()函数返回的是与输入名称匹配的枚举值（如果没有匹配的枚举，则抛出异常信息）。以上两个函数均可用于查找特定的枚举值以适应动态输入，本章后续部分中将会用到它们。

16.5　运算符重载

之前已经了解到，Kotlin 的内置类型具有一系列可用的操作，并且某些类型根据它们所表示的数据来定制这些操作。例如，**equals**()函数及其关联的==运算符。可以使用这些操作检查两个数值类型的实例是否具有相同的值，两个字符串是否包含相同的字符序列，以及数据类的实例是否具有主构造函数中属性的相同值。类似地，**plus**()函数和+运算符可以将两个数值相加，可以将一个字符串追加到另一个字符串的末尾,也可以将一个 List 的元素添加到另一个 List 中。这些操作使我们可以更方便地处理各种类型的数据。

当创建自己的类型时,Kotlin 编译器不会自动知道如何将内置的运算符应用于它们。例如,询问一个 **Player** 类的对象是否等于另一个对象是什么意思呢?当想要将内置运算符与自定义类型一起使用时,必须覆盖运算符的函数,以告知编译器如何为类型实现它们。这被称为**运算符重载(operator overloading)**。

在之前的第 9 章和第 10 章中,已经介绍了运算符重载带来的好处:不需要直接调用 **get()**函数从 List 中检索元素。因为 **List** 类型重载了**索引访问运算符(indexed access operator)**[](通常称为 get 运算符(**get operator**)),以便能够更轻松地索引到 Collection 中的元素。Kotlin 的简洁语法(concise syntax)建立在这样的小改进基础上(使用 spellList[3]而不是 spellList. get(3))。

通过运算符重载获得改进,函数 **Coordinate** 是一个主要的候选项。通过将两个 **Coordinate** 实例的属性相加,英雄人物就可以在游戏世界中进行移动了。为实现该功能,只需在 **Coordinate** 上重载其 **plus** 运算符,而不必在 **Direction** 中定义该行为了。

在 Navigation. kt 文件中,按以上思想在函数声明前加上修饰符 operator,如程序清单 16. 15 所示。

程序清单 16. 15　重载 plus 运算符(Navigation. kt)

```
data class Coordinate(val x: Int, val y: Int) {
    operator fun plus(other: Coordinate) = Coordinate(x + other.x, y + other.y)
}
...
```

现在,简单地使用加法运算符(+)就可以将两个 **Coordinate** 实例相加。在 **Direction** 枚举类中按此修改,如程序清单 16. 16 所示。

程序清单 16. 16　使用重载运算符(Navigation. kt)

```
data class Coordinate(val x: Int, val y: Int) {
    operator fun plus(other: Coordinate) = Coordinate(x + other.x, y + other.y)
}

enum class Direction(
    private val directionCoordinate: Coordinate
) {
    North(Coordinate(0, -1)),
    East(Coordinate(1, 0)),
    South(Coordinate(0, 1)),
    West(Coordinate(-1, 0));

    fun updateCoordinate(coordinate: Coordinate) =
        Coordinate(
            x = coordinate.x + directionCoordinate.x,
            y = coordinate.y + directionCoordinate.y
        )
        coordinate + directionCoordinate
}
```

表 16. 2 给出了 Kotlin 中可以进行重载的运算符。

表 16. 2　可进行重载的运算符

运 算 符	函 数 名 称	用　　途
+	plus	将一个对象加上另一个对象
++	inc	递增对象的值

续表

运　算　符	函 数 名 称	用　　途
+=	plusAssign	将一个对象加上另一个对象，并将结果赋值给第一个对象
−	minus	从一个对象中减去另一个对象
−−	dec	递减对象的值
−=	minusAssign	从一个对象中减去另一个对象，并将结果赋值给第一个对象
*	times	将一个对象乘以另一个对象
/	div	将一个对象除以另一个对象
==	equals	如果两个对象相等，则返回 true，否则返回 false
>	compareTo	如果左侧的对象大于右侧的对象，则返回 true，否则返回 false
[]	get	返回 Collection 中给定索引处的元素
..	rangeTo	创建一个范围对象
in	contains	如果 Collection 中存在某对象，则返回 true
()	invoke	执行函数，就像该值是一个 Lambda 表达式一样

表 16.2 中的运算符可以在任何类上进行重载，但请确保仅在有意义的情况下这样做。虽然可以在 **Player** 类上分配逻辑给加法运算符，但"Player plus Player"意味着什么呢？在使用重载运算符之前，请先问问自己这个问题。

16.6　探索 NyetHack 的世界

现在，已经构建了一个游戏循环，并在坐标平面上建立了一个基本方位系统，是时候在 NyetHack 项目添加更多的房间进行探索了。

为了创建一个游戏世界的地图，需要一个保存所有房间的 List。实际上，由于玩家可以在两个维度上移动，需要一个包含 3 种房间 List 的 List，每一行代表一种房间。

第一个房间 List 从西向东依次保存了城市广场（玩家的起始位置）、酒馆和密室（back room）。第二个房间 List 将保存长廊（long corridor）和普通房间（generic room）。第三个房间 List 将只保存地牢（dungeon）。以上 3 个 List 均保存在一个名为 worldMap 的第四个 List 中。图 16.1 展示了房间的布局。

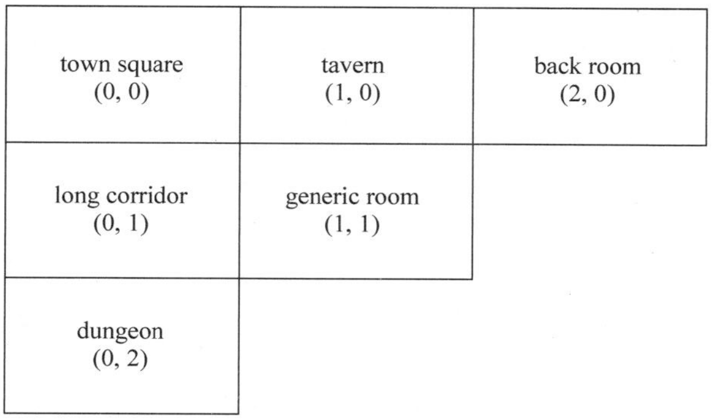

town square (0, 0)	tavern (1, 0)	back room (2, 0)
long corridor (0, 1)	generic room (1, 1)	
dungeon (0, 2)		

图 16.1　NyetHack 中的游戏世界地图

在 **Game** 中添加一个名为 worldMap 的属性，其中包含一系列房间供英雄人物去探索，如程序清单 16.17 所示。

程序清单 16.17 在 NyetHack 中定义游戏世界地图(NyetHack.kt)

```
...
object Game {
    private val worldMap = listOf(
        listOf(TownSquare(), Tavern(), Room("Back Room")),
        listOf(Room("A Long Corridor"), Room("A Generic Room")),
        listOf(Room("The Dungeon"))

    )

    private var currentRoom: Room = TownSquare() worldMap[0][0]
    private var currentPosition = Coordinate(0, 0)
    ... }
```

有了这些房间,现在是时候添加 move 命令,并让玩家能够踏入神秘的 NyetHack 之地了。添加 **move()** 函数,该函数用于接收一个 **Direction** 类的实际参数,并在玩家可以朝指定方向移动时,更新 currentRoom 和 currentPosition,如程序清单 16.18 所示。

程序清单 16.18 定义 move()函数(NyetHack.kt)

```
...
object Game {
    ...
    fun play() {
        while (true) {
            narrate("${player.name} of ${player.hometown}, ${player.title},
                    is in ${currentRoom.description()}")
            currentRoom.enterRoom()

            print("> Enter your command: ")
            GameInput(readLine()).processCommand()
        }
    }

    fun move(direction: Direction) {
        val newPosition = direction.updateCoordinate(currentPosition)
        val newRoom = worldMap.getOrNull(newPosition.y)?.getOrNull(newPosition.x)

        if (newRoom != null) {
            narrate("The hero moves ${direction.name}")
            currentPosition = newPosition
            currentRoom = newRoom
        } else {
            narrate("You cannot move ${direction.name}")
        }
    }
    ...
}
```

使用 **getOrNull()** 函数可以确定坐标是否匹配地图上的某个房间。如果玩家试图走出地图边缘,则该函数将返回 null,并且应该拒绝移动。

另外,上述代码中使用的是枚举的 name 属性。通常情况下,一般不希望将该值输出至控制台,因为枚举名称并不总是用户可见的。使用这样的枚举名称也可能使得将程序翻译成其他语言变得困难。但是 NyetHack 中的 **Direction** 类不受这些注意事项的限制,所以,为了简单起见,可以直接使用 name 属性。

对于更复杂的项目，建议在这个枚举中添加自己的 directionName 属性。如果程序还需要国际化支持，可以使用平台的翻译 API 来实现该自定义属性，根据用户的位置获得正确的字符串。

当玩家输入 move 命令时，应该调用 **move()** 函数，可以使用本章之前编写的 **GameInput** 类来实现该功能，如程序清单 16.19 所示。

程序清单 16.19　实现 move 命令(NyetHack.kt)

```
...
object Game {
    ...
    private class GameInput(arg: String?) {
        private val input = arg ?: ""
        val command = input.split(" ")[0]
        val argument = input.split(" ").getOrElse(1) { "" }

        fun processCommand() = when (command.lowercase()) {
            "move" -> {
                val direction = Direction.values()
                    .firstOrNull { it.name.equals(argument, ignoreCase = true) }
                if (direction != null) {
                    move(direction)
                } else {
                    narrate("I don't know what direction that is")
                }
            }
            else -> narrate("I'm not sure what you're trying to do")
        }
    }
}
```

此段新代码首先将变量 argument 转换为 **Direction** 类。它使用了枚举类的 **values()** 函数，找到一个具有相应名称的 **Direction**(忽略大小写)。如果没有与方向相匹配的名称，函数将返回 null 值，并且解说者将会表达他们的困惑。否则，现在有了一个 **Direction** 类的实例，可以调用 **move** 类函数进行移动。

尝试运行 NyetHack，程序实现了在游戏世界中的随处移动，可以看到如下的输出：

```
...
Madrigal of Neversummer, The Renowned Hero, is in The Town Square
    (Currently: Bustling)
The villagers rally and cheer as the hero enters
The bell tower announces the hero's presence: GWONG
> Enter your command: move east
The hero moves East
Madrigal of Neversummer, The Renowned Hero, is in Taernyl's Folly
    (Currently: Busy)
Madrigal enters Taernyl's Folly
...
```

现在，玩家可以在 NyetHack 的世界里四处走动了。本章介绍了如何使用类的若干变体。除了关键字 class 之外，还可以使用对象声明、数据类和枚举类来表示数据。使用适合任务的工具将使代码中对象之间的关系更加直观。

第 17 章将介绍接口和抽象类，这些是定义类必须遵守的协议的机制，为 NyetHack 增加战斗的刺激。

16.7 好奇之处：定义结构比较

假设有一个 **Weapon** 类，具有 name 和 type 两个属性：

```
open class Weapon(val name: String, val type: String)
```

假设希望两个单独的 weapon 实例被认为是结构相等的，如果其名称和类型的值在结构上均相等，可以使用结构相等运算符（==）进行比较。默认情况下，如本章之前所述，运算符==会检查对象的引用相等性，因此该表达式的计算结果将为 false，如下所示：

```
open class Weapon(val name: String, val type: String)

Weapon("Mjolnir", "hammer") == Weapon("Mjolnir", "hammer") // False
```

本章已经看到数据类为该问题提供了一个解决方案——使用主构造函数中声明的属性进行相等性比较的 **equals**()函数的实现。但是 **Weapon** 不是（也不能是）一个数据类，因为它被设计为其他 weapon 变体的基类（因此使用了关键字 open）。数据类不允许作为超类使用。

然而，正如在 16.5 节中所讨论的，可以提供自己的 **equals**()函数和 **hashCode**()函数实现，以指定如何在结构上比较类的实例。

这种需求比较普遍，所以 IntelliJ 可以通过 Code→Generate 菜单或组合键 Alt+Insert（macOS 中组合键为 Command+N）（Command-N [Alt-Insert]）提供 Generate 任务，用于添加函数重写，该操作会弹出 Generate 对话框，如图 16.2 所示。

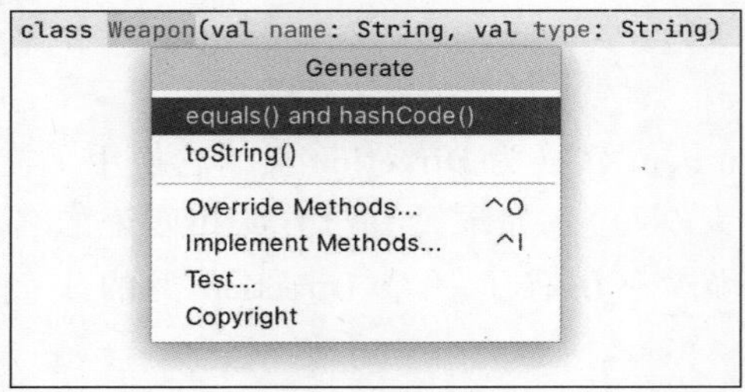

图 16.2 Generate 对话框

在该对话框中，选择 **equals**()函数和 **hashCode**()函数。

在生成 **equals**()和 **hashCode**()函数的重写时，可以选择在结构上比较两个对象实例时应该使用的属性，如图 16.3 所示。选择复选框以选中 name 和 type。

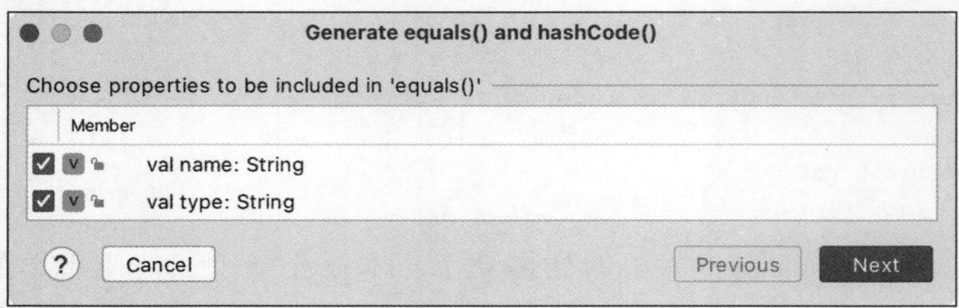

图 16.3 选择将包含在 **equals**()重写函数中的属性

根据所做的选择，IntelliJ 将 **equals**()和 **hashCode**()函数添加至类中，如下所示：

```
open class Weapon(val name: String, val type: String) {
```

```
    override fun equals(other: Any?): Boolean {
        if (this === other) return true
        if (other !is Weapon) return false

        other as Weapon

        if (name != other.name) return false
        if (type != other.type) return false

        return true
    }

    override fun hashCode(): Int {
        var result = name.hashCode()
        result = 31 * result + type.hashCode()
        return result
    }

}
```

生成的 **equals**()重写函数将在 Generate 命令中设置所选属性之间的结构比较。如果任何一个属性在结构上不相等,则比较结果为 false;否则,返回 true。

因此,通过这些重写的方式,只要两个 weapon 的名称和类型相同,比较的结果就是 true,如下所示:

```
Weapon("Mjolnir", "hammer") == Weapon("Mjolnir", "hammer") // True
```

如前所述,每当重写 **equals**()函数时,都应该同时提供一个对应的 **hashCode**()重写函数。通常情况下,在 **equals**()函数中使用的属性应该一起计算出哈希代码。IntelliJ 可以完成这个哈希计算,它会获取每个属性的哈希代码,将其乘以一个任意的质数,并将它们相加以得到最终的 **hashCode** 值。

16.8 好奇之处:代数数据类型

代数数据类型(**Algebraic Data Type**,**ADT**)可以表示与给定类型关联的一组可能的子类型。枚举类是 ADT 的一种简单形式。

假设有一个 **Student** 类,根据学生注册状态的不同,可能有 3 种关联状态:**NotEnrolled**、**Active** 或 **Graduated**。

使用本章中学习的枚举类,可以为 **Student** 类的 3 种状态建模,如下所示:

```
enum class StudentStatus {
    NotEnrolled,
    Active,
    Graduated
}

class Student(var status: StudentStatus)

fun main() {
    val student = Student(StudentStatus.NotEnrolled)

}
```

可以编写一个函数,根据学生状态的不同来生成学生的消息,如下所示:

```
fun studentMessage(status: StudentStatus): String {
    return when (status) {
        StudentStatus.NotEnrolled -> "Please choose a course."
    }
}
```

因为 ADT 是一组可能的类型，所以枚举类和其他 ADT 的好处之一是编译器可以检查以确保处理了所有可能性。**studentMessage()**函数的实现没有处理 **Active** 或 **Graduated** 状态，因此编译器会报错，如图 16.4 所示。

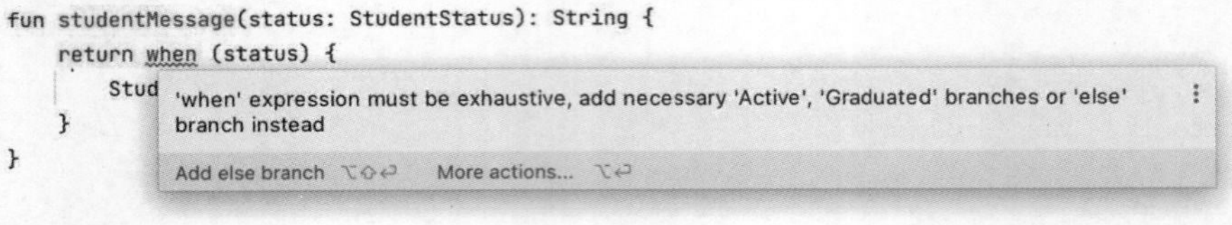

```
fun studentMessage(status: StudentStatus): String {
    return when (status) {
        Stud
    }
}
```

'when' expression must be exhaustive, add necessary 'Active', 'Graduated' branches or 'else' branch instead

Add else branch   More actions...

图 16.4　添加必要的分支

当所有类型都通过显式地处理或通过 else 分支进行处理时，编译器就不会报错了，如下所示：

```
fun studentMessage(status: StudentStatus): String {
    return when (status) {
        StudentStatus.NotEnrolled -> "Please choose a course."
        StudentStatus.Active -> "Welcome, student!"
        StudentStatus.Graduated -> "Congratulations!"
    }
}
```

对于更复杂的 ADT 来说，可以使用 Kotlin 的**密封类**(**sealed class**)实现更复杂的定义。密封类允许指定一个类似于枚举的 ADT，但比枚举提供了更多对特定子类型的控制。

例如，假设当某学生处于活动状态时，该学生也被分配了一个课程 ID。可以将课程 ID 属性添加至枚举的定义中，如下所示：

```
enum class StudentStatus {
    NotEnrolled,
    Active,
    Graduated;
    var courseId: String? = null // Used for Active only
}
```

这种方法存在两个问题。由于这个属性仅在 Active 情形下使用，所以在其他情况下，该属性有两个不必要的 null 状态。此外，Kotlin 仅对每个枚举值创建一个实例，并在整个程序中共享，这与使用对象声明创建的 Game 实例非常相似。如果以这种方式设置程序，所有的学生都将共享一个 Active 实例。除非学生都选修了同一门课程，或者仅有一个学生，否则这种表示是行不通的。

一个更好的解决方案是使用密封类对学生的状态进行建模，如下所示：

```
sealed class StudentStatus {
    object NotEnrolled : StudentStatus()
    data class Active(val courseId: String) : StudentStatus()
    object Graduated : StudentStatus()
}
```

StudentStatus 密封类具有有限数量的子类。密封类只能由与密封类本身定义相同的包和代码库中声明的其他类作为其子类。

由于密封类的扩展限制，Kotlin 在编译时就能知道所有可能的实现。这使得编译器可以在不需要

else 分支的情况下检查 when 表达式的完全性(exhaustiveness),这与枚举类非常类似。

关键字 object 用于不需要课程 ID 的状态,因为其实例永远不会有任何变化。但是 Active 状态被定义为常规类(具体而言是数据类),因为它将具有不同的实例,而且课程 ID 也将随学生而变化。

在 when 语句中使用新的密封类可以从 **Active** 类中读取 courseId,通过智能强制转换来访问它,如下所示:

```
fun main() {
    val student = Student(StudentStatus.Active("Kotlin101"))
    studentMessage(student.status)
}
fun studentMessage(status: StudentStatus): String {
    return when (status) {
        is StudentStatus.NotEnrolled -> "Please choose a course!"
        is StudentStatus.Active -> "You are enrolled in: ${status.courseId}"
        is StudentStatus.Graduated -> "Congratulations!"
    }
}
```

16.9　好奇之处:值类

除了在本章中看到的其他类型的类之外,Kotlin 还有一种类称之为**值类**(**value class**)。如果创建一个以不同方式解释现有类型的新类时,值类就大有用处了。例如,可能希望使用几个不同的距离单位来测量 NyetHack 中地图上物体之间的远近,可以使用值类定义英里(mile)和公里的类型,如下所示:

```
@JvmInline
value class Kilometers(private val kilometers: Double) {
    operator fun plus(other: Kilometers) =
        Kilometers(kilometers + other.kilometers)

    fun toMiles() = kilometers / 1.609
}

@JvmInline
value class Miles(private val miles: Double) {
    operator fun plus(other: Miles) =
        Miles(miles + other.miles)

    fun toKilometers() = miles * 1.609

}
```

对于特定的单位使用不同的类型可以带来很大的便利,因为它允许在程序的类型中对单位进行编码。本例中,它还可以防止在没有转换单位的情形下意外地将英里数与公里数相加。通常,像这样的类有一个缺点:实例化任何类的实例都会有内存开销。但值类则完全避免了这个问题。

当在代码中使用值类时,它们会被替换为它们所包装的类型(本例中为 **Double**)。然后,类上的所有函数(如 **plus**()、**toMiles**()和 **toKilometers**())随后被编译为静态函数,这些函数可以在不需要值类实例的情形下进行调用。这意味着可以直接调用这些函数,而不需要创建值类的实例。

最终的结果是,可以声明自定义类封装现有类型,以获得类型安全,而无须任何额外的开销。然而,值类并非没有其局限性,其局限性主要表现为以下 4 点。

(1) 值类的主构造函数必须只有一个参数,并且必须声明为 val 属性。这个属性的值会在类被使用的地方内联。

（2）值类不能声明任何具有后备字段的附加属性。但是，允许使用计算属性 var 或 val。

（3）值类不能重写 **equals**()或 **hashCode**()函数。Kotlin 将使用被封装值的实现。

（4）值类不能被标记为 open，并且不能继承另一个类（但是它们可以实现接口，第 17 章将介绍这方面的知识）。

16.10 挑战之处：更多的命令

随着本章中对代码所做的改进，Madrigal 不再放出火球或进行预言了。通过添加两个新的命令 cast fireball 和 prophesize 以在 **Player** 类上调用相应的函数，解决了该问题。

此外，玩家很可能会在某个时候希望退出 NyetHack，但目前 NyetHack 没有办法做到这一点。添加另一条命令，当用户输入 quit 或 exit 时执行。当接收到这个命令时，NyetHack 应该向玩家显示告别消息并终止游戏。提示：请记住，目前程序中的 while 循环是死循环，解决该挑战的一个重要途径是通过条件来结束循环。

16.11 挑战之处：实现一个游戏世界地图

还记得我们之前说过 NyetHack 不以精美的 ASCII 图形见长吗？一旦成功完成了本挑战，它将会有！

玩家有时会迷失在 NyetHack 广阔的游戏世界中，但幸运的是，设计者可以为他们提供一张神奇的游戏地图。添加 map 命令，用于显示玩家在游戏世界中的当前位置。例如，对于当前在酒馆的玩家，游戏交互应该如下所示：

```
> Enter your command: map
O X O
O O
O
```

X 表示玩家当前所处的房间。

16.12 挑战之处：敲响钟声

在 NyetHack 项目中添加 ring 命令，就可以随时在城市广场内敲响钟声了。

提示：需要将 **ringBell**()函数设为公共函数。

第17章

接口和抽象类

本章介绍如何在 Kotlin 中定义和使用**接口**(**interface**)与**抽象类**(**abstract class**)。

接口允许指定程序中的一部分类所支持的公共属性和行为,而无须指定它们的具体实现方式。当继承关系不适用于程序中的类时,接口的这种能力(关注 **what** 而非 **how**)是非常有用的。通过使用接口,一组类可以拥有共同的属性或函数,而无须共享超类或相互进行子类化。

Kotlin 还提供了一种称为抽象类的类,它是一种介于接口和类之间的混合体。抽象类与接口都可以指定 **what** 而无须指定 **how**,在这一点上二者是类似的,二者的不同之处在于它们还可以定义构造函数并充当超类。

这些新概念能够为 NyetHack 增添一个令人兴奋的功能:现在,英雄人物已经可以四处走动了,再增加一个战斗系统(combat system)就可以对付遇到的邪恶分子(evildoers)了。

17.1 定义接口

为了定义战斗的执行方式,可以先创建一个接口,指定游戏中实体在进行战斗时使用的函数和属性。玩家面对的可能是个妖精(goblin),但将定义的是一个可以适用于任何生物(creature)的战斗系统,而不仅仅是妖精。

创建一个名为 Creature.kt 的新文件。在 com.bignerdranch.nyethack 软件包中,为避免命名冲突,使用关键字 interface 定义一个名为 **Fightable** 的接口,如程序清单 17.1 所示。

程序清单 17.1 定义接口(Creature.kt)

```
interface Fightable {
    val name: String
    var healthPoints: Int
    val diceCount: Int
    val diceSides: Int
    fun takeDamage(damage: Int)
    fun attack(opponent: Fightable)
}
```

接口声明定义了任何可以在 NyetHack 中进行战斗的实体所共有的内容。具有战斗能力的生物(fightable creatur)使用骰子的数量、每个骰子的面数以及伤害值投掷(damage roll,即骰子上投掷点数的总和来确定对敌人造成的伤害大小)。

具有战斗能力的生物还必须有一个名称:healthPoints,以及两个函数的实现:**takeDamage**()和**attack**()。

接口 **Fightable** 中的 4 个属性都没有初始化程序，并且 **takeDamage**()和 **attack**()函数也都没有函数体。接口对提供初始化程序或函数体并不关心。记住，接口仅指定了 **what**，而不是 **how**。

接口 **Fightable** 也是 **attack**()函数接收的 opponent 形式参数的类型。接口可以像类一样用作形式参数的类型。

当函数指定形式参数类型时，该函数关心的是实际参数可以做什么，而不是行为是如何实现的。这是接口的优势之一，可以创建一组要求，这些要求在其他没有共同点的类之间进行共享。

17.2 实现接口

要使用一个接口，一般会说要在类上"实现"它，这个过程包括以下两部分：

(1) 声明该类已实现了接口。

(2) 必须确保该类为接口中指定的所有属性和函数提供了实现。

使用：运算符在 **Player** 类上实现 **Fightable** 接口，如程序清单 17.2 所示。

程序清单 17.2 实现接口(Player.kt)

```
class Player(
    initialName: String,
    val hometown: String = "Neversummer",
    override var healthPoints: Int,
    val isImmortal: Boolean
) : Fightable {
    override var name = initialName
        get() = field.replaceFirstChar { it.uppercaseChar() }
        private set(value) {
            field = value.trim()
        }
    ...
}
```

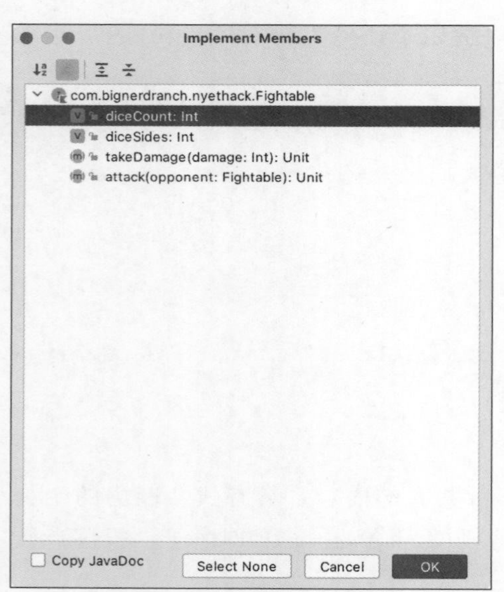

图 17.1 实现 Fightable 的成员函数/属性

稍后，会对此处添加的关键字 override 进行解释。

当将接口 **Fightable** 添加至 **Player** 类时，IntelliJ 会提示缺少函数和属性。对尚未在 **Player** 类上实现属性和函数提出警告，有助于遵守 **Fightable** 的规则，而 IntelliJ 还将帮助实现接口所需的一切。

右击 **Player**，并选择 Generate→Implement Methods 命令，然后在 Implement Members 对话框中选择 diceCount、diceSides 和 takeDamage()，如图 17.1 所示。将在 17.3 节中对 **attack**()函数进行处理。

在 IntelliJ 为 **Player** 类生成了实现后，根据程序清单 17.3 所示的顺序重新排列它们，以将属性和函数分组。

程序清单 17.3 生成桩代码(Player.kt)

```
class Player(
    initialName: String,
    val hometown: String = "Neversummer",
    override var healthPoints: Int,
    val isImmortal: Boolean
```

```
) : Fightable {
    ...
    val prophecy by lazy {
        ...
    }

    override val diceCount: Int
        get() = TODO("Not yet implemented")
    override val diceSides: Int
        get() = TODO("Not yet implemented")

    init {
        require(healthPoints > 0) { "healthPoints must be greater than zero" }
        require(initialName.isNotBlank()) { "Player must have a name" }
    }
    ...
    fun prophesize() {
        narrate("$name thinks about their future")
        narrate("A fortune teller told Madrigal, \"$prophecy\"")
    }

    override fun takeDamage(damage: Int) {
        TODO("Not yet implemented")
    }
}
```

在 **Player** 类上添加的实现只是桩代码(stubs)。下一步将会对其进行完善(顺便说一句,这就是第 4 章 **Nothing** 类型讨论中的 **TODO**()函数的运行方式)。一旦实现了 diceCount、diceSides 以及 **takeDamage**(),并处理 **attack**()函数,**Player** 类将可以满足 **Fightable** 接口,并可以在战斗中使用。

属性和函数的实现,包括 healthPoints 和 name,都使用了关键字 override。这可能会让人感到惊讶,毕竟,并没有替换接口 **Fightable** 中这些属性的实现。但是,所有接口属性和函数的实现都必须标记为 override。

另外,接口中的函数声明中并不是必需要有关键字 open。这是因为所有添加到接口中的属性和函数都必须隐式地被声明为 open,否则它们将毫无意义。毕竟,接口只是概述了 **what**,而 **how** 必须由实现它的类来提供。

将 diceCount、diceSides 和 **takeDamage**()中的 **TODO**()函数调用部分替换为适当的值和功能,如程序清单 17.4 所示。

程序清单 17.4 实现一个接口(Player.kt)

```
class Player(
    initialName: String,
    val hometown: String = "Neversummer",
    override var healthPoints: Int,
    val isImmortal: Boolean
) : Fightable {
    ...
    override val diceCount: Int = 3
        get() = TODO("Not yet implemented")

    override val diceSides: Int = 4
        get() = TODO("Not yet implemented")
    ...
    override fun takeDamage(damage: Int) {
        TODO("Not yet implemented")
```

```
            if (!isImmortal) {
                healthPoints -= damage
            }
        }
    }
```

程序清单 17.4 中，diceCount 和 diceSides 是用整数来实现的。**Player** 类的 **takeDamage**()函数将从玩家的生命值池中减去所受到的伤害值，除非该玩家是金刚不坏之身(在这种情况下，他们无法受到普通手段的伤害)。接下来，当实现 **takeDamage**()函数时，将调用 **attack**()函数。

17.3 默认实现

前面已经多次强调接口关注的是 **what**，而不是 **how**。但是，可以为接口中的属性 getter 和函数提供默认实现。这样，实现该接口的类就可以选择使用默认实现或定义自己的实现。

下面，为接口 **Fightable** 中的 **attack**()函数提供一个默认实现。该函数以掷骰子的点数为输入，并计算相应的伤害值，如程序清单 17.5 所示。

程序清单 17.5 定义一个默认实现(Creature.kt)

```
import kotlin.random.Random
interface Fightable {

    val name: String
    var healthPoints: Int
    val diceCount: Int
    val diceSides: Int

    fun takeDamage(damage: Int)

    fun attack(opponent: Fightable) {
        val damageRoll = (0 until diceCount).sumOf {
            Random.nextInt(diceSides + 1)
        }
        narrate("$name deals $damageRoll to ${opponent.name}")
        opponent.takeDamage(damageRoll)
    } }
```

既然 **attack**()函数有了一个默认实现，那么任何实现接口 **Fightable** 的类都可以选择不提供 **attack**()函数的实现。这样项目中就不会再出现错误提示了。现在，**Player** 类已完全实现了接口 **Fightable**。运行程序，确认输出结果与之前相同。

还可以为接口中的属性提供一个默认实现，但仅限于计算属性，因为接口不允许为其自身的支持属性分配空间。并非每个属性或函数都需要在每个类中有一个独特的实现，因此提供默认实现是减少代码重复的一个好方法。

17.4 抽象类

抽象类提供了另一种在类中强制实现结构的方法。抽象类永远不会直接进行实例化。抽象类的目的是通过继承已被实例化的子类来提供函数实现。它可以包含一些默认实现，但也可以有一些需要子类必须实现的抽象方法。抽象类的主要目的是提供一种约束机制，确保子类按照预期方式进行实现。

抽象类是通过在类定义之前加上关键字 abstract 定义的。除了函数实现之外，抽象类还可以包括

抽象函数(**abstract function**)——没有实现的函数声明。抽象函数是指在抽象类中声明的函数,其实现留给具体的子类去完成。子类必须实现这些抽象函数,以满足抽象类的约束。抽象函数的存在可以确保在子类中具有相同的函数签名和类型,以保持一致的接口。这使得代码更具可读性和可维护性,同时提供了一种强制实现某些函数的机制。

现在是时候在 NyetHack 中给玩家配备一些进行战斗所需的东西了。在 Creature. kt 文件中添加一个名为 **Monster** 的抽象类。**Monster** 类实现了接口 **Fightable**,因此需要属性 name 和 healthPoints 以及一个 **takeDamage**()函数,如程序清单 17.6 所示。**Fightable** 的其他属性怎么办呢? 稍后将会讨论这个问题。

程序清单 17.6　定义一个抽象类(Creature. kt)

```
interface Fightable {
    val name: String
    var healthPoints: Int
    val diceCount: Int
    val diceSides: Int

    fun takeDamage(damage: Int)

    fun attack(opponent: Fightable) {
        val damageRoll = (0 until diceCount).sumOf {
            Random.nextInt(diceSides + 1)
        }
        narrate("$name deals $damageRoll to ${opponent.name}")
        opponent.takeDamage(damageRoll)
    }
}
abstract class Monster(
    override val name: String,
    val description: String,
    override var healthPoints: Int
) : Fightable {
    override fun takeDamage(damage: Int) {
        healthPoints -= damage
    } }
```

将 **Monster** 类定义为一个抽象类是因为它是游戏中更具体生物的基础。永远不会去创建 **Monster** 类的实例——即使想尝试这么做,也不可能成功。相反,可以创建 **Monster** 类的子类的实例: 即更具体的怪物,如妖精、幽灵或龙等,它们是怪物抽象类的具体版本。这样做可以更好地组织和管理游戏中的不同类型的怪物。

再仔细看一下 **Monster** 类的构造函数。在构造函数中使用关键字 override 定义了属性 name 和 healthPoints。以上两个属性继承自接口 **Fightable**,无论它们是否出现在 **Monster** 类本身中,**Monster** 类都可以访问它们。可以在 **Monster** 类中省略这些属性,但包含它们有两个好处。

在构造函数中声明重载属性的第一个优点 **Monster** 类的子类可以通过传递构造函数的值实现这些属性,而无须声明自己的属性。这可以使子类中的语法更简洁一些。

第二个优点更为微妙。在未来的某个时刻,可能会与怪物和平相处,因此可能希望更新 **Monster** 类,不再实现接口 **Fightable**。但是,即使是一个友善的怪物,知道其名字和生命值仍然是有价值的。在这种情况下,怪物仍然会具有这些属性,因为它们是由类本身声明的(只需记住删除关键字 override 即可)。

将 **Monster** 类定义为一个抽象类,为 NyetHack 中的怪物提供了一个模板: 怪物必须有一个名称和相关的描述，并且（目前）必须满足接口 **Fightable** 的条件。

现在，在文件 Creature. kt 中创建 **Monster** 抽象类的第一个具体版本——**Goblin** 子类，如程序清单 17.7 所示。

程序清单 17.7 构建抽象类的子类（Creature. kt）

```
interface Fightable {
    ...
}

abstract class Monster(
    override val name: String,
    val description: String,
    override var healthPoints: Int
) : Fightable {
    override fun takeDamage(damage: Int) {
        healthPoints -= damage
    }
}

class Goblin(
    name: String = "Goblin",
    description: String = "A nasty - looking goblin",
    healthPoints: Int = 30
) : Monster(name, description, healthPoints)
```

由于 **Goblin** 类是 **Monster** 抽象类的一个子类，因此，它具有 **Monster** 抽象类所有的属性和函数。

如果在此时尝试编译代码，编译将会失败。这是因为 diceCount 和 diceSides 都被指定在接口 **Fightable** 上定义，但它们在 **Goblin** 类中没有明确实现（并且也没有默认实现）。

在 Kotlin 中，当一个类继承一个接口或抽象类时，并且该接口或抽象类有未实现的方法或属性，子类同样需要实现这些方法或属性。这是为了确保子类能够完全满足父类的要求，并具有一致的行为。在这种情况下，**Goblin** 需要满足接口 **Fightable** 的要求，以便符合 **Monster** 抽象类和接口 **Fightable** 的定义。

默认情况下，一个子类与其超类共享所有的功能和特性。无论超类有什么属性，这个规则都成立。如果一个类实现了一个接口，那么，它的子类也必须满足接口的要求。

即使实现了接口 **Fightable**，**Monster** 抽象类也并不必须包含接口的所有要求，因为它是一个抽象类，永远不会被实例化。但是，它的子类必须通过从 **Monster** 抽象类继承或自行实现的方式，实现接口 **Fightable** 的所有要求。

通过将其添加到 **Goblin** 类，以满足接口 **Fightable** 上定义的要求，如程序清单 17.8 所示。

程序清单 17.8 在抽象类的子类中实现属性（Creature. kt）

```
interface Fightable {
    ...
}

abstract class Monster(
    override val name: String,
    val description: String,
    override var healthPoints: Int
) : Fightable {
    ...
}
```

```
class Goblin(
    name: String = "Goblin",
    description: String = "A nasty - looking goblin",
    healthPoints: Int = 30
) : Monster(name, description, healthPoints) {
    override val diceCount = 2
    override val diceSides = 8
}
```

重新运行程序，以确保它按预期进行了编译。

或许已经注意到抽象类和接口之间的相似性：两者都可以定义不需要实现的函数和属性。那么，两者之间有什么区别呢？

首先，接口不能指定构造函数。接口也无法阻止继承者覆盖默认行为，并且对于哪些属性和函数可以标记为私有的，接口是有一些限制的。此外，尽管一个类只能**扩展**（**extend**）（或子类化）一个抽象类，但它可以实现多个接口。

一个很好的经验是：当需要一组行为或属性的类别，但这些类别不能使用继承来实现共享，那么可以使用接口。另外，如果继承是有意义的，但不想要一个具体的父类，那么抽象类可能是合适的选择。如果希望构造父类，那么常规类仍然是最佳的选择。

17.5　在 NyetHack 中进行战斗

在 NyetHack 项目中增加战斗元素，将充分利用之前所学的面向对象编程的知识。

在 NyetHack 项目的有些房间中（如长长的走廊以及地牢）都暗藏着一个怪物，有待英雄人物以所知道的最生动的方式将其消灭：通过将其置空（nullifying it）。

创建一种名为 **MonsterRoom** 的新房间类型，以定义一个能够容纳怪物的房间。在新的 **MonsterRoom** 类中添加一个 nullable 的 **Monster?** 类型的 monster 属性，并通过将其赋值为 **Goblin** 初始化它。此外，重写 **Room** 类的 description 方法，以便让玩家知道房间中是否有怪物需要去消灭，如程序清单 17.9 所示。

程序清单 17.9　定义一个藏有怪物的房间（Room.kt）

```
open class Room(val name: String) {

    protected open val status = "Calm"

    open fun description() = " $ name (Currently:  $ status)"

    open fun enterRoom() {
        narrate("There is nothing to do here")

    }

}

open class MonsterRoom(
    name: String,
    var monster: Monster? = Goblin()

) : Room(name) {

    override fun description() =
```

```
        super.description() + " (Creature: ${monster?.description ?: "None"})"

    override fun enterRoom() {
        if (monster == null) {
            super.enterRoom()
        } else {
            narrate("Danger is lurking in this room")
        }
    }

}
```

注意程序清单 17.9 中对 super. description()和 super. enterRoom()的调用。关键字 super 用于调用超类,并访问函数或属性的非重载行为(non-overridden behavior)。此处,使用它来调用 **Room** 类的 **description**()函数和 **enterRoom**()函数实现,并在实现 **MonsterRoom** 类时进行扩展。

新的 **MonsterRoom** 类通过 monster 属性跟踪潜伏的恶魔。如果该属性为 null,表明怪物已经被击败。否则,英雄人物仍有一个敌人需要去打败。

对于 **Monster?** 类型的属性 monster,已经通过 **Goblin** 类的对象进行了初始化。在 **MonsterRoom** 类中可以容纳 **Monster** 类的任何子类,而 **Goblin** 类就是 **Monster** 类的一个子类——这称为多态性(polymorphism)。如果想要创建另一个继承自 **Monster** 类的类,它也可以在 **MonsterRoom** 类中使用。

要想使用新的 **MonsterRoom** 类,需要策略性地更改 NyetHack 地图中的一些房间。在目标 **Game** 中更新属性 worldMap,以在城市中较危险的地区添加一些敌人,如程序清单 17.10 所示。

程序清单 17.10　设置更多的怪物(NyetHack. kt)

```
...
object Game {
    private val worldMap = listOf(
        listOf(TownSquare(), Tavern(), Room("Back Room")),
        listOf(MonsterRoom("A Long Corridor"), Room("A Generic Room")),
        listOf(MonsterRoom("The Dungeon"))
    )
    ...
}
```

在怪物设置好之后,就可以在目标 **Game** 中添加 **fight**()函数了,如程序清单 17.11 所示。

程序清单 17.11　定义 fight()函数(NyetHack. kt)

```
...
object Game {
    ...
    fun move(direction: Direction) {
        ...
    }

    fun fight() {
        val monsterRoom = currentRoom as? MonsterRoom
        val currentMonster = monsterRoom?.monster
        if (currentMonster == null) {
            narrate("There's nothing to fight here")
            return
        }

        while (player.healthPoints > 0 && currentMonster.healthPoints > 0) {
            player.attack(currentMonster)
```

```
            if (currentMonster.healthPoints > 0) {
                currentMonster.attack(player)
            }
            Thread.sleep(1000)
        }

        if (player.healthPoints <= 0) {
            narrate("You have been defeated! Thanks for playing")
            exitProcess(0)
        } else {
            narrate("${currentMonster.name} has been defeated")
            monsterRoom.monster = null
        }
    }

    private class GameInput(arg: String?) {
        ...
    }
}
```

在 **fight**()函数中，首先检查当前房间的 monster 属性是否为 null。如果为 null，则表示没有怪物需要去战斗了，并返回相应的消息；如果值不是 null，即表示有怪物需要去战斗，此时只要玩家和怪物的生命值大于 1，就需要继续战斗。

如果玩家的 healthPoints 值降至 0，游戏就结束了，可以通过调用 **exitProcess**()函数来实现。**exitProcess**()函数是 Kotlin 标准库中的一个函数，用于终止程序的运行实例(该函数在 Kotlin/JVM 和 Kotlin/Native 中均可使用，但在 Kotlin/JS 中不可用)。要想使用该函数，需要导入 **kotlin.system.exitProcess**。

如果怪物的 healthPoints 值降至 0，那么怪物将会以戏剧性的方式被消灭。

在每一轮的战斗中，都需要调用怪物和玩家的 **attack**()函数。可以对 **Monster** 类和 **Player** 类调用相同的 **attack**()函数，因为它们都实现了接口 **Fightable**。

在 **GameInput** 类中添加一个名为 fight 的命令，以调用 **fight**()函数测试新的战斗系统，如程序清单 17.12 所示。

程序清单 17.12　添加 fight 命令(NyetHack.kt)

```
...
object Game {
    ...
    private class GameInput(arg: String?) {
        private val input = arg ?: ""
        val command = input.split(" ")[0]
        val argument = input.split(" ").getOrElse(1) { "" }

        fun processCommand() = when (command.lowercase()) {
            "fight" -> fight()
            "move" -> {
                val direction = Direction.values()
                    .firstOrNull { it.name.equals(argument, ignoreCase = true) }
                if (direction != null) {
                    move(direction)
                } else {
                    narrate("I don't know what direction that is")
                }
            }
```

```
            else -> narrate("I'm not sure what you're trying to do")
        }
    }}
```

运行 NyetHack.kt。尝试向南移动进入长长的走廊,并使用 fight 命令参与战斗。在接口 **Fightable** 的 **attack**()函数中引入随机性,意味着每次走进一个新房间并选择一场战斗,都会有不同的体验。

```
Welcome to NyetHack!
A hero enters the town of Kronstadt. What is their name?
Madrigal
Welcome, adventurer
Madrigal, a mortal, has 100 health points
Madrigal of Neversummer, The Renowned Hero, is in The Town Square
    (Currently: Bustling)
The villagers rally and cheer as the hero enters
The bell tower announces the hero's presence: GWONG
> Enter your command: move south
The hero moves South
Madrigal of Neversummer, The Renowned Hero, is in A Long Corridor
    (Currently: Calm) (Creature: A nasty-looking goblin)
Danger is lurking in this room
> Enter your command: fight
Madrigal deals 9 to Goblin
Goblin deals 13 to Madrigal
Madrigal deals 8 to Goblin
Goblin deals 7 to Madrigal
Madrigal deals 5 to Goblin
Goblin deals 12 to Madrigal
Madrigal deals 6 to Goblin
Goblin deals 6 to Madrigal
Madrigal deals 11 to Goblin
Goblin has been defeated
Madrigal of Neversummer, The Renowned Hero, is in A Long Corridor
    (Currently: Calm) (Creature: None)
There is nothing to do here
> Enter your command:
```

本章使用接口定义了生物(或玩家)参与战斗时所需的基本功能,并使用抽象类创建了 NyetHack 世界中所有怪物的一个基类。这些工具将有助于在创建关系时,重点关注类可以做什么而不是如何做到的。

在过去几章中学到的许多面向对象的概念都回归于一个共同的目标:利用 Kotlin 框架的工具创建可扩展的代码库,只暴露需要公开的部分并封装剩余的部分。通过这样的方式,能够更好地组织代码并实现高内聚、低耦合的设计。

在开发 NyetHack 的过程中,已经取得了很多的成就:奠定了条件语句和函数的基础,定义了自己的类来代表世界中的对象,构建了一个游戏循环接收玩家的输入,甚至构建了一个可以探索的世界并可以在其中击败怪物。

第 18 章将介绍泛型,这是一种适用于多种类型的类。通过使用泛型,编写可覆盖的代码,可以处理不同类型的数据而无须重复编写相似的代码。这将使代码更加灵活和可扩展。准备好探索泛型的奇妙世界了吗?让我们继续前进吧。

17.6 挑战之处:更多的怪物

目前,在 NyetHack 中已经定义了各种不同类型的战斗参与者的框架,但是只在玩家的路径上设置了妖精。通过定义新的怪物并将它们随机放置在房间中，以使 NyetHack 中的每局游戏都具有独特的战斗体验，从而丰富 NyetHack 的世界。这样做，可以为玩家提供更丰富的挑战，增加游戏的乐趣和可玩性。快来丰富 NyetHack 的世界吧。

为了获得灵感，可以尝试添加类似 **Draugr**、**Werewolf** 和 **Dragon** 等怪物类。基于这些怪物的强悍程度，需要考虑其生命值以及骰子点数（具体的数值取决于设计者，但一般来说，**Dragon** 的生命值比 **Goblin** 要高一些）。在设置怪物出现的地点时，尝试在每次随机生成时需要考虑稀缺性。例如，在 NyetHack 中，**Dragon** 是神话般的存在，就不应该经常出现在城市广场附近的长廊之类的地方。

为了进行更全面的怪物巡游，并测试英雄人物在战斗中失败时的场景，可能还需要在 NyetHack 中添加更多的房间。这将使游戏更加丰富和有趣。

第五部分

高级Kotlin

本书前几部分分别介绍了 Kotlin 的基本语法、函数式编程和面向对象编程等。Kotlin 还提供了其他一些工具，这些工具既可以实现这些想法，又可以扩展这些想法。本部分将专注于以下 3 个主题：泛型、扩展函数和扩展属性，以及协程(coroutines)。

第18章

泛　型

第 9 章中已经介绍了 List 可存储的数据类型包括整数、字符串，甚至是定义的新数据类型，如下所示：

```
val listOfInts: List<Int> = listOf(1, 2, 3)
val listOfStrings: List<String> = listOf("string one", "string two")
val listOfRooms: List<Room> = listOf(Room(), TownSquare())
```

List 可以容纳任何类型，这是因为**泛型**（**generics**）这一类型系统特性的存在。泛型允许函数和类型处理编译器尚不知道的类型。泛型极大地扩展了类定义的可重用性，因为它们使定义能够与许多类型协同工作。

本章将创建自己的泛型类和函数，这些类和函数可以使用泛型类型的形式参数。还将添加一个名为 **LootBox** 的类。NyetHack 中的每个房间里都会设置一个战利品箱（loot box），用来存放英雄人物收集的宝藏。

18.1　定义泛型类型

泛型类型（**generic type**）是一个可以在其构造函数中接收任何类型输入的类（尽管在本章后面将看到对类型可能会有限制）。首先，需要定义一个自己的泛型类型。

在 NyetHack 中，创建一个名为 Loot.kt 的新 Kotlin 文件。在该文件中，定义一个 **LootBox** 类，为其内容指定一个**泛型类型的形式参数**（**generic type parameter**），并包含一个被赋给该类的名为 contents 的私有属性。

程序清单 18.1　创建一个泛型类（Loot.kt）

```
class LootBox<T>(var contents: T)
```

程序清单 18.1 中定义了一个 **LootBox** 类，并指定了一个泛型类型的形式参数 **T**，该形式参数与其他类型的形式参数一样在尖括号（<>）中进行指定。泛型类型的形式参数 **T** 是该项（item）类型的一个占位符。

泛型类型的形式参数通常是这样表示的，使用单个字母 **T**（type 的缩写），尽管任何字母或单词都可以使用。一些惯例是用字母 **K** 作为 key 的缩写，字母 **V** 表示 value（如在键值对中），字母 **E** 表示 element，字母 **R** 表示 result。如果需要使用多个不符合以上惯例的泛型参数，通常会使用 **T**、**U** 和 **V**。如果愿意，当然也可以使用完整的单词作为泛型类型的名称。

LootBox 类可以接收任意类型的项作为主构造函数的值（var contents：T），并使用第 14 章中看到的简洁语法将其存储在属性中。

战利品箱中还需要一些可以放入其中的物品。在战利品箱中创建并放入以下 3 种战利品：礼帽(fedora)、宝石(gemstone)和钥匙(key)，如程序清单 18.2 所示。这些钥匙也许能够让玩家进入其他人无法进入的令人激动的区域。

程序清单 18.2　定义 Loot(Loot.kt)

```
class LootBox<T>(var contents: T)

class Fedora(
    val name: String,
    val value: Int
)

class Gemstones(
    val value: Int
)
class Key(
    val name: String

)
```

有了这些战利品，现在就可以测试新的 **LootBox** 类了。在 **main()** 函数中创建几个战利品箱，如程序清单 18.3 所示。

程序清单 18.3　创建 LootBox(NyetHack.kt)

```
...
fun main() {
    narrate("Welcome to NyetHack!")
    val playerName = promptHeroName()
    player = Player(playerName)
    // changeNarratorMood()

    val lootBoxOne: LootBox<Fedora> = LootBox(Fedora("a generic-looking fedora", 15))
    val lootBoxTwo: LootBox<Gemstones> = LootBox(Gemstones(150))

    Game.play()
}
...
```

因为将 **LootBox** 类定义为泛型，所以可以只使用同一个类定义支持不同类型的战利品箱：一个装有礼帽的战利品箱、一个装有宝石的战利品箱，以此类推。

注意每个 **LootBox** 变量的类型签名，如下所示：

```
val lootBoxOne: LootBox<Fedora> = LootBox(Fedora("a generic-looking fedora", 15))
val lootBoxTwo: LootBox<Gemstones> = LootBox(Gemstones(150))
```

这两个变量的尖括号中的类型给出了一个特定 **LootBox** 实例能够容纳的战利品类型。

与 Kotlin 中的其他类型一样，泛型类型也支持类型推断。为了便于说明，我们显式地给出了该类型，但由于每个变量都用一个值进行了初始化，因此完全可以省略该类型信息。在编写代码时，若不需要类型信息，通常可以省略它。如果愿意，此处可以删除类型。这样，战利品箱的声明部分将会如下所示：

```
val lootBoxOne = LootBox(Fedora("a generic-looking fedora", 15))
val lootBoxTwo = LootBox(Gemstones(150))
```

18.2　泛型函数

泛型类型的形式参数也适用于函数。这是个好消息，因为目前玩家还无法将战利品从战利品箱中取出。

现在就可以解决该问题了。添加一个函数，其功能是若玩家的战利品箱中还没有该战利品，就可以拿走该战利品。使用属性 isOpen 标记战利品箱是否已打开，以便跟踪战利品是否已被拿走，如程序清单 18.4 所示。

程序清单 18.4　添加 takeLoot()函数(Loot.kt)

```
class LootBox<T>(var contents: T) {
    var isOpen = false
        private set

    fun takeLoot(): T? {
        return contents.takeIf { !isOpen }
            .also { isOpen = true }
    } }

...
```

此处定义了一个泛型函数 **takeLoot()**，其返回值为“**T?**”，**LootBox** 类上指定的泛型类型形式参数的 nullable 版本，它是项类型的一个占位符。如果 **takeLoot()** 函数是在 **LootBox** 外部定义的，则形式参数 **T** 将不可用，因为 **T** 与 **LootBox** 的类定义相关联。但是，正如在 18.2 节中将会看到的，函数不需要类来使用泛型类型的形式参数。

在 **main()** 函数中，尝试使用新的 **takeLoot()** 函数获取 lootBoxOne 的内容。实际上，需要尝试获取内容两次，如程序清单 18.5 所示。

程序清单 18.5　测试泛型 takeLoot()函数(NyetHack.kt)

```
...
fun main() {
  ...
    val lootBoxOne: LootBox<Fedora> = LootBox(Fedora("a generic-looking fedora", 15))
    val lootBoxTwo: LootBox<Gemstones> = LootBox(Gemstones(150))

    repeat(2) {
      narrate(
          lootBoxOne.takeLoot()?.let {
              "The hero retrieves ${it.name} from the box"
          } ?: "The box is empty"
      )
  }
    ... }
...
```

程序清单 18.5 中使用 **let()** 作用域函数(第 12 章中已学习过)解说了英雄打开 lootBoxOne 的过程。回想一下，**let()** 函数提供了一个实际参数(使用 it 标识符访问)，其中包含了调用它的接收者的值。因为对于 lootBoxOne 来说，形式参数 **T** 是已知的(明确将其声明为 **Fedora**)，所以，**takeLoot()** 函数的返回结果以及 it 的类型都是已知的 **Fedora**。

运行 NyetHack，输出应该可以反映出英雄人物成功地从战利品箱中拿走了战利品，然后战利品箱变为空，如下所示：

```
Welcome to NyetHack!
A hero enters the town of Kronstadt. What is their name?
Madrigal
The hero retrieves a generic-looking fedora from the box
The box is empty
Welcome, adventurer
...
```

18.3 泛型约束

此时，可以将任何东西放入战利品箱中。这并非理想的情况，因为肯定不希望英雄人物放进战利品箱的是个 **Monster** 类奖励。通过指定泛型类型约束，可以确保战利品箱中仅用于存放战利品。

首先，在 Loot.kt 文件中引入一个名为 **Loot** 的抽象类，以及一个名为 **Sellable** 的接口。然后，将其扩展为自己的 **Loot** 类，如程序清单 18.6 所示（钥匙不可以是 Sellable，因为没有人想购买一把随机的钥匙）。

程序清单 18.6　添加超类（Loot.kt）

```
...
abstract class Loot {
    abstract val name: String
}

interface Sellable {
    val value: Int
}

class Fedora(
    override val name: String,

    override val value: Int

) : Loot(), Sellable

class Gemstones(
    override val value: Int
) : Loot(), Sellable {
    override val name = "sack of gemstones worth $value gold"

}

class Key(
    override val name: String

) : Loot()
```

现在，在 **LootBox** 的泛型类型的形式参数中添加一个泛型类型约束，仅允许使用 **Loot** 类的子类与 **LootBox** 类一起使用，如程序清单 18.7 所示。

程序清单 18.7　将泛型形式参数限制为仅使用 Loot 类（Loot.kt）

```
class LootBox<T : Loot>(var contents: T) {
    ... }
...
```

如果没有为泛型类型指定泛型约束，Kotlin 将隐式地将其约束为 **Any?** 类型，表明任何类型(nullable 或 non-nullable)都可以与泛型类一起使用。此处，为泛型类型 **T** 添加了一个约束，指定为 Loot。现在，可以添加至战利品箱中的物品只能是 **Loot** 类的子类。

运行 NyetHack，以便确认代码没有错误，且输出与之前是相同的。

或许想知道："这里为什么还是需要使用 **T** 呢？为什么不直接使用 **Loot** 类？"通过使用 **T**，**LootBox** 类允许访问特定类型的 **Loot** 类，同时允许其内容是任何类型的 **Loot** 类。因此，**LootBox** 类不仅仅包含 **Loot** 类，它还可以包含 **Fedora** 类，**Fedora** 类的具体类型由 **T** 进行跟踪。

如果不对 **Loot** 类进行类型约束，则会限制 **LootBox** 接收 **Loot** 的子类，也会丢弃战利品箱中 **Fedora** 类的信息。例如，不对 **Loot** 类进行类型约束，以下代码将无法编译：

```
val lootBox: LootBox<Loot> = LootBox(Fedora("a dazzling fuchsia fedora", 15))

val fedora: Fedora = lootBox.contents // Type mismatch. Required Fedora,

                                      // Found Loot
```

现在，**LootBox** 类中再也不可能存放 **Loot** 类以外的任何东西了。通过使用类型约束，可以将 **LootBox** 类中存放的物品约束为 **Loot** 类，同时保留 **LootBox** 类中 **Loot** 类的具体子类型的信息。这样就可以看到 **LootBox** 类中包含的除 **Loot** 类以外的其他内容了。

还可以为泛型类型定义更为复杂的约束。有时候，英雄人物可能会想用他们的宝石或礼帽去换取金币。引入一个名为 **DropOffBox** 的新类。Drop-off boxes 就是个自动收集箱，可将贵重物品兑换成金币，但需要支付 30%的高额兑换费(convenience fee)。

程序清单 18.8 使用多个泛型约束(Loot.kt)

```
class LootBox<T : Loot>(var contents: T) {
    ...
}

class DropOffBox<T> where T : Loot, T : Sellable {
    fun sellLoot(sellableLoot: T): Int {
        return (sellableLoot.value * 0.7).toInt()
    }
}

abstract class Loot {

    abstract val name: String

}

interface Sellable {
    val value: Int
}
...
```

程序清单 18.8 中的新代码使用关键字 where 指定泛型约束。指定的约束表明形式参数 **T** 必须是从 **Loot** 类扩展而来，并用于实现接口 **Sellable**。该约束限制了自动收集箱不能接收钥匙(除了钥匙的主人和愿意破门而入的人之外，钥匙对其他人都毫无价值)以及其他不属于战利品但未来或许可以出售的物品。

在函数体中，可以访问在 **Loot** 类和接口 **Sellable** 上声明的所有函数和属性，因为形式参数 **T** 扩展了以上两种类型。这意味着可以使用这些函数和属性操作和处理形式参数 **T** 约定的实例。

本章的后续部分中，将逐步实现在城市广场创建 **DropOffBox** 实例，供英雄人物在完成任务后交换宝物。现在，在 REPL 中测试新的自动收集箱，以确保可以按照预期交换战利品，前提是该战利品是可出售的(可能需要使用左侧的 Build and restart 按钮重新加载 REPL)，如程序清单 18.9 所示。

程序清单 18.9 测试新的自动收集箱(REPL)

```
import com.bignerdranch.nyethack.*
val hatDropOffBox = DropOffBox<Fedora>()
hatDropOffBox.sellLoot(Fedora("a sequin-covered fedora", 20)) 14

hatDropOffBox.sellLoot(Gemstones(100))
error: type mismatch: inferred type is Gemstones but Fedora was expected
hatDropOffBox.sellLoot(Gemstones (100))
^
```

18.4 in 和 out

要进一步定制化泛型类型的形式参数，Kotlin 提供了关键字 in 和 out。为了查看它们是如何影响泛型类的，尝试在 REPL 中运行以下代码，如程序清单 18.10 所示。

程序清单 18.10 试图为 rootBox 重新赋值(REPL)

```
var fedoraBox: LootBox<Fedora> = LootBox(Fedora("a generic-looking fedora", 15)) var lootBox: LootBox
<Loot> = LootBox(Gemstones(150))

lootBox = fedoraBox
error: type mismatch: inferred type is LootBox<Fedora> but
    LootBox<Loot> was expected
lootBox = fedoraBox
^
```

输出结果可能会出乎意料。编译器不允许将 lootBox 重新赋值给 fedoraBox。

乍看起来似乎是可以进行赋值的。毕竟，**Fedora** 是 **Loot** 的子类，应该可以将一个 **Loot** 类的变量赋值给 **Fedora** 类的一个实例：

```
var loot: Loot = Fedora("a generic-looking fedora", 15)    // No errors
```

为了更好地理解任务失败的原因，让我们来看看假如任务成功了会发生什么。

如果编译器允许将 fedoraBox 实例赋值给 lootBox 变量，那么 lootBox 将指向 fedoraBox，并且可以使用 **Loot** 类而不是 **Fedora** 类来访问 fedoraBox 的项(因为 lootBox 的类型约定为 **LootBox<Loot>**)。

例如，宝石属于有效的 **Loot** 类，因此可以将宝石赋值给 lootBox.contents(它指向 fedoraBox)，如下所示：

```
var fedoraBox: LootBox<Fedora> = LootBox(Fedora("a generic-looking fedora", 15))

var lootBox: LootBox<Loot> = LootBox(Gemstones(150))

lootBox = fedoraBox

lootBox.contents = Gemstones(200)
```

现在，假设尝试访问 fedoraBox.contents，期望得到一顶礼帽，如下所示：

```
var fedoraBox: LootBox<Fedora> = LootBox(Fedora("a generic-looking fedora", 15))

var lootBox: LootBox<Loot> = LootBox(Gemstones(150))
```

```
lootBox = fedoraBox
lootBox.contents = Gemstones(200)
val myFedora: Fedora = fedoraBox.contents
```

在这种假设的情况下，程序将会面临类型不匹配的问题：fedoraBox.contents 的类型不是 **Fedora**，而是 **Gemstones**。当程序在该假设场景中执行时，它会因为发生异常 **ClassCastException** 而崩溃。这就是问题所在，也是编译器不允许进行赋值的原因。

这也正是关键字 in 和 out 存在的原因。

在 **LootBox** 类的定义中，添加关键字 out 并将 contents 从 var 更改为 val，如程序清单 18.11 所示。

程序清单 18.11　添加 out(Loot.kt)

```
class LootBox<out T : Loot>(var val contents: T) {
    ... }
...
```

接下来，尝试重新评估输入 REPL 中的最后一个代码片段(来自程序清单 18.10)。将会发现 REPL 不会输出任何错误，表明代码编译成功。

到底是怎么回事呢？

一个泛型类型形式参数可以被赋予两种不同的角色：**生产者**(**producer**)或**消费者**(**consumer**)。生产者的角色意味着泛型类型形式参数是可读的(但不可写)，而消费者角色意味着泛型形式参数是可写的(但不可读)。

当将关键字 out 添加至 LootBox<out T>时，指定了该泛型充当生产者的角色。这意味着不再允许使用关键字 var 定义 contents，因为这将导致 **LootBox** 类同时成为形式参数 **T** 的生产者和消费者。

回想一下，当变量 contents 可以被重新赋值时，在某些情况下，其类型可能会发生变化，并在从战利品箱中取出战利品时导致意外的错误。通过使泛型成为一个生产者，就可以向编译器保证此种困境不复存在：因为泛型形式参数是一个生产者，而不是一个消费者，所以 contents 变量永远不会被改变。

现在，Kotlin 允许将 fedoraBox 赋给 lootBox，因为这样做是安全的：lootBox 的 contents 现在属于 **Fedora** 类，而不是 **Loot** 类，并且无法进行更改。Kotlin 只允许在类型标记为 out 时进行这种类型的强制转换。编译器将强制执行一个规定，即任何标记为 out 的类型只能作为返回，不能作为输入。

顺便说一下，**List** 也是一个生产者。在 Kotlin 对 **List** 的定义中，泛型类型形式参数使用关键字 out 标记，如下所示：

```
public interface List<out E> : Collection<E>
```

但是，**MutableList** 既不是一个生产者，也不是一个消费者。它除了在 Collection 中输出数据之外，还可以接收数据作为输入，也就意味着无法安全地将 **MutableList<Fedora>**强制转换为 **MutableList<Loot>**。

同时，**DropOffBox** 也是一个消费者，它接收其泛型类型的值，且不会输出它们。

可以使用关键字 in 来标记 **DropOffBox** 的泛型类型形式参数，以在对 **DropOffBox** 的实例进行强制转换时产生相反的效果。不再允许将 DropOffBox<Fedora>强制转换为 DropOffBox<Loot>，而是允许将 DropOffBox<Loot>赋值给 DropOffBox<Fedora>，但不能反过来。作为额外的限制，使用关键字 in 标记的泛型类型不能存储在属性中，因为从属性中读取被视为输出，这违反了消费者的规则。

使用关键字 in 将 **DropOffBox** 的代码更新为如程序清单 18.12 所示。

程序清单 18.12　使用 in 来标记 DropOffBox(Loot.kt)

```
...
class DropOffBox<in T> where T : Loot, T : Sellable {
```

```
    fun sellLoot(sellableLoot: T): Int {
        return (sellableLoot.value * 0.7).toInt()
    } }
...
```

在可以使用新的类型强制转换之前，还需要声明一些额外的战利品类型。创建一个名为 **Hat** 的新抽象类，将其作为 NyetHack 中最重要的“时尚宣言”的基类。接下来，由 **Hat** 类派生出 **Fedora** 类，并引入一个新的 **Fez** 类，以增加头饰(headwear)的多样性，如程序清单 18.13 所示。

程序清单 18.13　添加更多的 hat(Loot.kt)

```
...
abstract class Hat : Loot(), Sellable

class Fedora(
    override val name: String,
    override val value: Int
) : Loot(), Sellable Hat()

class Fez(
    override val name: String,
    override val value: Int
) : Hat()
...
```

随着帽子多样性的增加，Kronstadt 吸引了一位帽子推销员的注意。这位推销员将会利用自动收集箱(drop-off box)系统来管理帽子。

最初，这位推销员会接收不同款式的帽子。如果帽子市场突然充斥着各种各样的红圆帽(fez)，推销员可以限制自动收集箱只接收礼帽。在关键字 in 的帮助下，现在可以精确地对该场景建模了，因为同一个自动收集箱可用来容纳所有类型的帽子。

尝试在 REPL 中运行程序清单 18.14 中的代码，以拜访一下这位推销员。

程序清单 18.14　利用关键字 in 进行强制转换(REPL)

```
import com.bignerdranch.nyethack.*

val hatDropOffBox: DropOffBox<Hat> = DropOffBox() val
fedoraDropOffBox: DropOffBox<Fedora> = hatDropOffBox

fedoraDropOffBox.sellLoot(Fedora("one-of-a-kind fedora", 1000)) 700
```

这种赋值是可能的，因为编译器可以确定永远不会从 **DropOffBox** 中为 **Fedora** 类生成一个 **Hat** 对象，因为帽子从未离开过自动收集箱，因此编译器能够推断出所做的赋值是安全的，从而避免了类型转换异常。

顺便说一句，有人建议用**协方差(covariance)**和**反方差(contravariance)**分别描述 out 和 in。我们认为这两个术语不如 in 和 out 那样具有常识性的清晰度，所以本书避免使用它们。此处之所以提到它们，是因为可能会在其他地方遇到。现在可以明确：如果看到“协方差”，理解为“out”；如果听到了“反方差”，理解为“in”。

18.5　添加 Loot 至 NyetHack

项目中已实现了战利品，现在就可以在整个 NyetHack 中散布各种珍贵物品，供玩家进行收集和出售了。首先，给玩家提供一个口袋来存放他们的贵重物品，如程序清单 18.15 所示。

程序清单 18.15 添加一个库存(Player.kt)

```
class Player(
    initialName: String,
    val hometown: String = "Neversummer",
    override var healthPoints: Int,
    val isImmortal: Boolean
) : Fightable {
    ...
    val prophecy by lazy {
        ...
    }

    val inventory = mutableListOf<Loot>()

    var gold = 0
    ...
}
```

接下来，在 **LootBox** 类中添加一个伴生对象，并创建一个 **random()** 函数随机生成各种战利品箱，供玩家去发现，如程序清单 18.16 所示。

程序清单 18.16 随机放置战利品(look.kt)

```
class LootBox<out T : Loot>(val contents: T) {
    var isOpen = false

        private set

    fun takeLoot(): T? {
        return contents.takeIf { !isOpen }
            .also { isOpen = true }
    }

    companion object {
        fun random(): LootBox<Loot> = LootBox(
            contents = when (Random.nextInt(1..100)) {
                in 1..5 -> Fez("fez of immaculate style", 150)
                in 6..10 -> Fedora("fedora of knowledge", 125)
                in 11..15 -> Fedora("stunning teal fedora", 75)
                in 16..30 -> Fez("ordinary fez", 15)
                in 31..50 -> Fedora("ordinary fedora", 10)
                else -> Gemstones(Random.nextInt(50..100))
            }
        )
    } }
...
```

记住要同时导入 kotlin.random.Random 和 kotlin.random.nextInt 这两个类。

random()函数创建了随机的战利品箱，其中存放了宝石或其他贵重的帽子供玩家获取。

当各种战利品准备就绪后，就可以在 NyetHack 的每个房间中添加一个战利品箱。通过为 **Room** 类添加属性 open 实现这一点，如程序清单 18.17 所示。

程序清单 18.17 在 Room 中添加战利品箱(Room.kt)

```
open class Room(val name: String) {

    protected open val status = "Calm"
```

```
    open val lootBox: LootBox<Loot> = LootBox.random()
    ... }
```

为了让房间可以给玩家提供各种类型的战利品，定义 **Loot** 类，这是可以保存在战利品箱中最通用的物品类型。尽管 **Room** 类指定其 lootBox 可以包含任何类型的战利品，但由于该属性被标记为 open，所以在子类中不用严格遵循这一点。

假设酒馆始终应该有一个包含后续会用到的钥匙的战利品箱，用覆盖 **Tavern** 类的 lootBox 属性的方法实现，如程序清单 18.18 所示。

程序清单 18.18　覆盖泛型属性(Tavern.kt)

```
...
class Tavern : Room(TAVERN_NAME) {
    ...
    override val status = "Busy"

    override val lootBox: LootBox<Key> =
      LootBox(Key("key to Nogartse's evil lair"))
    ...
}
...
```

该新属性被声明为 **LootBox<Key>**，与父类的 **LootBox<Loot>**类型不同。这是允许的，因为将 **LootBox** 类的泛型形式参数 **T** 声明为 out。编译器安全地将 **Key** 强制转换为 **Loot**(而且，通过扩展，将 **LootBox<Key>**强制转换为 **LootBox<Loot>**)，因此这种覆盖是允许的。现在，如果从 **Tavern** 类的一个实例中读取战利品箱，编译器会知道将会得到一个 **Key**，因此该段代码可以顺利编译并成功运行：

```
val tavern = Tavern()
val key: Key? = tavern.lootBox.takeLoot()
```

设置好战利品箱并为英雄人物准备好口袋去装战利品之后，现在就可以实现一个新的 take loot 命令了，如程序清单 18.19 所示。在这样做的时候，删除 **main()**函数中的战利品箱，因为现在这些战利品箱已经放在 NyetHack 的房间里了。

程序清单 18.19　实现 take loot 命令(NyetHack.kt)

```
...
fun main() {
    narrate("Welcome to NyetHack!")

    val playerName = promptHeroName()
    player = Player(playerName)
    // changeNarratorMood()

    val lootBoxOne: LootBox<Fedora> = LootBox(Fedora("a generic-looking fedora", 15))
    val lootBoxTwo: LootBox<Gemstones> = LootBox(Gemstones(150))

    repeat(2) {
        narrate(
            lootBoxOne.takeLoot()?.let {
                "The hero retrieves ${it.name} from the box"
            } ?: "The box is empty"
        )
    }

    Game.play()
```

```
}
...
object Game {
    ...
    fun takeLoot() {
        val loot = currentRoom.lootBox.takeLoot()
        if (loot == null) {
            narrate("${player.name} approaches the loot box, but it is empty")
        } else {
            narrate("${player.name} now has a ${loot.name}")
            player.inventory += loot
        }
    }

    private class GameInput(arg: String?) {
        ...
        fun processCommand() = when (command.lowercase()) {
            "fight" -> fight()
            "move" -> ...
            "take" -> {
                if (argument.equals("loot", ignoreCase = true)) {
                    takeLoot()
                } else {
                    narrate("I don't know what you're trying to take")
                }
            }
            else -> narrate("I'm not sure what you're trying to do")
        }
        ...
    } }
```

在 NyetHack 的各房间里，秀一秀新的 take loot 命令吧。酒馆总会提供一把通往 Nogartse 邪恶巢穴的钥匙，但在其他的房间里会有随机的战利品。输出如下所示：

```
Welcome to NyetHack!
A hero enters the town of Kronstadt. What is their name?
Madrigal
Welcome, adventurer
Madrigal, a mortal, has 100 health points
Madrigal of Neversummer, The Renowned Hero, is in The Town Square
    (Currently: Bustling)
The villagers rally and cheer as the hero enters
The bell tower announces the hero's presence: GWONG
> Enter your command: take loot
Madrigal now has a sack of gemstones worth 57 gold
...
> Enter your command:
```

既然现在英雄人物能够收集战利品了，就可以放置一个自动收集箱，以便玩家可以出售贵重物品以换取游戏中的金币。在城市广场放置两个自动收集箱，一个用来收集帽子；另一个用来收集宝石。然后，在 **TownSquare** 类上创建一个名为 **sellLoot()** 的新函数，该函数将会选择合适的自动收集箱来出售战利品，如程序清单 18.20 所示。

程序清单 18.20 放置自动收集箱(TownSquare.kt)

```
open class TownSquare : Room("The Town Square") {
    override val status = "Bustling"
    private var bellSound = "GWONG"
```

```
    val hatDropOffBox = DropOffBox<Hat>()
    val gemDropOffBox = DropOffBox<Gemstones>()
    final override fun enterRoom() {
        narrate("The villagers rally and cheer as the hero enters")
        ringBell()
    }

    fun ringBell() {
        narrate("The bell tower announces the hero's presence: $bellSound")
    }

    fun <T> sellLoot(
        loot: T
    ): Int where T : Loot, T : Sellable {
        return when (loot) {
            is Hat -> hatDropOffBox.sellLoot(loot)
            is Gemstones -> gemDropOffBox.sellLoot(loot)
            else -> 0
        }
    } }
```

为了使用新的自动收集箱，再创建新的 sellLoot()函数，如程序清单 18.21 所示。

程序清单 18.21　创建 sellLoot()函数(NyetHack.kt)

```
...
object Game {
    ...
    fun sellLoot() {
        when (val currentRoom = currentRoom) {
            is TownSquare -> {
                player.inventory.forEach { item ->
                    if (item is Sellable) {
                        val sellPrice = currentRoom.sellLoot(item)
                        narrate("Sold ${item.name} for $sellPrice gold")
                        player.gold += sellPrice
                    } else {
                        narrate("Your ${item.name} can't be sold")
                    }
                }
                player.inventory.removeAll { it is Sellable }
            }
            else -> narrate("You cannot sell anything here")
        }
    }
    private class GameInput(arg: String?) {
        ...
        fun processCommand() = when (command.lowercase()) {
            ...
            "take" -> {
                if (argument.equals("loot", ignoreCase = true)) {
                    takeLoot()
                } else {
                    narrate("I don't know what you're trying to take")
                }
            }
            "sell" -> {
                if (argument.equals("loot", ignoreCase = true)) {
                    sellLoot()
                } else {
```

```
                narrate("I don't know what you're trying to sell")
            }
        }
        else -> narrate("I'm not sure what you're trying to do")
    }
    ...
} }
```

现在，有了两个名为 **sellLoot()**的函数：**TownSquare** 类有一个 **sellLoot()**函数，可以在适当的自动收集箱中出售给定的战利品；**Game** 类中有另外一个 **sellLoot()**函数，可以根据玩家所在的房间出售玩家的战利物。如果玩家在城市广场，**Game** 类的 **sellLoot()**函数将调用 **TownSquare** 类的 **sellLoot()**函数，然后从玩家的库存中删除所有可出售的物品。否则，战利品无法在用户的当前位置进行出售。

战利品系统现在就算完成了。通过参观 NyetHack 的各房间，收集其中的贵重物品，然后将它们兑换成金币来测试一下。输出如下所示：

```
Welcome to NyetHack!
A hero enters the town of Kronstadt. What is their name?
Madrigal
Welcome, adventurer
Madrigal, a mortal, has 100 health points
Madrigal of Neversummer, The Renowned Hero, is in The Town Square
    (Currently: Bustling)
The villagers rally and cheer as the hero enters
The bell tower announces the hero's presence: GWONG
> Enter your command: take loot
Madrigal now has a sack of gemstones worth 70 gold
Madrigal of Neversummer, The Renowned Hero, is in The Town Square
    (Currently: Bustling)
The villagers rally and cheer as the hero enters
The bell tower announces the hero's presence: GWONG
> Enter your command: move east
The hero moves East
Madrigal of Neversummer, The Renowned Hero, is in Taernyl's Folly
    (Currently: Busy)
...
> Enter your command: take loot
Madrigal now has a key to Nogartse's evil lair
...
> Enter your command: move west
The hero moves West
Madrigal of Neversummer, The Renowned Hero, is in The Town Square
    (Currently: Bustling)
The villagers rally and cheer as the hero enters
The bell tower announces the hero's presence: GWONG
> Enter your command: sell loot
Sold sack of gemstones worth 70 gold for 49 gold
Your key to Nogartse's evil lair can't be sold
Madrigal of Neversummer, The Renowned Hero, is in The Town Square
    (Currently: Bustling)
The villagers rally and cheer as the hero enters
The bell tower announces the hero's presence: GWONG
> Enter your command:
```

本章介绍了如何使用泛型来扩展 Kotlin 类的功能，还介绍了类型约束以及如何使用关键字 in 和 out 定义泛型形式参数的生产者和消费者角色。

第 19 章将了解扩展函数和扩展属性，利用扩展函数在不使用继承的情况下共享函数和属性，可以使用它们来改进 NyetHack 的代码库。

18.6 好奇之处：关键字 reified

在某些情况下，了解用于泛型形式参数的具体类型是非常有用的。关键字 reified 可以用来检查泛型形式参数的类型。

假设 Madrigal 正在执行收集某一特定类型战利品的任务。例如，她可能想要收集能拿到的每一顶帽子，而忽略其他类型的战利品。下面是一个表达该逻辑的 **takeLootOfType()** 函数：

```
class LootBox<out T : Loot>(val contents: T) {
    var isOpen = false
        private set

    fun takeLoot(): T? {
        return contents.takeIf { !isOpen }
            .also { isOpen = true }
    }

    fun <U> takeLootOfType(): U? {
        return if (contents is U) {
            takeLoot() as U
        } else {
            null
        }
    }
    ...
}

val lootBox = LootBox.random()
val loot = lootBox.takeLootOfType<Hat>()
```

输入以上代码后，会发现代码无法运行。IntelliJ 会标记类型形式参数 **U** 并给出错误信息，如图 18.1 所示。

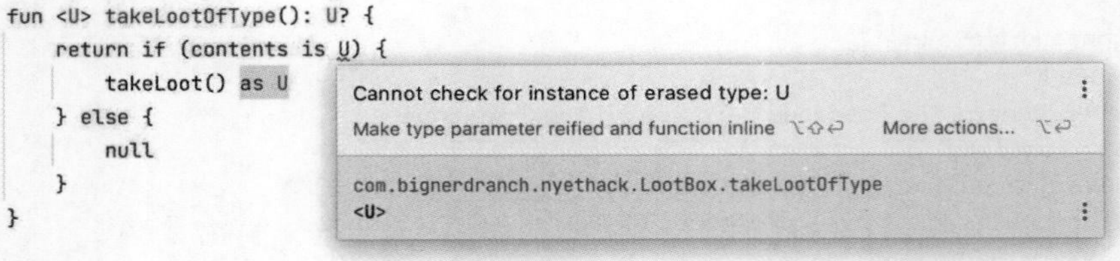

```
fun <U> takeLootOfType(): U? {
    return if (contents is U) {
        takeLoot() as U
    } else {
        null
    }
}
```

Cannot check for instance of erased type: U
Make type parameter reified and function inline ⌥⇧↩ More actions... ⌥↩
com.bignerdranch.nyethack.LootBox.takeLootOfType
<U>

图 18.1 标记类型形式参数 U 的错误信息

关于泛型类型的信息通常仅在编译时可用。当编译代码时，Kotlin 会检查泛型类型是否与类的用法相匹配，然后在编译后的代码中省略泛型类型的信息。实际上，这意味着 **LootBox < Hat >**和 **LootBox < Gemstones >**都将编译为 **LootBox**，且没有额外的类型信息。这被称为**类型擦除**(**type erasure**)，意味着在运行时不可用泛型类型的类型信息。

由于 is 检查发生在运行时，所以编译后的程序并没有足够的信息来知道 **U** 属于何种类型。但是，Kotlin 提供了使用关键字 reified 绕过此限制的一种方法。当使用关键字 reified 定义泛型类型时，会告知编译器希望泛型类型在运行时可用。为了使用关键字 reified,还必须将函数声明为内联函数。

为了将相同的 **takeLootOfType()** 函数定义为具体化函数(reified),并解决之前的编译器错误,可以添加关键字 inline 和 reified,如下所示:

```
inline fun < reified U > takeLootOfType(): U? {
    return if (contents is U) {
        takeLoot() as U
    } else {
        null
    }
}
```

现在,类型检查"contents is U"是可能的,因为类型信息被具体化了。Kotlin 编译器将通过内联函数并使用实际使用的类型来保留类型信息。由于需要将函数标记为 inline,所以会受到第 8 章中其他内联函数相同的限制和注意事项的约束。

通过使用关键字 reified,可以在运行时安全高效地检查泛型形式参数的类型。

第19章

扩　展

扩展(**extension**)允许在不直接修改类型定义的情况下为类型添加功能。可以将扩展用于自定义的类型,也可以用于无法控制的类型,如 **List**、**String** 以及 Kotlin 标准库中其他的类型。

扩展是继承共享行为的一种替代方法。当无法控制类的定义或没有使用关键字 open 标记类且因此不适合作为子类派生时,扩展非常适合于为类型添加功能。

Kotlin 标准库中经常会用到扩展函数。例如,第 12 章中学到的作用域函数就被定义为扩展函数,本章中将可以看到关于其声明的一些示例。

19.1　定义扩展函数

此处的第一个扩展允许为任意 **String** 添加指定级别的情绪(enthusiasm)。在 NyetHack 项目中对名为 Extensions. kt 的新文件中进行定义,如程序清单 19.1 所示。

程序清单 19.1　为 String 添加一个扩展函数(Extensions. kt)

```
fun String.addEnthusiasm(enthusiasmLevel: Int = 1) =
    this + "!".repeat(enthusiasmLevel)
```

扩展函数的定义方式与其他函数相同,但有一个主要区别:当指定一个扩展函数时,还需要指定扩展函数要为哪个类型添加功能,这个类型被称为**接收器类型**(**receiver type**)。回顾一下第 12 章,扩展函数的主体就被称为 receiver。对于 **addEnthusiasm**()函数来说,指定的接收器类型是 **String**。

addEnthusiasm()函数是一个单行表达式函数,返回的是一个新的字符串:this 的内容加上一定数量的感叹号,该数量基于传递给 enthusiasmLevel 实际参数的值(如果使用默认值,则为 1)。此处的关键字 this 指的是调用该扩展函数的接收器实例(本例中为一个 **String** 实例)。

现在,可以在任何 **String** 实例上调用 **addEnthusiasm**()函数了,如程序清单 19.2 所示。每当英雄人物参与战斗时,解说者就会紧张不已(sits at the edge of their seat)。使用新的扩展函数,在战斗过程中提高他们的情绪级别。

程序清单 19.2　在一个 String 接收器实例上调用新的扩展函数(NyetHack. kt)

```
...
object Game {
    ...
    fun fight() {
        val monsterRoom = currentRoom as? MonsterRoom
        val currentMonster = monsterRoom?.monster
        if (currentMonster == null) {
            narrate("There's nothing to fight here")
```

```
            return
        }

        var combatRound = 0
        val previousNarrationModifier = narrationModifier
        narrationModifier = { it.addEnthusiasm(enthusiasmLevel = combatRound) }
        while (player.healthPoints > 0 && currentMonster.healthPoints > 0) {
            combatRound++

            player.attack(currentMonster)
            if (currentMonster.healthPoints > 0) {
                currentMonster.attack(player)
            }
            Thread.sleep(1000)
        }
        narrationModifier = previousNarrationModifier

        if (player.healthPoints <= 0) {
            narrate("You have been defeated! Thanks for playing.")
            exitProcess(0)
        } else {
            narrate("${currentMonster.name} has been defeated!")
            monsterRoom.monster = null
        }
    }
    ...
}
```

运行 NyetHack，与一个怪物进行战斗，看看扩展函数是否像预期的那样在解说者的消息中添加感叹号，如下所示：

```
...
Madrigal of Neversummer, The Renowned Hero, is in A Long Corridor
    (Currently: Calm) (Creature: A nasty-looking goblin)
Danger is lurking in this room
> Enter your command: fight
Madrigal deals 6 to Goblin!
Goblin deals 8 to Madrigal!
Madrigal deals 5 to Goblin!!
Goblin deals 8 to Madrigal!!
Madrigal deals 2 to Goblin!!!
Goblin deals 8 to Madrigal!!!
Madrigal deals 6 to Goblin!!!!
Goblin deals 6 to Madrigal!!!!
Madrigal deals 5 to Goblin!!!!!
Goblin deals 8 to Madrigal!!!!!
Madrigal deals 4 to Goblin!!!!!!
Goblin deals 4 to Madrigal!!!!!!
Madrigal deals 6 to Goblin!!!!!!!
Goblin has been defeated
Madrigal of Neversummer, The Renowned Hero, is in A Long Corridor
    (Currently: Calm) (Creature: None)
There is nothing to do here
> Enter your command:
```

是否可以通过拓展子类 **String** 的方式来为 **String** 实例添加功能？在 IntelliJ 中，按下 Shift 键两次打开 Search Everywhere 对话框，然后搜索 String.kt 文件，可以查看 **String** 类的源代码定义。其文件头应该如下所示：

```
public class String : Comparable<String>, CharSequence {
    ...
}
```

由于在 **String** 类定义中没有关键字 open，因此无法通过继承拓展 **String** 类的功能。正如之前所说的，当想要为一个无法控制或无法拓展子类的类添加功能时，扩展函数是一个很好的选择。

19.1.1 在超类上定义一个扩展函数

扩展函数并不依赖于继承，但它们可以与继承结合起来使用以扩展其作用范围。尝试在 Extensions.kt 文件中定义一个名为 **print()** 的 **Any** 类扩展函数。由于它是在 **Any** 类上定义的，所以可以直接在所有类型上进行调用，如程序清单 19.3 所示。

程序清单 19.3 Any 类扩展函数(Extensions.kt)

```
fun String.addEnthusiasm(enthusiasmLevel: Int = 1) =
    this + "!".repeat(enthusiasmLevel)

fun Any.print() {
    println(this)
}
```

现在，可以在 REPL 中使用新的 **print()** 函数了，如程序清单 19.4 所示。

程序清单 19.4 调用 print()函数(REPL)

```
import com.bignerdranch.nyethack.*
    "Hello from String!".print()
    42.print()
    Hello from String!
    42
```

19.1.2 通用扩展函数

如果想在调用 **addEnthusiasm** 之前和之后都要输出字符串"Madrigal has left the building"，可以按照以下步骤进行操作。

(1) 需要使 **print()** 函数成为可链式调用的。之前已经学习过链式函数调用了，如果函数返回其接收者或其他对象，后续的函数就可以对其继续调用。

(2) 更新 **print()** 函数，以使其成为可链式调用的，如程序清单 19.5 所示。

程序清单 19.5 使 print()函数成为可链式调用的(Extensions.kt)

```
fun String.addEnthusiasm(enthusiasmLevel: Int = 1) =
    this + "!".repeat(enthusiasmLevel)

fun Any.print(): Any {
    println(this)
    return this
}
```

(3) 尝试调用 **print()** 函数两次，在调用 **addEnthusiasm()** 函数之前和之后各一次，如程序清单 19.6 所示。

程序清单 19.6 调用 print()函数两次(REPL)

```
"Madrigal has left the building".print().addEnthusiasm().print()
error: unresolved reference. None of the following candidates is applicable
    because of receiver type mismatch:
```

```
public fun String.addEnthusiasm(enthusiasmLevel: Int = ...): String defined in
    com.bignerdranch.nyethack
"Madrigal has left the building".print().addEnthusiasm().print()
                                          ^
```

可以发现程序清单 19.6 中的代码无法编译。第一个 **print()** 函数调用是允许的，但是 **addEnthusiasm()** 函数的调用是不允许的。为了理解其中的原因，再次查看 **addEnthusiasm()** 函数的返回类型：

```
fun Any.print(): Any
```

print() 函数返回的是 **Any** 类型，接收器的类型信息丢失了，因此无法获得一个 **String** 返回值。尽管可以通过插入一个强制转换来解决该问题，但最好还是让 **print()** 函数返回的类型与其调用的类型相同，就像在 **String** 实例上调用时返回 **String** 类型的值。

为了解决该问题，可以将 **print()** 函数设置为泛型，并指出它返回的类型与调用它的类型相同。更新函数，使用泛型类型作为其接收器，而不是 **Any**，如程序清单 19.7 所示。

程序清单 19.7 使 print() 函数成为泛型函数(Extensions.kt)

```
...
fun <T> AnyT.print(): AnyT {
    println(this)
    return this
}
```

现在，扩展函数使用了泛型类型的形式参数 **T** 作为接收器并返回 **T** 而不是 **Any** 类，因此接收器的具体类型信息将在函数调用链中传递下去。

(4) 再次运行程序清单 19.6 中的代码。本次的输出将会如下所示：

```
Madrigal has left the building
Madrigal has left the building!
```

新的泛型扩展函数适用于任何类型，并且它还保留了类型信息。在泛型类型上使用的扩展函数还可以编写函数，它们广泛适用于程序中的各种不同类型。

在 Kotlin 标准库中，经常会在泛型类型上使用扩展函数。例如，查看 **let()** 函数的定义：

```
public inline fun <T, R> T.let(block: (T) -> R): R {
    return block(this)
}
```

let() 函数被定义为一个泛型扩展函数，可以适用于所有类型。它接收一个 Lambda 表达式，该 Lambda 表达式以接收器作为其实际参数(T)，并返回 R 类型，该类型由 Lambda 表达式的返回值来确定。

注意：在第 8 章中学过的关键字 inline 也被用在这里。之前的建议同样适用：如果扩展函数接收一个 Lambda 表达式，将其进行内联化可以减少所需的内存开销。

19.1.3 运算符扩展函数

第 16 章中已经介绍过关键字 operator，并使用它提供了 plus 运算符的一个实现。可以将扩展函数与关键字 operator 结合起来使用，以便对那些无法控制的类型提供 Kotlin 运算符的实现。

回想一下 **Coordinate** 类，曾使用该类通过以下代码来访问当前房间，如下所示：

```
worldMap.getOrNull(newPosition.y)?.getOrNull(newPosition.x)
```

这是一个相对烦琐的语法，用于索引 List 列表中的元素。为了简化这种操作，可以定义另一个扩

展函数根据给定的 **Coordinate** 从 worldMap 中获取对应的 **Room**，如程序清单 19.8 所示。

程序清单 19.8　定义一个运算符扩展函数(Extensions. kt)

```
...
fun < T > T.print(): T {
    println(this)
    return this
}

operator fun List < List < Room >>.get(coordinate: Coordinate) =
getOrNull(coordinate.y)?.getOrNull(coordinate.x)
```

这样就可以在 worldMap 中使用 get 运算符[]获取下一个房间，而不需要使用两次 get 调用了，如程序清单 19.9 所示。

程序清单 19.9　使用一个作为扩展函数定义的运算符函数(NyetHack. kt)

```
...
object Game {
    ...
    fun move(direction: Direction) {
        val newPosition = direction.updateCoordinate(currentPosition)
        val newRoom = worldMap.getOrNull(newPosition.y)?.getOrNull(newPosition.x)
        val newRoom = worldMap[newPosition]
        ...
        }
    }
    ...
}
```

这种新的语法使代码的意图更加明确，并将查找的实现细节隐藏在扩展函数本身。另一个好处是，如果另一个函数需要根据其坐标来查找房间，那么现在就可以直接这样做，而无须再次声明该逻辑。

运行 NyetHack 游戏，并确认仍然可以在不同的房间自由移动。

另一种可以与扩展函数一起使用的函数类型是**中缀函数(infix function)**。infix 是一个函数修饰符，可以在只有一个形式参数的扩展函数或类函数上使用。当函数被标记为 infix 时，它允许省略函数名称前面的点.和实际参数周围的括号。

之前的代码中已经使用过 **infix()**函数。查看第 10 章中学习过的 **to()**函数的定义，如下所示：

```
public infix fun < A, B > A.to(that: B): Pair < A, B > = Pair(this, that)
```

这样可以使用以下任一种方式调用 **to()**函数，使其看起来几乎像语言本身的一个运算符：

(1) 完整的语法：playerName. to(hometown)

(2) 中缀表示法：playerName to hometown

大多数开发人员都会选择不声明函数的修饰符 infix，但如果需要提高可读性，或者想要创建类似 Kotlin 自带的新函数，也可以这样做。为了解其工作原理，创建一个名为 **move()**的扩展函数，以便更容易地更改 **Coordinate**，如程序清单 19.10 所示。

程序清单 19.10　声明一个中缀扩展函数(Extensions. kt)

```
...

operator fun List < List < Room >>.get(coordinate: Coordinate) =

    getOrNull(coordinate.y)?.getOrNull(coordinate.x)

infix fun Coordinate.move(direction: Direction) =
```

```
    direction.updateCoordinate(this)
```

现在，在 **Game** 类中使用这个扩展函数和修饰符 infix 表示法，如程序清单 19.11 所示。

程序清单 19.11 使用中缀扩展函数(NyetHack.kt)

```
...
object Game {
    ...
    fun move(direction: Direction) {
        val newPosition = direction.updateCoordinate(currentPosition)
        val newPosition = currentPosition move direction
        val newRoom = worldMap[newPosition]

        if (newRoom != null) {
            ...
        } else {
            ...
        }
    }
    ...
}
```

19.2 扩展属性

除了通过指定扩展函数为类型添加功能之外，还可以定义扩展属性。在 Extensions.kt 文件中为 **String** 类添加另一个扩展，这次是一个计算字符串元音字母数的扩展属性，如程序清单 19.12 所示。

程序清单 19.12 添加一个扩展属性(Extensions.kt)

```
fun String.addEnthusiasm(enthusiasmLevel: Int = 1) =
    this + "!".repeat(enthusiasmLevel)

val String.numVowels
    get() = count { it.lowercase() in "aeiou" }
...
```

通过更新 **Player** 类中的 The Master of Vowels 条件，尝试新的扩展属性，如程序清单 19.13 所示。

程序清单 19.13 使用扩展属性(Player.kt)

```
class Player(
    initialName: String,
    val hometown: String = "Neversummer",
    override var healthPoints: Int,
    val isImmortal: Boolean
) : Fightable {
    ...
    val title: String
        get() = when {
            name.all { it.isDigit() } -> "The Identifiable"
            name.none { it.isLetter() } -> "The Witness Protection Member"
            name.count { it.lowercase() in "aeiou" } > 4 -> "The Master of Vowels"
            name.numVowels > 4 -> "The Master of Vowels"
            else -> "The Renowned Hero"
        }
    ...
}
```

在测试该扩展属性之前，需要先进行另一处的更改。在第 9 章中，曾注释掉了启动 NyetHack 时要求玩家输入姓名的代码。我们提到过，当 NyetHack 的开发工作接近尾声时，会重新添加该段代码，现在是时候了。

更新 **promptHeroName**()函数以再次要求玩家命名他们的英雄人物。顺便说一下，把调用 **changeNarratorMood**()函数的注释取消掉，让解说者重回其“善变的荣光”(mercurial glory)。

程序清单 19.14　询问姓名(NyetHack.kt)

```
...
fun main() {
    ...
    // changeNarratorMood()

    Game.play()
}

private fun promptHeroName(): String {
    narrate("A hero enters the town of Kronstadt. What is their name?") { message ->
        // Prints the message in yellow
        "\u001b[33;1m$message\u001b[0m"
    }

    /*val input = readLine()
    require(input != null && input.isNotEmpty()) {
        "The hero must have a name."
    }

    return input*/
    println("Madrigal")
    return "Madrigal"
}
...
```

运行 NyetHack。当提示输入姓名时，键入 Aurelia 或其他元音丰富的姓名。就像之前一样，可以看到英雄人物被赋予了 Master of Vowels 的称号，如下所示：

```
Welcome to NyetHack!
A hero enters the town of Kronstadt. What is their name?
Aurelia
THE NARRATOR BEGINS TO FEEL LOUD!!!
WELCOME, ADVENTURER!!!
AURELIA, A MORTAL, HAS 100 HEALTH POINTS!!!
AURELIA OF NEVERSUMMER, THE MASTER OF VOWELS, IS IN THE TOWN SQUARE
    (CURRENTLY: BUSTLING)!!!
THE VILLAGERS RALLY AND CHEER AS THE HERO ENTERS!!!
THE BELL TOWER ANNOUNCES THE HERO'S PRESENCE: GWONG!!!
> Enter your command:
```

回想一下第 13 章中的内容，类属性(计算属性除外)有一个后备字段，其数据存储在那里，并自动为它们分配 getter 和 setter(如果需要)。扩展属性不能有后备字段，因此它们必须是计算属性。每个扩展属性都必须定义 **get**()函数，对于 var 来说还必须定义 **set**()函数，这些函数计算应该通过属性返回值，以使其有效。

例如，如下的代码是不允许的：

```
val String.numberOfWords = 10
error: extension property cannot be initialized because it has no backing field
```

相反,可以通过为 numberOfWords val 定义一个 getter,进而定义一个有效的 numberOfWords 扩展属性。

19.3 对 Nullable 类型的扩展

扩展也可以针对 nullable 类型进行定义。在 nullable 类型上定义扩展允许其在扩展函数的函数体内处理值可能为 null 的情况,而不是在调用的地方进行处理。

在 Extensions.kt 文件中,为 nullable 的 **Room** 类添加一个扩展函数,该函数将返回位于 Kronstadt 镇外的某个房间,如程序清单 19.15 所示。

程序清单 19.15 对 nullable 类型添加一个扩展(Extensions.kt)

```
...
infix fun Coordinate.move(direction: Direction) =
    direction.updateCoordinate(this)
fun Room?.orEmptyRoom(name: String = "the middle of nowhere"): Room =
    this ?: Room(name)
```

在 **move**()函数中使用扩展函数,让玩家能够走出 Kronstadt 镇,如程序清单 19.16 所示。

程序清单 19.16 调用 nullable 类型的扩展函数(NyetHack.kt)

```
...
object Game {
    ...
    fun move(direction: Direction) {
        val newPosition = currentPosition move direction
        val newRoom = worldMap[newPosition].orEmptyRoom()

        if (newRoom != null) {
        narrate("The hero moves ${direction.name}")
        currentPosition = newPosition
        currentRoom = newRoom
        } else {
            narrate("You cannot move ${direction.name}")
        }
    }
    ...
}
```

运行 NyetHack 游戏,并尝试向北移动。应该可以看到,英雄人物不再受地图的限制,而是可以走向 Kronstadt 镇周边更广阔的地方(也应该能像之前那样探索 NyetHack 中的其他房间)。程序运行结果如下所示:

```
...
Welcome, adventurer?
Madrigal, a mortal, has 100 health points?
Madrigal of Neversummer, The Renowned Hero, is in The Town Square
    (Currently: Bustling)?
The villagers rally and cheer as the hero enters?
The bell tower announces the hero's presence: GWONG?
> Enter your command: move north
The hero moves North?
Madrigal of Neversummer, The Renowned Hero, is in the middle of nowhere
    (Currently: Calm)?
There is nothing to do here?
> Enter your command:
```

19.4 扩展的实现原理

扩展函数及属性与普通函数及属性在使用方式上是相同的，但它们并不直接在其扩展的类上定义，也不依赖于继承来添加功能。那么扩展是如何实现的呢？

若想检视扩展的工作原理，可以查看 Kotlin 编译器在定义扩展时生成的字节码，并将其转换回 Java 代码。

将文本光标置于 Extensions.kt 文件，然后打开 Kotlin 的字节码工具窗口，可以通过选择 Tools→Kotlin→Show Kotlin Bytecode 命令或在 Search Everywhere 对话框中搜索 show Kotlin-Bytecode（按下 Shift 键两次即可打开）。

在 Kotlin 的字节码窗口中，单击左上角的 Decompile 按钮，打开一个新的选项卡，其中显示了从 Extensions.kt 文件中生成的字节码的 Java 代码形式。找出为 **String** 类定义的 **addEnthusiasm()** 函数扩展的相应字节码，如下所示：

```
@NotNull
public static final String addEnthusiasm(@NotNull String $this$addEnthusiasm,
                                         int enthusiasmLevel) {
    Intrinsics.checkNotNullParameter($this$addEnthusiasm, "$this$addEnthusiasm");
    return $this$addEnthusiasm +
        StringsKt.repeat((CharSequence)"!", enthusiasmLevel);
}
```

Kotlin 扩展是接收器作为其第一个实际参数的静态函数。编译器将调用 **addEnthusiasm()** 函数的语句转换为调用静态函数的语句。这就是能够为 Kotlin 中的每种类声明扩展函数的方式。

这种实现方式的一个副作用是，扩展函数不能覆盖基类上的函数，也不能访问类上的任何私有属性或函数。如果创建了一个与类本身的属性或函数具有相同签名的扩展，编译器将优先使用基类上的定义，而不是扩展定义。为了验证这一点，尝试在 REPL 中运行程序清单 19.17 中的代码。

程序清单 19.17 解析扩展函数（REPL）

```
val String.length
    get() = -999

"Madrigal has left the building".length 30
```

该表达式返回了 30，表示使用的是内置的 length 属性而不是扩展属性。在声明扩展时要小心避免与基类发生冲突。建议使用完全不同的名称，但如果形式参数不同，也可以通过扩展函数重载类型上的函数。

19.5 扩展的可见性

本章没有使用可见性修饰符声明任何扩展函数，因此它们默认为公开的。可以在代码库中的任何位置访问公开的扩展函数。在大规模项目中，所扩展的类可能会随着添加大量的新函数和属性而变得臃肿。

可以通过选择使用常规函数而不是扩展函数避免这种情况，但在很多情况下，扩展函数可以更好地简化代码。另一种防止扩展函数变得臃肿的方法是为其添加可见性修饰符，其应用与常规函数类似。

将扩展标记为私有的可以禁止在定义该扩展的文件之外使用它。考虑之前定义的函数 **List<List**

<Room>>. get，可能只希望在 **Game** 类中访问它，因为那里定义了游戏中导航逻辑和 worldMap。为了限制对该函数的访问并避免与 IDE 的自动完成建议混淆，可以将该函数移至 NyetHack. kt 文件中并将其标记为 private。

对于扩展函数和普通函数来说，经验都是一样的：扩展函数不在其他地方使用，则将其标记为私有的。

此时可能会发现，扩展函数几乎可以使用所有在类中定义函数时可用的函数修饰符。但需要注意的是，关键字 abstract 和 open 是明显的例外，因为无法覆盖扩展函数。只要扩展函数不需要访问类的内部，并且不需要被覆盖，几乎可以将每个函数都转换为扩展函数。

19.6 Kotlin 标准库中的扩展

Kotlin 标准库的很大一部分功能是通过扩展函数和扩展属性定义的。

例如，可以使用 Search Everywhere 对话框搜索文件名为 Strings. kt 的源代码文件（注意：此处是 Strings，而非 String），其部分源代码如下所示：

```
public inline fun CharSequence.trim(predicate: (Char) -> Boolean): CharSequence {
    var startIndex = 0
    var endIndex = length - 1
    var startFound = false

    while (startIndex <= endIndex) {
        val index = if (!startFound) startIndex else endIndex
        val match = predicate(this[index])

        if (!startFound) {
            if (!match)
                startFound = true
            else
                startIndex += 1
        }
        else {
            if (!match)
                break
            else
                endIndex -= 1
        }
    }

    return subSequence(startIndex, endIndex + 1)
}
```

浏览一下这个标准库文件，可以看到它是由 **String** 类的扩展组成的。例如，上面的摘录中定义了一个叫作 **trim**()的扩展函数，用于从字符串中删除字符。

标准库中包含对类型进行扩展的文件通常都以这种方式命名，即在类型名称后面附加-s。如果浏览标准库文件，会发现其他符合这种命名规范的文件：Sequences. kt，Ranges. kt 和 Maps. kt 等这些文件对类型进行了扩展，可以增加标准库功能。

使用扩展函数来定义核心 API 功能是 Kotlin 标准库保持如此小的占用空间（大约 1. 4MB）但是却拥有如此多功能的方式之一。扩展函数能够高效地使用空间，因为它们可以通过一个定义为多个类型提供功能。

本章介绍了扩展函数如何提供一种与继承共享行为的替代方法。现在，是时候和 NyetHack 说再见了。在之前的 12 章中，已经见识了 Kotlin 提供的很多功能，包括 Lambda 表达式、Collection、类、继承、泛型和扩展函数等。在第 20 章中，将创建一个新项目，学习协程(coroutine)，这是 Kotlin 执行异步任务的一种一流方法。

19.7 好奇之处：带有接收器的函数字面量

可以使用函数字面量(function literal)与接收器的扩展语法一起使用，以发挥强大的作用。为了更好地理解本节标题"带有接收器的函数字面量"的含义，来看一下在第 12 章中曾经遇到过的 **apply**()函数的定义：

```
public inline fun <T> T.apply(block: T.() -> Unit): T {
    block()
    return this
}
```

记住 **apply**()函数的作用：可以在作为实际参数传递的一个 Lambda 表达式中设置特定接收器实例的属性。例如：

```
val finalBossRoom = EvilLair().apply {
    lairOwner = "Nogartse"
    securityFeatures = listOf("moat", "lasers", "confusing interior layout")
    prepareBattleMusic()
}
```

这样就可以避免显式地对接收者调用每个函数。相反，可以在 Lambda 表达式中隐式地调用它们。**apply**()函数提供的魔力就是通过定义一个带有接收器的函数字面量来实现的。

再次查看 **apply**()函数的定义，看看函数的形式参数 block 是如何指定的：

```
public inline fun <T> T.apply( block: T.() -> Unit ): T {
    block()
    return this
}
```

函数的形式参数 block 不仅仅是一个 Lambda 表达式，而且还被指定为一个扩展为泛型类型 T 的 T.()-> Unit。这使得定义的 Lambda 表达式也可以隐式地访问接收器实例的属性和函数。

通过指定为扩展，Lambda 表达式的接收器也是调用 **apply**()函数的实例，从而在 Lambda 表达式中授予访问接收器实例函数和属性的权限。

使用这种方式，可以编写所谓的"特定领域语言"(Domain-Specific Language，DSL)——一种 API 风格，通过使用定义的 Lambda 表达式访问和配置接收器上下文中的函数和特性。例如，JetBrains 的 Exposed 框架广泛使用了 DSL 风格的 API，允许定义 SQL 查询。

可以向 NyetHack 中添加一个使用相同风格的函数，允许配置一个带有陷阱地精(pit goblin)的房间(可以将其作为一个实验添加到 NyetHack 项目中)，如下所示：

```
inline fun MonsterRoom.configurePitGoblin(
    block: MonsterRoom.(Goblin) -> Goblin
): MonsterRoom {
    val goblin = block(Goblin("Pit Goblin", description = "An Evil Pit Goblin"))
    monster = goblin
```

```
        return this
    }
```

这个对 **Room** 类的扩展接收一个以 **Room** 类为其接收器的 Lambda 表达式。结果是，在定义的 Lambda 表达式中可以访问 **Room** 类的属性，因此可以使用 **Room** 接收器的属性来配置 Goblin。例如，可以在 **Game** 类中通过以下方式调用该扩展函数：

```
object Game {
    ...
    fun configureCurrentRoom() {
        val monsterRoom = currentRoom as? MonsterRoom ?: return

        monsterRoom.configurePitGoblin { goblin ->
            goblin.healthPoints = when {
                "Haunted" in name -> 60
                "Dungeon" in name -> 45
                "Town Square" in name -> 15
                else -> 30
            }
            goblin
        }
    }
}
```

19.8 挑战之处：框架扩展

以下是一个小程序，可以在漂亮的 ASCII 框架中显示任意大小的字符串，该框架适用于打印并挂在墙上：

```
fun frame(name: String, padding: Int, formatChar: String = "*"): String {
    val greeting = "$name!"
    val middle = formatChar
            .padEnd(padding)
            .plus(greeting)
            .plus(formatChar.padStart(padding))
    val end = (0 until middle.length).joinToString("") { formatChar }
    return "$end\n$middle\n$end"
}
```

在本挑战中，将使用所学的关于扩展的知识，尝试将 **frame()** 函数重构为一个可以在任意 **String** 类上使用的扩展。调用新版本的示例如下所示：

```
print("Welcome, Madrigal".frame(5))
*****************************
*    Welcome, Madrigal    *
*****************************
```

第20章

协　程

应用程序可以用来实现各种功能，包括与外部资源的连接。可能想通过应用程序来下载数据、查询数据库或向 Web API 发出请求等。这些都是非常有用的操作，但它们可能需要花费很长的时间才能完成。肯定不希望用户在这些操作完成之前一直被卡住，而无法继续使用应用程序。

与其让用户一直等待需要花费长时间运行的任务，不如将该任务移至后台执行。如果不这样做，程序将被**阻塞**（**block**），无法响应任何其他的事件，给人一种程序已经冻结的感觉。**协程**能够定义在后台执行的任务，或者，通常被称为**异步执行**（**asynchronously**）。

Kotlin 1.3 中引入了对协程的稳定支持，但协程并不是 Kotlin 独有的，也不是什么新鲜事物。协程的概念可以追溯到 20 世纪 50 年代，并且已经在许多编程语言中实现。协程基于函数能够被**挂起**（**suspend**）的思想，这意味着一个函数可以在长时间运行操作完成之前被暂停。

许多其他编程语言仅依赖于**线程**（**thread**）实现异步工作。线程负责管理程序的执行。每个线程都有自己的一系列指令，依照声明的顺序执行。负责处理用户直接交互的主要线程称为**主线程**（**main thread**）或 **UI 线程**（**UI thread**）。主线程用于处理用户界面的更新和响应用户操作，由于其重要性，主线程通常需要保持响应迅速，以提供良好的用户体验。

通常，开发人员将长时间运行的任务（如之前提到的网络请求）转移到**后台线程**（**background thread**）中进行。这样就可以释放主线程继续执行自身的任务，如渲染应用程序的 UI 界面等。在这种异步计算模型下，主线程可能会启动一个后台线程来发起网络请求。当网络请求完成时，后台线程可以将这些数据发送回主线程供其使用。这种方式可以确保长时间运行的任务不会阻塞主线程，以保持应用程序的响应性。

以这种方式使用线程存在一些缺点。线程是一个相对低级的 API，使用起来比较困难。直接使用线程时也很容易出错，而这些错误可能会导致应用程序浪费资源或意外崩溃。例如，线程同步问题可能导致数据竞争和死锁。此外，线程的创建和销毁也会引起一定的开销。因此，传统的线程模型可能不是最优的选择。

协程提供了一组高级且安全的工具来帮助构建异步代码。在底层，Kotlin 的协程使用线程来并行地执行任务，但通常不必担心这个细节。使用协程，可以将异步操作视为顺序代码，以更直观和简洁的方式编写代码。协程能够自动处理线程切换和调度，使得并发编程更加简单，代码可读性更强。此外，协程还提供了异常处理机制和上下文绑定，使得错误处理和资源管理更加方便。总之，协程是一种更高级、更优雅和更安全的异步编程方式。

当使用协程执行诸如发出网络请求之类的任务时，发出的请求会在执行期间挂起。当代码处于这种挂起状态时，程序的其他部分仍然可以执行，从而释放主线程并保持程序响应。当网络请求完成后，挂起的代码会从之前挂起的位置继续执行。

在后台,Kotlin 会保存和恢复挂起函数调用之前的状态。这使得原始函数的调用在恢复之前可以暂时释放内存。正是由于这些优化措施,协程比原生线程具有更高的资源使用效率。

正如将在本章中看到的那样,协程的行为与在本书中已经编写的同步代码非常相似。

现在,Madrigal 在 Kronstadt 的英雄任务已经完成,她急需一个假期来放松一下。为了解压,她已经预订了飞往一个没有 goblins 的热带岛屿的国际航班。为了帮助 Madrigal 准时登机,将在一个新的项目中利用协程来获取关于其航班的数据,并向她发出何时登机的指令。

到本章结束时,项目将与两个 Web 服务进行交互:一个用于获取 Madrigal 的航班信息;另一个用于获取她的 TaernylAir 忠诚度状态(这会影响她在登机过程中的位置)。这些信息可以合并到一个 **FlightStatus** 对象中。在第 21 章将使用流(flow)生成登机指令,即可以订阅的数据流。在第 22 章将利用通道(channel)加速航班的跟踪,通道是一种在协程之间进行通信的工具。

20.1 阻塞调用

将调用的第一个 Web 服务托管在 kotlin-book. bignerdranch. com/2e/flight 目录下。当从该服务请求数据时,将返回以逗号分隔的航班数据,其中包括航班的 flightNumber、originAirport、destinationAirport、status 以及 departureTimeInMinutes 等属性的值。

在浏览器中打开该 URL(因为系统在查询其庞大的航班数据库时,页面会有 5 秒的延迟,所以需要耐心等待),可以看到一个页面,上面只有一行类似如下的信息:

```
JC1112,UJH,WUI,On Time,88
```

多次重新加载 Web 浏览器,以查看它提供的不同响应。每次加载页面时,数据都是随机生成的。本章将构建一个客户端来使用该 API 返回的响应,并将其输出至控制台。

创建一个名为 TaernylAir 的新 Kotlin 项目(Taernyl 的酒馆生意取得了很大的成功,现在正在拓展到航空业务)。使用 JVM 下的 Application 模板,并设置 Project JDK。此外,确保使用 Gradle Groovy 构建系统。本章稍后将修改与构建系统相关的文件,而其他构建系统则无法匹配这些步骤。

在新项目中,创建一个名为 FlightFetcher. kt 的新文件。在该文件中,定义两个名为 BASE_URL 和 FLIGHT_ENDPOINT 的常量,用于 Web API 的端点。

此外,创建 **fetchFlight()** 函数,该函数返回一个表示从 Web 端点接收数据的 **String** 类。Kotlin 包括一个对 Java 中 **URL** 类的扩展函数,称为 **readText()** 函数,该函数为连接基本的 Web API 端点、缓冲数据以及将数据转换为字符串等提供了简单的支持,此处所需要的一切。

最后,在一个新的 **main()** 函数中调用 **fetchFlight()** 函数,并输出结果,如程序清单 20.1 所示。

程序清单 20.1 获取航班数据(FlightFetcher. kt)

```
private const val BASE_URL = "http://kotlin - book.bignerdranch.com/2e" private
const val FLIGHT_ENDPOINT = " $ BASE_URL/flight"

fun main() {
    val flight = fetchFlight()
    println(flight)
}

fun fetchFlight(): String = URL(FLIGHT_ENDPOINT).readText()
```

运行 FlightFetcher.kt 文件中的 **main()** 函数。由于互联网连接的速度，可能会注意到该调用需要花费相当长的时间才能返回数据。当它完成后，请添加一些日志语句，以便可以查看请求开始和结束的时间，如程序清单 20.2 所示。

程序清单 20.2 测量请求的时间(FlightFetcher.kt)

```
...
fun main() {
    println("Started")
    val flight = fetchFlight()
    println(flight)
    println("Finished")
}

fun fetchFlight(): String = URL(FLIGHT_ENDPOINT).readText()
```

再次运行 **main()** 函数并观察控制台。注意输出 Started 和输出 Finished 之间花费的时间。

由于航班的延迟，对 **fetchFlight()** 函数的调用大约需要 5 秒才能返回。线程类似于一个处理拟执行的任务序列的管道，在等待 **fetchFlight()** 函数返回时，线程被阻塞，在释放之前，它不能用于其他任何工作。

等待 5 秒是很长的时间，但对于来自 Web 服务的响应而言，这并不罕见，尤其是在网络连接较差或响应的体量较大的情况下。为了在不浪费用户时间(和耐心)的情况下进行此类长时间运行的调用，可以把这项任务转移至一个单独的线程上。这样，在执行长时间运行的任务时，其他任务也可以同时执行。

20.2 启用协程

与线程类似，协程也是一种在后台执行异步的、潜在需长时间运行的任务机制。与线程不同的是，协程可以执行并等待其他任务的完成，而不会阻塞启动它们的线程，这要归功于函数挂起的魔力。

Kotlin 没有内置对协程的支持。若想在项目中使用协程，需要将定义协程的库作为依赖项添加到项目中。依赖项由 Gradle 进行管理，Gradle 是在创建 TaernylAir 项目时选择的构建系统。Gradle 项目主要通过以.gradle 结尾的文件进行配置。这些文件包含正在使用的 Kotlin 版本、项目所需的依赖项、确定如何为程序生成输出的设置，以及许多其他信息。

目前，只需要在 Gradle 中注册一个依赖项。在顶级项目目录中找到并打开 build.gradle 文件，然后添加协程依赖项，如程序清单 20.3 所示。

程序清单 20.3 启用协程(build.gradle)

```
plugins {
        id 'org.jetbrains.kotlin.jvm' version '1.5.21'
}

group = 'com.bignerdranch'
version = '1.0 - SNAPSHOT'

repositories {
    mavenCentral()
}
dependencies {
    implementation "org.jetbrains.kotlinx:kotlinx - coroutines - core:1.5.1"
```

```
    testImplementation 'org.jetbrains.kotlin:kotlin-test'
}

test {

    useJUnit()

}

compileKotlin {
    kotlinOptions.jvmTarget = '1.8'
}

compileTestKotlin {
    kotlinOptions.jvmTarget = '1.8'
}
```

一旦在 build.gradle 文件中添加了依赖项，单击编辑器右上角出现的 Load Gradle Changes 按钮，以同步 Gradle 文件。

顺便说一下，协程库还包括对将在后续章节中使用的流和通道的支持。

20.3 协程构建器

协程构建器（coroutine builder）是一个用于创建新协程的函数。大多数协程构建器还会在创建后立即启动协程。协程库中已定义了若干构建器。最常用的协程构建器是 **launch()** 函数，它是作为 **CoroutineScope** 类的扩展而定义的一个函数。很快将可以在作用域相关章节中看到更多的信息；现在，使用的是子类 **GlobalScope**。

把对 **fetchFlight()** 函数的调用打包到在 **GlobalScope** 类上定义的 **launch()** 函数的调用中，启动一个新的协程，如程序清单 20.4 所示。

程序清单 20.4 启动一个协程（FlightFetcher.kt）

```
private const val BASE_URL = "http://kotlin-book.bignerdranch.com/2e" private
const val FLIGHT_ENDPOINT = "$BASE_URL/flight"

fun main() {
    println("Started")
    GlobalScope.launch {
        val flight = fetchFlight()
        println(flight)
    }
    println("Finished")
}

fun fetchFlight(): String = URL(FLIGHT_ENDPOINT).readText()
```

launch() 函数需要一个实际参数：一个 Lambda 表达式，用于指定在不会阻塞当前线程的情形下想要运行的任务。

运行更新后的应用程序。这一次，将会输出 Started 和 Finished，但该线程在请求返回数据之前就已经结束了。发生了什么呢？

通过调用 **launch()** 函数，创建了一个新的协程。**launch()** 函数立即启动了在新的协程中指定的任务。

协程作用域由其所定义的 **CoroutineScope** 类决定。在 **GlobalScope** 类上调用 **launch()** 函数，该类就

是协程的作用域,并定义了其运行的时间。**GlobalScope** 类是 **CoroutineScope** 类的一个实现,本质上是非托管的:它将其所有的协程都放入一个共享的**线程池(thread pool)**中了。

在使用 **GlobalScope** 类时,代码中可能会出现一个警告。例如,如果在用户进入应用程序的某部分时,在 **GlobalScope** 类中启动了一个协程,但用户离开时忘记取消它,那么关联的资源将不会被清理,并且可能会有一个协程在后台无谓地持续运行。因此,**GlobalScope** 类的不正确使用可能会引发问题。

因此,**GlobalScope** 类被认为是一个"危险的"(delicate)API。IntelliJ 试图引导用户使用其他被认为更安全的 API。为了更好地理解该建议,需要更深入地探索协程作用域的概念。

20.4 协程作用域

每个协程构建器都会在**协程作用域(coroutine scope)**内启动其协程。协程作用域可以控制协程代码的执行方式,包括设置协程、取消协程以及选择用于运行代码的线程。目前,正在使用 **GlobalScope** 类作为协程作用域执行网络请求。

GlobalScope 类提供了一种简便的启动协程的方法,因此将其作为此处的第一个示例。但是,实际上并不推荐在大多数应用程序中使用它,因为它可能会在代码中引入问题。在本例中,它就是导致问题的原因所在:**GlobalScope** 类不能保持足够长的线程活动时间,以等待响应并输出结果。

到目前为止,我们一直在讨论异步代码时,好像阻塞总是要避免的,但实际情况并非如此。有时候,希望代码被阻塞,以便完成关键的任务。在 TaernylAir 中,虽然不希望 **fetchFlight()** 函数阻塞,但确实希望在 **fetchFlight()** 函数的工作完成之前,**main()** 函数阻塞完成。这将确保 **fetchFlight()** 函数有机会返回数据。

runBlocking() 函数是一个协程构建器,它会阻塞其所在的线程,直至其协程执行完毕。可以使用 **runBlocking()** 函数启动必须在继续执行之前全部完成的协程。在第 21 章和第 22 章中将可以看到更多关于此技术的示例。

在 **main()** 函数中,将 **launch()** 函数嵌套在 **runBlocking()** 函数中,利用此构建器的协程作用域,可以删除对 **GlobalScope** 类的使用,如程序清单 20.5 所示。

程序清单 20.5 使用一个阻塞协程的构建器(FlightFetcher.kt)

```
...
fun main() {
    println("Started")
    GlobalScope.launch {
    runBlocking {
        println("Started")
        launch {
            val flight = fetchFlight()
            println(flight)
        }
        println("Finished")
    }
    println("Finished")
}

fun fetchFlight(): String = URL(FLIGHT_ENDPOINT).readText()
```

运行 TaernylAir,输出应如下所示:

```
Started
```

```
Finished            // pause
CE7902,FVY,CLI,On Time,116
```

首先输出的是字符串 Started,因为它对 **println**()函数的调用先于 **fetchFlight**()函数,而 **println**()函数不是一个挂起函数。接下来是对 **fetchFlight**()函数的调用,但由于它是在一个单独的协程中启动的,所以对 **println**()函数的第二次调用不用等待其返回。检索航班数据比输出至控制台要花费更多的时间,因此在看到航班数据之前,会先看到字符串 Finished 的输出。

20.5 结构化并发

在程序后台,每个协程作用域都有一个**协程上下文**(**CoroutineContext**)。可以将协程上下文理解为协程应该如何执行的一个规则集,而协程作用域则是根据这些规则执行协程的监督者。协程上下文可以进一步分解为定义执行规则的更小组件。构成协程上下文的最常用的元素是 **Job** 和 **CoroutineDispatcher**,如图 20.1 所示。

协程的 **Job** 用来跟踪协程的状态信息,例如它是否正在运行。它还具有控制机制,允许在协程完成之前提前取消协程。每个协程构建器在启动协程时都会返回相应的 **Job**。这意味着可以访问该执行信息,并且可以在协程完成执行之前手动取消它。如果需要中止由用户触发的长时间运行的后台任务,这非常方便,例如,如果用户在页面加载时离开页面或取消文件上传。

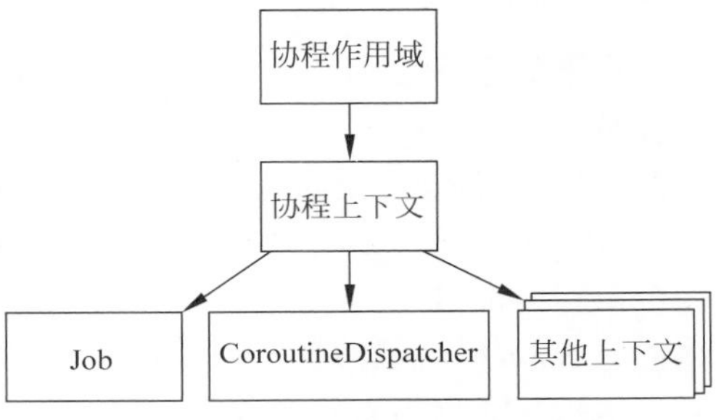

图 20.1 对协程作用域的剖析

CoroutineDispatcher 负责启动协程。通常情况下,这涉及将协程的相关任务安排或移动到所需的线程上。对于调度器的使用,有若干选项可供选择,也可以创建自己的调度器。最常见的内置调度器存储于名为 **Dispatchers** 的类中,具体见表 20.1。

表 20.1 常见的内置调度器

内置调度器	说明
Dispatchers. Default	适用于一般性的任务和计算密集型操作。由一个线程池支持,线程池大小受设备处理器核心数量的限制
Dispatchers. IO	适用于输入/输出相关操作,由一个线程池支持,该线程池具有较高数量的线程
Dispatchers. Main	在 UI 或主线程上运行代码。在 JVM 平台上,需要对 Android、JavaFX 或 Swing 附加一个依赖项,以指示哪个线程是主线程。对于其他平台,该调度程序的行为与 Dispatchers. Default 相同
Dispatchers. Unconfined	指定此任务执行的线程并不重要。Coroutines 库将在协程已经使用的任何线程上继续执行该协程

每个协程作用域都有自己的上下文,用于运行协程,但也可以修改协程上下文以完成其部分工作。协程上下文的使用一般需要调用 **fetchFlight**()函数,并在 **withContext**()函数内使用内置调度器 Dispatchers. IO 切换协程上下文。此外,还需要使用关键字 suspend 标记 **fetchFlight**()函数,并在完成更改后对此进行解释。

程序清单 20.6 使用协程上下文(FlightFetcher. kt)

```
...
fun main() {
```

```
    runBlocking {
        println("Started")
        launch {
            val flight = fetchFlight()
            println(flight)
        }
        println("Finished")
    }
}

suspend fun fetchFlight(): String = withContext(Dispatchers.IO) {
    URL(ENDPOINT).readText()
}
```

现在，**fetchFlight**()函数中的任务将在由 Dispatchers.IO 管理的线程上执行。在 **main**()函数中启动的协程将在主线程上执行，并且会阻塞，直至所有协程完成为止。

当使用 **withContext**()函数切换协程上下文时，新的上下文将与之前的上下文进行合并。这会导致新的上下文从父协程的上下文中**继承**(**inherit**)。本例指定了一个不同的调度器来创建新的上下文，这将覆盖(而不是合并)父协程上下文中的调度器。

重要的是，子协程除了拥有自己的 **Job** 之外，还会继承父协程的 **Job**。与调度器不同，父协程的 **Job** 不会被覆盖，这两个 **Job** 都可以控制协程的执行。如果父协程的 **Job** 被取消，则所有子协程(以及子协程的子协程)的 **Job** 也将被取消。

这一概念称为**结构化并发**(**structured concurrency**)，它在使用 Kotlin 中的协程时经常会遇到。当在一个协程内部启动另一个协程时，也可以看到这种继承协程上下文的行为，在调用 **runBlocking**()函数内部的 **launch**()函数时所做的就是这样的。这种嵌套的协程将继承外部协程的上下文和作用域。

结构化并发为组织协程提供了一种范例，并且在大规模使用协程时至关重要。虽然结构化并发不是 Kotlin 协程所独有的，但却是其众所周知的实现之一。随着对协程使用的增加，结构化并发将成为不可或缺的一部分。

要调用 **withContext**()函数，必须在 **fetchFlight**()函数前加上关键字 suspend。类似 **withContext**()函数这样的挂起函数只能从其他挂起函数中调用，或者在协程构建器内部调用。在网络请求期间，**withContext**()函数会被挂起，而网络操作会在不同的线程上进行。一旦网络请求完成，**withContext**()函数会在原始的调度器上恢复执行，并且 **fetchFlight**()函数将在之前暂停的地方继续执行。

函数被标记为挂起函数的原因众多，在接下来的第 21 章和第 22 章将介绍如何创建挂起函数。挂起函数通常用于执行长时间运行的操作，如网络请求或数据库查询，以及需要等待外部资源响应的任务。通过将这些操作标记为挂起函数，可以保持主线程的响应性，并允许其他协程执行而不会阻塞线程。

IntelliJ 在 **main**()函数调用 **fetchFlight**()函数的位置旁边添加了一个图标。同样的图标也出现在调用 **withContext**()函数的那一行。该图标表示在该行调用了一个挂起函数，并提醒协程可能会在哪里暂停和恢复该函数。这有助于更好地理解和调试协程的执行流程。

运行 TaernylAir 并确认输出没有改变。网络请求将在 I/O 线程上进行，但是因为需要等待网络请求完成后才能进行其他工作，所以尚未看到应用程序表现出任何的优势。

20.6 使用 HTTP 客户端

TaernylAir 项目现在可以加载航班信息，但只有这些信息还不足以让 Madrigal 登上飞机。乘客如何登机有着非常严格的规定。例如,登机门在飞机起飞前 15 分钟关闭,并且所有乘客必须登机后才能升空。

此外,Madrigal 是 Taernyl 项目中忠诚计划(loyalty program)的会员。该计划的每个等级都有自己的登机优先级,等级是基于乘客在该航空公司累积的飞行里程数确定的。

为了显示乘客的准确登机信息,需要从位于 kotlin-book. bignerdranch. com/2e/loyalty 的端点查询他们的忠诚度级别信息。

但是,在开始添加更多的 API 调用之前,再次检查 **fetchFlight**()函数。IntelliJ 已经突出显示了 **URL** 使用情况,如果将鼠标悬停在其上,就会看到一条警告信息,上面写着 Inappropriate blocking method call。问题出在 **URL** 和 **readText** 会在协程中阻塞线程。通过阻塞线程,可以防止协程挂起,这将占用 Coroutines 库本来用于执行已准备就绪的协程资源。

实际上,这不会影响代码,因为正在使用的是 withContext(Dispatchers. IO。Dispatchers. IO 是专为基于 I/O 的工作而设计的,并且拥有大量的线程可供使用,因此如果阻塞了 Dispatchers. IO 线程池中的一个线程,不太可能会引发问题。但是,通过更新该实现以使用支持挂起的 HTTP 客户端,仍然可以遵循 IDE 给出的建议。

有几个库可以很好地与协程搭配使用(包括流行的 Retrofit 库),在该项目中使用的是 Ktor 库。Ktor 库是 Kotlinx 中的一个网络库——Kotlinx 是 JetBrains 提供的一组可选的官方库(first-party libraries),扩展了 Kotlin 语言和标准库的基本功能。正在使用的协程库也是 Kotlinx 的一部分。

Kotlinx 库的一个独特优势是它们广泛兼容 Kotlin 跨平台(Multiplatform),这使得它成为那些跨平台共享代码项目的绝佳选择。第 24 章将介绍更多有关代码共享技术的内容。

要想在项目中启用 Ktor 库,再次更新 build. gradle 文件以包含必要的依赖项,如程序清单 20.7 所示。

程序清单 20.7 添加 Ktor 库的依赖项(build. gradle)

```
... dependencies {
    implementation "org.jetbrains.kotlinx:kotlinx-coroutines-core:1.5.1"
    implementation "io.ktor:ktor-client-core:1.6.2"
    implementation "io.ktor:ktor-client-cio:1.6.2"
    testImplementation 'org.jetbrains.kotlin:kotlin-test'
}
...
```

这里声明的第一个依赖项将允许使用 Ktor 库创建一个 HTTP 客户端。第二个依赖项是 Ktor 库将用于执行其网络请求的底层引擎。有多个引擎可供选择,其中 CIO(基于协程的 I/O)是一个简单的库,支持 JVM,并且没有任何其他依赖项。

在更新了 build. gradle 文件之后,需要再次单击 Load Gradle Changes 按钮,然后才能使用新的依赖项。

在 Ktor 的依赖项设置完毕后,使用 **HttpClient** 而不是 **URL** 更新 **fetchFlight**()函数。也可以删除对 **withContext**()函数的调用,因为 Ktor 库会自动将网络请求移至后台线程,并在请求完成前将函数挂起(还需要为 **HttpClient** 和 **CIO** 类以及 **get**()函数添加导入语句,以确保使用正确的导入指令,否则可能会出现意外错误),具体代码见程序清单 20.8。

程序清单 20.8 迁移至 HttpClient(FlightFetcher. kt)

```
import io.ktor.client.HttpClient import
io.ktor.client.engine.cio.CIO import
```

```
io.ktor.client.request.get import
kotlinx.coroutines.*
...
suspend fun fetchFlight(): String = withContext(Dispatchers.IO) {
    URL(FLIGHT_ENDPOINT).readText()
    val client = HttpClient(CIO)
    return client.get<String>(FLIGHT_ENDPOINT)
}
```

重新运行程序，并确认它仍然能够像之前一样成功获取到航班信息。

在完成 API 调用重构后，就可以实现第二个 API 调用了，它将用于获取 Madrigal 的忠诚度状态。为新的端点创建另一个新的常量，并获取她的忠诚度信息，如程序清单 20.9 所示。

程序清单 20.9　调用第二个端点(FlightFetcher.kt)

```
private const val BASE_URL = "http://kotlin-book.bignerdranch.com/2e"
private const val FLIGHT_ENDPOINT = "$BASE_URL/flight" private
const val LOYALTY_ENDPOINT = "$BASE_URL/loyalty"

...
suspend fun fetchFlight(): String {
    val client = HttpClient(CIO)
    return val flightResponse = client.get<String>(FLIGHT_ENDPOINT)
    val loyaltyResponse = client.get<String>(LOYALTY_ENDPOINT)

    return "$flightResponse\n$loyaltyResponse"
}
```

再次运行程序，应该可以看到如下的输出：

```
Started
Finished
VA4520,RXF,PBY,On Time,95
Platinum,90781,9218
```

到目前为止，一切进展顺利。但这些数据是什么意思呢？为了使应用程序更加显得用户友好，代码更加结构化，创建一个新的 **FlightStatus** 类，放在单独的文件中。该类将解析来自端点的结果，跟踪航班和乘客的信息，以获取登机信息等，如程序清单 20.10 所示。第 21 章中将会更加全面地利用该模型。

程序清单 20.10　设置 FlightStatus(FlightStatus.kt)

```
data class FlightStatus(
    val flightNumber: String,
    val passengerName: String,
    val passengerLoyaltyTier: String,
    val originAirport: String,
    val destinationAirport: String,
    val status: String,
    val departureTimeInMinutes: Int
) {

    companion object {
        fun parse(
            flightResponse: String,
            loyaltyResponse: String,
            passengerName: String
        ): FlightStatus {
            val (flightNumber, originAirport, destinationAirport, status,
                departureTimeInMinutes) = flightResponse.split(",")
```

```
            val (loyaltyTierName, milesFlown, milesToNextTier) =
                loyaltyResponse.split(",")

            return FlightStatus(
                flightNumber = flightNumber,
                passengerName = passengerName,
                passengerLoyaltyTier = loyaltyTierName,
                originAirport = originAirport,
                destinationAirport = destinationAirport,
                status = status,
                departureTimeInMinutes = departureTimeInMinutes.toInt()
            )
        }
    }
}
```

有了新的 **FlightStatus** 类后，更新 **fetchFlight()** 函数以返回新的类型，并要求输入乘客的姓名，如程序清单 20.11 所示。

程序清单 20.11　解析航班(FlightFetcher.kt)

```
...
fun main() {
    runBlocking {
        println("Started")
        launch {
            val flight = fetchFlight("Madrigal")
            println(flight)
        }
        println("Finished")
    }
}

suspend fun fetchFlight(passengerName: String): String FlightStatus {
    val client = HttpClient(CIO)
    val flightResponse = client.get<String>(FLIGHT_ENDPOINT)
    val loyaltyResponse = client.get<String>(LOYALTY_ENDPOINT)

    return "$flightResponse\n$loyaltyResponse"
    return FlightStatus.parse(
        passengerName = passengerName,
        flightResponse = flightResponse,
        loyaltyResponse = loyaltyResponse
    ) }
```

再次运行程序，应该可以看到输出已经发生了变化，类似于以下形式：

```
Started
Finished
FlightStatus(flightNumber=YY8272, passengerName=Madrigal,
    passengerLoyaltyTier=Gold, originAirport=GWX, destinationAirport=LFX,
    status=On Time, departureTimeInMinutes=66)
```

现在，TaernylAir 已经掌握了引导乘客登机所需的所有信息。但这一实现仍然有一些需要改进的地方。

尽管正在使用挂起函数来避免阻塞主线程，但协程并不能改变每个指令按顺序执行的事实。协程只是表示可以暂停某任务，以等待其他任务的完成，并在稍后恢复该任务的执行。函数中的语句仍然会按声明的顺序依次执行。

在 **fetchFlight**()函数中,发起了两个网络请求,但由于其声明方式的原因,在加载完航班信息之前,不会发送用于查询忠诚度状态的请求。

正如之前提到的,flight 端点有一个 5 秒的延迟,loyalty 端点也有一个 2 秒的延迟。为了使这个额外的延迟更加明显,可在 **fetchFlight**()函数中添加更多的日志记录,如程序清单 20.12 所示。

程序清单 20.12　日志响应(FlightFetcher.kt)

```
...
suspend fun fetchFlight(passengerName: String): FlightStatus {
    val client = HttpClient(CIO)

    println("Started fetching flight info")
    val flightResponse = client.get<String>(FLIGHT_ENDPOINT).also {
        println("Finished fetching flight info")
    }

    println("Started fetching loyalty info")
    val loyaltyResponse = client.get<String>(LOYALTY_ENDPOINT).also {
      println("Finished fetching loyalty info")
    }

    println("Combining flight data")
    return FlightStatus.parse(...)
}
```

再次运行应用程序,输出的开头应会如下所示:

```
Started
Finished
Started fetching flight info
Finished fetching flight info
Started fetching loyalty info
Finished fetching loyalty info
Combining flight data
FlightStatus(...)
```

图 20.2 展示了两个顺序网络请求与另一种同时执行航班和忠诚度端点请求的对比。

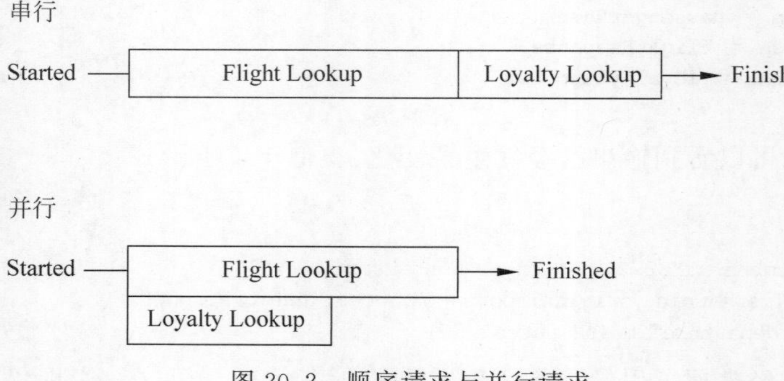

图 20.2　顺序请求与并行请求

在并行的情况下,忠诚度等级查询将在航班数据返回结果之前启动并完成。如果可以用这种方式结构化网络请求,那么 **fetchFlight**()函数的执行会更快。实际上更简便的方法就是使用协程构建器 **async** 和 **await**。

20.7 async 和 await

async 是一个协程构建器，可以用作 **launch** 的替代方法。与 **launch** 非常类似，**async** 接收一个 Lambda 表达式作为其实际参数，在这个 Lambda 表达式中可以调用其他的挂起函数。这两个函数之间的最大区别在于它们的返回类型：**launch** 返回一个 **Job**，而 **async** 返回的是 **Deferred** 的一个实例。

这两个类是很相似的，实际上，**Deferred** 是 **Job** 的子类。但是，除了包括有关协程状态的信息之外，**Deferred** 还会获取协程返回的值。**Deferred** 的值表示一个可能在此刻尚未准备好，但最终将变得可用的值。由 **async** 返回的 **Deferred** 将在 Lambda 表达式准备就绪后立即接收从该表达式返回的任何值。

这一点非常有用，因为传递给 **async** 的任务可以独立启动和执行，而不受协程其他部分的影响。只有在需要访问该值时，才会遇到任务产生的剩余延迟。这样可以提高协程的并发性和效率，而无须等待前一个任务完成后才能开始下一个任务。

要想访问延迟的值，需要在 **Deferred** 上调用 **await**。此处的 **await** 也是一个挂起函数：当调用它时，如果任务已经完成，则会立即返回结果；否则它会挂起，直至该值准备就绪。通过使用 **await** 操作符，可以在协程中动态地等待结果，而不会阻塞当前的线程或协程。这样可以有效地管理并发操作，以避免不必要的延迟。

使用 **async** 和 **await** 更新 **fetchFlight()** 函数，以并行方式执行其网络请求。此外，在合并结果之前插入一定的延迟，以便更容易地观察到它们同时在运行，如程序清单 20.13 所示。

程序清单 20.13 使用 async 和 await(FlightFetcher.kt)

```
...
suspend fun fetchFlight(passengerName: String): FlightStatus = coroutineScope {
    val client = HttpClient(CIO)
    println("Started fetching flight info")
    val flightResponse = async {
        println("Started fetching flight info")
        client.get<String>(FLIGHT_ENDPOINT).also {
            println("Finished fetching flight info")
        }
    }

    println("Started fetching loyalty info")
    val loyaltyResponse = async {
        println("Started fetching loyalty info")
        client.get<String>(LOYALTY_ENDPOINT).also {
            println("Finished fetching loyalty info")
        }
    }
    delay(500)
    println("Combining flight data")
    return FlightStatus.parse(
      passengerName = passengerName,
      flightResponse = flightResponse.await(),
      loyaltyResponse = loyaltyResponse.await()
  ) }
```

像 **async** 和 **launch** 这样的协程构建器只能在协程作用域对象上进行调用。不幸的是，函数的 suspend 修饰符并不能直接提供函数所在的作用域访问权限。相反，需要更有创意地获取协程的作用域。

之前使用 **GlobalScope** 类、**runBlocking**()函数和 **withContext**()函数获取了协程作用域。在这里，这些技术都不是理想的选择，因为它们要么会阻止利用结构化并发的优势，要么会导致意外的副作用：如果使用 **GlobalScope** 类，并且调用函数的协程被取消，则发送到 **GlobalScope** 类的任何任务都不能得到清理。**withContext**()函数可能会导致函数使用与原始调用作用域不同的调度器。而 **runBlocking**()函数会完全阻止函数挂起，这也是不可取的。

如果希望 **fetchFlight**()函数能够被挂起，运行在调用它的同一调度器上，并且在使用它的作业被取消时停止执行。协程作用域就是满足所有这些需求的一种方法，这也是此处使用它的原因所在。当调用协程作用域时，将会创建一个新的协程作用域，但是它将继承调用作用域的调度器，并且作为调用作用域的子作用域添加进去。将该作用域添加为子作用域意味着如果父作用域被取消，它也会被停止。

这对目的来说非常完美，因为它授予了访问 **async** 协程构建器的权限，同时保持调度器并遵守调用 **fetchFlight**()函数指定的生命周期作用域。

再次运行 TaernylAir，应该可以看到如下所示的输出，表明现在正在使用协程的功能并行地执行多个网络请求。

```
Started
Finished
Started fetching flight info
Started fetching loyalty info
Combining flight data
Finished fetching loyalty info
Finished fetching flight info
FlightStatus(flightNumber = GM2813, passengerName = Madrigal,
    passengerLoyaltyTier = Platinum, originAirport = AJA, destinationAirport = IEE,
    status = Canceled, departureTimeInMinutes = 52)
```

本章中介绍如何使用 Kotlin 的官方协程库编写异步代码，使得程序能够以并行方式执行。在第 21 章介绍如何在协程库中添加更多的工具，以构建 TaernylAir 为乘客提供登机信息。

20.8 好奇之处：竞态条件

无论何时以并行方式运行代码，都需要注意**竞态条件**(**race condition**)。竞态条件是指当指令在意想不到的时间或以意想不到的顺序执行时，程序将会出现运行不正确的情形。

为了理解竞态条件的实际情形，想象一个预订系统，该系统希望高效地为旅客办理登机手续并统计已处理的旅客数量。如果有 1000 个航班，每个航班有 75 名乘客，可能会决定使用一个单独的协程来处理每个航班的 75 名乘客。为了实现这一点，可以编写程序清单 20.14 中的代码。

当启动 REPL 时，可以选择在项目中的多个模块的上下文中启动它。如果选择了 TaernylAir.main，则其他的模块将无法访问 Coroutines 库，如程序清单 20.14 所示。

程序清单 20.14　航班登记的竞态条件(REPL)

```
import kotlinx.coroutines.Dispatchers
import kotlinx.coroutines.launch import
kotlinx.coroutines.runBlocking

val passengersPerFlight = 75
val numberOfFlights = 1000 var
checkedInPassengers = 0
```

```
runBlocking {
    repeat(numberOfFlights) {
        launch(Dispatchers.Default) {
            checkedInPassengers += passengersPerFlight
        }
    }
}
println(checkedInPassengers) 74325
```

多次运行以上代码并观察输出结果。在此情形下，应该有 75 000 名乘客正在办理登机手续，这是否与输出相匹配？

由于计算机速度的不同，每次运行此代码时都会看到一个不同的数字，但它将小于预期的 75 000（如果始终看到输出的为 75 000，请尝试增加系统中航班的数量）。为什么会出现这种情况呢？

当使用＋＝运算符计算 checkedInPassengers＋＝passengersPerFlight 时，代码需要执行 3 个独立的步骤：首先，读取 checkedInPassengers 和 passengersPerFlight 中的值，然后将它们相加，最后将得到的值写回存储 checkedInPassengers 变量的内存位置。

这些步骤中的每一步都需要花费一定的时间，在使用同一个变量时，可能会有多个线程处于该操作的不同阶段，从而导致线程之间互相覆盖对方写入的结果。

为避免该问题，有以下几种选择。

(1) 同步运行任务，不要使用多个线程。

(2) 重构代码，使得线程不需要访问任何共享的可变值。

(3) 同步线程，确保同一时间只有一个线程能够使用 checkedInPassengers 变量。

(4) 使用线程安全的数据结构来存储 checkedInPassengers。

这些方法各有优缺点。对于本例来说，一般推荐最后一种方法，即使用线程安全的数据结构。

还有另一个名为 AtomicFU 的 Kotlin 库。与 Ktor 和 Coroutines 库本身非常相似，AtomicFU 是一个跨平台库，可以在 JVM 及其他平台上使用。

要想在项目中设置 AtomicFU，需要在 build. gradle 文件中注册一个插件，继续进行如程序清单 20. 15 所示的修改。

程序清单 20. 15　添加 AtomicFU 插件(build. gradle)

```
buildscript {
    dependencies {
        classpath "org.jetbrains.kotlinx:atomicfu-gradle-plugin:0.16.2"
    }
}

plugins {
    id 'org.jetbrains.kotlin.jvm' version '1.5.21'
}

apply plugin: 'kotlinx-atomicfu'
...
```

加载 Gradle 之后，就可以访问 **atomic()** 函数了，该函数可用于声明原子引用(atomic references)。原子引用是一种线程安全的数据结构，可以**原子地(atomically)**执行复杂的操作，如前面讨论过的读取-增量-写入(read-increment-write)序列，这意味着该操作被视为在单个指令中执行。

对于这类问题，原子数据结构是存储数据的最佳选择，因为它们确保当多个线程尝试修改相同的值时不会丢失任何数据。可以在 REPL 中进行测试(构建并重新启动 REPL 以确保更改已生效)。项目代码中唯一的更改是 checkedInPassengers 的声明，该声明现在更改为一个 val，并使用 **atomic()**函数将其值封装在 **AtomicReference** 中，如程序清单 20.16 所示。

程序清单 20.16 使用 atomic()函数(REPL)

```
import kotlinx.atomicfu.atomic
import kotlinx.coroutines.Dispatchers
import kotlinx.coroutines.launch import
kotlinx.coroutines.runBlocking

val passengersPerFlight = 75
val numberOfFlights = 1000
val checkedInPassengers = atomic(0)

runBlocking {
    repeat(numberOfFlights) {
        launch(Dispatchers.Default) {
            checkedInPassengers += passengersPerFlight
        }
    }
}
println(checkedInPassengers) 75000
```

多次运行以上代码，可以发现每次运行中所有的 75 000 名乘客都办理了登机手续。这表明竞态条件问题已经得到解决。

虽然关于线程的安全性还有很多需要学习的地方，但其细节已超出了本书的范围。在这种需要多个线程写入同一个字段的情况下，**Atomics()**函数表现良好，但并不总是万能解决方案。

有时，需要锁定整个代码段，以确保仅有一个线程执行危险的代码段。这种做法称为**互斥(mutual exclusion)**，表示仅有一个线程可以访问某个代码区域。有若干种方法可以实现这一点，如 **synchronized()**函数的 **Mutex**、**Semaphore**，以及特定于平台的 API 等。

为了避免竞态条件的发生，可以尝试通过限制线程之间使用共享可变状态的数量。我们还建议留心代码中的竞态条件，如果发现某复杂的多线程算法没有按预期运行，请做好进行竞态条件调试的准备。

20.9 好奇之处：服务器端 Kotlin

本章介绍了如何使用 Ktor 库作为 HTTP 客户端从航班端点获取数据。Ktor 库还有另一个更厉害的功能：它也是 JVM 的 Web 服务器框架。实际上，使用的 kotlinbook.bignerdranch.com/2e 端点就是由 Ktor 库托管的。

如果有兴趣使用 Kotlin 和 Ktor 库构建自己的服务器，可以访问其官方网站。以下是本章中与之交互的服务器 **main()**函数的简化版本，以供参考：

```
fun main() = embeddedServer(Netty, port = 8080) {
    routing {
        get("/") {
            call.respondRedirect(
                url = "https://bignerdranch.com/books/"
            )
        }

        route("2e") {
```

```
            get("flight") {
                delay(5000)
                call.respond(
                    status = HttpStatusCode.OK,
                    message = FlightSchedule.random().toString()
                )
            }

            get("loyalty") {
                delay(2000)
                call.respond(
                    status = HttpStatusCode.OK,
                    message = LoyaltyStatus.random().toString()
                )
            }
        }
    }
}.start(wait = true)
```

20.10 挑战之处：不允许取消

航班取消对 Madrigal 的度假计划来说是个糟糕的坏消息。因此，在该挑战中，需要过滤掉任何状态为 Canceled 的响应。持续发出新的请求，直至收到一个准时或（令 Madrigal 失望的）延误的航班信息。

第21章

流

应用程序的结构是由数据在其中流动的方式来定义的。作为一名开发人员，有很多决策需要去做。各种组件是否会直接进行通信？数据源是否提供让其他组件订阅更改的方式？数据是否应该始终朝一个方向流动？无论选择的策略是什么，有意识地进行设计是至关重要的。

本章将探索 Kotlin 内置的流支持，并学习如何在整个应用程序中发送数据。**流**（**flow**）表示可以订阅的数据流，它们可以设计具有单向信息流的程序，并根据其状态的变化进行更新。

信息流通常建立在 **NyetHack** 中使用的面向对象范例的基础上，并且有助于设计更为独立的类。如果程序的某一部分需要感知代码中其他地方发生的状态变化，通过流可以接收新的状态值，而不是在某个值可能已经发生变化时请求更新后的值。这种方式可以更好地管理程序的状态变化和数据流动。

流还实现了第 11 章中学习的许多函数式编程的操作，并为操作数据提供了一组强大的工具。

持续更新 **TaernylAir** 以连续跟踪多个航班，对于每个航班，都将输出有关飞机何时开始登机、忠诚度等级不同的乘客何时开始登机、何时结束登机以及飞机何时起飞的信息。

这种模拟是围绕事件对其他事件所做出的响应而构建的。在本章结束时，应用程序的状态将由两条不断变化的信息组成：正在跟踪的航班以及与该航班有关的数据。

使用本书中介绍的技术，可以采用命令式的方法解决这个问题。但是，命令式的解决方案很难在后续再添加功能。为了使应用程序更具模块化，可以改为使用流来编写响应式代码。

21.1 设置流

流是 Kotlin 表示异步数据流的方法。从更高层次上来讲，流支持两种操作：发出和收集。在**收集**（**collect**）一个流时，就是在注册一个侦听器，该侦听器将接收所有从流中**发出**（**emitted**）的项。一个流可以在其生命周期内发出任意数量的值，也可能根本不发出任何值。

如何进行发出和收集的具体细节取决于流的创建方式。有时候，可以直接操纵流并要求其发出特定的值。其他时候，如果程序无法访问流发出的功能时，只能从流中进行收集。

本章重点介绍两种表现不同的流的实例，这仅仅是 Kotlin 中流功能的一小部分，还有很多其他方法可以创建产生不同行为的流。

流已经被内置到 TaernylAir 项目所添加的 Coroutines 库中了，因此随时都可以准备使用它们了。要想构建第一个流，创建一个名为 FlightWatcher.kt 的新文件，并添加 3 个新函数：第一个 **main**()函数用于组织航班监视的任务；第二个 **watchFlight**()函数用于观察航班状态并在航班准备起飞时输出状态更新；第三个 **fetchFlights**()函数用于获取所有被跟踪的航班。

输入此代码时，需要同时导入 kotlinx. coroutines. flow. Flow 类和 kotlinx. coroutines. flow. flow 函数，如程序清单 21.1 所示。

程序清单 21.1 使用 flow()函数(FlightWatcher. kt)

```
fun main() {
    runBlocking {
        println("Getting the latest flight info...")
        val flights = fetchFlights()
        val flightDescriptions = flights.joinToString {
            "${it.passengerName} (${it.flightNumber})"
        }
        println("Found flights for $flightDescriptions")
        flights.forEach {
            watchFlight(it)
        }
    }
}

fun watchFlight(initialFlight: FlightStatus) {
    val currentFlight: Flow<FlightStatus> = flow {
        var flight = initialFlight
        repeat(5) {
            emit(flight)
            delay(1000)
            flight = flight.copy(
                departureTimeInMinutes = flight.departureTimeInMinutes - 1
            )
        }
    }
}

suspend fun fetchFlights(
    passengerNames: List<String> = listOf("Madrigal", "Polarcubis")
) = passengerNames.map { fetchFlight(it) }
```

新的 **main**()函数的前半部分与第 20 章中的内容相似，同时使用 **runBlocking** 协程构建器为每个乘客调用 **fetchFlight**()函数。

watchFlight()函数更有趣。此处定义了一个将发出新航班数据的流。每 1 秒，航班的 departureTimeInMinutes 都会递减，以模拟航班离起飞更近了 1 秒。

回想一下第 11 章中看到的用于构建序列的 **generateSequence**()函数。当使用初始值创建的序列被另一个函数处理时，**generateSequence**()函数会调用迭代器来确定要生成的下一个值。与 **generateSequence** 类似，流将以某种顺序缓慢地发出数值，以供其他使用这些数值的组件使用。

watchFlight()函数中对 **emit**()函数的调用就是指定要发送给流的使用者的方法。只能在提供给流的 Lambda 表达式内部才能访问该函数。

emit()函数也是一个挂起函数，就像之前用过的 **delay**()函数一样。但并没有将关键字 suspend 添加至 **watchFlight**()函数签名中，这给出了一个关于此处发生的事情的提示：在后台，流会创建一个协程作用域，用于执行 Lambda 表达式的内容。这就是为什么可以在流的 Lambda 表达式内部调用挂起函数。流将使用的协程作用域是在流开始被收集时创建的，并在流停止发出或停止收集数值时关闭。

现在有了两个 **main**()函数，一个位于 FlightWatcher. kt 文件中，另一个位于 FlightFetcher. kt 文件中。对编译器来说这不会有问题，程序可以正常运行。但为了避免歧义，可以删除 FlightFetcher. kt 文件中的 **main**()函数，如程序清单 21.2 所示。

程序清单 21.2　删除旧的 main()函数(FlightFetcher.kt)

```
private const val BASE_URL = "http://kotlin-book.bignerdranch.com/2e"
private const val FLIGHT_ENDPOINT = "$BASE_URL/flight"
private const val LOYALTY_ENDPOINT = "$BASE_URL/loyalty"

fun main() {
    runBlocking {
        println("Started")
        launch {
            val flight = fetchFlight("Madrigal")
            println(flight)
        }
        println("Finished")
    }}
...
```

如果此时运行 TaernylAir,流的 Lambda 表达式中的任何代码都不会被执行。该流是**冷的**(**cold**),也就是说它不会发出数据。它不会对 Lambda 表达式主体进行求值,直到开始从该流中收集数据。**热的**(**hot**)流是指即使没有收集器,仍然执行代码并发出数据的流。

要想利用流,可以使用 **collect**()函数,如程序清单 21.3 所示。目前为止,仅模拟了获取航班信息后的前 5 分钟的登机情况。在本章稍后的部分,将更新该流的逻辑以持续跟踪航班,直至航班起飞。

程序清单 21.3　使用航班数据(FlightWatcher.kt)

```
...
suspend fun watchFlight(initialFlight: FlightStatus) {
    val passengerName = initialFlight.passengerName
    val currentFlight: Flow<FlightStatus> = flow {
        var flight = initialFlight
        repeat(5) {
            emit(flight)
            delay(1000)
            flight = flight.copy(
                departureTimeInMinutes = flight.departureTimeInMinutes - 1
            )
        }
    }

    currentFlight
        .collect {
            println("$passengerName: $it")
        }}
...
```

与流不同,**collect**()是一个挂起函数。为了能够调用 **collect**()函数,必须为 **watchFlight**()函数添加关键字 suspend。**collect**()函数本身会挂起,直至流停止发出数据。为了演示这一点,在 **collect**()函数调用之后添加一个日志,如程序清单 21.4 所示。

程序清单 21.4　等待流的完成(FlightWatcher.kt)

```
...
suspend fun watchFlight(initialFlight: FlightStatus) {
    ...
    currentFlight
        .collect {
            println("$passengerName: $it")
        }
```

```
    println("Finished tracking $passengerName's flight")
}
```

运行 FlightWatcher.kt 文件中的 **main()** 函数，应该可以看到如下的输出：

```
Getting the latest flight info...
...
Finished fetching flight info
Found flights for Madrigal (RD0475), Polarcubis (WG2393)
Madrigal: FlightStatus(flightNumber=RD0475, ..., departureTimeInMinutes=110)
Madrigal: FlightStatus(flightNumber=RD0475, ..., departureTimeInMinutes=109)
Madrigal: FlightStatus(flightNumber=RD0475, ..., departureTimeInMinutes=108)
Madrigal: FlightStatus(flightNumber=RD0475, ..., departureTimeInMinutes=107)
Madrigal: FlightStatus(flightNumber=RD0475, ..., departureTimeInMinutes=106)
Finished tracking Madrigal's flight

Polarcubis: FlightStatus(flightNumber=WG2393, ..., departureTimeInMinutes=30)
Polarcubis: FlightStatus(flightNumber=WG2393, ..., departureTimeInMinutes=29)
Polarcubis: FlightStatus(flightNumber=WG2393, ..., departureTimeInMinutes=28)
Polarcubis: FlightStatus(flightNumber=WG2393, ..., departureTimeInMinutes=27)
Polarcubis: FlightStatus(flightNumber=WG2393, ..., departureTimeInMinutes=26)
Finished tracking Polarcubis's flight
```

到目前为止，一切正常。已经打印出了登机的前5分钟的更新信息，但这个输出还有待改进。TaernylAir没有向乘客提供是否可以登机的信息，而且其输出有点难以阅读。在模拟登机流程的其余部分之前，可以花一些时间更新输出的格式。

为了跟踪用于确定登机时间的逻辑语句，在现有的FlightStatus.kt文件中创建两个新的枚举类文件，如程序清单21.5所示。

程序清单21.5 添加忠诚度信息和登机时间(FlightStatus.kt)

```
data class FlightStatus(
    ... ) {
    ...
}

enum class LoyaltyTier(
    val tierName: String,
    val boardingWindowStart: Int
) {
    Bronze("Bronze", 25),
    Silver("Silver", 25),
    Gold("Gold", 30),
    Platinum("Platinum", 35),
    Titanium("Titanium", 40),
    Diamond("Diamond", 45),
    DiamondPlus("Diamond+", 50),
    DiamondPlusPlus("Diamond++", 60)
}

enum class BoardingState {
    FlightCanceled,
    BoardingNotStarted,
    WaitingToBoard,
    Boarding,
    BoardingEnded
}
```

LoyaltyTier 类定义了TaernylAir的忠诚度等级。不同等级的乘客都有一个指定的时间，该时间决定了乘客何时可以开始登机。将 **LoyaltyTier** 类存储在 boardingWindowStart 中，表示距离飞机起飞的时间。例如，金卡会员可以在飞机起飞前 30 分钟开始登机。

要想使用第一个新的枚举类，更新 **FlightStatus** 类，将 passengerLoyaltyTier 存储为 **LoyaltyTier** 类而不是 **String** 类，如程序清单 21.6 所示。

程序清单 21.6　解析 LoyaltyTier（FlightStatus.kt）

```
data class FlightStatus(
    val flightNumber: String,
    val passengerName: String,
    val passengerLoyaltyTier: String LoyaltyTier,
    val originAirport: String,
    val destinationAirport: String,
    val status: String,
    val departureTimeInMinutes: Int
) {

    companion object {
        fun parse(
            flightResponse: String,
            loyaltyResponse: String,
            passengerName: String
        ): FlightStatus {
            val (flightNumber, originAirport, destinationAirport, status,

                departureTimeInMinutes) = flightResponse.split(",")

            val (loyaltyTierName, milesFlown, milesToNextTier) =
                loyaltyResponse.split(",")

            return FlightStatus(
                flightNumber = flightNumber,
                passengerName = passengerName,
                passengerLoyaltyTier = loyaltyTierName,
                passengerLoyaltyTier = LoyaltyTier.values()
                    .first { it.tierName == loyaltyTierName },
                originAirport = originAirport,
                destinationAirport = destinationAirport,
                status = status,
                departureTimeInMinutes = departureTimeInMinutes.toInt()
            )
        }
    }
}
...
```

现在，可以随时掌握乘客登机状态所需的所有信息。在 **FlightStatus** 类中定义一个新的 boardingStatus 属性，以计算乘客在航班上的登机状态。需要定义 4 个附加属性：isFlightCanceled、hasBoardingStarted、isBoardingOver 和 isEligibleToBoard。切记，登机从出发前 60 分钟开始，从 Diamond＋＋会员开始，并在起飞前 15 分钟结束，如程序清单 21.7 所示。

程序清单 21.7　计算登机状态（FlightStatus.kt）

```
data class FlightStatus(
    ...
) {
```

```
    val isFlightCanceled: Boolean
        get() = status.equals("Canceled", ignoreCase = true)

    val hasBoardingStarted: Boolean
        get() = departureTimeInMinutes in 15..60

    val isBoardingOver: Boolean
        get() = departureTimeInMinutes < 15

    val isEligibleToBoard: Boolean
        get() = departureTimeInMinutes in 15..passengerLoyaltyTier.boardingWindowStart

    val boardingStatus: BoardingState
        get() = when {
            isFlightCanceled -> BoardingState.FlightCanceled
            isBoardingOver -> BoardingState.BoardingEnded
            isEligibleToBoard -> BoardingState.Boarding
            hasBoardingStarted -> BoardingState.WaitingToBoard
            else -> BoardingState.BoardingNotStarted
        }
    ...
}
...
```

通过为 **FlightStatus** 类定义的这些新属性可以重新访问 **watchFlight**()函数。使用 while 循环代替 **repeat**,以持续提供航班的更新,直至飞机起飞。此外,更新输出的格式,以便对乘客更有帮助,如程序清单 21.8 所示。

程序清单 21.8　改进对航班的跟踪(FlightWatcher.kt)

```
...
suspend fun watchFlight(initialFlight: FlightStatus) {
    val passengerName = initialFlight.passengerName
    val currentFlight: Flow<FlightStatus> = flow {
        var flight = initialFlight
        repeat(5) {
        while (flight.departureTimeInMinutes >= 0 && !flight.isFlightCanceled) {
            emit(flight)
            delay(1000)
            flight = flight.copy(
                departureTimeInMinutes = flight.departureTimeInMinutes - 1
            )
        }
    }

    currentFlight
        .collect {
            val status = when (it.boardingStatus) {
                FlightCanceled -> "Your flight was canceled"
                BoardingNotStarted -> "Boarding will start soon"
                WaitingToBoard -> "Other passengers are boarding"
                Boarding -> "You can now board the plane"
                BoardingEnded -> "The boarding doors have closed"
            } + " (Flight departs in ${it.departureTimeInMinutes} minutes)"
            println("$passengerName: $it $status")
        }
    println("Finished tracking $passengerName's flight")
}
...
```

要想使用不带 BoardingState. 前缀的情况下使用登机状态值，需要在 FlightWatcher. kt 文件的顶部添加 import BoardingState. * 。

运行 TaernylAir，输出会如下所示：

```
...
Found flights for Madrigal (OA9084), Polarcubis (YJ8056)
Madrigal: Other passengers are boarding (Flight departs in 34 minutes)
Madrigal: Other passengers are boarding (Flight departs in 33 minutes)
Madrigal: Other passengers are boarding (Flight departs in 32 minutes)
Madrigal: Other passengers are boarding (Flight departs in 31 minutes)
Madrigal: You can now board the plane (Flight departs in 30 minutes)
Madrigal: You can now board the plane (Flight departs in 29 minutes)
Madrigal: You can now board the plane (Flight departs in 28 minutes)
Madrigal: You can now board the plane (Flight departs in 27 minutes)
...
Madrigal: The boarding doors have closed (Flight departs in 0 minutes)
Finished tracking Madrigal's flight
...
```

对乘客来说，这是一个非常好的改进。现在他们可以看到所乘航班登机过程的状态了，并且在航班起飞之前，他们会持续收到更新信息。接下来的任务就是继续改进 TaernylAir，以便跟踪多个航班的状态。可能会有若干的航班需要跟踪，但同一时间只能跟踪一个航班。为了让用户了解整体状态，可添加日志以显示还有多少航班需要跟踪。

21.2 MutableStateFlow

根据应用程序需要管理的状态，可能会发现之前一直使用的流构建器是相当受限的。只有提供的 Lambda 表达式才能向流中发出数据，这很适用于更新航班的起飞时间，因为随着时间的推移，起飞时间可以自动进行更新。但是，应用程序中的其他部分，其状态受多个不同组件的影响。

为了帮助用户跟踪多个航班，TaernylAir 应该告知用户有多少个航班在排队。此处，需要跟踪的状态是指在登机口等待乘客登机的航班数量。但是，流构建器并不是完成此任务的好工具，因为在一个 Lambda 表达式中想要跟踪航班数量是不切实际的。

可以将航班数量存储在一个 **MutableStateFlow** 中，而无须编写一大堆复杂的逻辑去维护该值。

MutableStateFlow 是流的一个实现，在跟踪应用程序方面非常有用。它允许创建一个流，其值可以在创建后手动重新赋值。现在，需要声明一个用于航班计数的 **MutableStateFlow**，如程序清单 21.9 所示。

程序清单 21.9　声明一个 MutableStateFlow(FlightWatcher. kt)

```
fun main() {
    runBlocking {
        ...
        println("Found flights for $flightDescriptions")
        val flightsAtGate = MutableStateFlow(flights.size)
                flights.forEach{

            watchFlight(it)
        }
    } }
...
```

注意：flightsAtGate 流和 currentFlight 流之间的区别。当将流与 currentFlight 一起使用时，需要定义流在其生命周期内发出的每个值。另一方面，**MutableStateFlow**()构造函数会接收一个初始值。如果现在开始收集这个流的数据，会立刻得到 flights. size 的值(根据当前代码，该值将始终为 2)。

此外，**MutableStateFlow** 是一个热流，而 currentFlight 是一个冷流。**MutableStateFlow** 始终处于活动状态，但是，如果向一个没有收集器的流发出数据，在调用 **collect**()函数之前，这些值都不会被使用。

为了充分利用 **MutableStateFlow**(特别是可变部分)，可以更新流中保存的值。这样做可以达到两个效果：流将向其所有处于活动状态的收集器发出新的值。这意味着，已注册来观察该值的每个组件都将立刻收到新值的通知。此外，该流还将记住最新的值。如果一个新的使用者开始从流中收集数据，它将立刻收到写入流中的最新值。

在航班跟踪完成后，更新 **main**()函数，flightsAtGate 的计数值减 1，如程序清单 21.10 所示。

程序清单 21.10　写入 MutableStateFlow(FlightWatcher. kt)

```
fun main() {
    runBlocking {
        ...
        val flightsAtGate = MutableStateFlow(flights.size)
        flights.forEach {
            watchFlight(it)
            flightsAtGate.value = flightsAtGate.value - 1
        }
    } }
...
```

与之前看到的 **emit**()函数不同，**MutableStateFlow** 中 value 属性的 setter 不是一个挂起函数。代码中任何可以访问 flightsAtGate 流的部分都有权将值发送至该函数，即使发送新值的代码没有在协程中运行。当定义一个包含 **MutableStateFlow** 的文件级或类级的属性时，这一细节变得非常重要。也可以使用 flightsAtGate. value--来递减该值，但这里展示完整的语法，是为了演示可以在不挂起的情况下读取和写入该值。

权力越大，责任越大，如果想规定谁才有权限设置登机口航班的数量，此时可以利用 **StateFlow** 接口。与 **List** 与 **MutableList** 非常相似，**StateFlow** 是 **MutableStateFlow** 的只读对应项，这是 Kotlin 强调不可变性的另一个例子。

使用 **MutableStateFlow** 时常见的一种模式是，在公共属性中公开一个只读版本，同时保持可变版本是私有的。可以使用两个属性来实现这一点，如下所示：

```
private val _boardingPass: MutableStateFlow<BoardingPass> =
    mutableStateFlow(BoardingPass())
val boardingPass: StateFlow<BoardingPass>
    get() = _boardingPass

fun refreshBoardingPass() {
    _boardingPass.value = BoardingPass()
}
```

当存在同时使用不同类型的公共属性和私有属性时，通常约定使用下画线作为私有后备属性的前缀。

对于 flightsAtGate 流来说，由于它已经在函数内部进行作用域限制，所以不需要这样做。但对于其他功能，可以在函数外声明 **MutableStateFlow** 并锁定其可变性。

要查看被跟踪的航班数量，需要收集 flightsAtGate 流。在乘客开始轮流之前，再添加另一个

collect()函数调用即可，如程序清单 21.11 所示。

程序清单 21.11　添加另一个 collect()函数调用(FlightWatcher.kt)

```
fun main() {
    runBlocking {
        println("Getting the latest flight info...")
        val flights = fetchFlights()
        val flightDescriptions = flights.joinToString {
            "${it.passengerName} (${it.flightNumber})"
        }
        println("Found flights for $flightDescriptions")
        val flightsAtGate = MutableStateFlow(flights.size)
        flightsAtGate
            .collect { flightCount ->
                println("There are $flightCount flights being tracked")
            }
        println("Finished tracking all flights")

        flights.forEach {
            watchFlight(it)
            flightsAtGate.value = flightsAtGate.value - 1
        }
    }}
...
```

再次运行程序。可以看到在输出 There are 2 flights being tracked 之后，程序没有继续执行。出了什么问题呢？

回想一下可知，**collect**()是一个挂起函数，它会一直挂起，直至流完成为止。这就带来了一个问题，即 flightsAtGate 流没有被告知已经完成。实际上，**MutableStateFlow** 类无法完成。

现在需要的是一种能够并行收集两个流的机制，这可通过将对 **collect**()函数的调用转移至其自身的协程中来实现。使用 **launch**()函数再次更新 **main**()函数可以避免这个死锁问题，如程序清单 21.12 所示。

程序清单 21.12　观察并行的流(FlightWatcher.kt)

```
fun main() {
    runBlocking {
        ...
        val flightsAtGate = MutableStateFlow(flights.size)
        launch {
            flightsAtGate
              .collect { flightCount ->
                  println("There are $flightCount flights being tracked")
              }
            println("Finished tracking all flights")
        }

        launch {
            flights.forEach {
                watchFlight(it)
                flightsAtGate.value = flightsAtGate.value - 1
            }
        }
    }}
...
```

再次运行 FlightWatcher.kt，如下输出中应该可以看到正在跟踪的航班数量：

```
...
Found flights for Madrigal (ER9618), Polarcubis (MO7737)
There are 2 flights being tracked
...
Madrigal: The boarding doors have closed (Flight departs in 3 minutes)
Madrigal: The boarding doors have closed (Flight departs in 2 minutes)
Madrigal: The boarding doors have closed (Flight departs in 1 minutes)
Madrigal: The boarding doors have closed (Flight departs in 0 minutes)
There are 1 flights being tracked
...
Polarcubis: The boarding doors have closed (Flight departs in 3 minutes)
Polarcubis: The boarding doors have closed (Flight departs in 2 minutes)
Polarcubis: The boarding doors have closed (Flight departs in 1 minutes)
Polarcubis: The boarding doors have closed (Flight departs in 0 minutes)
Finished tracking all flights
```

现在航班跟踪已经可以按预期进行了，但 TaernylAir 还需要解决一个问题。在输出. Finished tracking all flights 后，程序并没有终止。接下来的任务是继续更新代码，以便实现在最后一个航班起飞后 TaernylAir 结束执行。

21.3 流终止

前面已经介绍了一些自动完成的流以及无法完成的流的示例，还可以使用几种可用工具来影响或改变流的完成方式。

如果在流完成之前取消协程，则收集器将停止接收数据，如果流没有其他的收集器，则将处于休眠状态。要想修改此模式，可以使用**运算符(operator)**。运算符可以更改流发出数据的方式(尽管它们具有相同的名称，但与在本书中所看到的＋和－等运算符不同)。

根据使用的运算符不同，可以省略、添加或修改流中的项，或者根据当前的需要更改流的终止方式。以下是一些影响流终止的运算符，其中一些可能会在 Kotlin 的 Collection 和序列 API 中识别出来。这些运算符定义在协程库中名为 Limit. kt 的文件中，具体定义见表 21.1。

表 21.1 运算符定义

运 算 符	说 明
take	接收一个 **Int** 类型的形式参数并收集相应数量的发出项，然后终止
takeWhile	收集发出项，直至发出项与所提供的 predicate 不匹配后终止
drop	接收一个 **Int** 类型的形式参数，并忽略流中最多该数量的发出项，然后转发所有其他要收集的值
dropWhile	忽略发出项，直至发出项与所提供的 predicate 不匹配后，转发所有其他要收集的值

这些函数也适用于第 11 章中学到的 Collection 和序列类型。实际上，许多流运算符也存在于 Kotlin 的 Collection 和序列类型的函数编程中。

要想让 TaernylAir 终止，需要更新 flightsAtGate 的使用情况，以便在计数达到零后停止收集，可以使用 **takeWhile** 运算符实现这一点，如程序清单 21.13 所示。

程序清单 21.13 取消无休止的流(FlightWatcher. kt)

```
fun main() {
    runBlocking {
        ...
        val flightsAtGate = MutableStateFlow(flights.size)
        launch {
```

```
            flightsAtGate
                .takeWhile { it > 0 }
                .collect { flightCount ->
                    println("There are $flightCount flights being tracked")
                }
            println("Finished tracking all flights")
        }
        ...
    } }
...
```

运行 FlightWatcher.kt 并让输出逐步进行。最后应该可以看到 Process finished with exit code 0，表明流已经正确地终止了。

流还有 **onCompletion**()函数，该函数允许在流完成后指定需执行的操作。通过将两个 **println**()函数的调用移至 **onCompletion** 调用中来清理流，如程序清单 21.14 所示。

程序清单 21.14 使用 onCompletion()函数(FlightWatcher.kt)

```
fun main() {
    runBlocking {
        ...
        val flightsAtGate = MutableStateFlow(flights.size)
        launch {
            flightsAtGate
                .takeWhile { it > 0 }
                .onCompletion {
                    println("Finished tracking all flights")
                }
                .collect { flightCount ->
                    println("There are $flightCount flights being tracked")
                }
            println("Finished tracking all flights")
        }
        ...
    }
}

suspend fun watchFlight(initialFlight: FlightStatus) {
    ...
    currentFlight
        .onCompletion {
            println("Finished tracking $passengerName's flight")
        }
        .collect {
            val status = when (it.boardingStatus) {
                FlightCanceled -> "Your flight was canceled"
                BoardingNotStarted -> "Boarding will start soon"
                WaitingToBoard -> "Other passengers are boarding"
                Boarding -> "You can now board the plane"
                BoardingEnded -> "The boarding doors have closed"
            } + " (Flight departs in ${it.departureTimeInMinutes} minutes)"
            println("$passengerName: $status")
        }
    println("Finished tracking $passengerName's flight")
}
...
```

因为 **collect**()函数在完成之前已经挂起，所以此更改不会影响代码的运行(如果需要，可以再次运行它来确认这一点)。

21.4　流转换

在第 11 章中介绍了 **map**()函数，它基于 Lambda 表达式对 Collection 中的每个元素进行转换(transform)，该函数也是可以与流一起使用的运算符。尝试在当前的 currentFlight 流中使用该运算符，将一些逻辑代码移至 **collect**()函数的 Lambda 表达式之外，如程序清单 21.15 所示。

程序清单 21.15　mapping 流中的值(FlightWatcher.kt)

```
...
suspend fun watchFlight(initialFlight: FlightStatus) {
    ...
    currentFlight
        .map { flight ->
            when (flight.boardingStatus) {
                FlightCanceled -> "Your flight was canceled"
                BoardingNotStarted -> "Boarding will start soon"
                WaitingToBoard -> "Other passengers are boarding"
                Boarding -> "You can now board the plane"
                BoardingEnded -> "The boarding doors have closed"
            } + " (Flight departs in ${flight.departureTimeInMinutes} minutes)"
        }
        .onCompletion {
            println("Finished tracking $passengerName's flight")
        }
        .collect { status ->
            val status = when (it.boardingStatus) {
                FlightCanceled -> "Your flight was canceled"
                BoardingNotStarted -> "Boarding will start soon"
                WaitingToBoard -> "Other passengers are boarding"
                Boarding -> "You can now board the plane"
                BoardingEnded -> "The boarding doors have closed"
            } + " (Flight departs in ${it.departureTimeInMinutes} minutes)"
            println("$passengerName: $status")
        } }
...
```

此处 **map**()函数的用途与在第 11 章中是相同的。该流中发出的每个值都将在被收集之前进行映射。收集器只会从流中接收映射后的值。

在 Kotlin 的标准库中看到的许多转换函数(特别是在 Collection 类型上的)也可以在流中使用，例如，**flatMap**()、**filter**()和 **zip**()都是可用的。另外，许多开发人员不加区别地使用术语“运算符”和“转换函数”，因为这些函数都非常相似。不过，在后台，流实现了自己的运算符，这些运算符与 Collection 转换函数非常相似。

如果需要为流定义一个自定义的转换，可以使用 **transform**。例如，可以编写以下代码来模拟 **map** 运算符的行为：

```
suspend fun observeTemperature(
    val temperatureInCelsius: Flow<Int>
) {
    temperatureInCelsius.convertToKelvin()
        .collect { temperatureInKelvin ->
            println("The current temperature is $temperatureInKelvin"
        }
}
```

```
fun Flow<Int>.convertToKelvin(): Flow<Double> =
    transform<Int, Double> { temperatureInCelsius ->
        emit(temperatureInCelsius + 273.15)
    }
```

以上代码在 **transform** 的 Lambda 表达式的实际参数中调用了 **emit**()函数。与使用流构建器的方式非常相似，这是将转换后的值发送给收集组件的方式。如果想要省略低于绝对零度的温度，可以更新转换方式如下：

```
fun Flow<Int>.convertToKelvin(): Flow<Double> =
    transform<Int, Double> { temperatureInCelsius ->
        val temperatureInKelvin = temperatureInCelsius + 273.15
        if (temperatureInKelvin >= 0) {
            emit(temperatureInKelvin)
        }
    }
```

该转换等效于先编写一个 **map**(将温度转换为开氏温度)，然后再编写一个 **filter**(只发出非负温度)。

在使用流时，可以控制响应式流(reactive stream)的行为。想要执行的绝大部分转换都已内置在协程库中(其中也发布了流)，或者可以使用运算符的组合来实现。我们鼓励深入研究标准库，以发现其他"开箱即用"的运算符。但是，如果没有一个操作符满足需求，也可以随时创建自己的运算符。

21.5 流中的错误处理

现在，已经了解到流是如何优雅地完成任务的，但它们也可能无法成功完成任务并抛出异常信息。当出现这种情况，异常信息将被传递，直至送达 **collect**()函数。默认情况下，**collect**()函数将重新抛出流中未被捕获的任何异常。如果没有进行适当的错误处理，就可能会导致应用程序的崩溃。

为了观察这种行为，添加一个前置条件检查，以确保正在跟踪的乘客没有被禁止进入机场。更新 **main**()函数，查看当试图追踪航班上一个名叫 Nogartse 的乘客时，可能会发生的情况，该乘客由于 Nogartse 之前涉及世界饮食(worldeating)的事件而被禁止进入机场，如程序清单 21.16 所示。

程序清单 21.16 在流中抛出异常信息(FlightWatcher.kt)

```
val bannedPassengers = setOf("Nogartse")

fun main() {
    runBlocking {
        println("Getting the latest flight info...")
        val flights = fetchFlights(listOf("Nogartse"))
        val flightDescriptions = flights.joinToString {
            "${it.passengerName} (${it.flightNumber})"
        }
        println("Found flights for $flightDescriptions")
        ...
    }
}
suspend fun watchFlight(initialFlight: FlightStatus) {
    val passengerName = initialFlight.passengerName

    val currentFlight: Flow<FlightStatus> = flow {
        require(passengerName !in bannedPassengers) {
```

```
            "Cannot track $ passengerName's flight. They are banned from the airport."
        }

        var flight = initialFlight
        while (flight.departureTimeInMinutes >= 0 && !flight.isFlightCanceled) {
            emit(flight)
            delay(1000)
            flight = flight.copy(
                departureTimeInMinutes = flight.departureTimeInMinutes - 1
            )
        }
    }
    ...
}
```

再次运行程序,可以看到程序发生崩溃并输出如下的堆栈跟踪信息:

```
...
Exception in thread "main" java.lang.IllegalArgumentException: Cannot track
Nogartse's flight. They are banned from the airport.
    at FlightWatcherKt $ watchFlight $ currentFlight $ 1.invokeSuspend
        (FlightWatcher.kt:41)
    at FlightWatcherKt $ watchFlight $ currentFlight $ 1.invoke(FlightWatcher.kt)
    at FlightWatcherKt $ watchFlight $ currentFlight $ 1.invoke(FlightWatcher.kt)
    at kotlinx.coroutines.flow.SafeFlow.collectSafely(Builders.kt:61)
    at kotlinx.coroutines.flow.AbstractFlow.collect(Flow.kt:212)
    ...
```

如果想要处理该异常,有若干种工具可供使用。其中一个选项是将 **collect**()函数封装在 try/catch 程序块中尝试捕获异常,代码如下:

```
try {
    currentFlight.collect { println("Got flight data: $ it") }
} catch (e: IllegalArgumentException) {
    // Error recovery logic
}
```

流还有一个 **catch** 运算符,可以拦截流中的错误,并有可能纠正错误。**catch** 运算符会拦截流中出现的各种类型的异常。它接收一个 Lambda 表达式实际参数,该参数定义了流在捕获异常后应该执行的操作。这个 Lambda 表达式的行为与在 **transform** 中看到的 Lambda 表达式相同,并且可以访问相同的 **emit**()函数。

该 Lambda 表达式返回之后,流将完成,**catch** 块停止发出数据。如果选择使用 **catch** 运算符,代码将如下所示:

```
currentFlight
    .catch { throwable ->
        throwable.printStackTrace()
        emit(/* Fallback value */)
    }
    .collect { println("Got flight data: $ it") }
```

根据正在处理的异常,对于被禁飞的乘客终止程序执行并抛出错误信息一般来说是可以接受的。更新 **main**()函数以重新跟踪 Madrigal 的航班,如程序清单 21.17 所示。

程序清单 21.17 防止程序崩溃(FlightWatcher.kt)

```
...
fun main() {
    runBlocking {
```

```
        println("Getting the latest flight info...")
        val flights = fetchFlights(listOf("Nogartse"))
        val flightDescriptions = flights.joinToString {
            "${it.passengerName} (${it.flightNumber})"
        }
        println("Found flights for $flightDescriptions")
        ...
    } }
...
```

运行 FlightWatcher.kt，以确保不再发生崩溃。

无论是采用函数式编程，还是希望在面向对象应用程序中更一致地进行类间通信，流在其中均发挥着重要的作用。它们提供的丰富运算符增强了 Kotlin 标准库的功能，我们鼓励读者深入挖掘它们的潜力，看看它们还可以做些什么。

21.6 好奇之处：SharedFlow

本章介绍了两种创建流的方法：使用流构建器和 **MutableStateFlow**。这两种方法涵盖了绝大多数的使用情况，但对于一些特殊情况，还可以使用另一个叫作 **MutableSharedFlow**（及其对应的只读类型 **SharedFlow**）的类。

MutableSharedFlow 是 **MutableStateFlow** 的一个更通用版本。实际上，**MutableStateFlow** 是 **MutableSharedFlow** 的子类。那么，**MutableSharedFlow** 有什么好处呢？

假设想要从一个流中收集两个收集器。第一个收集器在创建流之后就立即添加进来，但第二个收集器要等待一段时间之后才能添加。如果使用流函数来构建该流，会发现两个收集器接收到的值不同，并且无法保持同步。

在 REPL 中尝试程序清单 21.18 中的代码。

程序清单 21.18 尝试与流构建器共享（REPL）

```
import kotlinx.coroutines.* import
kotlinx.coroutines.flow.*

runBlocking {
    val numbersFlow = flow {
        (1..5).forEach {
            delay(1000)
            emit(it)
        }
    }

    launch {
        numbersFlow.collect { println("Collector 1: Got $it"\n) }

    }
    launch {
        delay(2200)
        numbersFlow.collect { println("Collector 2: Got $it"\n) }
    } }
Collector 1: Got 1
Collector 1: Got 2
Collector 1: Got 3
Collector 2: Got 1
```

```
Collector 1: Got 4
Collector 2: Got 2
Collector 1: Got 5
Collector 2: Got 3
Collector 2: Got 4
Collector 2: Got 5
```

使用流构建器构建的每个流收集器都有自己的状态,新收集器的行为就像从未进行过收集一样。如果想将新的值(而不是过去的值)发送给一个新收集器,会发现目前的工具箱不太适合完成这个任务。如果使用流构建器,第二个收集器将从头开始,并且不会与前一个收集器保持同步。如果尝试使用 **MutableStateFlow**,虽然收集器确实保持了同步,但当第二个收集器开始收集时,会立即获得上一次发出的最后一个值,在本例中这是不希望发生的,因为并不希望收集任何过去的值。

但是,**MutableSharedFlow** 非常适合这一工作。顾名思义,**MutableSharedFlow** 可以在其所有收集器之间共享发出的数据。与 **MutableStateFlow** 非常相似,**MutableSharedFlow** 是热流且永远不会终止。但是,**MutableSharedFlow** 的收集器只接收在开始收集后发出的数据。用它替代流构建器,在 REPL 中进行尝试,如程序清单 21.19 所示。

程序清单 21.19 使用 MutableSharedFlow(REPL)

```
runBlocking {
    val numbersFlow = MutableSharedFlow<Int>()

    launch {
        numbersFlow.collect { println("Collector 1: Got $it"\n) }

    }
    launch {
        delay(2200)
        numbersFlow.collect { println("Collector 2: Got $it"\n) }
    }

    (1..5).forEach {
        delay(1000)
        numbersFlow.emit(it)
    } }
Collector 1: Got 1
Collector 1: Got 2
Collector 1: Got 3
Collector 2: Got 3
Collector 1: Got 4
Collector 2: Got 4
Collector 1: Got 5
Collector 2: Got 5
```

现在,所有的收集器都保持了同步,并接收到相同的值。

注意:在将任何数据发出到流中之前,均需要开始进行收集。**SharedFlows** 和 **MutableStateFlow** 一样是热流。但不同的是,**SharedFlow** 不会对过去的值进行缓冲或重新发送给新的收集器。如果在调用 **collect()** 函数之前先调用 **emit()** 函数,那么两个收集器都不会收到第一次发出的项。

如果需要,可以自定义此行为。**MutableSharedFlow** 的构造函数可接收 3 个形式参数。

(1) 第一个形式参数 replay,用于指定应记住的值的数量,并发送给未来添加的收集器(默认值为零)。

(2) 第二个形式参数 extraBufferCapacity,在当前没有收集器的情形下,用于指定可以缓冲的额外值的数量(默认为 0,表示当没有收集器时值会被丢弃)。也就是说,如果在重新添加收集器之前添加了多个值,那么这些额外的值就会被存储在缓冲区中,直到有新的收集器加入。如果 extraBufferCapacity 的值为 0,则这些额外的值将会被直接丢弃,直到有新的收集器加入流。

(3) 第三个形式参数 onBufferOverflow,仅在 extraBufferCapacity 至少为 1 时使用。当流的缓冲区已满时,该形式参数控制在流上调用 **emit()**函数时的行为。默认情况下,会挂起直至缓冲区为空。也就是说,当 extraBufferCapacity 大于 0 时,如果缓冲区满了,可以通过 onBufferOverflow 参数控制:是挂起等待缓冲区为空,还是丢弃新值或与新值相关的旧值。

可以使用 **MutableSharedFlow** 模拟 **MutableStateFlow** 的行为,方法是将 replay 设置为 1,并将其他实际参数保留为默认值。

一般来说,**MutableStateFlow** 和流构建器是创建流的最常见方法。如果要为单个收集器构建流,并且可以在某个地方定义其生命周期,请使用流构建器。**MutableStateFlow** 适用于其他大多数情况。但是,如果发现使用 **MutableStateFlow** 时束手束脚,那么不要犹豫,请使用 **MutableSharedFlow**。

第22章

通　道

在第 21 章中，使用流构建了随时间变化的航班数据流。流将应用程序的状态存储在可观察的属性中，并在其值更改时做出反应。但有时候，需要相互通信的不仅仅是两个**组件**（**component**），而是两个**协程**（**coroutine**）。

如果想要在两个协程之间发送消息，流存在一些限制。流并没有提供一种让发送方确切了解发出的值是否被收集到的方法。如果有多个收集器，它们都可以获取到相同的值。在某些情形下，希望确保一个值仅被一个协程所接收，但这一点无法轻松地通过流来实现。

要想解决跨协程通信的问题，不妨使用**通道**（**channel**）。通道是一种兼具发送方和接收方的通信路径。当发送方将消息输送到通道时，它必须等待并确认该消息传递到接收方。类似地，当接收方想要从通道中获取消息时，它必须等待并确认发送方将消息放入通道。通过使用通道，可以实现协程间的可靠通信。

接收方一次只能接收一条消息。如果有多个接收方在等待同一条消息，那么只有一个接收方可以收到该消息，其余的接收方会继续等待（如果熟悉阻塞队列的概念，可能会注意到通道与之有许多相似之处）。

有很多方法可以利用这种行为。本章将使用通道对正在跟踪的航班组的加载过程进行加速。

22.1　使用通道对工作进行拆分

为了加快航班信息获取的速度，将再次增加应用程序并行发出的网络请求的数量。之前，使用了 **async** 和 **await** 来完成此任务。由于需要同时处理的并行请求数量较少，并且可以采用简单直接的方式进行组合，因此这种方法很有效。

但是，使用 **async** 和 **await** 获取航班信息存在一些问题。从更高的层次上来说，问题可以归结为如何管理请求：即如何使 **async** 和 **await** 尽可能快地执行网络请求。如果需要跟踪的航班很多，将导致同一时间需要发送很多的网络请求，这可能会导致网络或服务器不堪重负。

现在，限制应用程序一次只能跟踪 2 个航班。由于每个航班都需要跟踪其航班信息和忠诚度状态，而且已经使用 **async** 和 **await** 同时执行以上 2 个网络请求，所以，应用程序现在需要并行地生成 4 个网络请求（而不是之前的 2 个）。这样不但可以提高用户获取航班信息的速度，同时还可以确保应用程序不会压垮 Taernyl 的服务器和用户的网络连接。

设置这种并行请求可能会非常复杂。怎么知道此刻有多少个航班正在起飞？什么时候才能开始处理下一个航班？哪些工具可以高效地等待条件成熟以便开始下一个请求？

为了协调航班的加载，需要用到 3 个协程。第一个协程负责生成(producing)和授权工作。第二个和第三个协程将充当 worker，它们将等待 producer 的请求去获取航班信息。

当 producer 发出请求时，两个协程 worker 中的一个将接收该请求并开始获取航班，另一个协程 worker 将等待下一个请求。以上操作的顺序如图 22.1 所示，并与当前在 foreach 循环中使用单个协程按顺序获取每个航班的实现进行了对比。

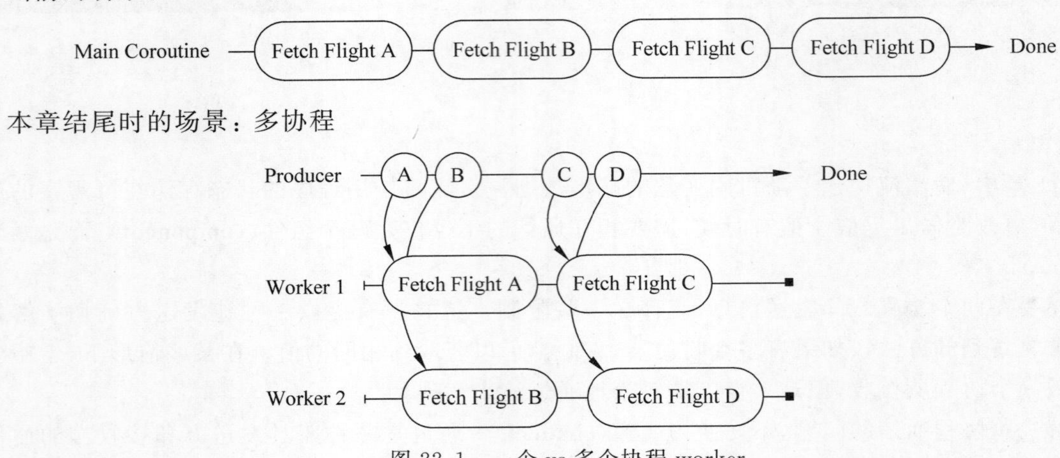

图 22.1　一个 vs 多个协程 worker

虽然这看起来有点复杂，但从图 22.1 中可以看到利用通道可以简洁地实现 3 个协程之间的交互。结果便是，被跟踪的一组航班在大约一半的时间内被获取，因为有 2 个协程 worker 并行地获取了它们。

22.2　发送至通道

producer 是一个单独的协程，将获取航班的请求放入一个通道中。在 FlightWatcher.kt 文件中更新 **fetchFlights**()函数，添加一个用于工作请求的通道，并在继续构建该实现时返回一个临时结果，如程序清单 22.1 所示。

程序清单 22.1　使用通道发送请求(FlightWatcher.kt)

```
...
suspend fun fetchFlights(
    passengerNames: List<String> = listOf("Madrigal", "Polarcubis")
) = passengerNames.map { fetchFlight(it) }
): List<FlightStatus> = coroutineScope {

    val passengerNamesChannel = Channel<String>()

    launch {
        passengerNames.forEach {
            passengerNamesChannel.send(it)
        }
    }

    emptyList()

}
```

在创建的 passengerNamesChannel 中保存工作请求。这些请求就是所提取航班的乘客姓名，是在第 20 章中创建的 **fetchFlights** 函数的唯一输入。

通道创建之后，就可以启动 producer 协程了。该协程将会把每个航班的名称放入通道中。

仔细观察被 IntelliJ 标记为挂起函数的 **send()** 函数的调用。**send()** 函数会挂起，直到被发送的值被另一个协程接收到为止。如果现在运行代码，则只有 Madrigal 这一个值会被发送到通道中。因为没有任何地方从该通道接收值，所以 **send()** 函数将永远被挂起。下一个任务是构建一个从该通道接收值的 worker 协程。

22.3　从通道中接收

现在已经有了 producer，可以创建第一个 worker 协程了。添加一个函数定义 worker 协程的行为，然后在其自己的协程中启动它，如程序清单 22.2 所示。

程序清单 22.2　从通道中进行接收（FlightWatcher.kt）

```
...
suspend fun fetchFlights(
    passengerNames: List<String> = listOf("Madrigal", "Polarcubis")
): List<FlightStatus> = coroutineScope {
    val passengerNamesChannel = Channel<String>()

    launch {
        passengerNames.forEach {
            passengerNamesChannel.send(it)
        }
    }

    launch {
        fetchFlightStatuses(passengerNamesChannel)

    }

    emptyList()

}

suspend fun fetchFlightStatuses(
    fetchChannel: Channel<String>
) {
    val passengerName = fetchChannel.receive()
    val flight = fetchFlight(passengerName)
    println("Fetched flight: $flight")
}
```

receive() 函数是另一个挂起函数。与 **send()** 函数类似，在从通道中接收到一个值之前，它将一直是挂起状态。如果两个协程试图同时从同一通道中接收值，则只有其中一个协程会获取到该值。

在此情形下，无法保证哪个协程会接收到该值，但本章更关心的只是工作只需要完成一次，而通道会自动处理这些细节。

运行 TaernylAir，输出将会类似如下所示：

```
Getting the latest flight info...
Started fetching flight info
```

```
Started fetching loyalty info
Combining flight data
Finished fetching loyalty info
Finished fetching flight stats
Fetched flight: FlightStatus(flightNumber = MK1737, passengerName = Madrigal, ...)
```

结果显示只获取到了一个航班,但有两名乘客需要跟踪。此外,程序永远不会启动模拟消息接收或自动退出,它将一直保持在这个状态中。可以按下停止按钮■来终止它。那么这里发生了什么呢?

receive()函数只能从通道中返回一个值。worker需要在仍有工作未完成的情况下继续处理请求,因此仅靠调用一次**receive**()函数是不够的。解决该问题的一种方法是使用for循环继续从通道中接收请求消息,直至没有剩余的请求消息为止,在接收期间暂停发出可以接收其他消息的信号。

继续修改代码,并在**fetchFlightStatuses**()函数中添加一个for循环,如程序清单22.3所示。

程序清单22.3 接收通道中的所有值(FlightWatcher.kt)

```
...
suspend fun fetchFlightStatuses(
    fetchChannel: Channel<String>
) {
    val passengerName = fetchChannel.receive()
    for (passengerName in fetchChannel) {
        val flight = fetchFlight(passengerName)
        println("Fetched flight: $flight")
} }
```

再次运行TaernylAir。现在,输出将会如下所示:

```
Getting the latest flight info...
Started fetching flight info
Started fetching loyalty info
Combining flight data
Finished fetching loyalty info
Finished fetching flight stats
Fetched flight: FlightStatus(flightNumber = GZ2871, passengerName = Madrigal, ..)
Started fetching flight info
Started fetching loyalty info
Combining flight data
Finished fetching loyalty info
Finished fetching flight stats
Fetched flight: FlightStatus(flightNumber = EH0675, passengerName = Polarcubis, ...)
```

现在,Madrigal和Polarcubis的航班信息都已获取,但是模拟仍然没有开始。而且,只有一个worker进行消息处理,所以还看不到更快的结果。

在添加第二个worker之前,还有一些收尾的工作需要处理。最大的问题是worker在获取航班信息后什么都没做。获取的信息仅被打印出来,然后就被丢弃了。当得到并行请求消息时,worker需要有个地方来存放它们。

为了实现这一点,需要用到另一个通道。该通道负责将获取的航班信息发送至正确的位置。当**FlightStatus**对象准备就绪,第二个通道将包含这些对象。

更新**fetchFlights**()函数和**fetchFlightStatuses**()函数,以创建第二个通道。将解析的航班信息发送至新通道,并获取**fetchFlights**()函数的返回值。

程序清单22.4 从worker发送结果信息(FlightWatcher.kt)

```
...
suspend fun fetchFlights(
```

```
    passengerNames: List<String> = listOf("Madrigal", "Polarcubis")
): List<FlightStatus> = coroutineScope {
    val passengerNamesChannel = Channel<String>()
    val fetchedFlightsChannel = Channel<FlightStatus>()
    launch {
        passengerNames.forEach {
            passengerNamesChannel.send(it)
        }
    }

    launch {
        fetchFlightStatuses(passengerNamesChannel, fetchedFlightsChannel)
    }

    emptyList()
    fetchedFlightsChannel.toList()
}

suspend fun fetchFlightStatuses(
    fetchChannel: Channel<String>,
    resultChannel: Channel<FlightStatus>
) {
    for (passengerName in fetchChannel) {
        val flight = fetchFlight(passengerName)
        println("Fetched flight: $flight")
        resultChannel.send(flight)
    }
}
```

为了提高 **fetchFlightStatuses()** 函数的可读性，还可以利用 **SendChannel** 和 **ReceiveChannel**。顾名思义，**SendChannel** 是一个只能向通道发送消息的接口，而 **ReceiveChannel** 是一种只能从通道接收消息的接口。

通道同时实现了这两个接口。可以将通道强制转换为其中一个类型，以缩小其可用于的作用域。这有助于确保不会意外地向错误的通道发送消息或从错误的通道读取消息。再花一点时间更新一下 **fetchFlightStatuses()** 函数，即缩小通道的作用域，如程序清单 22.5 所示。

程序清单 22.5　缩小通道的作用域(FlightWatcher.kt)

```
...
suspend fun fetchFlightStatuses(
    fetchChannel: ReceiveChannel<String>,
    resultChannel: SendChannel<FlightStatus>
) {
    for (passengerName in fetchChannel) {
        val flight = fetchFlight(passengerName)
        println("Fetched flight: $flight")
        resultChannel.send(flight)
    } }
```

这些新的类型有助于确保输入和输出朝着正确的方向移动。现在，如果 worker 试图通过调用 fetchChannel 上的 **send()** 函数不按顺序地分派新的工作，会出现编译器错误，因为无法访问 **send()** 函数。这样可以在编译时捕捉到这种错误，并防止出现问题。

再次运行 TaernylAir。虽然后台程序已有所改善，但看到的是与之前相同的行为：输出两个航班，但模拟不会开始，程序将无限期地等待。为了理解出了什么问题，需要讨论一下如何关闭通道。

22.4 关闭通道

第 21 章中已经看到过，流可以被终止，这意味着它们不再发出任何项。流的终止可以通过几种不同的方式实现。对于接收 Lambda 表达式的流构建器而言，当 Lambda 表达式返回时，流会隐式地完成。

同样地，通道也可以关闭，这样就不能通过通道发送或接收额外的消息了。但是到目前为止，创建的通道无法隐式地自动关闭。当发送完成后，需要显式地调用 **close**()函数关闭通道。需要调用两次 **close**()函数。第一次对 **close**()函数的调用在 passengerNamesChannel 上进行，关闭该通道便可允许 workers 完成；如果不关闭该通道，for 循环将无限期地挂起，同时等待另一个消息发送至通道。还需要关闭 fetchedFlightsChannel，关闭该通道是向 **toList**()函数表明已接收到所有的消息。这样就可以完成 List 的最终化，并使 **fetchFlights**()函数返回。

在 **fetchFlights** 中添加两次对 **close** 函数的调用，以关闭通道，如程序清单 22.6 所示。

程序清单 22.6 关闭通道(FlightWatcher.kt)

```
...
suspend fun fetchFlights(
    passengerNames: List<String> = listOf("Madrigal", "Polarcubis")
): List<FlightStatus> = coroutineScope {
    val passengerNamesChannel = Channel<String>()
    val fetchedFlightsChannel = Channel<FlightStatus>()

    launch {
        passengerNames.forEach {
            passengerNamesChannel.send(it)
        }

        passengerNamesChannel.close()
    }
    launch {
        fetchFlightStatuses(passengerNamesChannel, fetchedFlightsChannel)
        fetchedFlightsChannel.close()
    }

    fetchedFlightsChannel.toList()
}
...
```

再次运行 TaernylAir，两个航班的信息都将被获取并开始模拟。当模拟完成后，程序也会自动停止，而不是无限期地挂起。输出结果与第 21 章末尾看到的保持一致。

切记，目标是以并行方式获取两个航班的信息。由于只有一个 worker，所以此时还看不到任何运行效率上的优势。虽然看起来好像没有取得进展，但现在已经有了添加第二个 worker 所需的所有支撑。

22.5 加入 jobs

当 producer 和第一个 worker 就位后，就可以准备再增加一个 worker 了。添加一个形式参数控制可以使用的 worker 的数量，然后启动额外的 worker 协程，如程序清单 22.7 所示。此外，将两个旅客添加到被跟踪的旅客列表中，以便模拟更多的航班。

程序清单 22.7 启动多个 workers(FlightWatcher.kt)

```
...
suspend fun fetchFlights(
    passengerNames: List<String> = listOf("Madrigal", "Polarcubis",
        "Estragon", "Taernyl"),
    numberOfWorkers: Int = 2
): List<FlightStatus> = coroutineScope {
    val passengerNamesChannel = Channel<String>()
    val fetchedFlightsChannel = Channel<FlightStatus>()

    launch {
        passengerNames.forEach {
            passengerNamesChannel.send(it)

        }
        passengerNamesChannel.close()

    }

    repeat(numberOfWorkers) {
        launch {
            fetchFlightStatuses(passengerNamesChannel, fetchedFlightsChannel)
            fetchedFlightsChannel.close()
        }
    }

    fetchedFlightsChannel.toList()
}
...
```

完成这些更改后，运行 TaernylAir。该程序将开始获取航班，但在获取第 4 个航班后将会发生崩溃，并显示以下错误：

```
ClosedSendChannelException: Channel was closed
```

问题在于 fetchedFlightsChannel 关闭太早。无论哪个 worker 先完成，都会关闭该通道，使得其他 workers 无法发送航班信息。

要想解决该问题，需要等待所有的 worker 完成后再关闭 fetchedFlightsChannel。由于这些网络请求需要的时间是不确定的，而且请求的数量也不尽相同，所以无法保证哪一个 worker 会最后完成。因此，需要跟踪哪些 worker 仍在运行，并一直等待直到它们全部完成为止。

幸运的是，已经了解到一个可以解决该问题的工具。回想一下，像 **launch** 这样的协程构建器会返回一个 **Job**。Job 中包含有关协程状态的信息，并可以让诸如提前取消协程等操作。

Job 包含了 **join**()挂起函数。调用该函数时，它将挂起当前协程，直至该 Job 执行完毕。如果该 Job 已经完成，**join**()函数将不会挂起，其余代码将继续执行。

Kotlin 还为 **List<Job>**提供了 **joinAll**()扩展函数，该函数会挂起，并等待 List 中所有的 Job 执行完毕后才会返回。如果跟踪了与 worker 关联的所有的 Job，可以使用 **joinAll**()函数等待所有的 Job 完成后再关闭 fetchedFlightsChannel。

更新 worker 创建的逻辑，记住每个 worker 的 Job，并等待它们完成，然后关闭 fetchedFlightsChannel，如程序清单 22.8 所示。

程序清单 22.8　加入 Job(FlightWatcher.kt)

```
...
suspend fun fetchFlights(
    passengerNames: List<String> = listOf("Madrigal", "Polarcubis",
        "Estragon", "Taernyl"),
    numberOfWorkers: Int = 2
): List<FlightStatus> = coroutineScope {
    val passengerNamesChannel = Channel<String>()
    val fetchedFlightsChannel = Channel<FlightStatus>()

    launch {
        passengerNames.forEach {
            passengerNamesChannel.send(it)
        }
        passengerNamesChannel.close()

    }
    repeat(numberOfWorkers) {
        launch {
            fetchFlightStatuses(passengerNamesChannel, fetchedFlightsChannel)
            fetchedFlightsChannel.close()
        }
    }
    launch {
        (1..numberOfWorkers).map {
            launch {
                fetchFlightStatuses(passengerNamesChannel, fetchedFlightsChannel)
            }
        }.joinAll()
        fetchedFlightsChannel.close()
    }
    fetchedFlightsChannel.toList()
}
...
```

重新运行应用程序。这次会看到成功获取了所有 4 名乘客的信息，并且模拟将开始，如下所示。程序中的日志将显示同时有多个网络请求正在进行中。

```
Getting the latest flight info...
Started fetching flight info
Started fetching loyalty info
Started fetching flight info
Started fetching loyalty info
Combining flight data
Combining flight data
Finished fetching loyalty info
Finished fetching loyalty info
Finished fetching flight stats
Finished fetching flight stats
Fetched flight: FlightStatus(flightNumber=RX7759, passengerName=Madrigal, ...)
Fetched flight: FlightStatus(flightNumber=UC4790, passengerName=Polarcubis, ...)
...
Fetched flight: FlightStatus(flightNumber=TF3942, passengerName=Taernyl, ...)
Fetched flight: FlightStatus(flightNumber=RD2604, passengerName=Estragon, ...)
Found flights for Madrigal (RX7759), Polarcubis (UC4790), Taernyl (TF3942),
    Estragon (RD2604)
There are 4 flights being tracked
Madrigal: Other passengers are boarding (Flight departs in 28 minutes)
```

```
...
Madrigal: The boarding doors have closed (Flight departs in 0 minutes)
Finished tracking Madrigal's flight
There are 3 flights being tracked
Polarcubis: Boarding will start soon (Flight departs in 111 minutes)
...
Polarcubis: The boarding doors have closed (Flight departs in 0 minutes)
Finished tracking Polarcubis's flight
There are 2 flights being tracked
Taernyl: You can now oard the plane (Flight departs in 55 minutes)
...
Taernyl: The boarding doors have closed (Flight departs in 0 minutes)
Finished tracking Taernyl's flight
There are 1 flights being tracked
Estragon: Your flight was canceled (Flight departs in 45 minutes)
Finished tracking Estragon's flight
Finished tracking all flights
```

如果某位乘客的航班被取消或即将起飞，只会看到一条对应的航班状态信息，然后是 finished tracking flight 消息。此外，乘客被跟踪的顺序略有不同。模拟是按照乘客完成信息获取的顺序进行的，这可能与他们的声明顺序稍有不同。

注意：在输出消息的顶部有两个连续的相同日志，表示有两个航班信息正在并行获取中。如果想要计算获取航班信息所需的时间，可以发现，现在大约需要 10 秒(在网络连接良好的情况下)，如果没有按照本章所述进行更改，则可能需要 20 秒的时间。

这种使用通道的方式被称为扇出(fan-out)，因为从 producer 到 worker 的管道(pipeline)会变得更宽。通道还可用于创建扇入(fan-in)的场景，即多个协程可以向同一个通道发送消息。

在更高的层次上来看，通道和流有一些惊人的相似之处。它们都与协程一起来使用，并随着时间向 consumers 发出消息。但它们有不同的用例。

想象一下，如果尝试使用流而不是通道来实现扇出逻辑，代码会是什么样子。当向流发送一个值时，无法保证有多少 observer 会接收到该值。如果没有其他组件从流中进行收集，那么该消息可能无法传递到任何地方。而且，如果有多个收集器，它们可能会各自收到相同的消息。

对于扇出实现来说，这并不理想。因为希望每个请求都被发送到一个确定的 worker，使用流的情况下，不能确保每个值只发给一个接收者。

另外，通道并不适合在第 21 章中设置的航班状态数据流。这些流包含与应用程序相关的数据和状态，如果应用程序的多个功能实现需要有相同的数据(如 Madrigal 的登机信息)，那么，希望多个收集器都能接收相同的数据。有时候，例如 Madrigal 来到了一个并没有显示她当前航班的屏幕，这些信息可能就不是必需的了，并且可能不会在流中设置任何收集器。

流和通道都非常有价值，但可能在会被频繁使用的是流而不是通道。当有两个独立的协程需要安全地进行通信时，通道是最佳选择。对于其他绝大部分可观察的数据流和应用程序状态的建模，使用流更合适。

TaernylAir 现在已经开发完成。旅客已经获得登机所需的所有信息了。追踪多个航班的用户也可以不用长时间等待航班数据。

第六部分重点介绍了 Kotlin 与 Java 代码的互操作，实现了将 Kotlin 引入现有的 Java 项目，同时还介绍了 Kotlin 的跨平台技术，以便在 JVM 平台之外使用 Kotlin 代码。

22.6 好奇之处：其他的通道行为

通道有多种类型，通道的类型决定了 **send()**和 **receive()**函数的行为方式。

22.6.1 会合通道

当在没有实际参数的情况下调用通道构造函数时，将得到默认的**会合通道**（**rendezvous channel**），这就是本章中所使用的通道类型。

会合通道是一个没有缓冲区的通道。当将一个值发送至会合通道时，**send()**函数将挂起，直到接收器调用通道的 **receive()**函数来获取该值。类似地，如果在 **send()**函数之前调用了 **receive()**函数，则代码将一直暂停执行，直到有一个值被发送到通道中。

为什么叫 rendezvous 呢？原因在于，**send()**和 **receive()**函数会等待彼此相遇，就像一次约会（即 rendezvous）一样。

22.6.2 缓冲通道

当创建一个通道时，还可以指定缓冲区的大小。从而得到一个**缓冲通道**（**buffered channel**）。

创建缓冲通道的方法有两种，如下所示：

```
val defaultBufferedChannel = Channel(BUFFERED)

val bufferSize = 5

val bufferedChannel = Channel(bufferSize)
```

第一个示例使用了通道运行时默认的缓冲区大小。第二个示例使用的则是自定义的缓冲区大小，其中提供的 **Int** 指定了可以放置在缓冲区中的值的数量。

对于缓冲通道来说，如果缓冲区未满且调用了 **send()**函数，则该值将被放入缓冲区内，**send()**函数调用也不需要挂起。如果在缓冲区已满时调用 **send()**函数，则会导致与会合通道同样的行为：**send()**函数调用将挂起，直到使用 **receive()**函数从缓冲区中删除一个值为止。

缓冲区充当了一个先进先出（FIFO）的队列。如果缓冲区中有一个值，接收器将立即获取缓冲区中最先存储的值，且无须挂起。如果缓冲区为空，则 **receive()**函数调用将挂起，直到有一个值被发送至通道为止。

22.6.3 无限制通道

无限制通道（**Unlimited Channel**）是不限制缓冲区大小的缓冲通道。只要程序可以访问足够的内存，就可以将数值添加到通道的缓冲区中。如果内存不可用，则程序将发生崩溃。

实际上，这意味着每次对通道 **send()**函数的调用都将立即完成，而不会挂起（**send()**函数仍然是一个需要从协程中进行调用挂起的函数，但它实际上不会挂起）。接收器的行为与缓冲通道中的行为相同：如果缓冲区不为空，接收器将立即获得缓冲区中最先存储的值。如果缓冲区为空，则 **receive()**函数调用将挂起，直到有值被发送至通道为止。

通过将 Channel.UNLIMITED 常量作为实际参数传递给通道的构造函数，就可以创建一个无限制通道，如下所示：

```
val unlimitedChannel = Channel(UNLIMITED)
```

22.6.4 合并通道

可以使用通道构造函数创建的最后一种类型的通道称为**合并通道**(**conflated channel**)。合并通道是一种可以缓冲一个数值并用新值替换缓冲区中的数值而不会挂起的通道。当用一个新值将可能已在缓冲区中的值替换掉时,合并通道就会非常有用,例如,假设有一个通道,在用户单击程序中的某个按钮时发送事件,通道关心的可能仅是最新的按钮单击事件。

与无限制通道类似,**send**()函数永远不会挂起。**receive**()函数的行为与其他缓冲通道的行为相同:如果缓冲区中有值,则使用该值并将其从缓冲区中删除(由于缓冲区只能保存一个值,因此保存的任何值都是最旧的值)。如果缓冲区没有值,则 **receive**()函数将挂起,直到调用 **send**()函数为止。

通过将 Channel.CONFLATED 常量作为实际参数传递给通道的构造函数,可以创建一个合并通道,如下所示:

```
val conflatedChannel = Channel(CONFLATED)
```

在创建通道时,还可以尝试使用其他的实际参数。对于具有固定大小缓冲区的通道(不包括合并通道),可以指定缓冲区已满时应采取的替代行为。

例如,考虑一个用于处理用户按键或鼠标移动的缓冲通道。如果事件被发送到通道的速度超过了其处理速度,则可以指定缓冲区填满时如何处理该事件的策略。其中一种选项是使用 BufferOverflow.DROP_LATEST 实际参数,当缓冲区已满时,将事件丢弃而不将其发送到通道中。

总的来说,会合通道或缓冲通道可以满足大部分的通道需求,况且其还可以自定义缓冲通道。

第六部分

互操作和跨平台应用

本书一直在使用 Kotlin/JVM 编写可以在 Java 虚拟机上运行的 Kotlin 代码。正如本书引言部分提到的那样，Kotlin 也可以在 JVM 之外使用。Kotlin/JS 允许编写适用于 Web 的 Kotlin 代码，而 Kotlin/Native 则允许 Kotlin 代码在 iOS、macOS、Windows、Linux 等平台上进行本地代编译运行。

在本书的第六部分中，将讨论 Kotlin 在不同目标平台上的互操作性功能。首先，介绍 Kotlin 与 Java 的互操作特性，这有助于将 Kotlin 引入现有的代码库中。其次，编写一个跨平台应用程序，目标平台包括 JVM、macOS 桌面（本机环境）和 Web，使用单一代码库共享 Kotlin 代码跨平台使用。

第23章

Java互操作性

学习 Kotlin 编程语言可以有很多理由。例如，对于 Java 开发人员来说，Kotlin 为现有项目提供了一种更现代、更安全的语言。如果是 Java 开发人员，我们希望可以受此启发，使用 Kotlin 改进 Java 项目。

许多其他学习 Kotlin 的开发人员将在完全使用 Kotlin 编写的项目中使用它。但即使对于这些开发人员来说，仍然需要与 Java 进行互操作。例如，可能会使用采用 Java 编写的框架，或者使用一个对程序输出结构有要求的库。了解这些问题对解决棘手问题非常有帮助。

到目前为止，本书一直使用的是 Kotlin/JVM，这意味着用 Kotlin 语言编写的代码被编译成 Java 字节码。由于该字节码与常规 Java 代码生成的字节码没有任何区别，因此 Kotlin 具有与 Java 进行**互操作**(**interoperable**)的特性，也就是说，它可以与 Java 代码并行使用和工作。

这很可能是 Kotlin 编程语言中最重要的特性了。与 Java 的完全互操作性意味着 Kotlin 文件与 Java 文件可以并存于同一个项目中。可以在 Kotlin 中调用 Java 方法，也可以在 Java 中调用 Kotlin 函数。还可以在 Kotlin 中使用现有的 Java 库和框架(两个值得注意的例子是 Android 和 Spring)。这使得将项目从 Kotlin 迁移到 Java 或反之，都非常方便。

与 Java 的完全互操作性也意味着可以逐步地将代码库从 Java 转换到 Kotlin。也许没有机会完全采用 Kotlin 来重构项目，但可以考虑将新功能开发迁移至 Kotlin。或许想转换应用程序中的 Java 文件，例如模型对象或单元测试。这种渐进的转换方式使得在项目中引入 Kotlin 变得更加灵活和可持续。

本章将展示 Java 和 Kotlin 文件之间是如何进行互操作的，并讨论在编写同时使用 Kotlin 和 Java 的代码时应考虑的事项。

23.1 与 Java 类进行交互

本章将会在 IntelliJ 中创建一个名为 Interop 的新项目。采用的步骤与本书中创建其他的项目相同，如前所述，选择 Application 模板并从下拉列表中设置 Project JDK。该模板具有在 Kotlin 代码旁边声明 Java 代码所需的支持。

在 Interop 项目中，将包含两个文件：Hero.kt，一个表示 NyetHack 中英雄人物的 Kotlin 文件；Jhava.java，另一个表示来自异域怪兽的 java 类。

本章将同时编写 Kotlin 代码和 Java 代码。如果没有编写 Java 代码的经验，不必担心，具备了 Kotlin 的编程经验，这些示例中的 Java 代码应该是很直观的。

首先，创建一个用于存放 Java 代码的文件夹。在 IntelliJ 的项目窗格中找到 main 目录(它是嵌套在 src 目录中的)。右击 main 目录，然后选择 New→Directory 命令，将文件夹命名为 java(IntelliJ 会建议使用此名称，可以双击接受)。

Java 代码将会出现在刚刚创建的 java 文件夹中。如果将 Java 代码放在默认的 Kotlin 文件夹中，它将被忽略，并且不会作为项目的一部分进行编译(但是，Kotlin 代码可以出现在 java 文件夹中，而不会改变行为。对于希望逐渐从 java 过渡到 Kotlin 的开发人员来说，这个特性非常有用)。

在新创建的 java 文件夹中，右击，选择 New→Java Class 命令。在出现提示时，将新类命名为 Jhava。在 **Jhava** 类中，定义一个名为 **utterGreeting** 的方法，该方法返回 **String** 类型，如程序清单 23.1 所示。

程序清单 23.1　在 Java 中声明类和方法(Jhava. Java)

```
public class Jhava {
    public String utterGreeting() {
        return "BLARGH";
    } }
```

现在，在 src/main/kotlin 目录下创建一个名为 Hero. kt 的新 Kotlin 文件。在文件中，给它添加一个 **main**()函数，并声明一个 **Jhava** 的实例，即 adversary val，如程序清单 23.2 所示。

程序清单 23.2　在 Kotlin 中声明一个 main()函数和 Jhava adversary(Hero. kt)

```
fun main() {
    val adversary = Jhava()
}
```

如程序清单 23.2 这样，利用一行 Kotlin 代码实例化了一个 Java 对象，这样就可以跨越两种编程语言之间的障碍。在 Kotlin 中与 Java 的互操作性确实如此简单。

但是，确实还有更多的内容需要展示，作为一个测试，输出 **Jhava** 对手所说的问候语，如程序清单 23.3 所示。

程序清单 23.3　在 Kotlin 中调用 Java 方法(Hero. kt)

```
fun main() {
    val adversary = Jhava()
    println(adversary.utterGreeting())
}
```

现在，已经在 Kotlin 中实例化了一个 Java 对象，并调用了它的一个 Java 方法。运行 Hero. kt，应该可以看到怪兽的问候语(BLARGH)输出至控制台上了。

Kotlin 的创建目的之一就是与 Java 无缝互操作。它在 Java 的基础上进行了诸多的改进。但是，当想要进行互操作时，是否必须放弃这些改进呢？当然不是。只要对这两种语言的差异有所了解，并针对每种编程语言适当添加注释，就可以充分享受 Kotlin 提供的最佳功能。

23.2　互操作性和 Nullity

在 **Jhava** 中添加另一个名为 **determineFriendshipLevel** 的方法。它应该返回一个 **String** 类型的值，由于怪兽不理解什么是友谊，因此会返回一个 null 值，如程序清单 23.4 所示。

程序清单 23.4　从 Java 方法中返回 null(Jhava. Java)

```
public class Jhava {
    public String utterGreeting() {
        return "BLARGH";
```

```
    }

    public String determineFriendshipLevel() {
        return null;
    } }
```

从 Hero. kt 文件中调用该新方法，并将怪兽的友谊等级存储在一个 val 中。要将该值输出至控制台，还应注意，怪兽呐喊问候时用的是大写字母，因此在输出之前，要将友谊等级转换为小写字母，如程序清单 23.5 所示。

程序清单 23.5　输出友谊等级(Hero. kt)

```
fun main() {
    val adversary = Jhava()
    println(adversary.utterGreeting())

    val friendshipLevel = adversary.determineFriendshipLevel()
    println(friendshipLevel.lowercase())
}
```

运行 Hero. kt。尽管编译器没有提示有任何问题，但程序在运行时崩溃了，报错信息如下所示：

```
BLARGH
Exception in thread "main" java.lang.NullPointerException: friendshipLevel must
not be null
    at HeroKt.main(Hero.kt:6)
    at HeroKt.main(Hero.kt)
```

在 Java 中，所有的对象都可以为 null。当调用一个像 **determineFriendshipLevel** 这样的 Java 方法时，API 似乎在广而告之该方法将返回一个 **String**，但这并不意味着可以假设返回值会遵循 Kotlin 关于 nullity 的规则。

Java 中所有的对象都可以为 null，因此，为安全起见，除非有明确说明，否则应该假定值是 nullable。尽管这种假设更安全，由于需要处理每个引用的 Java 变量的 nullability，所以可能会导致代码变得冗长。

在 Hero. kt 文件中，将文本插入符移至 friendshipLevel，然后按下组合键 Ctrl＋Shift＋P 以查看其类型。IntelliJ 报告该方法返回的是一个类型为 **String!** 的值。感叹号表示返回值可以是 **String** 或 **String?**。Kotlin 编译器无法确定从 Java 返回的字符串的值是否为 null。

这些模棱两可的返回值类型称为平台类型(platform type)。平台类型在语法上没有具体意义，它们仅在 IDE 和其他文档中显示；也无法在自己的 Kotlin 代码中定义，它只作为一种互操作机制存在。

平台类型在处理上可能会比较困难，因为它们隐藏了所讨论值的实际 nullability。幸运的是，用 Java 编写代码的编程人员都可以编写 Kotlin 友好的代码，使用 nullability 注释能更明确地表达 nullity。通过在其方法的头部添加@Nullable 注释，明确声明 **determineFriendshipLevel** 可能会返回一个 null 值，如程序清单 23.6 所示。

程序清单 23.6　指定返回值可能为 null(Jhava. java)

```
public class Jhava {
    public String utterGreeting() {
        return "BLARGH";
    }

    @Nullable
    public String determineFriendshipLevel() {
        return null;
```

```
    }
}
```

@Nullable 警告 API 的使用者该方法可能返回 null 值（而不是必定返回 null 值）。Kotlin 编译器可以识别此注释。返回到 Hero. kt 文件，还应注意 IntelliJ 警告说不要直接在 **String ?** 上调用 **lowercase** 方法。

将此直接调用替换为安全的调用，如程序清单 23.7 所示。

程序清单 23.7 使用安全调用运算符处理 nullability（Hero. kt）

```
fun main() {
    val adversary = Jhava()
    println(adversary.utterGreeting())

    val friendshipLevel = adversary.determineFriendshipLevel()
    println(friendshipLevel?.lowercase())
}
```

运行 Hero. kt。现在，null 值应该会输出至控制台了。

由于 friendshipLevel 是 null 值，可能希望能够提供一个默认的友谊等级。使用 null 值合并运算符在 friendshipLevel 为 null 值时提供一个默认值，如程序清单 23.8 所示。

程序清单 23.8 使用 Elvis 运算符提供一个默认值（Hero. kt）

```
fun main() {
    val adversary = Jhava()

    println(adversary.utterGreeting())

    val friendshipLevel = adversary.determineFriendshipLevel()

    println(friendshipLevel?.lowercase() ?: "It's complicated")

}
```

运行 Hero. kt，应该会看到输出为 It's complicated。

可以使用@Nullable 来表示一个方法可以返回 null。可以使用@Nullable 注释来指定一个值绝对不会为 null。此注释非常有用，因为它意味着该 API 的使用者无须担心返回的值是否可能为 null。**Jhava** 怪兽的问候语不应为 null，因此可以在 **utterGreeting** 方法的头部添加@NotNull 注释，如程序清单 23.9 所示。

程序清单 23.9 指定返回值不会为 null（Jhava. java）

```
public class Jhava {

    @NotNull
    public String utterGreeting() {
        return "BLARGH";

    }

    @Nullable
    public String determineFriendshipLevel() {
        return null;
    } }
```

Nullability 注释可以用于为返回值、形式参数甚至字段添加协程上下文信息。

Kotlin 提供了多种处理 nullability 的工具，包括禁止常规类型的返回值、形式参数甚至字段为

null。如果编写的是 Kotlin 代码，那么 null 问题最常见的来源是 Kotlin 与 Java 代码的互操作性，所以在从 Kotlin 调用 Java 代码时要格外小心。

23.3 类型映射

一般来说，Kotlin 的类型与 Java 类型都是一一对应的。在编译为 Java 代码时，Kotlin 中的 **String** 类型就是 **String** 类型。这就意味着以 Java 方法返回的 **String** 类型同样可以在 Kotlin 中使用，且使用方式与 Kotlin 中显式声明的 **String** 类型是相同的。

但是，在 Kotlin 和 Java 之间，并不是所有的类型映射(type mapping)都是一对一的。正如本书 2.8 节中所讨论的那样，Java 使用所谓的**基本类型(primitive types)**来表示基本数据类型。在 Java 中，原始类型不是对象；但在 Kotlin 中，所有的类型都是对象，包括基本数据类型。然而，Kotlin 编译器会将 Java 的基本类型映射为最相似的 Kotlin 类型。

要想了解类型映射的实际应用，可以向 **Jhava** 中添加一个名为 hitPoints 的整数，如程序清单 23.10 所示。在 Kotlin 中，整数由对象类型 **Int** 表示；在 Java 中则由基本类型 **Int** 表示。

程序清单 23.10 在 Java 中声明一个 int(Jhava.Java)

```
public class Jhava {

    public int hitPoints = 52489112;

    @NotNull
    public String utterGreeting() {
        return "BLARGH";
    }

    @Nullable
    public String determineFriendshipLevel() {
        return null;
    }
}
```

在 Hero.kt 文件中编写获取一个 Java 字段为 hitPoints 的引用，如程序清单 23.11 所示。

程序清单 23.11 从 Kotlin 中引用一个 Java 字段(Hero.kt)

```
fun main() {
    val adversary = Jhava()
    println(adversary.utterGreeting())

    val friendshipLevel = adversary.determineFriendshipLevel()\
    println(friendshipLevel?.lowercase() ?: "It's complicated")

    val adversaryHitPoints: Int = adversary.hitPoints
}
```

虽然在 **Jhava** 类中，hitPoints 被定义为 **int** 类型。但在此处，以 **Int** 类型来引用它，并没有任何问题。此处不使用类型推断只是为了说明类型映射。为了实现互操作性，不需要显式地声明类型：val adversaryHitPoints=adversary.hitPoints 同样有效，并且推断的类型仍然是 **Int**。

现在已经有了对该整数的引用，就可以对它调用函数了。使用 **coerceAtMost()** 函数时要确保怪兽的生命值点数(hit points)不超过 100，如程序清单 23.12 所示。

程序清单 23.12　从 Kotlin 调用 Java 字段上的函数(Hero.kt)

```
fun main() {
    ...
    val adversaryHitPoints: Int = adversary.hitPoints
    println(adversaryHitPoints.coerceAtMost(100))
}
```

运行 Hero.kt,即可输出对手的生命值点数。将在控制台上看到输出结果为 100。

在 Java 中,不能在基本类型上调用方法。在 Kotlin 中,整数 adversaryHitPoints 是 **Int** 类型的对象,可以调用函数。

作为类型映射的另一个示例,输出支持 adversaryHitPoints 的 Java 类的名称,如程序清单 23.13 所示。

程序清单 23.13　输出支持 Java 类的名称(Hero.kt)

```
fun main() {
    ...
    val adversaryHitPoints: Int = adversary.hitPoints
    println(adversaryHitPoints.coerceAtMost(100))
    println(adversaryHitPoints.javaClass)
}
```

当运行 Hero.kt 时,在控制台上看到输出的是 int。尽管可以在 adversaryHitPoints 上调用 **Int**()函数,但该变量在运行时是一个基本类型 **int**。所有的映射类型在运行时都会映射回它们的对应类 Java。在需要时,Kotlin 可以赋予对象强大的功能,也可以提供基本类型的性能。

23.4　Getter、Setter 和互操作性

在处理类级别(class-level)变量的方式上,Kotlin 和 Java 截然不同。Java 使用的是字段,通常使用访问器(accessor)和更改器(mutator)来控制访问。Kotlin 则采用了属性的概念,它可以限制对后备字段(backing fields)的访问,并可以自动提供访问器和更改器。

在 23.3 节中,给 **Jhava** 类添加了一个公共的 hitPoints 字段。这起到了说明类型映射的作用,但它违反了封装的原则,因此不是一个好的解决方案。在 Java 中,应该使用 getter 和 setter 方法访问或更改字段。getter 方法可以用于访问数据,而 setter 方法可以用于更改数据。

将 hitPoints 设为私有的,并创建一个 getter 方法,这样就可以访问 hitPoints,但不能对其进行更改,如程序清单 23.14 所示。

程序清单 23.14　在 Java 中设置私有字段(Jhava.Java)

```
public class Jhava {

    public private int hitPoints = 52489112;

    @NotNull
    public String utterGreeting() {
        return "BLARGH";
    }

    @Nullable
    public String determineFriendshipLevel() {
        return null;
    }
```

```
    public int getHitPoints() {
        return hitPoints;
    } }
```

现在，返回至 Hero.kt 文件，其中代码仍然可以编译通过。回想一下第 13 章，Kotlin 会自动生成 getter 和 setter 方法，但二者的使用语法看起来与直接访问类的变量是一样的。

虽然可以直接调用 **getHitPoints()** 函数，但最好使用已经在用的属性访问语法。这样可以保持封装性，同时仍然使用与 Kotlin 类相同的语法。**getHitPoints** 的前缀是 get，可以在 Kotlin 中省略前缀，直接使用 hitPoints 引用它。Kotlin 此特性跨越了 Kotlin 和 Java 之间的界限。

对于 setter 也是一样。到目前为止，英雄人物和 **Jhava** 怪兽已经相互熟悉了，并希望能进一步沟通。英雄人物希望能扩充怪兽的词汇量，而不仅仅只会一句问候语。将怪兽的问候语提取为一个字段，然后添加一个 getter 和一个 setter，这样，英雄人物就可以修改其问候语以尝试教会怪兽语言，如程序清单 23.15 所示。

程序清单 23.15　在 Java 中展示问候语（Jhava.Java）

```
public class Jhava {

    private int hitPoints = 52489112;

    private String greeting = "BLARGH";

    @NotNull
    public String utterGreeting() {
        return "BLARGH"greeting;
    }

    public String getGreeting() {
        return greeting;
    }

    public void setGreeting(String greeting) {
        this.greeting = greeting;
    }
    ...
}
```

在 Hero.kt 文件中，修改 adversary.greeting 方法，并设置 Java 字段，如程序清单 23.16 所示。

程序清单 23.16　从 Kotlin 中设置 Java 字段（Hero.kt）

```
fun main() {
    ...
    val adversaryHitPoints: Int = adversary.hitPoints
    println(adversaryHitPoints.coerceAtMost(100))
    println(adversaryHitPoints.javaClass)

    adversary.greeting = "Hello, Hero."
    println(adversary.utterGreeting())
}
```

可以使用赋值语法来更改 Java 字段的值，而不是调用其关联的 setter 方法。即使在使用 Java API 时，也可以享受到 Kotlin 提供的语法优势。不过，对于 setter 方法还有一个注意事项：这种自动转换只适用于所有以 get 为前缀的 getter 方法，但是 setter 方法必须具有相应的 getter 方法才能使用属性访问语法，如果只有一个 setter 方法而没有 getter 方法，则无法使用属性访问语法。

运行 Hero.kt,看看英雄人物是否已经教会了 **Jhava** 怪兽语言。

23.5 超越类

Kotlin 为开发人员提供了更大的灵活性,可以以不同的格式编写代码。在 Kotlin 文件中,可以在文件的顶层设置类、函数和变量。而在 Java 中,一个文件只代表一个类。那么,在 Kotlin 中声明的顶级函数如何用 Java 方式来表示呢?

让英雄人物通过一项宣言来向外界宣布扩展物种间的交流。在 Hero.kt 文件的 **main()** 函数外声明新函数 **makeProclamation()**,如程序清单 23.17 所示。

程序清单 23.17 在 Kotlin 中声明一个顶级函数(Hero.kt)

```
fun main() {
    ...
}

fun makeProclamation() = "Greetings, beast!"
```

需要一种从 Java 调用此函数的方法,因此在 **Jhava** 类中添加一个 **main()** 方法,如程序清单 23.18 所示。

程序清单 23.18 在 Java 中定义一个 main()方法(Jhava.Java)

```
public class Jhava {

    private int hitPoints = 52489112;

    private String greeting = "BLARGH";

    public static void main(String[] args) {

    }
    ...
}
```

在该 **main()** 函数中,将输出 **makeProclamation()** 函数的返回值,并将函数作为 **HeroKt** 类中的一个静态方法进行引用,如程序清单 23.19 所示。

程序清单 23.19 从 Java 中引用顶级 Kotlin()函数(Jhava.Java)

```
public class Jhava {
    ...
    public static void main(String[] args) {
        System.out.println(HeroKt.makeProclamation());
    }
    ...
}
```

Kotlin 中定义的顶级函数在 Java 中表示为静态方法,并按此方式进行调用。**makeProclamation()** 函数是在 Hero.kt 中定义的,因此,Kotlin 编译器会创建一个名为 **HeroKt** 的类,以便与静态方法相关联。

如果希望 Hero.kt 和 Jhava.java 能够更加流畅地进行互操作,可以使用@file:JvmName 注释来更改生成的类名称。请在 Hero.kt 的顶部执行程序清单 23.20 中所示的操作。

程序清单 23.20 使用@file:JvmName 指定编译后的类名(Hero.kt)

```
@file:JvmName("Hero")
fun main() {
    ...
}

fun makeProclamation() = "Greetings, beast!"
```

现在,在 **Jhava** 类中,可以更清晰地引用 **makeProclamation**()函数了,如程序清单 23.21 所示。

程序清单 23.21 引用 Java 中重命名的顶级 Kotlin()函数(Jhava.Java)

```
public class Jhava {
    ...
    public static void main(String[] args) {
        System.out.println(HeroKt.makeProclamation());
    }
    ... }
```

运行 Jhava.java(单击编辑器中的运行按钮,因为保存的运行配置是针对 Hero.kt 的),以读取英雄人物的宣言。诸如@file:JvmName 之类的注释可以直接写入编译 Kotlin 代码时生成的 Java 代码中。

另一个重要的 JVM 注释是@JvmOverloads。Kotlin 的默认形式参数能够用简化的方法来提供 API 中的选项,从而取代冗长、重复的方法重载。这在实践中意味着什么呢? 下面的示例应该能说明问题。

在 Hero.kt 中添加 **handOverFood**()函数,如程序清单 23.22 所示。

程序清单 23.22 添加一个带有默认形式参数的新函数(Hero.kt)

```
...

fun makeProclamation() = "Greetings, beast!"

fun handOverFood(leftHand: String = "berries", rightHand: String = "beef") {

println("Mmmm... you hand over some delicious $leftHand and $rightHand.")

}
```

在 **handOverFood**()函数中,英雄人物可以提供一些食物,根据函数的默认形式参数,该函数的调用者可以进行选择。函数调用者可以指定英雄人物左手或右手中的食物,或者接受默认选项,即浆果和牛肉。Kotlin 在不增加代码复杂性的情况下为调用者提供了选项。

另外,缺乏默认形式参数的 Java 可以通过方法重载来实现同样的功能,如下所示:

```
public static void handOverFood(String leftHand, String rightHand) {
    System.out.println("Mmmm... you hand over some delicious " +
            leftHand + " and " + rightHand + ".");

}

public static void handOverFood(String leftHand) {
    handOverFood(leftHand, "beef");

}

public static void handOverFood() {

    handOverFood("berries", "beef");

}
```

在 Java 中,方法重载所需的代码比 Kotlin 中的使用默认形式参数的代码多得多。此外,Java 无法复制 Kotlin 中的一种调用函数:可以选择使用第一个形式参数 leftHand 的默认值,同时传递第二个形式参数 rightHand 的值。Kotlin 的命名函数实际参数(named function arguments)使得这种情况成为可能:handOverFood(rightHand="cookies")将会得到输出:Mmmm...you hand over some delicious berries and cookies..。但是 Java 不支持命名方法形式参数(named method parameters),因此它无法区分使用了相同数量形式参数调用的方法(除非形式参数的类型不同)。

正如将在下面看到的,@JvmOverloads 注释会触发生成对应的 3 个 Java 方法,以便 Java 使用者在很大程度上不会被忽略。

Jhava 类怪兽讨厌吃水果,它想要的是披萨或牛肉,而不是浆果。在 Jhava.java 中添加一个名为 **offerFood** 的方法,作为 **Hero** 向 **Jhava** 类怪兽提供食物的一种方式。

程序清单 23.23 仅有一个形式参数的方法签名(method signature)(Jhava.java)

```
public class Jhava {
    ...
    public int getHitPoints() {
        return hitPoints;
    }

    public void offerFood() {
        Hero.handOverFood("pizza");
    }
}
```

这个对 **handOverFood**()函数的调用会导致编译器错误,因为 Java 没有默认的方法形式参数的概念。因此,在 Java 中不存在仅有一个形式参数的 **handOverFood**()函数。为了验证这一点,让我们看一下 **handOverFood**()函数的反编译 Java 字节码:

```
public static final void handOverFood(@NotNull String leftHand,
                                      @NotNull String rightHand) {
    Intrinsics.checkNotNullParameter(leftHand, "leftHand");
    Intrinsics.checkNotNullParameter(rightHand, "rightHand");
    String var2 = "Mmmm... you hand over some delicious " +
            leftHand + " and " + rightHand + '.';
    boolean var3 = false;
    System.out.println(var2);
}
```

虽然可以选择避免在 Kotlin 中使用方法重载,但是 Java 使用者却无法享受同样的便利。@JvmOverloads 注释可以通过为 Kotlin 函数提供重载帮助 Java API 的使用者。下面,在 Hero.kt 文件中的 **handOverFood**()函数添加注释,如程序清单 23.24 所示。

程序清单 23.24 添加注释@JvmOverloads(Hero.kt)

```
...
fun makeProclamation() = "Greetings, beast!"

@JvmOverloads
fun handOverFood(leftHand: String = "berries", rightHand: String = "beef") {
    println("Mmmm... you hand over some delicious $leftHand and $rightHand.")
}
```

在 **Jhava.offerFood** 类中调用 **handOverFood**()函数不会再引起错误了,因为它现在调用的是 **Jhava** 类中已存在的 **handOverFood**()函数版本。可以再次通过查看新的反编译 Java 字节码来确认这一点,如下所示：

```
@JvmOverloads
public static final void handOverFood(@NotNull String leftHand,
                                      @NotNull String rightHand) {
    Intrinsics.checkNotNullParameter(leftHand, "leftHand");
    Intrinsics.checkNotNullParameter(rightHand, "rightHand");
    String var2 = "Mmmm... you hand over some delicious " +
            leftHand + " and " + rightHand + '.';
    boolean var3 = false;
    System.out.println(var2);
}

@JvmOverloads
public static final void handOverFood(@NotNull String leftHand) {
    handOverFood$default(leftHand, (String)null, 2, (Object)null);
}

@JvmOverloads
public static final void handOverFood() {
    handOverFood$default((String)null, (String)null, 3, (Object)null);
}
```

单一形式参数(single-parameter)方法指定了来自 Kotlin 函数的第一个形式参数：leftHand。当调用该方法时，将使用第二个形式参数的默认值。

为了测试如何给怪兽提供食物，可以在 Hero.kt 中调用 **offerFood** 方法，如程序清单 23.25 所示。

程序清单 23.25 测试 offerFood(Hero.kt)

```
@file:JvmName("Hero")

fun main() {
    ...
    adversary.greeting = "Hello, Hero."
    println(adversary.utterGreeting())

    adversary.offerFood()

}
fun makeProclamation() = "Greetings, beast!"
...
```

运行 Hero.kt，以确认英雄人物将比萨和牛肉交给了怪兽。

如果正在设计一个可能面向 Java 用户的 API，@JvmOverloads 就是一个很有用的注释，可以提供对 Java 开发人员和 Kotlin 开发人员来说几乎一样健壮的 API。

在编写要与 Java 代码进行交互的 Kotlin 代码时，还有两个 JVM 注释需要考虑，它们都与类有关。在 Hero.kt 文件中还没有类的实现，因此添加一个名为 **Spellbook** 的新类。给 **Spellbook** 类添加一个属性，名为 spells，它是一个包含字符串咒语名称的 List，如程序清单 23.26 所示。

程序清单 23.26 声明 Spellbook 类(Hero.kt)

```
...
@JvmOverloads
fun handOverFood(leftHand: String = "berries", rightHand: String = "beef") {
    println("Mmmm... you hand over some delicious $leftHand and $rightHand.")
}
class Spellbook {
    val spells = listOf("Magic Ms. L", "Lay on Hans")
}
```

再次强调，Kotlin 与 Java 处理类级别变量的方式截然不同：Java 使用带有 getter 方法和 setter 方法的字段，而 Kotlin 使用的是带有后备字段的属性。因此，在 Java 中可以直接访问字段，而在 Kotlin 中将通过访问器进行访问，即使访问语法可能是相同的。

因此，在 Kotlin 中引用 spells(**Spellbook** 的一个属性)大概会是这样的：

```
val spellbook = Spellbook()
val spells = spellbook.spells
```

而在 Java 中，访问 spells 时看起来可能类似下面这样：

```
Spellbook spellbook = new Spellbook();
List<String> spells = spellbook.getSpells();
```

在 Java 中，调用 **getSpells** 方法是必要的，因为无法直接访问 spells 字段。但是，可以将@JvmField 注释应用于 Kotlin 属性，以向 Java 使用者公开其后备字段，并避免使用 getter 方法。将@JvmField 注释应用于 spells，并直接将其公开给 **Jhava**，如程序清单 23.27 所示。

程序清单 23.27　应用@JvmField 注释(Hero.kt)

```
...
@JvmOverloads
fun handOverFood(leftHand: String = "berries", rightHand: String = "beef") {
    println("Mmmm... you hand over some delicious $leftHand and $rightHand.")
}

class Spellbook {
    @JvmField
    val spells = listOf("Magic Ms. L", "Lay on Hans")
}
```

现在，在 Jhava.java 的 **main**()函数中可以直接访问 spells，以便输出每个咒语(spell)，如程序清单 23.28 所示。

程序清单 23.28　在 Java 中直接访问 Kotlin 字段(Jhava.Java)

```
...
public static void main(String[] args) {
    System.out.println(Hero.makeProclamation());

    System.out.println("Spells:");
    Spellbook spellbook = new Spellbook();
    for (String spell : spellbook.spells) {
        System.out.println(spell);
    } }
...
```

运行 Jhava.java，以确认 spellbook 中的咒语已输出至控制台。

还可以使用@JvmField 在伴生对象中静态地表示值。回想一下第 16 章中的描述，伴生对象是在另一个类声明中进行声明的，并在其封闭类被初始化或在访问其属性或函数时进行初始化。向 **Spellbook** 类添加一个伴生对象，其中包含一个值 MAX_SPELL_COUNT，如程序清单 23.29 所示。

程序清单 23.29　向 Spellbook 添加一个伴生对象(Hero.kt)

```
...
class Spellbook {
    @JvmField
    val spells = listOf("Magic Ms. L", "Lay on Hans")

    companion object {
```

```
        var maxSpellCount = 10
    } }
```

现在，尝试使用 Java 的静态访问方法从 **Jhava** 类的 **main()** 函数中访问 maxSpellCount，如程序清单 23.30 所示。

程序清单 23.30 在 Java 中访问一个静态值(Jhava.Java)

```
public static void main(String[] args) {
    System.out.println(Hero.makeProclamation());

    System.out.println("Spells:");
    Spellbook spellbook = new Spellbook();
    for (String spell : spellbook.spells) {
        System.out.println(spell);
    }

    System.out.println("Max spell count: " + Spellbook.maxSpellCount);
}
...
```

该代码无法编译。为什么呢？当从 Java 中引用伴生对象的成员时，必须首先通过引用伴生对象并使用其访问器来访问它们，如下所示：

```
System.out.println("Max spell count: " +
        Spellbook.Companion.get MaxSpellCount());
```

@JvmField 会处理所有这一切。在 **Spellbook** 类的伴生对象中 maxSpellCount 的上面添加 @JvmField，如程序清单 23.31 所示。

程序清单 23.31 给伴生对象的成员添加@JvmField 注释(Hero.kt)

```
...
class Spellbook {
    @JvmField
    val spells = listOf("Magic Ms. L", "Lay on Hans")

    companion object {
        @JvmField
        var maxSpellCount = 10
    } }
```

一旦添加了该注释，Jhava.java 中的代码就可以编译通过，因为可以像访问 Java 中的任何其他字段一样访问 maxSpellCount。运行 Jhava.java，以确认最大咒语数量已输出至控制台。

虽然默认情况下 Kotlin 和 Java 以不同的方式来处理字段的访问，但@JvmField 是一种公开字段的有用方法，并可以确保与 Java 有对应的等效访问。

当从 Java 中进行访问时，在伴生对象上定义的函数也会遇到类似的问题，即它们必须通过对伴生对象的引用来进行访问。与@JvmField 类似，@JvmStatic 注释也允许直接访问定义在伴生对象上的函数，如程序清单 23.32 所示。在 **Spellbook** 的伴生对象上定义 **getSpellbookGreeting()** 函数。**getSpellbookGreeting()** 函数运行后返回一个函数，该函数在调用 **getSpellbookGreeting()** 函数时被调用。

程序清单 23.32 在函数上使用@JvmStatic(Hero.kt)

```
...
class Spellbook {
    @JvmField
    val spells = listOf("Magic Ms. L", "Lay on Hans")
```

```
    companion object {
        @JvmField
        var maxSpellCount = 10
        @JvmStatic
        fun getSpellbookGreeting() = println("I am the Great Grimoire!")
    } }
```

现在，在 Jhava.java 中调用 **getSpellbookGreeting()**函数，如程序清单 23.33 所示。

程序清单 23.33　在 Java 中调用静态方法(Jhava.Java)

```
...
public static void main(String[] args) {
    System.out.println(Hero.makeProclamation());

    System.out.println("Spells:");
    Spellbook spellbook = new Spellbook();
    for (String spell : spellbook.spells) {
        System.out.println(spell);
    }

    System.out.println("Max spell count: " + Spellbook.maxSpellCount);

    Spellbook.getSpellbookGreeting();
}
...
```

运行 Jhava.java，以确认 spellbook 中的问候语是否已输出至控制台。

虽然在 Kotlin 中不存在静态方法，但许多常用的模式都会被编译为静态变量和方法。使用 @JvmStatic 注释可以更好地控制 Java 开发人员与代码的交互方式。

23.6　异常和互操作性

英雄人物已经教会了 **Jhava** 怪兽语言，现在怪兽将伸出友谊之手，或者也许不会。在 Jhava.java 中添加一个名为 **extendHandInFriendship** 的方法，如程序清单 23.34 所示。

程序清单 23.34　在 Java 中抛出一个异常(Jhava.Java)

```
public class Jhava {
    ...
    public void offerFood() {
        Hero.handOverFood("pizza");
    }

    public void extendHandInFriendship() throws Exception {
        throw new Exception();
    } }
```

在 Hero.kt 中调用该方法，如程序清单 23.35 所示。

程序清单 23.35　调用一个抛出异常的方法(Hero.kt)

```
@file:JvmName("Hero")

fun main() {
    ...
    adversary.offerFood()

    adversary.extendHandInFriendship()
```

```
}
...
```

运行以上代码，将可以看到抛出了一个运行时异常。相信一个怪兽是不明智的。

切记，Kotlin 中的异常都是未经检查的(unchecked)。在调用 **extendHandInFriendship** 方法时，就调用过一个抛出了异常的方法。本例中，在调用方法时就知道了这一点，下次可能就没那么幸运了。所以，必须格外小心地理解从 Kotlin 中与之交互的那些 Java API。

在调用 **extendHandInFriendship** 方法时，使用 try/catch 块来阻止怪兽的背叛，如程序清单 23.36 所示。

程序清单 23.36 使用 try/catch 来处理异常(Hero.kt)

```
@file:JvmName("Hero")

fun main() {
    ...
    adversary.offerFood()

    try {
        adversary.extendHandInFriendship()
    } catch (e: Exception) {
        println("Begone, foul beast!")
    } }
...
```

运行 Hero.kt，可以看到英雄人物巧妙地避开了怪兽的背叛(duplicitous)攻击。

从 Java 调用 Kotlin 函数时，若遇到需处理的异常情形，那就需要有更多的理解。如前所述，Kotlin 中的所有异常都是未经检查的。但在 Java 中情况并非如此——异常可以是经过检查的(checked)，并且必须冒着系统崩溃的风险来处理它们。这对从 Java 调用 Kotlin 函数有何影响呢？

为了测试这一点，在 Hero.kt 中添加 **acceptApology**()函数，如程序清单 23.37 所示。现在是对怪兽展开报复的时候了。

程序清单 23.37 抛出一个未经检查的异常(Hero.kt)

```
...
@JvmOverloads
fun handOverFood(leftHand: String = "berries", rightHand: String = "beef") {
    println("Mmmm... you hand over some delicious $ leftHand and $ rightHand.")
}

fun acceptApology() {
    throw IOException()
}

class Spellbook {
    ...
}
```

需要提前导入 java.io.IOException。现在，从 Jhava.java 中调用 **acceptApology**()函数，如程序清单 23.38 所示。

程序清单 23.38 在 Java 中抛出一个异常(Jhava.Java)

```
public class Jhava {
    ...
    public void apologize() {
        try {
```

```
            Hero.acceptApology();
        } catch (IOException e) {
            System.out.println("Caught!");
        }
    }
}
```

Jhava 怪兽非常聪明，怀疑英雄人物在耍花招。因此将其对 **acceptApology**()函数的调用封装在一个 try/catch 块中。但是 Java 编译器警告说，在 try 块的内容中(即 **acceptApology**()函数中)永远不会抛出 **IOException** 异常。这是怎么回事呢？**acceptApology**()函数显然抛出了一个 **IOException** 异常。

理解此种情形需要深入了解反编译的 Java 字节码，如下所示：

```
public static final void acceptApology() {
    throw (Throwable)(new IOException());
}
```

可以看到，该函数抛出了一个 **IOException** 异常，因为 Java 编译器在 Java 调用时未给出警告，调用者完全不知道 **acceptApology**()函数会抛出 IOException 异常，故调用者不会去检查该异常。

幸运的是，还有一个注释可以解决该问题：@Throws。使用了@Throws 注释时，可以包含有关函数抛出异常的信息。在 **acceptApology**()函数中添加一个@Throws 注释，以增强其 Java 字节码，如程序清单 23.39 所示。

程序清单 23.39 使用@Throws 注释(Hero.kt)

```
...
@Throws(IOException::class)
fun acceptApology() {
    throw IOException()
}

class Spellbook {
    ...
}
```

现在，查看一下生成的反编译 Java 字节码，如下所示：

```
public static final void acceptApology() throws IOException {
    throw (Throwable)(new IOException());
}
```

@Throws 注释将在 Java 版本的 **acceptApology**()函数中添加关键字 throws。回头看看 Jhava.java，应该可以看到现在已经满足了 Java 编译器，因为它现在可以识别出 **acceptApology**()函数抛出了一个需要检查的 **IOException** 异常。

@Throws 注释弥合了 Java 和 Kotlin 在异常检查方面的一些意识形态上的差异。如果正在编写一个可能向 Java 使用者公开的 Kotlin API，请考虑使用该注释，以便使用者能够正确处理抛出的任何异常。

23.7 Java 中的函数类型

函数类型和 Lambda 表达式是 Kotlin 编程语言中的新颖之处，其组件之间通信的语法非常简洁，可方便地通过->运算符来实现。但在 Java 8 之前的 Java 版本中并不支持这些特性。

那么，在 Java 中如何调用函数类型呢？答案似乎很简单：在 Java 中，函数类型由一个名为

FunctionN 的接口表示，其中 N 是用作形式参数的实际参数的数量。

要想了解其实际的应用，请在 Hero. kt 中添加一个名为 translator 的函数类型。translator 应该接收一个 **String**，将其转换成小写，并将首字母大写，然后输出结果，如程序清单 23.40 所示。

程序清单 23.40　定义 translator 函数类型(Hero. kt)

```
fun main() {
    ...
}

val translator = { utterance: String ->
    println(utterance.lowercase().replaceFirstChar { it.uppercase() })

}

fun makeProclamation() = "Greetings, beast!"
```

translator 的定义与在第 8 章中看到的许多函数类型类似，其类型为(**String**)-> **Unit**。在 Java 中，该函数类型会是什么样子呢？将 translator 实例存储在 **Jhava** 类中的一个变量中，如程序清单 23.41 所示。

程序清单 23.41　在 Java 中将函数类型存储在一个变量中(Jhava. Java)

```
public class Jhava {
    ...
    public static void main(String[] args) {
        ...
        Spellbook.getSpellbookGreeting();
        Function1<String, Unit> translator = Hero.getTranslator();
    }
}
```

除了导入 kotlin. Unit，为确保在 Kotlin 标准库中选择了相应的选项，还需要导入 kotlin. jvm. functions. Function1。

该函数的类型为 **Function1 <String, Unit>**。**Function1** 是其基类型(base type)，因为 translator 只有一个形式参数。**String** 和 **Unit** 被用作类型的形式参数，因为 translator 的形式参数类型是 **String**，而返回类型是 Kotlin 类型的 **Unit**。

这样的 **Function** 接口总共有 23 个，从 **Function0** 到 **Function22**。每个接口都包含一个 **invoke()** 函数。**invoke()** 函数用于调用函数类型，因此每当需要调用函数类型时，都可以对其调用 **invoke()** 函数。在 **Jhava** 类中调用 translator，如程序清单 23.42 所示。

程序清单 23.42　在 Java 中调用函数类型(Jhava. Java)

```
public class Jhava {
    ...
    public static void main(String[] args) {
        ...
        Function1<String, Unit> translator = Hero.getTranslator();
        translator.invoke("TRUCE");
    }
}
```

运行 Jhava. kt，以确认 Truce 已输出至控制台。

在 Kotlin 中，函数类型非常有用，但是在 Java 中，它们的表示方式可能会有所不同。当从 Java 中调用函数类型时，可能会发现 Kotlin 中简明、流畅的语法与之相比有很大的区别。如果代码对 Java 类可见(例如作为 API 的一部分),那么更为周到的做法可能是避免使用函数类型。但是,如果习惯了更冗长的语法,那么 Kotlin 的函数类型确实可以在 Java 中使用。

Kotlin 和 Java 之间的互操作性是 Kotlin 语言成长的基础。它使 Kotlin 能够利用现有的框架,如 Android 和 Spring,并与遗留代码库进行交互,为在项目中逐步引入 Kotlin 提供了一条途径。

幸运的是,Kotlin 和 Java 之间的互操作非常简单,只有几个小例外。编写 Java 友好的 Kotlin 代码和 Kotlin 友好的 Java 代码是一项非常有用的技能,对于打算使用 Kotlin/JVM 的开发人员来说,这将带来巨大的回报。

接下来的章节将介绍关于 Kotlin 跨平台的内容,这是一种允许只编写一次 Kotlin 代码就可以在不同平台上运行的多个应用程序之间实现共享的技术。

第24章

Kotlin跨平台简介

本书中，Kotlin 代码一直在 JVM 上执行。Android 应用程序是构建在 JVM 之上的，因此 Kotlin 代码也可以在 Android 手机和平板电脑上执行。

许多开发人员使用的是 Kotlin/JVM，但这不是使用该语言的唯一方式。我们已经多次提到 Kotlin 是一种跨平台语言。除了支持 JVM 之外，Kotlin 还可以针对本机平台进行开发，如 macOS（无须在 JVM 内运行）、iOS 和 Web（通过 JavaScript）等。

如果是一名经验丰富的开发人员，当想到跨平台框架时，可能会想到 React Native、Flutter 和 Xamarin 等工具。它们都有一个共同点：单独的一个代码库可以直接在程序所支持的每个平台上进行编译和运行，包括用户界面 UI。这在理论上是很好的，但实际上这些跨平台方法并不像它们所声称的那么理想。

这些工具中的每个都强制执行自己的 UI 框架和 API。如果已经了解了一个本地框架，那么必须先学习一套全新的 API，然后才能使用这些工具之一编写跨平台代码。而且，新的功能是否可以在本地应用程序中立即开始使用，还需要考虑框架维护人员的支持。如果选择的跨平台工具没有实现构建应用程序所需的功能，那么只能等待官方的支持，或者必须自己集成平台的本地 API。

此外，跨平台应用程序通常最终需要利用本机实现某些功能。因此，假设构建一个 iOS 应用程序和一个 Android 应用程序，可能最终需要为 3 个平台编写代码：跨平台框架、iOS 功能和 Android 功能。现在，不得不需要学习 3 种不同的框架，而不是像宣传的那样只学习一种跨平台工具或两种本机平台。

Kotlin 跨平台采用了不同的方法，可以构建一个单独的 Kotlin 项目，但在多个平台上都可以进行编译。

在接下来的 3 章将探索 Kotlin 的跨平台功能。首先，将构建一个新的跨平台项目，并在多个目标平台上进行编译。其次，介绍如何编写适用于 Kotlin/Native 和 Kotlin/JS 的代码，以及它们与适用于 Kotlin/JVM 的代码有何不同。

24.1 什么是 Kotlin 跨平台

Kotlin 跨平台并不试图取代现有框架。相反，它允许在多个平台上共享 Kotlin 代码。使用 Kotlin 跨平台的代码库通常有多个源代码集（即所有代码都属于同一项目的代码组）。新项目将包括 4 个源代码集：通用代码、JVM、macOS、JavaScript。

大部分代码都将存储于共享源代码集（common source set）中。在为特定平台进行编译时，编译器会将共享代码（common code）与该平台的代码结合起来。因此，如果是为 macOS 平台进行编译，将会得到共享代码和 macOS 代码。源代码集与输出的二进制文件之间的关系如图 24.1 所示。

早在第 1 章中就提到，很多 Kotlin API 被认为是通用的 API，并且适用于 Kotlin 支持的每个目标

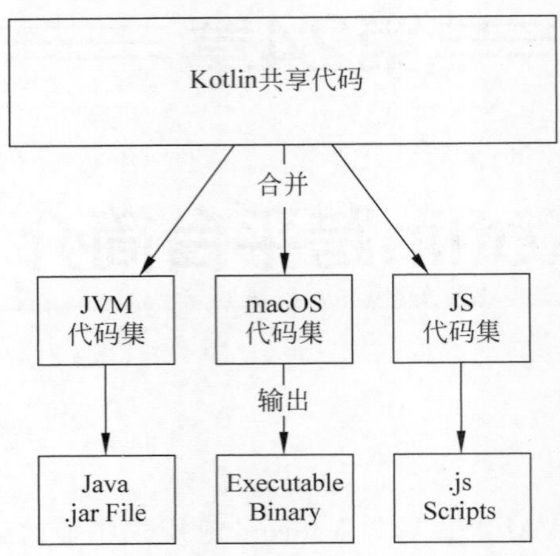

图 24.1 编译为二进制文件的源代码集

平台。Kotlin 标准库的 API 参考文档中列出了每个 API 所支持的平台。

24.2 规划跨平台项目

开发跨平台应用程序的第一步是规划想要共享的代码。在使用 Kotlin 跨平台时，建议专注于共享涉及业务逻辑的代码，即与应用程序及其对特定领域问题的理解密切相关的逻辑。这可能包括数据解析、复杂的算法以及与应用程序试图解决的问题相关的其他逻辑等。

从技术上讲，虽然使用 Kotlin 跨平台可以定义整个 UI，但一般不建议这样做。每个目标平台都可能有不同的 UI 框架，这使得很难在平台之间共享 UI 组件。如果尝试使用 Kotlin 跨平台构建 UI，那么最终可能只是在 Kotlin 中构建 UI，而不是真正共享 UI 代码。因此，建议在共享代码方面，将其重点放在业务逻辑上，而将 UI 部分留给每个平台专门实现。

相反，鼓励使用平台的本地语言来声明 UI。这样可以充分利用官方所有的 UI 工具，这将提供比 Kotlin 更好的体验，并避免许多麻烦。方便的是，由于 Android 的官方语言就是 Kotlin，这也就意味着在编写 Android UI 时会感到得心应手。

如果只希望在以 UI 驱动的应用程序中共享业务逻辑，建议构建一个 Kotlin 跨平台库(library)，而不是应用程序(application)。这样的库是一个预编译的二进制文件，包含了在 Kotlin 跨平台项目中定义的所有 API。它不能单独执行，也没有 **main()** 函数。

然后，可以使用其官方工具将该库导入至相应平台的项目中。IntelliJ 有一些可以设置 Kotlin 跨平台库的模板，但它们主要专注于移动代码的共享。第 25 章中有更多关于在移动应用程序中共享代码的内容。

本章将构建一个简单的应用程序，而不是一个库。这可以很好地满足需求，因为不需要制作复杂的 UI，而是在终端上运行应用程序(或者在 JavaScript 代码中只需要一个简单的网页)。但是，学到的原则不仅适用于跨平台应用程序也适用于库，因此，如果以后想继续使用库，已经做好充足的准备了。

24.3 第一个跨平台项目

Madrigal 在漫长的飞行之后已经安全降落在一个热带岛屿上，准备放松身心享受假期。但是她没有预料到一个小问题：没有人愿意接收她的 Kronstadt 金币。她需要先把金币兑换成 doubloon 金币，然后才能进行消费。

汇率不断波动且难以预测。为了管理货币转换,需要构建一个跨平台应用程序。该应用程序将显示当前的汇率,询问用户需要多少 doubloon 金币,然后返回相应的金币价格。

与之前一样,使用 New Project 向导开始新项目的构建。但是这一次,在选择模板时,从 Multiplatform 部分选择 Application,如图 24.2 所示。将 Build System 设置为 Gradle Groovy,选择项目 JDK,并将新项目命名为 Doubloons4Gold。

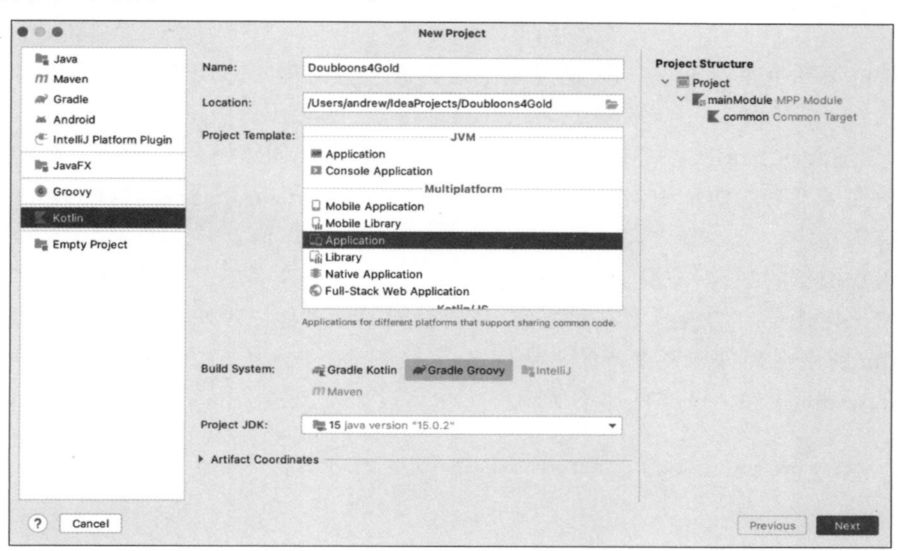

图 24.2 构建一个 Kotlin 跨平台项目

在向导的第二个窗口中,确保将 Template 和 Test framework 设置为 None,如图 24.3 所示。此外,需要注意屏幕左侧的项目层次结构。此处,可以定义跨平台应用程序的平台,并自定义项目的层次结构。在 mainModule 下应该有一个名为 Common 的选项,这便是共享代码将会保存的位置。

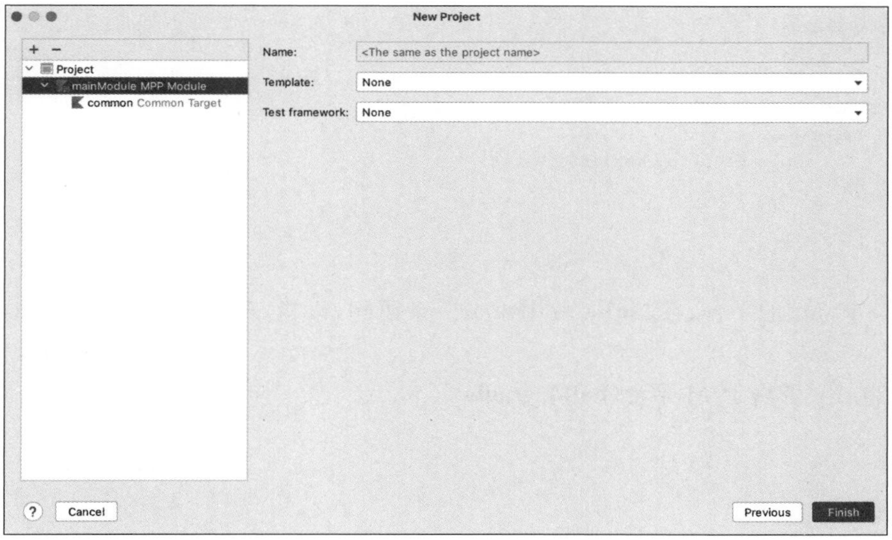

图 24.3 设置项目模板

单击 Finish 以最终确定这些选项，并创建新项目。

IntelliJ 将对项目进行初始构建，然后会立即看到一个编译器错误的提示，如下所示：

```
Please initialize at least one Kotlin target in 'Doubloons4Gold (:)'.
```

正如错误所示，需要定义一个程序可以编译的平台。

24.4 定义 Kotlin/JVM 平台

要添加支持的第一个平台是 JVM。通过基于已有概念的构建，有助于逐步熟悉使用 Kotlin 跨平台的过程。

当然，如果只想面向 Kotlin/JVM 平台，那么最好像以前那样创建一个 Kotlin/JVM 项目，而不是使用跨平台模板。在接下来的两章中，将定义 Kotlin/Native 和 Kotlin/JS 平台，以使 Doubloons4Gold 真正成为跨平台应用程序。

要想给代码添加新的平台，需要访问该项目的 build. gradle 文件。正如在第 20 章中看到的，该文件中包含有关如何构建项目的内容。在此之前，我们编辑了该文件以声明项目的依赖关系，现在需要更新它，告诉 Kotlin 跨平台插件想要支持的平台信息。

打开 build. gradle 文件。该文件如下所示：

```
plugins {
    id 'org.jetbrains.kotlin.multiplatform' version '1.5.21'
}

group = 'com.bignerdranch'
version = '1.0-SNAPSHOT'

repositories {
    mavenCentral()
}
kotlin {
    sourceSets {
        commonMain {

        }
        commonTest {
            dependencies {
                implementation kotlin('test')
            }
        }
    }
}
```

要想指定一个特定的平台，在 **kotlin** 块中添加一条语句，以指定采用 JVM 平台，如程序清单 24.1 所示。

程序清单 24.1 采用 JVM 平台(build. gradle)

```
...
kotlin {
    jvm()
    sourceSets {
        ...
    }
}
```

可以为 Kotlin 跨平台项目指定许多的平台。表 24.1 列出了一些常用的平台。

表 24.1 常用的 Kotlin 跨平台

平 台	build.gradle 中的定义	描 述
JVM	jvm()	适用于所有运行 Java 和 Android 的系统
Android	android()	适用于在带有 Java 的 Android Runtime 下运行的 Android 应用程序
iOS	iosArm64()	适用于 64 位 ARM iOS 设备，包括 iPhone 5s 及其更新的版本
iOS simulator	iosX64()	在 Mac 上运行时，由 iOS 模拟器使用
macOS computers	macosX64()	适用于基于 Intel 的 macOS 计算机*
JavaScript	js()	将 Kotlin 代码编译为 JavaScript，可用于 Node.js 或 Web 浏览器

* 使用 Apple Silicon 芯片的机器也可以在 Rosetta 2 下运行这些二进制文件，但截至本书撰写时，不支持直接为搭载 Apple-designed CPU 的 Mac 进行编译。

接下来的两章中使用的是 macOS 和 JavaScript 平台。如果想了解更多关于其他平台的信息或是如何配置它们，可查阅相关文档。

无论何时编辑 Gradle 构建文件，都需要在更改生效之前将其与 IntelliJ 同步。正如在第 20 章中所做的那样，单击编辑器右上角浮动提示框中显示图标 Gradle sync，之前的错误信息应该可以被解决掉。

现在，已经声明了代码可以编译并在 JVM 上运行，那么需要创建一个文件夹用于存放与应用程序的 Java 版本相关的代码。右击 src 目录，然后选择 New→Directory 命令。IntelliJ 会为常用文件夹的名称提供建议；从该菜单中选择 jvmMain/kotlin（或手动输入并按 Ctrl 或 Return 键）。

目前，跨平台程序已经可以编译为 JVM 版本了，现在只剩下构建货币转换器了。

24.5 定义共享代码

Doubloons4Gold 的核心逻辑将在 commonMain 目录中进行定义。这样一来，编写的应用程序是特定于问题的而不是特定于平台的，且仅需编写一次，包括汇率、显示给用户的提示和输入请求等。然后，就可以在所有平台上使用这些实现而无须进行修改（实际上，如果不小心尝试在此目录中使用特定于平台的 API，IntelliJ 将会显示错误信息）。

在 src/commonMain/kotlin 中创建一个名为 Converter.kt 的新文件，开始编写代码。在该文件中，创建 **convertCurrency**()函数来处理货币转换操作，如程序清单 24.2 所示。

程序清单 24.2 转换货币（commonMain/kotlin/Converter.kt）

```
val pricePerDoubloon = Random.nextDouble(0.75, 1.5)

fun convertCurrency() {
    println("The current exchange rate is $pricePerDoubloon per doubloon")

    println("How many doubloons do you want?")
    val numberOfDoubloons = readLine()?.toDoubleOrNull()

    if (numberOfDoubloons == null) {
        println("Sorry, I don't know how many doubloons that is.")
    } else {
        val cost = pricePerDoubloon * numberOfDoubloons
        println("$numberOfDoubloons doubloons will cost you $cost")
    } }
```

需要导入 kotlin. random. Random。

程序清单 24.2 中的代码将成为应用程序的核心逻辑，并在 Doubloons4Gold 所针对的每个平台上共享。但在运行该代码之前，需要添加一个入口函数(entry point)，用于调用新的 **convertCurrency**()函数。

尽管 Doubloons4Gold 的每个入口函数都将调用 **convertCurrency**()函数，但会为每个目标平台定义一个单独的入口函数。为每个应用程序创建单独的入口函数并不是必需的，但这样做将使 Kotlin/JVM 应用程序更容易从 IntelliJ 启动。也可以灵活地更改特定平台的启动方式，以便可以仅为其中某一个平台添加额外的初始化逻辑。

在 jvmMain/kotlin 中创建一个名为 Main. kt 的新文件，并添加一个 **main**()函数，如程序清单 24.3 所示。使该函数输出一条消息，说明 Doubloons4Gold 正在 JVM 中运行。如果定义了多个平台，这将有助于跟踪正在运行的平台，并调用 **convertCurrency**()函数。

程序清单 24.3　定义一个 JVM 入口函数(jvmMain/kotlin/Main. kt)

```
fun main() {
    println("Hello from Kotlin/JVM!")
    convertCurrency()
}
```

运行图标应该会出现在 **main**()函数定义旁边的空白处。运行新的 **main**()函数，并输入一个数值，以确认货币转换器是否正常工作。输出应会如下所示：

```
Hello from Kotlin/JVM!
The current exchange rate is 1.380843418388969 per doubloon
How many doubloons do you want?
50
50.0 doubloons will cost you 69.04217091944845
```

24.6　expect 和 actual

到目前为止，一切都很顺利。但是，如果 Doubloons4Gold 可以使用货币格式，效果会更好，输出应如下所示：

```
Hello from Kotlin/JVM!
The current exchange rate is $1.38 per doubloon
How many doubloons do you want?
50
50.0 doubloons will cost you $69.04
```

如果希望此格式应用于应用程序支持的所有平台，应将它放入共享代码库(common codebase)。在 commonMain/kotlin 中创建一个名为 Currency. kt 的新文件，并在 **Double** 上定义 **formatAsCurrency**()扩展函数，如程序清单 24.4 所示。

顾名思义，该函数是将一个双精度值转换为适当格式的字符串，以显示用户的本地货币。但是，现在暂时将该函数的实现留待以后处理，稍后会解释如何实现它。

程序清单 24.4　格式化货币(commonMain/kotlin/Currency. kt)

```
fun Double.formatAsCurrency(): String = TODO("Not implemented")
```

设置好存根化(stubbed-out)的 **formatAsCurrency**()函数后，更新 **convertCurrency**()函数以便对货币字符串进行格式化(为了让这些字符串适应输出页面，将字符串拆分为两行。但是实际使用时，请将字符串保持在一行上),如程序清单 24.5 所示。

程序清单 24.5 使用格式化后的货币(commonMain/kotlin/Converter.kt)

```
val pricePerDoubloon = Random.nextDouble(0.75, 1.5)

fun convertCurrency() {
    println("The current exchange rate is
            ${pricePerDoubloon.formatAsCurrency()} per doubloon")

    println("How many doubloons do you want?")
    val numberOfDoubloons = readLine()?.toDoubleOrNull()

    if (numberOfDoubloons == null) {
        println("Sorry, I don't know how many doubloons that is.")
    } else {
        val cost = pricePerDoubloon * numberOfDoubloons
        println("$numberOfDoubloons doubloons will cost you
                ${cost.formatAsCurrency()}")
    }
}
```

现在,回到 **formatAsCurrency**()函数,并将其实现。在第 5 章提到 Java 提供了一个 **NumberFormat** 类,它可以完全按照希望的方式根据模板来格式化数字,例如格式化为货币形式。在之前构建的其他项目中,可以访问 Java 提供的所有 API,因此本次也可以像这样来实现函数:

```
    fun Double.formatAsCurrency(): String =
NumberFormat.getCurrencyInstance().format(this)
```

但是,虽然程序现在只针对 JVM,但共享代码只能使用最终编译完成的所有目标平台都可以访问的 API。Doubloons4Gold 还将编译为在 macOS 和 JavaScript 上可用,但二者都没有与 Java API 相匹配的 **NumberFormat** 类。因此,共享代码无法使用这个特定于 Java 的 API。

另外,共享代码依赖于 **formatAsCurrency**()函数,因此将其定义移动至 jvmMain 源代码集。

为了解决这个问题,Kotlin 为跨平台项目提供了两个关键字:expect 和 actual。在共享代码中,可以使用关键字 expect 标记函数、属性和类。这意味着可以省略实现部分,就像在接口上定义一个函数那样(正如在第 17 章中看到的)。

将 **formatAsCurrency**()函数用关键字 expect 进行标记,并删除其实现,如程序清单 24.6 所示。

程序清单 24.6 用关键字 expect 声明函数(commonMain/kotlin/Currency.kt)

```
expect fun Double.formatAsCurrency(): String = TODO("Not implemented")
```

在声明一个 expect 函数时,是在告诉编译器在每个平台上该函数的实现都有所不同。编译器将**期望(expect)**为每个定义的平台提供该函数的实现。

现在,IntelliJ 警告该 **formatAsCurrency** 函数存在错误。错误消息为 Expected function 'formatAsCurrency' has no actual declaration in module Doubloons4Gold.jvmMain for JVM。IntelliJ 是在发出警告,尽管声明了关键字 expect,但没有为代码所针对的所有平台(本例中仅为 JVM)提供其实现。

为了解决这个编译器错误,在 jvmMain 源代码集中需要定义 **formatAsCurrency**()函数的实现。在 jvmMain/kotlin 目录中创建一个名为 Currency.kt 的新文件,并使用 Java 的 **NumberFormat** 类来实现转换逻辑,如程序清单 24.7 所示。

程序清单 24.7 用关键字 actual 声明函数(jvmMain/kotlin/Currency.kt)

```
import java.text.NumberFormat
```

```
actual fun Double.formatAsCurrency(): String =

    NumberFormat.getCurrencyInstance().format(this)
```

使用关键字 actual 定义新函数，这是在告诉 Kotlin 编译器，此处是一个期望(expected)函数的实际实现。

在共享代码中，所有标记为 expect 的内容都必须为所有目标平台提供相应的 actual 定义。在编译时，Kotlin 编译器会将共享源代码与适用于正在编译的平台的源代码组合在一起。使用关键字 expect 和 actual 定义了一个 API，该 API 将适用于所有的平台，但其实现直至编译时才会确定。

当使用关键字 actual 定义一个函数、类或属性时，编辑器的空白处会出现一个 E 标志。单击此标志，将其转至与 actual 实现相对应的 expect 声明处。类似地，当使用关键字 expect 定义一个 API 时，在编辑器的侧边栏中会出现一个 A 标志。如果单击该标志，IntelliJ 将显示一个菜单，其中列出了所有的 actual 实现。这样可以很方便地在代码中导航到特定平台的实现。

顺便说一句，尽管 **formatAsCurrency**()函数的 expect 版本和 actual 版本都定义在名为 Currency. kt 的文件中，但文件名不必完全匹配。当然，约定俗成还是使用匹配的文件名，以使代码更易于导航。而且，expect 和 actual 的定义必须放在同一个包中，并具有相同的签名，这样编译器才能正确地关联这两个定义。

再次运行 Doubloons4Gold，输出如下所示：

```
Hello from Kotlin/JVM!
The current exchange rate is $1.06 per doubloon
How many doubloons do you want?
50
50.0 doubloons will cost you $53.07
```

开发人员经常使用 expect 和 actual，正如在这里所看到的：创建一组通用的 API，可以在每个目标平台上运行，通过增加共享逻辑的数量来简化开发过程。但是，调用平台代码并不是使用这些关键字的唯一原因。还可以使用它们为特定平台定义不同的行为，即使其实现可以在共享源代码集中进行定义。

convertCurrency()函数使用 **println**()和 **readLine**()函数来显示输出并收集用户的输入。这些常见的函数对于 JVM 代码来说很有效，并且对于 Kotlin/Native 版本的应用程序也有效，但对于 JavaScript 来说却不起作用。

在 JavaScript 中，**println**()和 **readLine**()函数都可以在 Kotlin 代码中使用，但它们仅用作开发人员的工具。一般用户肯定不希望去打开这些工具，所以需要一种不同的方式呈现页面上的内容。

因为需要为 avaScript 定义不同的行为，所以需分别为每个平台定义其行为。为了做到这一点，可以再次使用 expect 和 actual 关键字。首先，在 commonMain/kotlin 目录中创建一个名为 InputOutput. kt 的新文件。在该文件中定义两个关键字 expect 声明函数，名称分别为 **output**()和 **getInput**()，如程序清单 24.8 所示。

程序清单 24.8　期望特定于平台的行为(commonMain/kotlin/InputOutput. kt)

```
expect fun output(message: String) expect fun

getInput(prompt: String): String
```

接下来，将完成与 JVM 匹配的 actual 实现。在 jvmMain/kotlin 目录中创建第二个名为 InputOutput. kt 的文件，并使用 **println**()函数和 **readLine**()函数实现相同的两个函数，如程序清单 24.9 所示。

程序清单 24.9　特定于 Java 的行为(jvmMain/kotlin/InputOutput.kt)

```
actual fun output(message: String) = println(message)

actual fun getInput(prompt: String): String {
    output(prompt)
    return readLine() ?: ""
}
```

现在,已经编写了新的特定于平台的 **output**()和 **getInput**()函数,可以在 **convertCurrency**()函数中使用它们了。打开 Converter.kt 文件。为了快速将所有的 **println**()函数替换为 **output**()函数,打开 IntelliJ 的查找和替换菜单。在第一个字段中,输入 println 作为要搜索的文本。在第二个字段中,输入 output 作为替换文本。然后单击 Replace All 按钮,以在整个文件中进行替代,如程序清单 24.10 所示。

程序清单 24.10　用 output()函数替换 println()函数(commonMain/kotlin/Converter.kt)

```
val pricePerDoubloon = Random.nextDouble(0.75, 1.5)

fun convertCurrency() {
    println output("The current exchange rate is
            ${pricePerDoubloon.formatAsCurrency()} per doubloon")

    println output("How many doubloons do you want?")
    val numberOfDoubloons = readLine()?.toDoubleOrNull()

    if (numberOfDoubloons == null) {
        println output("Sorry, I don't know how many doubloons that is.")
    } else {
        val cost = pricePerDoubloon * numberOfDoubloons
        println output("$numberOfDoubloons doubloons will cost you
                ${cost.formatAsCurrency()}")
    }
}
```

在替换菜单的右上方,单击 X 按钮关闭菜单,然后手动将 **readLine**()函数替换为 **getInput**()函数,如程序清单 24.11 所示。

程序清单 24.11　使用 getInput()函数(commonMain/kotlin/Converter.kt)

```
val pricePerDoubloon = Random.nextDouble(0.75, 1.5)

fun convertCurrency() {
    output("The current exchange rate is
            ${pricePerDoubloon.formatAsCurrency()} per doubloon")

    val input = output getInput("How many doubloons do you want?")
    val numberOfDoubloons = readLine()? input.toDoubleOrNull()

    if (numberOfDoubloons == null) {
        output("Sorry, I don't know how many doubloons that is.")
    } else {
        val cost = pricePerDoubloon * numberOfDoubloons
        output("$numberOfDoubloons doubloons will cost you
                ${cost.formatAsCurrency()}")
    }
}
```

在 **main**()函数中进行相同的修改,如程序清单 24.12 所示。

程序清单 24.12 使用 output()函数(jvmMain/kotlin/Main.kt)

```
fun main() {
    println output("Hello from Kotlin/JVM!")
    convertCurrency()
}
```

再次运行 Doubloons4Gold。输出结果不会发生改变,但是现在可以灵活地根据不同的平台定制程序了。

本章迈出了构建跨平台应用程序的第一步,声明了共享代码,并为程序的相关平台细节提供了特定于 Java 的实现。

到目前为止,这些额外的设置并没有提供太多的优势。假设只想针对 JVM 平台,那么在不声明关键字 expect 和 actual 的情况下也完全可以实现同样的功能。但在接下来的两章中,本章的工作将会得到回报,因为可以使 Doubloons4Gold 支持更多的平台,而无须触及 Converter.kt 文件中的逻辑。

第25章

Kotlin/Native

有了跨平台的基础设置，Doubloons4Gold 现在已经可以在更多的平台运行了。本章将添加对 macOS 的支持。

如果一直在使用 Mac 计算机来学习本书，可能会问："难道我不是已经在面向 macOS 了吗?"。因为应用程序已经编译为 Java，所以它们可以在任何安装有 Java 的地方运行，包括安装了 Java 的 Mac 计算机上。但是那些没有安装 Java 的 Mac 计算机呢?

通过直接**本地化地(natively)**面向 macOS 平台，可以构建一个可以在 macOS 上运行的应用程序，而无须额外的运行时环境，无论是 Java 还是其他环境。这样做的好处是，可以完全访问 macOS 内置的框架和 API，能够完成在单独使用 Java 时无法实现的功能。

在继续开发之前，需要声明一点：Kotlin/Native 支持的许多平台都会对使用的主机服务器(即用来编译代码的计算机)有限制。特别是，如果想要面向 macOS、iOS 或其他 macOS 平台上进行开发，必须使用一台运行 macOS 的计算机。如果在没有使用 macOS 的计算机尝试进行本章中的代码修改，将会遇到很多问题。

Kotlin 跨平台插件会禁用不受其主机支持的平台编译功能，并且在 IntelliJ 中的编辑也会受到严格限制。属于 macOS 本地 API 的任何类和函数都将对 IntelliJ 不可见，这会导致自动完成、快速修复、重构工具和编辑器检查等工具异常，甚至根本无法正常工作。

如果没有可以运行 macOS 的计算机，可以只阅读本章，但不要对项目进行任何更改。第 26 章中的代码不依赖本章中所做的更改，但其说明适用于项目，且无须进行修改。

接下来，有一个前提条件：Kotlin/Native 编译器需要安装 Xcode，即 Apple 官方的 IDE。不一定需要使用 Xcode，但是必须安装 Xcode 以使 Kotlin/Native 编译器能够正常工作。如果没有安装 Xcode，当试图构建一个面向 macOS 平台的项目时，将会出现编译错误。

要想检查计算机是否安装了 Xcode，打开 App Store 并搜索 Xcode，其应用商店列表页面如图 25.1 所示。如果看到 Open 按钮，则表示已安装，可以开始使用；如果没有，开始下载或更新 Xcode，并耐心等待。Xcode 是一个非常庞大的应用程序，下载和安装过程可能都需要一些时间。

Xcode 安装完成后，运行它。另外还需要安装 Xcode 命令行开发工具，一般在首次启动 Xcode 时进行安装。在接受 Xcode 的许可证并安装完这些组件后，可以看到如图 25.2 所示的 Welcome to Xcode 界面。

当看到该界面时，Xcode 就可以使用了，并且 Kotlin/Native 编译器将拥有构建 macOS 应用程序所需的一切。如果想学习 Swift 或 iOS 开发，Xcode 也是非常实用的工具。

Kotlin 与 macOS 平台的互操作性是通过 Objective-C 实现的，而不是 Swift。Objective-C 是一种

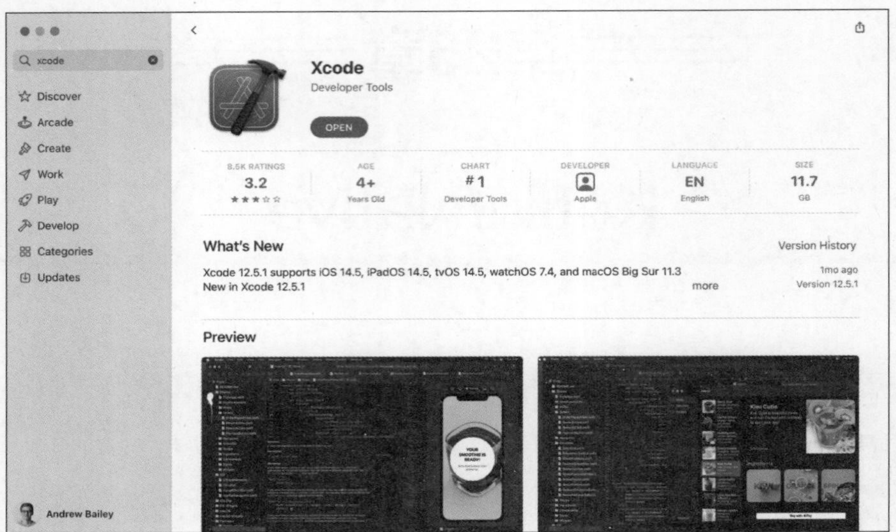

图 25.1　Xcode 应用商店列表

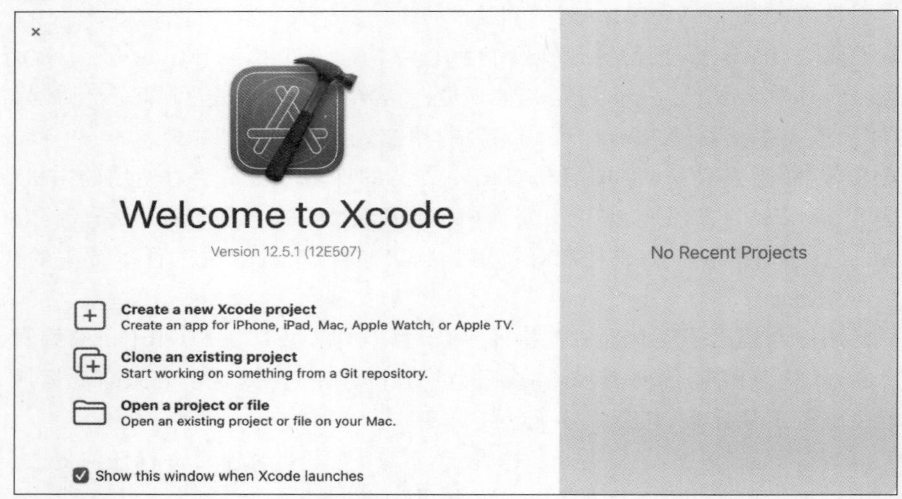

图 25.2　Xcode 欢迎界面

早期的编程语言，可以追溯到 1984 年，它是 Apple 软件的基础。Swift 是 Apple 的一种更现代化的编程语言，已广泛应用于 iOS 和 macOS 社区。

虽然 Kotlin/Native 目前仅支持 Objective-C 互操作性，但 Swift 也可以与 Objective-C 进行互操作。这意味着可以同时使用 Kotlin/Native 和 Swift，但可能会发现其中一些转换会有些不太自然。

对本项目来说，不需要编写任何 Swift 或 Objective-C 代码，因此这个事实现在还并不重要。但是如果考虑在 Swift 应用程序中使用 Kotlin/Native。

25.1　声明一个 macOS 平台

在解决了这些初步问题之后，就可以为 Doubloons4Gold 添加一个 macOS 平台了。打开 build.gradle 文件，并声明一个新的 macOS 平台，如程序清单 25.1 所示。

程序清单 25.1 声明一个 macOS 平台(build.gradle)

```
...
kotlin {
    jvm()
    macosX64 {
        binaries {
            executable()
        }
    }
    sourceSets {
        ...
    } }
```

Kotlin 跨平台为支持的每个平台都提供了自己的选项,用于配置项目的编译方式。对于像 macOS 这样的 Kotlin/Native 平台,可以配置的选项之一是二进制的输出格式。可以从表 25.1 中给出的多个选项中进行选择,并且可以同时选择多个选项。

表 25.1 可选择的选项

选　　项	说　　明
executable	生成一个可以直接运行的可执行二进制文件
test	生成一个可执行的二进制文件,用于运行单元测试
sharedLib,staticLib	生成一个二进制文件,用作库以便在其他非 Kotlin 编写的本地项目中使用 Kotlin 跨平台代码。这对于在另一个非 Kotlin 的本地项目中使用 Kotlin 跨平台代码非常有帮助
	本地库有两种类型:共享库和静态库。二者之间的区别超出了本书的讨论范围,但如果已经熟悉了本地开发,那么可能已经知道应该使用哪种类型了
framework	生成一个 Objective-C 框架,可用于作为项目使用代码,通常来自 Xcode 项目。该选项仅适用于运行 Objective-C 的平台,包括 macOS 和 iOS,可用时要尽量使用,而不是使用 sharedLib 和 staticLib

在 build.gradle 中,指定了想要生成一个可执行的二进制文件,用于直接运行程序,因此只需要为 Kotlin/Native 平台指定二进制文件。JVM 和 JavaScript 不区分库和可执行文件,两者在每个平台上都具有相同的输出格式。而对于本机平台,情况并非如此,因此需要提供这些信息以确保代码可以编译,并能正确地使用。

定义了 macOS 平台后,执行另一个 Gradle 同步,以便 IntelliJ 能够将最新更改合并进去。Gradle 同步完成后,创建一个名为 src/macosX64Main/kotlin 的新的源代码目录(当打开 src 目录下的 New Directory 菜单时,IntelliJ 会自动提示该目录)。

现在,代码正式面向 macOS 平台了,并且已经有了一个用于 macOS 代码的目录,可以开始编写适用于 macOS 的第一段代码了。

25.2 使用 Kotlin 编写本机代码

如果现在尝试编译项目,每个关键字 expect 声明的函数都会提示出现了编译错误,因为尚未给全新的 macOS 平台提供其 actual 实现。在 Doubloons4Gold 可以正常运行之前,还需要定义一个入口函数。

要实现的第一个函数是 **formatAsCurrency**()。在 macosX64Main/kotlin 目录下,创建一个名为 Currency.kt 的新 Kotlin 文件。

在新文件中，为实现与之前JVM版本相同的货币格式设置，会用到一些macOS附带的看起来有些陌生的API。输入代码后，逐步解释代码，如程序清单25.2所示。

程序清单 25.2 本地格式化数字(macosX64Main/kotlin/Currency.kt)

```
import platform.Foundation.*
actual fun Double.formatAsCurrency(): String {
    val formatter = NSNumberFormatter().apply {
        setNumberStyle(NSNumberFormatterCurrencyStyle)
        setLocale(NSLocale.currentLocale)

    }

    val number = NSNumber(this)
    return formatter.stringFromNumber(number)!!
}
```

第一行代码：import platform.Foundation.*，导入了Apple的Foundation框架。该框架提供了跨所有macOS平台的API，用于处理数字、日期、文件、数据格式化、URL加载等。在以上简短的代码片段中，会看到多次出现的NS前缀，这是因为Foundation API使用了该前缀，NS代表NeXTSTEP，是macOS在20世纪80年代的前身。

接下来，创建**NSNumberFormatter**类的一个实例，在Foundation框架中，它相当于Java的**NumberFormat**类。

其中，对**NSNumberFormatter**应用了两个选项：数字样式(number style)和区域设置(locale)。这些选项是在**apply**程序块中进行设置的，与在第12章中看到的**apply()**函数相同。回想一下，**apply()**函数允许在一个接收器(receiver)上调用函数来对其进行配置使用。尽管在此调用的类不是Kotlin中定义的类，但其行为相同。

数字样式被设置为枚举(enum)。可以通过使用**NSNumberFormatterCurrencyStyle**来访问货币样式。为了设置locale，需要访问**NSLocale**的currentLocale属性来获取用户的locale，然后将其传递给**setLocale()**函数。至此，**NSNumberFormatter**已经完全配置完成。

为了将**Double**转换为格式化的字符串，首先将其封装在一个**NSNumber**中，**NSNumber**是**Objective-C**中的基本数值类型。其次，调用**stringFromNumber()**函数来执行转换操作。

如果**NSNumber()**函数包含无法格式化为货币的值(例如，假设**NSNumber()**函数表示一个布尔值)，则该函数可能返回null。因为正在格式化一个**Double**，所以这种情况永远不会出现，因此，可以使用non-null断言将**String?**返回值强制转换为所需的**String**返回类型。

该扩展函数的Swift版本如下所示：

```
import Foundation

extension Double {
    func formatAsCurrency() -> String {
        let formatter = NumberFormatter()
        formatter.numberStyle = .currency
        formatter.locale = .current

        let number = NSNumber(value: self)
        return formatter.string(from: number)!
    }
}
```

Objective-C版本的代码如下所示：

```
- (NSString * )formatAsCurrency:(NSNumber * )value {
    NSNumberFormatter * formatter = [[NSNumberFormatter alloc] init];
    formatter.numberStyle = NSNumberFormatterCurrencyStyle;
    formatter.locale = NSLocale.currentLocale;
    return [formatter stringFromNumber:value];
}
```

还需要为两个函数编写其 actual 实现：**output**()函数和 **getInput**()函数。在第 24 章提到的 **println**()函数和 **readLine**()函数是 JavaScript 中的开发工具，而使 **output**()函数和 **getInput**()函数的 expect 实现能够适应这种差异。但是，macOS 平台可以使用与在 Java 中使用的相同实现。

在项目工具窗口中找到 jvmMain/kotlin/InputOutput.kt 文件，选中它并按组合键 Ctrl+C 进行复制。然后选择 macosX64Main/kotlin 目录，并按下组合键 Ctrl+V 粘贴该文件。在弹出的对话框中，确认 IntelliJ 将在 macosX64Main/kotlin 目录中插入该文件的副本，如图 25.3 所示。当准备好后，单击 OK 按钮，让 IntelliJ 复制该文件的副本。

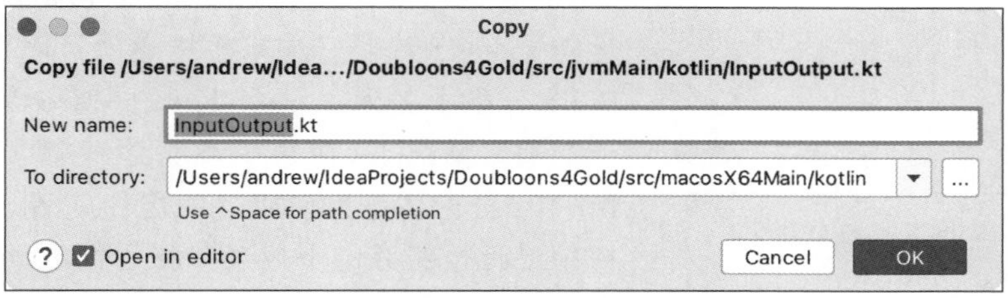

图 25.3 在源代码集之间复制文件

IntelliJ 将打开复制的文件并在编辑器中显示。确认其内容是否与从 JVM 源代码集中复制的实现匹配：

```
actual fun output(message: String) = println(message)

actual fun getInput(prompt: String): String {
    output(prompt)
    return readLine() ?: ""
}
```

25.3 启动一个 Kotlin/Native 应用程序

现在，已经为每个 expected 函数定义了其 actual 实现，Doubloons4Gold 项目将进行编译。但是，仍然没有为 macOS 平台定义入口函数，因此如果尝试执行程序，它将不知道要执行什么，也不会启动。

为了解决该问题，还需要在 macosX64 源代码集中再次使用 **main**()函数定义入口函数。在 macosX64Main/kotlin 中创建一个新的 Main.kt 文件，并为其添加一个 **main**()函数。为了将 Kotlin/Native 应用程序和 Kotlin/JVM 应用程序区分开来，可以在输出消息中声明平台（如果需要，可以从 jvmMain 中复制 Main.kt 文件到 macosX64Main，并将 **output**()函数的字符串更改为以下内容），如程序清单 25.3 所示。

程序清单 25.3 为 macOS 平台定义一个 main()函数(macosX64Main/kotlin/main.kt)

```
fun main() {
    output("Hello from Kotlin/Native!")
    convertCurrency()
}
```

在之前声明新的 **main()**函数时，IntelliJ 通常会自动在编辑器的空白处添加一个运行图标。但是注意，新添加的 **main()**函数旁边并没有发现运行图标。由于 IntelliJ 通常无法检测到非 JVM 平台代码中的入口函数，因此对于 macOS 平台，启动程序的步骤会略有不同。

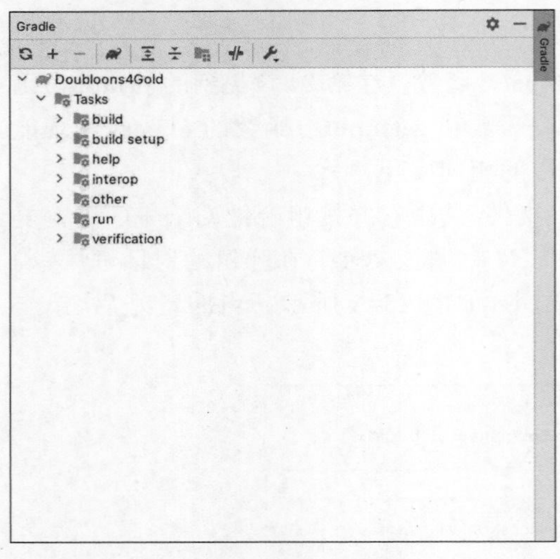

图 25.4　Gradle 工具窗口

不要通过 IntelliJ 的工具来启动代码，而是要直接通过 Gradle 进行操作。单击 IDE 右上角附近的 Gradle 选项卡，打开 Gradle 工具窗口，可以看到类似图 25.4 所示的面板。

该工具窗口包含了 Gradle 可执行的所有任务的层次结构，也就是说，列出了项目中 Gradle 知道的所有单个构建操作。这些任务被分为若干不同的类别。

在 Gradle 工具窗口中，导航至 Doubloons4Gold/Tasks/run 目录，然后双击 runReleaseExecutableMacosX64 以构建并运行 macOS 代码。如果想构建项目而不执行它，可以使用 build 分组中名为 compileKotlinMacosX64 的任务。

通常情况下，在每个项目中只需要执行一次该操作。IntelliJ 会记住过去使用过的运行配置，并且可以使用工具栏中运行按钮旁的下拉菜单在它们之间进行切换。运行该任务后，下拉菜单将显示 Doubloons4Gold [runReleaseExecutableMacosX64]，表明在单击工具栏中的运行按钮后将会执行的运行配置。

Gradle 将会构建并执行 macOS 项目。输出结果将如下所示（在输出的最后部分给出了有关 Gradle 构建的信息）：

```
...
> Task :runReleaseExecutableMacosX64
Hello from Kotlin/Native!
The current exchange rate is $ 1.14 per doubloon
How many doubloons do you want?
Sorry, I don't know how many doubloons that is.

BUILD SUCCESSFUL in 611ms
3 actionable tasks: 1 executed, 2 up-to-date
2:57:36 PM: Task execution finished 'runReleaseExecutableMacosX64'.
```

由于 Gradle 执行代码的方式，可能没有机会在此处提供输入。下一步是在计算机中找到已编译的可执行文件，手动启动它。

25.4　Kotlin/Native 输出

当 Kotlin 代码在 macOS 上编译时，编译器将生成一个 kexe（Kotlin 可执行文件）文件。该文件可以像任何其他程序一样从终端执行。与之前创建的其他应用程序不同，该二进制文件可以在未安装 Java 运行环境的 Mac 计算机上运行。这种不依赖运行环境的特性减少了应用程序安装的复杂性，并使其可以面向更广泛的 macOS 用户群体。

在项目构建完成后，Gradle 在 build/bin/macosX64/ releaseExecutable 中为应用程序创建了一个

可执行的二进制文件。在项目工具窗口中找到该目录，然后右击 releaseExecutable 目录并选择 Open In→Terminal，如图 25.5 所示，一个终端窗格将在 IntelliJ 窗口的底部打开。

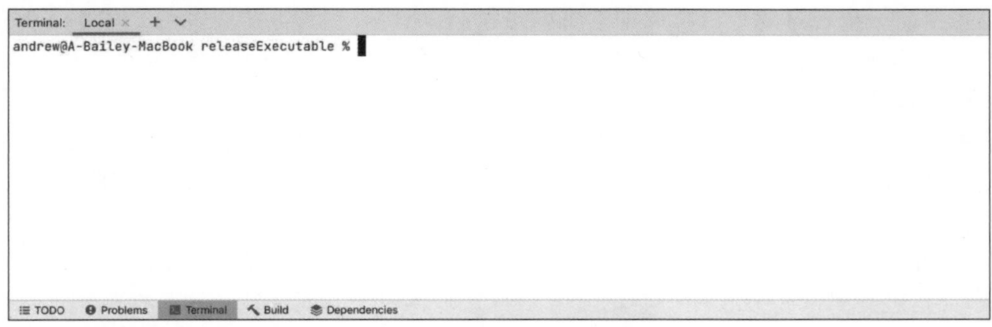

图 25.5 IntelliJ 的集成终端

要想以完全交互的方式运行应用程序，输入以下命令并按 Return 键：

```
./Doubloons4Gold.kexe
```

Doubloons4Gold 将会在 IntelliJ 的集成终端中启动，并能够与应用程序正常地进行交互。消息：Hello from Kotlin/Native! 表明，实际上创建并执行了一个与 JVM 版本不同的程序。输入一个拟转换的值，以确认程序的行为与 JVM 版本中构建的行为相匹配：

```
> ./Doubloons4Gold.kexe
Hello from Kotlin/Native!
The current exchange rate is $1.06 per doubloon
How many doubloons do you want?
20
20.0 doubloons will cost you $21.15
>
```

经过最后的检查，macOS 应用程序已经完成了。花点时间思考一下，如果没有使用 Kotlin 跨平台，将如何支持多个平台。可能将不得不针对每个需要支持的平台多次重新实现 **convertCurrency()** 函数，可能还需要使用每个平台不同的语言进行实现。

如果以后想要修改程序的功能，那就涉及修改多个独立的项目，并再次将更改后的项目移植到不同的语言中。相比之下，Kotlin 跨平台项目只需编写核心逻辑一次，并且只需实现很少的平台特定逻辑，使维护和扩展应用程序变得更加简单和高效。

虽然该项目需要进行的设置比想象的要多一些，并且需要重复一些函数签名，但与单独针对想要支持的所有平台进行定制相比，可以节省大量的时间。使用 Kotlin 跨平台，可以通过共享代码和逻辑跨多个平台构建应用程序，从而简化了开发和维护过程，提高了效率。

第 26 章将继续扩展 Doubloons4Gold，添加对 JavaScript 的支持。

25.5 好奇之处：Kotlin 移动跨平台

Kotlin/Native 最常见的用途是用于 iOS 开发。由于 Kotlin 是 Android 开发人员使用的官方语言，许多移动开发团队已经对 Kotlin 非常熟悉。越来越多的开发者选择同时在 iOS 和 Android 应用中使用 Kotlin。以这种方式使用 Kotlin 跨平台被称为 **Kotlin 移动跨平台**（**Kotlin Multiplatform Mobile，KMM**）。

使用 KMM 的常规做法是创建 3 个代码区域：Kotlin 中的共享代码、Kotlin 中的 Android 应用程序以及 Swift 中的 iOS 应用程序。这与大多数跨平台移动框架的使用方法不同。在使用 KMM 时，跨平台代码应该作为一个包含业务逻辑的库。也就是说，它应该只实现算法以及与平台无关的内容，而不是构建整个 UI。这种做法有助于最大限度地重用代码，减少重复开发的工作量，并使在不同平台上的应用程序保持一致性。

通过这种方式使用独立的项目，就可以两全其美。只需编写关键逻辑代码一次，然后在多个平台上进行共享，可确保两个应用程序的行为一致。如果该逻辑中存在一个错误，还可以在两个平台上同时进行修复。

同时，仍然可以访问目标平台的本机工具。这意味着可以享受使用诸如 SwiftUI 和 JetpackCompose 等库的好处，而这些库都只能在使用平台的官方语言进行本机开发时才能使用。在使用 KMM 时，可以同时利用这些本地工具，以提高开发效率并获得更好的用户体验。

然而，使用 KMM 也存在一些缺点，对 iOS 开发人员的影响比对 Android 开发人员的影响要大，因为 Android 开发人员可以使用他们熟悉的语言和 IDE 同时开发 Android 特定功能和共享功能。另一方面，iOS 开发人员除了要学习 Swift 之外，还需要学习 Kotlin。在某些情况下，如果一个功能需要同时在 Kotlin 共享库和 iOS 工作区中进行开发时，他们还需要在 Xcode 和 IntelliJ 之间进行切换。这对于 iOS 开发者可能会带来一些不便。

此外，适用于 Kotlin 跨平台和 Kotlin/Native 的工具仍在不断完善中，确实还存在一些缺陷。特别是，在 Kotlin 和 Swift 之间进行互操作性时，需要使用一个翻译层，对 Swift 用户来说，该层并不总是以最惯用的方式来公开 Kotlin 代码的。这可能导致在使用 KMM 开发 iOS 应用时出现一些不太理想的情况。

例如，挂起函数在 Swift 代码中以回调的形式公开，使得在 Kotlin 之外的环境中使用它们更加复杂。如果已经使用了协程、通道或流 API，那么可能需要提供一个包装器（wrapper），以便在 iOS 中更轻松地使用异步代码。

除了这些注意事项之外，KMM 可以是一个强大的工具，尤其是对于那些在 Android 开发方面比 iOS 开发更强的团队。如果对代码共享更感兴趣，鼓励尝试使用 KMM。但建议要从小规模开始，因为很容易在应用程序中带来不必要的复杂性，这可能会抵消从代码共享中获得的好处。

25.6 好奇之处：其他本机平台

在为 macOS 和 iOS 编写 Kotlin/Native 代码时，可以使用 Objective-C 的 API，这是一种更高级的 API，比起 C 或 C++等语言编写的代码调用时看到的 API 要高级得多。但是，Kotlin 确实支持调用低级语言的代码。

当使用低级别的本机代码时，几乎立即需要调用一些 API，这些 API 需用到指针和手动内存分配等工具。这些主题超出了本书的范围，但它们在 Kotlin 中是可用的。关于 Kotlin 和 C 语言之间的互操作性工作方式，还有许多细微的规则，包括如何在两种语言之间映射类型和函数。如果对此感兴趣，可以查看 cinterop 工具。

Windows 是一个以 C 语言为基础的平台，其 API 级别低于在本章所看到的 API 识别。下面给出了 **formatAsCurrency** 的 Windows 实现，该段代码展示了许多可供使用的 C 语言互操作特性。

如果这些概念是陌生的，那完全没问题。本书之所以对此进行简略讨论，是想提供一个研究的起点，但要想掌握 C 或 C++语言，需要进行专门的学习。

```
import kotlinx.cinterop.*
import platform.windows.GetCurrencyFormatEx
import platform.windows.LOCALE_NAME_USER_DEFAULT
import platform.windows.WCHARVar

actual fun Double.formatAsCurrency(): String {
    // Convert the input to an unformatted string to use with GetCurrencyFormatEx
    val numberToFormat = toString()

    return memScoped {
        // Resolve the user's selected locale
        val userLocaleName = LOCALE_NAME_USER_DEFAULT
            ?.reinterpret<UShortVar>()
            ?.toKString()

        // Figure out how many characters will appear in the formatted output
        val length = GetCurrencyFormatEx(userLocaleName, 0u, numberToFormat,
                null, null, 0)

        // Allocate space for the formatted output
        val output = allocArray<WCHARVar>(length)

        // Format the input as currency, saving the result in the output array
        GetCurrencyFormatEx(userLocaleName, 0u, numberToFormat, null, output,
                length)

        // Convert the output from a char array to a Kotlin string and return it
        output.toKString()
    }
}
```

第26章

Kotlin/JS

在 Doubloons4Gold 中，最后一项任务是添加一个最终目标：Web。支持 Web 浏览器可以使代码在几乎所有地方运行。有几种在 Web 上运行代码的方式，如使用 Kotlin/JS 将 Kotlin 代码编译为 JavaScript 文件，以在客户端浏览器中运行。

因为代码将在浏览器中运行，所以 Doubloons4Gold 的界面会有所改变。依赖于 **readLine**()和 **println**()函数不再是一个选项，因为这些函数需要与 JavaScript 中的开发工具进行交互。

26.1 宣布对 Kotlin/JS 的支持

第一步是在代码中为 JavaScript 声明一个新的目标平台，这将会涉及更新 build. gradle 文件，如程序清单 26.1 所示。

程序清单 26.1 声明 JavaScript 平台(build. gradle)

```
...
kotlin {
    jvm()
    macosX64() {
        binaries {
            executable()
        }
    }
    js {
        browser()
        binaries {
            executable()
        }
    }
    sourceSets {
        ...
    } }
...
```

这里唯一新增的是对 **browser**()函数的调用，表明将打算在浏览器中运行 JavaScript。也可以使用 **nodejs**，将项目编译为 Node. js。Node. js 是一个独立的 JavaScript 运行环境，常用于构建 Web 服务器。

完成这些更改之后，执行 Gradle 同步。

同样地，项目将再次无法编译，因为 expect 函数在 JavaScript 源代码集中没有 actual 实现。JavaScript 代码需要一个独立的目录，就像 macOS 和 JVM 的代码一样。右击 src 目录，选择 New→Directory 命令，然后双击 jsMain/kotlin，完成目录的创建。

当在网页中运行时，Doubloons4Gold 的行为将会截然不同。需要在代码执行时将内容动态地插入网页中，而不是依赖控制台的输出。还需要使用浏览器内置的警报功能提示用户输入，而不是依赖控制台的输入。

为了将该问题分解为更小的步骤，首先，需要将所有 expect 函数的桩函数编写好，以便程序可以编译通过。目前，这些桩代码将把输出重定向到开发人员控制台，并提供一个值模拟用户的输入。本章稍后部分将会重新讨论这些实现。

首先，在 jsMain/kotlin 中创建一个名为 InputOutput.kt 的新 Kotlin 文件，为 **output()**和 **getInput()**函数提供其 actual 实现，如程序清单 26.2 所示。

程序清单 26.2　存根化输出 I/O(jsMain/kotlin/InputOutput.kt)

```
actual fun output(message: String) {
    println(message)
}

actual fun getInput(prompt: String): String {
    val input = "10.0"
    return input
}
```

接下来，在 jsMain/kotlin 中创建一个名为 Currency.kt 的新 Kotlin 文件，对桩函数 **formatAsCurrency()**进行处理。现在，将双精度值作为字符串返回，无须进行任何额外的格式化处理，如程序清单 26.3 所示。

程序清单 26.3　处理桩函数 formatAsCurrency()(jsMain/kotlin/currency.kt)

```
actual fun Double.formatAsCurrency(): String {
    return toString()
}
```

有了 actual 函数后，项目将可以编译通过。但是还需要一个入口函数，供浏览器加载 Doubloons4Gold.js 脚本时执行。在 jsMain/kotlin 中创建一个名为 Main.kt 的 Kotlin 文件，并使用它来调用 **convertCurrency()**函数，如程序清单 26.4 所示。

程序清单 26.4　定义一个 JavaScript 入口函数(jsMain/kotlin/Main.kt)

```
fun main() {
    output("Hello from Kotlin/JS!")
    convertCurrency()
}
```

与之前编写的其他 **main()**函数一样，该函数将在页面加载时执行。

在可以运行 Kotlin/JS 应用程序之前，还需要完成一项任务。JavaScript 无法在浏览器中独立运行，它必须托管在一个网页中；因此需要创建这个网页才能使代码变得有用。

在 jsMain 中创建一个名为 resources 的新目录(右击 src 并选择 New→Directory 命令获取一个常用目录列表，正如之前所做的那样。或者可以右击 jsMain，手动输入目录名称进行创建)。resources 目录用于存放程序所需的非可执行代码文件。

在 resources 目录下创建一个名为 index.html 的文件(不要使用 IntelliJ 的 HTML 文件模板。选择 New→File 命令，然后输入完整的名称，包括.html 扩展名)。该文件将是 Web 浏览器在启动 Doubloons4Gold 时打开的默认页面。为其添加一些简单的 HTML 内容，如程序清单 26.5 所示。

程序清单 26.5　创建一个登录页(jsMain/resources/index.html)

```
<!DOCTYPE html>
```

```
<html lang="en">
    <head>
        <title>Doubloons4Gold</title>
    </head>
    <body>
        <h1>Doubloons4Gold</h1>
        <script src="Doubloons4Gold.js"></script>
    </body></html>
```

该段 HTML 代码定义了一个非常基本的登录页。在<head>标签中，将浏览器可见的页面标题设置为 Doubloons4Gold。在<body>标签中，定义了一个与应用程序名称相同的标题。最后，使用<script>标签来导入和执行应用程序。

因为<script>标签位于<body>的末尾，所以它会在定义页面的 HTML 完成加载后再被加载和执行。这有助于确保浏览器有足够的时间来设置页面，然后尝试执行任何可能依赖它的代码（如图像等其他资源可能仍在加载中，但这通常不会影响代码的执行，而且对 Doubloons4Gold 来说也无关紧要）。

在构建项目时，Doubloons4Gold.js 脚本将由 Kotlin/js 编译器生成。该文件的名称取决于项目的名称，但是如果需要，也可以进行更改（有关详细内容，查阅 Kotlin 文档中的 outputFileName）。

现在可以运行 Kotlin/JS 版本的 Doubloons4Gold 了。要启动代码，需要通过 Gradle 进行操作，就像在 macOS 上构建和运行代码时所做的那样。

打开 Gradle 工具窗口，以查看项目的构建任务。单击展开箭头以展开 other 类别，然后双击 jsRun 任务。Gradle 将构建程序并打开一个 Web 浏览器，以指向 index.html 页面。

当浏览器启动时，可以看到一个新的标题为 Doubloons4Gold 的选项卡。输出将会显示在 IntelliJ 控制台中。

要想在浏览器中查看输出，需要**检查**(**inspect**)网页。在大多数的浏览器中，可以右击页面上的任何位置，然后选择标记为 Inspect 或 Inspect Element 的菜单项。对于 Safari 用户来说，首先需要启用开发人员工具。

首先打开 Safari→Preferences...命令，然后选择 Advanced 选项卡，选中 Show Develop in menu bar 并关闭首选项窗口。在浏览器窗口中右击，然后选择 Inspect Element，即打开开发人员工具，如图 26.1 所示。

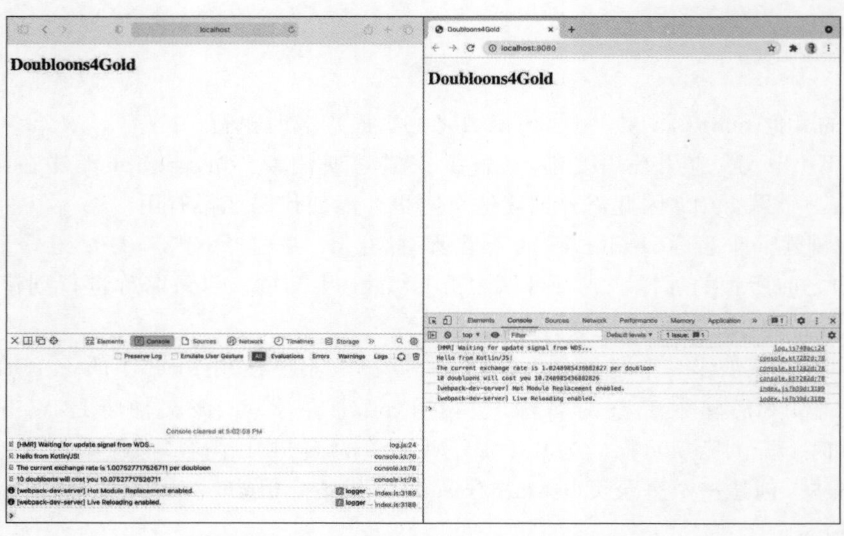

图 26.1 Chrome 和 Safari 中的开发人员工具

在检查器(inspector)打开的情况下,导航到 Console 选项卡。控制台输出中应包括有关汇率和最终成本等消息,如下所示(如果控制台为空,则可能需要刷新页面以获取输出)。

```
Hello from Kotlin/JS!                                        console.kt:78:16
The current exchange rate is 1.377781434913309 per doubloon  console.kt:78:16
10 doubloons will cost you 13.777814349133092                console.kt:78:16
```

以上是 **convertCurrency** 的输出,它表明 Doubloons4Gold 实际上是首次在 Web 上运行。可能在此日志区域中还会看到与 Gradle 用于启动 Web 服务器构建系统相关的其他消息,可以忽略这些不相关的消息。

运行 Doubloons4Gold,启动计算机上的一个 Web 服务器,即使关闭浏览器选项卡,它也不会停止。若想让它一直保持运行状态,它可能会在每次修改代码后尝试重新加载 Web 页面,这很快就会变得很烦人,并可能干扰工作。每次运行 Doubloons4Gold 并返回 IntelliJ 时,单击 IntelliJ 工具栏中的 stop 按钮,手动停止程序,确保 Web 服务器已经停止。

26.2 与 DOM 进行交互

现在,Doubloons4Gold 已经在浏览器中运行,接下来的任务是重新审查之前存根化的函数,并提供一个更好的用户体验,即不需要打开开发人员工具的操作。首先更新 InputOutput.kt 的实现,以渲染页面上的内容。然后处理 **formatAsCurrency** 中的货币格式问题。

在 **output**()函数中更新页面以显示当前的文本行。为此,需要与 DOM 进行交互,DOM 是一组 API,允许以编程方式修改 HTML 中声明的页面。为了简化这项任务,可以使用 Kotlinx HTML 库,该库提供了一个适用于 Kotlin 代码的友好 API,用于在 Kotlin 代码中声明 HTML 元素。

在停止运行 Doubloons4Gold 后,可以在 build.gradle 文件的 jsMain 程序块中声明对该库的依赖关系(持续构建可能会干扰 IntelliJ 与 Gradle 同步),如程序清单 26.6 所示。

程序清单 26.6 添加对 Kotlinx HTML 库的依赖关系(build.gradle)

```
...
kotlin {
    jvm()
    macosX64() {
        binaries {
            executable()
        }
    }
    js {
        browser()
        binaries {
            executable()
        }
    }

    sourceSets {

        commonMain {

        }

        commonTest {
```

```
    }

    jsMain {
        dependencies {
            implementation "org.jetbrains.kotlinx:kotlinx-html-js:0.7.3"
        }
    }
} }
```

该依赖声明与之前见过的有些不同。因为只需在 Kotlin/JS 应用程序中操作 DOM，所以在 jsMain 源代码集中声明了这个依赖关系。它仅适用于该构建的输出，这可以减少其他应用程序最终输出的大小，因为它们不会使用这个依赖。如果将依赖添加在 commonMain 或 commonTest 程序块中，则无论哪个平台都是可用的。

要想获取 DOM 并对页面进行编辑，可以使用 document 属性。该属性在 JavaScript 中声明，并包含许多影响页面呈现效果的其他函数和属性。要想从 Kotlin 代码中访问 HTML 的<body>内容，可以使用 document 的 body 属性。

要想添加新的内容，可以使用 **append**()函数。**append**()函数是 JavaScript 中为 body 属性定义的函数，但是将使用的是刚刚添加到项目中 Kotlinx HTML 库的重载版本。该重载版本使用 Lambda 表达式来定义要添加的内容，它比内置的 JavaScript API 更具表达力且更常用(idiomatic)。

更新 **output**()和 **getInput**()函数，以将格式化的文本附加到页面中，如程序清单 26.7 所示。在输入代码后，将对其语法进行解释。

程序清单 26.7　附加一些段落(jsMain/kotlin/InputOutput.kt)

```
import kotlinx.browser.document import
kotlinx.html.dom.append import
kotlinx.html.*

actual fun output(message: String) {
    val body = checkNotNull(document.body) {
        "Could not locate the <body> tag"
    }

    body.append {
        p { +message }
    }

    println(message)
}

actual fun getInput(prompt: String): String {
    val body = checkNotNull(document.body) {
        "Could not locate the <body> tag"
    }

    val input = "10.0"

    body.append {
        p {
            em { +prompt }
            +" "
            strong { +input }
        }
    }
```

```
    return input
}
```

在以上这些 **body.append** 程序块中，调用了多个函数(也来自于 Kotlinx HTML 库)来添加和操作内容。为了添加一个段落，调用了 **p**()函数；为了使文本变为斜体，调用的是 **em**(表示"强调")函数；为了使文本加粗，调用了 **strong**()函数。这些函数的名称分别与要添加到页面上的 HTML 标签的名称对应(< p >、< em >和< strong >)。

若要指定将字符串作为文本插入元素中，请使用一元加法运算符(+)作为前缀。

综合起来，现在 **output**()函数将使用传递给它的 message 内容在 body 中添加一个段落；而 **getInput**()函数也将添加一个段落到页面的 body 中，其内容为以斜体呈现的 prompt，后跟一个空格和以粗体呈现的 input。

重新运行 Doubloons4Gold。现在，网页将会动态更新，外观类似图 26.2 所示。

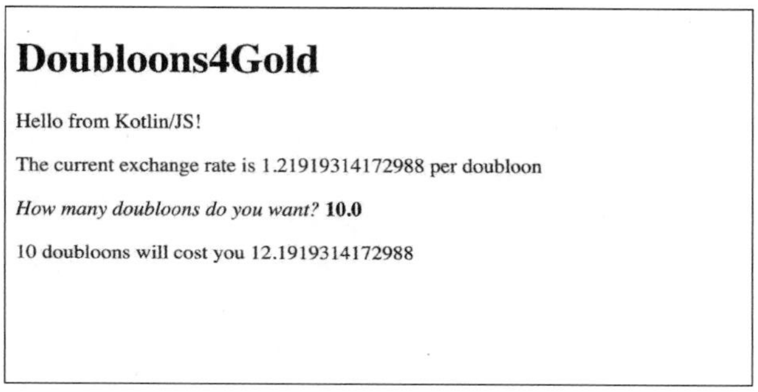

Doubloons4Gold

Hello from Kotlin/JS!

The current exchange rate is 1.21919314172988 per doubloon

How many doubloons do you want? **10.0**

10 doubloons will cost you 12.1919314172988

图 26.2　动态更新后的页面

完成对 DOM 的修改，使输出出现在页面上，就可以提示用户进行输入了，为此，需要使用 DOM 窗口中的另一个变量：window。

变量 window 有一个 **prompt**()函数，该函数会向用户显示一个警告框(弹出窗口)，其中包含一个输入框。该函数返回的是所输入的文本。这就是用于收集用户关于他们想要多少 doubloon 金币的输入方法。

为了向用户显示汇率和最终费用，可以使用 window 的 **alert**()函数。该函数会向用户显示一个不接收任何输入的警告框，可以通过单击 OK 按钮关闭它。

在 **output**()和 **getInput**()函数中添加调用 **prompt**()函数和 **alert**()函数的代码，以完成它们的实现，如程序清单 26.8 所示。

程序清单 26.8　警告用户(jsMain/kotlin/InputOutput.kt)

```
import kotlinx.browser.document
import kotlinx.browser.window import
kotlinx.html.dom.append import
kotlinx.html.*

actual fun output(message: String) {
    val body = checkNotNull(document.body) {
        "Could not locate the < body > tag"
    }

    body.append {
        p { +message }
    }
```

```
    println(message)
    window.alert(message)
}

actual fun getInput(prompt: String): String {
    val body = checkNotNull(document.body) {
        "Could not locate the <body> tag"
    }

    val input = "10.0" window.prompt(message = prompt, default = "") ?: ""

    body.append {
        p {
            em { +prompt }
            +" "
            strong { +input }
        }
    }
    return input
}
```

再次运行 Doubloons4Gold。页面加载完成后，将收到一条警告消息：The current exchange rate is [*rate*] per doubloon。单击 OK 按钮后，会收到另一条警告消息：How many doubloons do you want ? 以及一个文本警告框。

任意输入一个数字，然后单击 OK 按钮，会看到另一条警告消息：[*Number*] doubloons will cost you [*cost*]。单击 OK 按钮后，页面将更新，并显示一条交换记录。

由于 **alert**()函数和 DOM 的实现方式，页面在显示警告框时不会重新进行渲染。页面将在 **convertCurrency**()函数返回后进行渲染。可以通过更新代码，让页面有机会在显示警告框后重新进行绘制，但这会使代码变得更加复杂。

output()和 **getInput**()函数现在已经完成了。但是 Doubloons4Gold 仍有一些工作有待完成。在网页输出一个货币金额时，它会按无格式或无四舍五入的十进制数来输出。接下来的任务便是使 Doubloons4Gold 能够调用 JavaScript 的国际化 API 来执行这种格式化操作。

26.3 关键字 external

JavaScript 在 **Intl** 对象下有许多的国际化 API。可以使用 **Intl. NumberFormat** 类格式化给定 locale 的货币格式。

尝试在 Currency. kt 文件中使用该类。不要尝试添加任何导入语句，如程序清单 26.9 所示。在进行这些更改后，可以看到出错消息，稍后将对此进行解释。

程序清单 26.9 使用一个未知的 JavaScript 类(jsMain/kotlin/Currency. kt)

```
actual fun Double.formatAsCurrency(): String {
    return toString()
    val numberFormatter = Intl.NumberFormat()

    return numberFormatter.format(this)
}
```

Kotlin/JVM 和 Kotlin/Native 均具有互操作功能，可以自动调用平台声明的 API 和外部库，同时仍然享有 Kotlin 和 IntelliJ 提供的所有类型安全和分析工具的好处。尽管 Kotlin/JS 也具有互操作功能，允许从 Kotlin 调用 JavaScript 代码（反之亦然），但不能像在 Kotlin/JVM 和 Kotlin/Native 中那样简单地调用 JavaScript，并享受所有 Kotlin 和 IDE 的好处。

要想访问在 JavaScript 中声明的任何类或函数，并仍然享受 Kotlin 编译器和 IDE 的所有好处，必须将 JavaScript API 包含在 Kotlin/JS 标准库中，或者在所包含的 Kotlin 库中进行定义，或者在代码中手动地声明其桩代码。**Intl. NumberFormat** 不符合上述任一条件，这就是无法访问它的原因。

在此情况下，Kotlin 甚至不知道该类型的存在，因此使用该 API 并不像在 Kotlin/JVM 和 Kotlin/Native 代码中使用导入语句那样简单。

要想解决该问题，需要使用关键字 external 让 Kotlin 知道 **Intl** 类的存在。在 jsMain/kotlin 中创建一个名为 Intl. kt 的新 Kotlin 文件，用于保存 **Intl. NumberFormat** 的类和函数声明，如程序清单 26.10 所示。这些声明会通知 Kotlin 有哪些 API 可用于 JavaScript。

程序清单 26.10　声明一个 external 类（jsMain/kotlin/Intl. kt）

```
external class Intl {
    class NumberFormat {
        constructor()

        fun format(number: Number): String
    } }
```

在将类、函数或属性标记为 external 时，是在告知 Kotlin，它是**外部(externally)**声明的，也就意味着它是在 JavaScript 中声明和实现的。外部类和函数是不能在 Kotlin 代码中实现的。它们存在的唯一目的就是告知编译器 JavaScript 中定义的 API。通过刚刚提供的定义，现在，就可以访问 **Intl. NumberFormat** 的构造函数和 **format()** 函数了。

关键字 external 不是 Kotlin/JS 特有的，但在 Kotlin/JS 中，该关键字有着特定的含义。关键字 external 仅用于声明在 Kotlin 中未定义的 API，以便可以从 Kotlin 代码中调用它们。除了刚刚学习的用法，在使用 Java Native Interface(JNI)时，还可以在 JVM 上使用关键字 external，但这超出了本书的范围。

当使用关键字 external 时，编译器会相信所声明的类型和函数。要确保这些声明没有拼写错误，并且与 JavaScript 中的定义完全匹配，否则程序会因为试图访问不存在的 API 在运行时出现错误。使用关键字 external 的好处是，一旦定义了这些声明，编译器就可以确保在那之后不会犯拼写错误。有关 JavaScript 内置类型的更多内容，参阅 Mozilla 开发人员文档。

在 **Intl** 和 **Intl. NumberFormat** 上还有其他一些在 JavaScript 中可用但并未包含在外部定义中的 API。只需要声明从 Kotlin 代码中调用的函数和类。任何未包含在外部定义中的函数或类对编译器来说是未知的，不能直接从 Kotlin 代码中调用。因此，要确保在外部定义中包含需要使用的所有函数和类。

运行 Doubloons4Gold，并确认项目现在可以成功构建，没有出现错误消息。现在，使用 **Intl. NumberFormat** 的默认格式对输出的数字进行格式化，类似于以下内容：

```
The current exchange rate is 0.845 per doubloon
How many doubloons do you want? 1.5
1.5 doubloons will cost you 1.268
```

现在，进行四舍五入到三位小数后的输出看起来更加友好了。这是一个不错的改进，但是如果希望将 **Intl. NumberFormat** 配置为可以输出货币字符串，还需要更多的努力和更多的 JavaScript 互操作特性。

26.4 执行原始的 JavaScript

要希望将数字格式化为货币,需要使用一个不同于在外部定义的 **Intl. NumberFormat** 中的构造函数。这个新的构造函数将接收两个参数:一个 locale 设置和一个可选的格式规范集,如程序清单 26.11 所示。首先,指定 locale 的形式参数。稍后将声明 options 形式参数(目前,代码将使用默认的选项集)。

程序清单 26.11 声明第二个构造函数(jsMain/kotlin/Intl. kt)

```
external class Intl {
    class NumberFormat {
        constructor()

        constructor(locale: String)

        fun format(number: Number): String
    } }
```

该形式参数指定了用户的 locale 设置。它会影响千分位和小数分隔符等格式化选项。可以使用 navigator. language 属性获取用户浏览器的 locale 设置。

与 **Intl. NumberFormat** 非常相似,Kotlin 在默认情况下并不知道 navigator 属性。访问该属性的一个方法是声明额外的 external 桩代码,以通知 Kotlin 这些 API 的存在。这样做是可行的,但对于一次性调用更基本的 API 来说可能会有些烦琐。

作为在 Kotlin 中定义外部接口的一个替代方案,还可以在 Kotln 代码中评估任意的 JavaScript 代码。通过调用 **js()**函数可以实现这一点,该函数需要一个 **String** 参数,其中包含希望评估的 JavaScript 代码。在 Currency. kt 中引入一个名为 serLocale 的新属性,尝试一下这种方法,如程序清单 26.12 所示。

程序清单 26.12 执行原始的 JavaScript(jsMain/kotlin/Currency. kt)

```
private val userLocale: String
    get() = js("navigator.language") as String? ?: "en - US"

actual fun Double.formatAsCurrency(): String {
    val numberFormatter = Intl.NumberFormat(
        locale = userLocale
    )

    return numberFormatter.format(this)

}
```

userLocale 属性将调用 navigator. language 代码并返回其值。当浏览器无法识别语言环境时,该属性的值为 null。如果发生这种情况,将回退到 US English。

像这样内联原始的 JavaScript 有一些缺点。首先,Kotlin 编译器无法验证以这种方式定义的任何 JavaScript 代码的正确性。因此,需要确保没有任何拼写错误,否则只有在程序执行时才会发现。因此,这种方法可能会增加编码错误的风险。另外,内联 JavaScript 也不具有类型安全性,因此需要特别小心处理类型转换和错误处理。

Kotlin 也无法推断使用 **js()**函数评估的表达式的返回类型。此处,显式地将结果强制转换为 **String?**。作为开发人员,必须确保此类型信息与程序运行时的实际情形相匹配,否则将遇到类型错误和意外的行为。因此，在使用**js()**函数时，应非常小心地指定返回类型，并验证结果与预期相符。这样可以避免潜在的类型错误和运行时问题。

建议谨慎地使用**js()**函数。尽管如此，在某些情况下，内联原始的JS代码到Kotlin中是有道理的。通常是在类似这种一次性情况下，定义外部桩代码所需的工作量与使用这些API所带来的价值不匹配的情况下。如果在代码中的其他地方需要使用navigator或language属性，那么最好定义外部类而不是依赖**js()**函数。

再次运行Doubloons4Gold，并确认输出是否发生变化。

26.5 Dynamic 类型

在第2章中提到过，Kotlin使用一个静态类型检查系统。这意味着Kotlin中的每个变量、函数形式参数、返回类型和表达式在编译时都有一个已知类型。这些信息要么由编译器进行推断，要么在Kotlin代码中明确声明。

静态类型检查系统允许编译器确认正在访问的行为是否与正在处理的数据类型相符，这是一个强大的功能。IntelliJ中的许多代码编辑、分析和重构工具都依赖于静态类型系统。

相比之下，JavaScript的类型系统是**动态的(dynamic)**。在一个动态类型系统中，类型是在运行时而不是编译时进行验证。此外，JavaScript没有任何内置的语法来声明变量的类型或函数的返回类型。

使用动态类型系统有很多好处。代码在运行之前出现的错误将更少，这可以加快迭代速度。在某些情况下，动态类型还可以加速代码更改或重构，因为只需对代码进行少量的修改就可以更改类型。

然而，动态类型也是一把双刃剑。没有编译器检查验证是否正确使用了类型，更改代码中的类型时很容易无意中破坏代码的某些部分。而且这些错误只会在运行时出现，这意味着当更改返回值或变量类型时，测试代码变得更为关键。

在使用Kotlin/JS时，语言仍然是静态类型的，但也可以选择在Kotlin代码中使用动态类型。例如，回顾一下**format()**函数。在JavaScript中，可能会像这样调用该函数：

```
const price = 25.68;
const locale = navigator.language ?? "en-US";
const formatOptions = { style: 'currency', currency: 'USD' };
const numberFormat = new Intl.NumberFormat(locale, formatOptions);

numberFormat.format(price);
```

这个语法看起来可能有点陌生，但这段代码中的所有内容都有一个已经见过的直接对应的Kotlin版本。看看formatOptions声明：该赋值的右侧创建了一个带有两个属性(style和currency)的新对象。因为JavaScript使用动态类型系统，即使这个对象没有继承特定的基类或接口，**Intl.NumberFormat**类也可以读取这两个属性。

回想一下新构造的函数。已经提供了一个locale设置形式参数，现在还需要一个options形式参数。options的作用顾名思义，它定义了影响值应该如何格式化的可选标准。此处，将声明想要将值格式化为货币的地方。但是它应该是什么类型呢？

由于该形式参数是动态使用的，因此没有关于可以使用哪些类型的规范，任何值都可以作为options传入，而不管它是否是一个有用的输入。对于这种情况，可以使用Kotlin/JS专门提供的一种称为**dynamic**的特殊类型。在构造函数中添加一个额外的形式参数，使用该新类型。

程序清单 26.13 声明一个 dynamic 形式参数(jsMain/kotlin/Intl.kt)

```
external class Intl {
    class NumberFormat {
        constructor()

        constructor(locale: String, options: dynamic)

        fun format(number: Number): String
    } }
```

可以在 Kotlin/JS 代码中的任何地方使用 **dynamic** 作为类型,但建议仅将其作为调用 JavaScript 代码的互操作性工具使用(顺便说一下,**js()**函数的返回类型是 **dynamic**,这就是为什么不得不显式地将结果强制转换为 **String?** 的原因)。在大多数情况下,建议尽可能地使用静态类型,以便利用 Kotlin 的类型检查和编译时安全性。动态类型应该被视为一种特殊需要的情况,而不是常规的编程方式。

之前提到过,options 形式参数是可选的。实际上,JavaScript 与 Kotlin 非常相似,具有默认形式参数的概念。为了在 Kotlin 代码中公开默认形式参数,可以使用 definedExternally 来表明一个值是存在的,只不过是在外部定义的。更新 **Intl.NumberFormat** 构造函数,以使用 options 形式参数的默认值,如程序清单 26.14 所示。

程序清单 26.14 声明一个默认的 external 形式参数(jsMain/kotlin/Intl.kt)

```
external class Intl {
    class NumberFormat {
        constructor()

        constructor(locale: String, options: dynamic = definedExternally)

        fun format(number: Number): String
    }
}
```

当一个外部函数具有默认参数时,经常会用到 definedExternally。但也可以将 definedExternally 用于在 JavaScript 中定义的变量。如果需要,还可以将 definedExternally 声明为外部函数的主体,只要它是主体中唯一的语句即可。

现在,有了 options 形式参数,就可以为其提供一个参数了。在 Kotlin 代码中,有多种方法可以创建 options 对象。其中一种方法是再次使用 **js()**函数。如果想沿用这种方式,函数调用将如下所示:

```
val options: dynamic = js("{ style: 'currency', currency: 'USD' }")
```

但是,为了展示 Kotlin 动态类型的强大之处,可以在 Kotlin 中定义该对象并进行动态使用,也可以使用对象表达式在 Kotlin 中声明形式参数。

现在就指定货币的样式,货币为美元。JavaScript 没有用于确定用户首选货币的 API。如果这对应用程序至关重要,需要请用户选择货币或根据用户的居住国别来推断货币,如程序清单 26.15 所示。

程序清单 26.15 动态地使用一个对象(jsMain/kotlin/Currency.kt)

```
private val userLocale: String
    get() = js("navigator.language") as String? ?: "en-US"

actual fun Double.formatAsCurrency(): String {
    val numberFormatter = Intl.NumberFormat(
        locale = userLocale,
        options = object {
            @JsName("style") val style = "currency"
```

```
            @JsName("currency") val currency = "USD"
        }.asDynamic()
    )

    return numberFormatter.format(this)
}
```

以上代码中，在属性中包含了@JsName 注释。当 Kotlin 将代码编译成 JavaScript 文件时，它可以压缩输出代码以减小生成脚本的文件大小。这样做的一个后果是变量在编译后会被混淆，因为 **Intl.NumberFormat** 类将根据属性的名称来进行解析，而这些名称在编译后必须匹配。通过使用@JsName 注释属性，就可以告知编译器在代码编译后属性的名称应该是什么。

此处，还调用了 **asDynamic**()函数，将对象视为 **dynamic** 类型。这是可选的，因为 options 形式参数的类型已经是动态的，这有助于使代码更加明确地知道何时会使用动态值。当对一个值调用 **asDynamic**()函数时，它将被转换为 **dynamic** 类型。

当然，仍然可以调用函数和读取 **dynamic** 类型的属性，但 IntelliJ 和 Kotlin 编译器不会执行任何验证，以确保访问的函数和属性是存在的。Kotlin 编译器也不会尝试解析动态类型的任何扩展函数或属性，对于作用域函数来说也是这样的。因此，如果尝试在动态类型上调用 **let**()函数或 **apply**()函数，编译器会假定该函数在类型中是存在的。

再次运行 Doubloons4Gold。现在，输出应如下所示：

```
The current exchange rate is $1.42 per doubloon
How many doubloons do you want? 25
25 doubloons will cost you $35.44
```

Doubloons4Gold 已经完成了。Madrigal 现在拥有了足够的 doubloons 金币，她可以开始度假并享受岛上的美景了。

回顾一下在前面 3 章中所完成的工作：编写了一个独立的应用程序，在 3 个不同的平台 JVM、macOS 和 Web 运行。这 3 种不同的程序版本都使用了特定于平台的 API 为用户提供适当的体验。在无须重写关键性 **convertCurrency**()函数的情况下，顺利地完成了所有的任务。

26.6 好奇之处：前端框架

已有很多流行的框架可用于构建 Web UI，其中最流行的包括 React、Vue 和 Angular 等。从技术上来讲，可以使用这些库中的任何一个，结合本章节中学到的互操作特性开发应用程序。JetBrains 公司也为 React 提供了 Kotlin/JS 绑定，这样用户就不用自己编写兼容层，节省了不少麻烦。

但是，不建议直接在 Kotlin 中使用这些框架。在 Kotlin 中使用前端 JavaScript 框架（front-end JavaScript framework）通常会导致比等效的 JavaScript 代码更复杂的代码。与 Kotlin 相比，这些框架在纯 JavaScript 方面有更多的资源和指南。因此，如果想使用这些框架，建议在纯 JavaScript 环境中使用它们，而不是在 Kotlin 中使用。

切记，当可以在应用程序之间共享关键逻辑时，Kotlin 跨平台才最强大。建议使用 Kotlin/JS 来构建一个库，而不是直接在 Kotlin 中编写 Web UI，这样可以在另一个 JavaScript 应用程序中使用该库。

26.7 挑战之处：货币兑换费

目前，Doubloons4Gold 按照当前的汇率进行了货币兑换，它不允许增加任何附加费用，这对从事货币兑换业务的客户来说是无利可图的。

实施第一项新政策，即在每次货币兑换时收取5%的兑换费。实施的第二项政策是，设置最低货币兑换费为5美元，以鼓励客户减少交易次数。进行上述更改后，输出应如下所示：

```
Hello from Kotlin/JS!
The current exchange rate is $1.19 per doubloon
How many doubloons do you want?
5
5.0 doubloons is worth $5.96
It will cost $10.96 for 5.0 doubloons

Hello from Kotlin/JS!
The current exchange rate is $1.37 per doubloon
How many doubloons do you want?
100
100.0 doubloons is worth $137.27
It will cost $144.13 for 100.0 doubloons
```

确保这些政策对所有客户都有效，无论使用的是Web、JVM还是macOS应用程序，肯定不希望由于客户使用的平台不同造成任何漏洞或给予特殊待遇。

第27章

后　记

本书至此介绍了 Kotlin 编程语言的基础知识。现在,有能力的读者可以开始自己的开发工作了。

27.1 展望

Kotlin 是一种可以在诸多场景中使用的语言,可以用来替代后端服务器代码、驱动热门的 Android 应用程序,或是在不同平台的应用程序之间共享代码。到这里,读者大概已经了解可以在哪些领域应用新学的知识了,那就去使用它吧。多去使用才是充分利用本书并编写优秀 Kotlin 代码的关键。

如果想继续深入研究 Kotlin,可以参考推荐网站,另外还推荐 Manning 出版社的专著 ***Kotlin in Action*** 作为参考资料。

同时,Kotlin 的社区充满活力,非常看好 Kotlin 的未来。Kotlin 也是开源的,如果想实时地查看它的开发进展(甚至贡献自己的力量),可以加入 GitHub 的 Kotlin 社区。

27.2 宣传

如果想要联系本书的作者们,可以在 Twitter 上找到我们:Andrew 的推特账号是@_andrewbailey,David 的账号是@drgreenhalgh,Josh 的账号是@mutexkid。

如果想了解更多关于 Big Nerd Ranch 出版社的信息,也可以访问我们的官网。Big Nerd Ranch 出版社已出版了一系列很棒的指南类书籍,在此推荐一本书 ***Android Programming:The Big Nerd Ranch Guide***。Android 开发是将新学到的 Kotlin 知识付诸实践的绝佳方式。

同时,Big Nerd Ranch 还提供密集的培训课程,可以为客户开发应用程序,介绍如何使用优秀代码。无论是想要学习 Kotlin 语言基础还是使用它开发出色的移动应用,我们都能提供专业的支持。

27.3 致谢

最后,必须说一声谢谢。没有各位的支持,本书是不可能完成的。非常感谢各位的阅读和支持!

希望阅读本书时,可以有与我们写作本书时一样的快乐。现在,请开始使用 Kotlin 编写一款很棒的应用程序吧!祝成功!

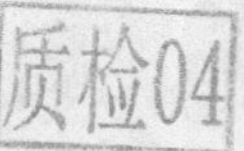
质检04